高职高专建筑类专业"十二五"规划教材

建筑施工技术

主　编　李　媛
副主编　杨　勇　　刘冬学　　刘晓光
　　　　李学泉　　刁晓丹　　白洪彬
参　编　齐　毅　　于　灏
主　审　丁春静

西安电子科技大学出版社

内 容 简 介

本书共 10 个项目，主要内容包括：土方工程、桩基础工程、脚手架与垂直运输设施、砌体工程、钢筋混凝土结构工程、预应力混凝土工程、结构安装工程、防水工程、建筑装饰装修工程和冬期施工。为了便于读者掌握重点和难点，各项目均配有复习思考题。

本书既可作为高职高专院校建筑工程技术、工程监理等土建类专业的教材，也可作为在职职工的岗前培训教材及建筑企业各级施工技术人员的学习参考书。

图书在版编目(CIP)数据

建筑施工技术/李媛主编. —西安：西安电子科技大学出版社，2013.6 (2016.1 重印)

高职高专建筑类专业"十二五"规划教材

ISBN 978-7-5606-3045-8

Ⅰ. ① 建⋯　Ⅱ. ① 李⋯　Ⅲ. ① 建筑工程—工程施工—高等职业教育—教材

Ⅳ. ① TU74

中国版本图书馆 CIP 数据核字(2013)第 093766 号

策　　划　马乐惠

责任编辑　马乐惠　吴晓明

出版发行　西安电子科技大学出版社（西安市太白南路 2 号）

电　　话　(029)88242885　88201467　　邮　编　710071

网　　址　www.xduph.com　　　　电子邮箱　xdupfxb001@163.com

经　　销　新华书店

印刷单位　陕西华沐印刷科技有限责任公司

版　　次　2013 年 6 月第 1 版　　2016 年 1 月第 2 次印刷

开　　本　787 毫米×1092 毫米　1/16　印张 26

字　　数　621 千字

印　　数　3001～5000 册

定　　价　39.00 元

ISBN 978 – 7 – 5606 – 3045 – 8 / TU

XDUP 3337001–2

前　　言

　　本书根据现行的国家、行业及地方标准、规范的要求，结合建筑工程技术管理人员实际工作和建筑工程施工技术体系特点，紧跟建筑施工新技术、新材料、新工艺和新产品的发展步伐，对涉及建筑施工的专业知识进行了科学、合理的划分，由浅入深、重点突出、系统地介绍了建筑施工主要分项工程的工艺过程及其基本理论和基本知识，尤其是较为全面地反映了国内现行施工质量验收规范的要求。

　　本书以就业为导向，内容通俗易懂，文字规范简练，全书图文并茂，突出了实用性及实践性的特点。本书强调高职高专的应用型专科教育，注重培养应用型人才，具有较强的针对性、实用性和通用性，可作为高等职业教育土建类专业的教学用书，也可作为建筑施工技术人员的学习参考书。

　　本书由辽宁建筑职业学院李媛担任主编并统稿，辽宁建筑职业学院杨勇、刘冬学、刘晓光、李学泉、刁晓丹、白洪彬担任副主编，辽阳市金山建设工程监理有限公司总经理齐毅、总工程师于灏参编。其中，项目1由李学泉编写，项目2由白洪彬编写，项目3、项目4由杨勇编写，项目5由刘冬学编写，项目6由齐毅编写，项目7由于灏编写，项目8由刁晓丹编写，项目9由李媛编写，项目10由刘晓光编写。

　　本书由辽宁建筑职业学院丁春静教授担任主审。

　　本书在编写过程中，得到了辽阳市金山建设工程监理有限公司总监理工程师谭斌的鼎力支持和帮助，在此表示衷心的感谢。此外，还要感谢支持和参与本书出版工作的所有朋友。

　　由于时间和编者的水平有限，书中难免有不足之处，敬请读者批评指正，以便再版时改进。

编　者

2013 年 2 月

目 录

项目1 土方工程 1
1.1 土的工程分类及其工程性质 1
　1.1.1 土方工程施工特点 1
　1.1.2 土的工程分类 1
　1.1.3 土的工程性质 2
1.2 土方工程量计算 4
　1.2.1 基坑、基槽土方量计算 4
　1.2.2 场地平整土方量计算 4
　1.2.3 土方平衡与调配 8
1.3 基坑施工 10
　1.3.1 基坑开挖前的施工准备 10
　1.3.2 降低地下水位 10
　1.3.3 基坑支护 22
　1.3.4 基坑开挖 35
1.4 土方机械化施工 36
　1.4.1 推土机 36
　1.4.2 铲运机 37
　1.4.3 挖土机 38
　1.4.4 土方开挖方式与机械选择 40
1.5 土方填筑与压实 41
　1.5.1 填筑土料要求 41
　1.5.2 填筑要求 41
　1.5.3 填土压实方法 42
　1.5.4 影响填土压实的因素 43
　1.5.5 填土压实的质量控制与检验 44
1.6 土方工程模拟实训 45
　1.6.1 工程背景 45
　1.6.2 施工方案 45
【复习思考题】 47

项目2 桩基础工程 50
2.1 桩基础的分类 50

2.2 钢筋混凝土预制桩施工 51
　2.2.1 桩的接长 52
　2.2.2 桩的施工方法 54
　2.2.3 锤击桩施工工艺 55
　2.2.4 静力压桩施工工艺 56
　2.2.5 预制桩施工质量控制 57
2.3 钢筋混凝土灌注桩施工 58
　2.3.1 灌注桩的分类 58
　2.3.2 泥浆护壁成孔灌注桩 58
　2.3.3 干作业钻孔灌注桩 63
　2.3.4 长螺旋钻孔压灌桩 63
　2.3.5 沉管灌注桩 65
　2.3.6 人工挖孔灌注桩 67
2.4 桩基础工程模拟实训 69
　2.4.1 工程背景 69
　2.4.2 施工方案 69
【复习思考题】 74

项目3 脚手架与垂直运输设施 76
3.1 脚手架工程 76
　3.1.1 脚手架的分类 76
　3.1.2 扣件式钢管脚手架 79
　3.1.3 碗扣式钢管脚手架 85
　3.1.4 承插型盘扣式钢管脚手架 88
　3.1.5 门式钢管脚手架 91
　3.1.6 附着式升降脚手架 92
　3.1.7 高处作业吊篮 98
　3.1.8 外挂防护架 98
　3.1.9 里脚手架 100
3.2 垂直运输设施 102
　3.2.1 井架 102
　3.2.2 龙门架 102

3.2.3 塔式起重机 103
3.2.4 建筑施工电梯 104
3.3 脚手架工程模拟实训 104
3.3.1 工程背景 104
3.3.2 施工方案 105
【复习思考题】 109

项目4 砌体工程 111
4.1 砌体材料 111
4.1.1 砌筑用砖 111
4.1.2 砌筑用砌块 113
4.1.3 砌筑用石材 115
4.1.4 砌筑砂浆 115
4.2 砖砌体施工 118
4.2.1 砖砌体的施工准备工作 118
4.2.2 砖砌体施工工艺 119
4.2.3 构造柱和砖组合砌体的施工 ... 125
4.2.4 砖砌体工程常见的质量问题及处理
.... 125
4.3 石砌体施工 126
4.3.1 材料要求 126
4.3.2 石砌体施工 127
4.4 砌块施工 129
4.4.1 小型空心砌块施工 129
4.4.2 大、中型砌块施工 131
4.5 砌体工程模拟实训 132
4.5.1 工程背景 132
4.5.2 施工方案 132
【复习思考题】 134

项目5 钢筋混凝土结构工程 136
5.1 模板工程 136
5.1.1 模板的基本要求及分类 136
5.1.2 组合钢模板 147
5.1.3 现浇钢筋混凝土结构中常用的模板
.... 151
5.1.4 模板的拆除 156
5.1.5 现浇钢筋混凝土结构模板的设计 157

5.2 钢筋工程 159
5.2.1 钢筋的种类、进场验收和存放 159
5.2.2 钢筋的加工 160
5.2.3 钢筋的连接 165
5.2.4 钢筋的配料计算 173
5.3 混凝土工程 178
5.3.1 混凝土的制备 178
5.3.2 混凝土搅拌 184
5.3.3 混凝土运输 186
5.3.4 混凝土浇筑与捣实 190
5.3.5 混凝土的养护 197
5.4 模板工程模拟实训 198
5.4.1 工程背景 198
5.4.2 施工方案 199
【复习思考题】 200

项目6 预应力混凝土工程 205
6.1 先张法施工 205
6.1.1 台座 206
6.1.2 夹具 208
6.1.3 张拉设备 210
6.1.4 施工工艺 210
6.2 后张法施工 214
6.2.1 锚具 215
6.2.2 连接器 221
6.2.3 张拉设备 222
6.2.4 预应力筋的制作 224
6.2.5 施工工艺 226
6.2.6 无粘结预应力混凝土施工 ... 230
6.3 无粘结预应力混凝土模拟实训 234
6.3.1 工程背景 234
6.3.2 施工方案 235
【复习思考题】 238

项目7 结构安装工程 241
7.1 起重机具 241
7.1.1 索具设备 241
7.1.2 起重机械 243

7.2 构件的吊装方法 246

7.2.1 柱的吊装 247

7.2.2 吊车梁的吊装 250

7.2.3 屋架的吊装 251

7.2.4 天窗架与屋面板的吊装 254

7.3 单层工业厂房吊装方案 255

7.3.1 起重机的选择 256

7.3.2 结构吊装方法 258

7.3.3 起重机开行路线及停机位置 259

7.3.4 构件平面布置与运输堆放 260

7.4 单层工业厂房结构安装模拟实训 265

7.4.1 工程背景 265

7.4.2 施工方案 266

【复习思考题】 271

项目 8 防水工程 273

8.1 屋面防水工程 273

8.1.1 概述 273

8.1.2 卷材防水屋面 279

8.1.3 涂膜防水屋面 287

8.1.4 刚性防水屋面 289

8.1.5 复合防水屋面 291

8.2 地下防水工程 292

8.2.1 防水混凝土的施工 293

8.2.2 卷材防水层的施工 296

8.2.3 刚性防水层的施工 300

8.2.4 细部构造防水施工 302

8.3 室内防水工程 306

8.3.1 概述 306

8.3.2 聚氨酯防水施工 310

8.3.3 氯丁胶乳沥青防水涂料施工 311

8.3.4 卫生间防渗漏措施 312

8.4 屋面防水工程模拟实训 314

8.4.1 工程背景 314

8.4.2 施工方案 314

【复习思考题】 319

项目 9 建筑装饰装修工程 321

9.1 抹灰工程 321

9.1.1 一般抹灰工程 321

9.1.2 机械喷涂抹灰 326

9.2 门窗工程 327

9.2.1 钢门窗安装 327

9.2.2 铝合金门窗安装 329

9.2.3 塑料门窗安装 332

9.2.4 铝木复合门窗 334

9.3 饰面工程 335

9.3.1 饰面砖工程 335

9.3.2 石材饰面板工程 340

9.3.3 金属饰面板工程 347

9.4 楼地面工程 350

9.4.1 整体面层施工 350

9.4.2 板块面层施工 354

9.5 涂料工程 359

9.5.1 涂料的分类 359

9.5.2 涂料的施工 360

9.6 墙体保温工程 363

9.6.1 墙体保温材料 363

9.6.2 外墙外保温系统构造 365

9.6.3 施工要点 375

9.7 墙体保温工程模拟实训 375

9.7.1 工程背景 375

9.7.2 施工方案 375

【复习思考题】 380

项目 10 冬期施工 382

10.1 建筑地基与基础工程的冬期施工 382

10.1.1 土方工程 382

10.1.2 地基处理 384

10.1.3 桩基础 384

10.1.4 基坑支护 385

10.2 砌体工程的冬期施工 385

10.2.1 一般规定 386

10.2.2 施工方法 386

10.3 钢筋混凝土工程的冬期施工 387

10.3.1 钢筋工程 387

10.3.2　混凝土工程 ……………………… 389

10.4　保温及屋面防水工程的冬期施工 …… 397

10.4.1　外墙外保温工程 ………………… 397

10.4.2　屋面保温工程 …………………… 399

10.4.3　屋面防水工程 …………………… 399

10.5　建筑装饰装修工程的冬期施工 ……… 401

10.5.1　一般规定 ………………………… 401

10.5.2　抹灰工程 ………………………… 402

10.6　混凝土构件安装工程的冬期施工 …… 402

10.6.1　构件的堆放 ……………………… 402

10.6.2　构件的吊装 ……………………… 403

10.6.3　构件的连接与校正 ……………… 403

10.7　越冬工程维护 ………………………… 403

10.7.1　一般规定 ………………………… 403

10.7.2　在建工程 ………………………… 404

10.7.3　停、缓建工程 …………………… 404

【复习思考题】 ……………………………… 405

参考文献 ……………………………………… 407

项目1 土 方 工 程

【教学目标】 了解土方工程施工特点；掌握土方量的计算、场地平整施工的竖向规划设计；掌握基坑开挖施工中降低地下水位的方法和基坑边坡稳定及支护结构设计方法的基本原理；熟悉常用土方机械的性能和使用范围；掌握填土压实的要求和方法。

土方工程是建筑工程施工的主要工程之一，在大型建筑工程中，土方工程的工程量和工期往往对整个工程有较大的影响。土方工程主要包括土方的开挖、运输、填筑和压实等过程以及排水、降水和土壁支撑等准备和辅助过程。在建筑工程中，最常见的土方工程施工有场地平整、地下室和基坑(槽)及管沟开挖与回填、地坪填土与碾压、路基填筑等。

1.1 土的工程分类及其工程性质

1.1.1 土方工程施工特点

土方工程施工往往具有施工面广、工程量大、劳动繁重、施工条件复杂等特点。土方工程施工工期长，又多是露天作业，在施工中直接受到地区交通、气候、水文、地质和邻近建(构)筑物等条件的影响，且土、石又是一种天然物质，成分较为复杂，难以确定的因素很多，有时施工条件较为复杂。

1.1.2 土的工程分类

土的种类繁多，其分类方法也很多。在建筑施工中，按照开挖的难易程度，土可分为八类，其中一至四类为土，五至八类为岩石，见表1-1。

表1-1 土的工程分类

土的分类	土的级别	土的名称	开挖方法及工具
一类土(松软土)	I	砂土；粉土冲积砂土层；疏松的种植土；淤泥(泥炭)	用锹、锄头挖掘，少许用脚蹬
二类土(普通土)	II	粉质黏土；潮湿的黄土；夹有碎石、卵石的砂；粉土混卵(碎)石；种植土；填土	用锹、锄头挖掘，少许用镐翻松
三类土(坚土)	III	软及中等密实黏土；重粉质黏土，砾石土，干黄土，含有碎石、卵石的黄土，粉质黏土；压实的填土	主要用镐，少许用锹、锄头挖掘，部分用撬棍

续表

土的分类	土的级别	土的名称	开挖方法及工具
四类土(沙砾坚土)	IV	坚硬密实的黏性土或黄土；含碎石、卵石的中等密实的黏性土或黄土，粗卵石，天然级配砂石；软泥灰岩	整个先用镐、撬棍，后用锹挖掘，部分用锲子及大锤
五类土(铁石)	V～VI	硬质黏土，中密的页岩、泥灰岩，白垩土胶结不紧的砾岩；软石灰及贝壳石灰石	用镐或撬棍、大锤挖掘，部分用爆破方法开挖
六类土(次坚石)	VII～IX	泥岩，砾岩，砂岩，坚实的页岩，泥灰岩，密实的石灰岩，风化花岗岩；片麻岩及正长岩	用爆破方法开挖，部分用风镐
七类土(坚石)	X～XIII	大理岩，辉绿岩，玢岩；粗、中粒花岗岩；坚实的白云岩，砾岩，砂岩，片麻岩；微风化安山岩；玄武岩	用爆破方法开挖
八类土(特坚石)	XIV～XVI	安山岩，玄武岩，花岗片麻岩，坚实的细粒花岗岩，闪长岩，石英岩，辉长岩，角闪岩，玢岩，辉绿岩	用爆破方法开挖

不同的土，其物理、力学性质也不同，只有充分掌握各类土的特性及其对施工的影响，才能选择正确的施工方法。

1.1.3　土的工程性质

土有各种工程性质，其中影响土方工程施工的有：土的密度、可松性、含水量和渗透性。

1. 土的密度

土的密度分天然密度和干密度。

土的天然密度指土在天然状态下单位体积的质量，它影响土的承载力、土压力及边坡稳定性。土的天然密度按下式计算：

$$\rho = \frac{m}{V}$$

式中：ρ——土的天然密度；

m——土的总质量；

V——土的体积。

土的干密度是指单位体积土中固体颗粒的含量，它是检验填土压实质量的控制指标。土的干密度按下式计算：

$$\rho_d = \frac{m_s}{V}$$

式中：ρ_d——土的干密度；

m_s——土中固体颗粒的质量；

V——土的体积。

2. 土的可松性

自然状态下的土(原土)经开挖后，其体积因松散而增加，虽经回填夯实，仍不能恢复到原状土的体积，这种性质称为土的可松性。

土的可松性程度用可松性系数表示如下：

$$K_s = \frac{V_2}{V_1} , \qquad K_s' = \frac{V_3}{V_1}$$

式中：K_s——最初可松性系数；

K_s'——最终可松性系数；

V_1——自然状态下土的体积；

V_2——土经开挖后的松散体积；

V_3——土经回填压实后的体积。

可松性系数对土方的调配，计算土方运输量、填方量及运输工具都有影响，尤其是大型挖方工程，必须考虑土的可松性系数。

3. 土的含水量

土的含水量是指土中所含的水与土的固体颗粒之间的质量比，以百分数表示。它反映了土的干湿程度。土的含水量按下式计算：

$$W = \frac{m_1 - m_2}{m_2} \times 100\% = \frac{m_w}{m_s} \times 100\%$$

式中：m_1——含水状态时土的质量；

m_2——烘干后土的质量；

m_w——土中水的质量；

m_s——固体颗粒的质量。

土的含水量对土方边坡的稳定性和填土压实质量均有影响。土方回填时则需要达到最优含水量方能夯压密实，获得最大干密度。

4. 土的渗透性

土的渗透性是指水在土体中渗流的性能，一般以渗透系数 K 表示。地下水在土中的渗流速度可按达西定律计算：

$$V = K \cdot i$$

式中：V——水在土中的渗流速度(m/d)；

i——水力坡度；

K——土的渗透系数(m/d)。

渗透系数 K 反映了土的透水性强弱，它直接影响降水方案的选择和涌水量计算的准确性，一般可通过室内渗透试验或现场抽水试验确定渗透系数。

1.2 土方工程量计算

1.2.1 基坑、基槽土方量计算

基坑土方量的计算可近似按拟柱体(由两个平行的平面做上下底的多面体)体积公式来计算(见图1-1),即

$$V = \frac{H}{6}(F_1 + 4F_0 + F_2)$$

式中:H——基坑深度(m);

$\quad\quad F_1$——基坑上底面积(m^2);

$\quad\quad F_2$——基坑下底面积(m^2);

$\quad\quad F_0$——基坑中截面面积(m^2)。

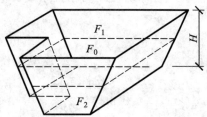

图1-1 基坑土方量计算

基槽和路堤土方量可沿其长度方向分段后用同样的方法计算,然后将各段的土方量相加,即得总土方量(见图1-2),即

$$V_1 = \frac{L_1}{6}(F_1 + 4F_0 + F_2)$$

$$V = V_1 + V_2 + \cdots + V_n$$

式中:V_1——第一段的土方量(m^3);

$\quad\quad L_1$——第一段的长度(m);

$\quad\quad V_n$——各段的土方量(m^3)。

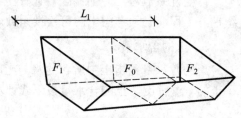

图1-2 基槽土方量计算

1.2.2 场地平整土方量计算

场地平整就是将天然地面平整成施工所要求的设计平面。在目前总承包施工中,"三通一平"的工作往往由施工单位实施,因此场地平整也成为开工前的一项工作内容。

场地平整前,要进行场区竖向规划设计,确定场地设计标高,计算挖方和填方的工程量,然后根据工程规模、施工期限和现有的条件选择土方机械,拟定施工方案。

1. 场地设计标高的确定

场地设计标高是进行场地平整和土方量计算的依据,也是总体规划和竖向设计的依据。合理确定场地的设计标高,对减少土方量、节约土方运输费用、加快施工进度等都有重要的经济意义。选择设计标高时应考虑以下因素:

(1) 满足生产工艺和运输的要求。

(2) 尽量利用地形,使场内挖填平衡,以减少土方运输费用。

(3) 有一定泄水坡度(≥2‰),满足排水要求。

(4) 考虑最高洪水位的影响。

1) 初步确定场地设计标高

首先,将场地的地形图根据要求的精度划分成边长为10~40 m的方格网,在各方格左

上角逐一标出其角点的编号,如图 1-3 所示。然后求出各方格角点的地面标高,标于各方格的左下角。地形平坦时,可根据地形图上相邻两等高线的标高用插入法求得;地形起伏较大或无地形图时,可在地面用木桩打好方格网,然后用仪器直接测出。

按照场地内土方在平整前及平整后相等的原则,场地设计标高可按下式计算:

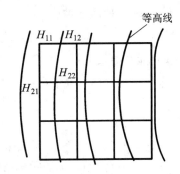

$$H_0 = \frac{\sum H_1 + 2\sum H_2 + 3\sum H_3 + 4\sum H_4}{4n} \qquad (1\text{-}1)$$

式中:H_0——场地初始设计标高;

H_1——一个方格仅有的角点标高;

H_2——两个方格共有的角点标高;

H_3——三个方格共有的角点标高;

H_4——四个方格共有的角点标高;

n——方格数。

图 1-3 场地设计标高计算示意图

2) 场地设计标高的调整

按公式(1-1)所计算的初始设计标高 H_0 是一个理论值,实际上还需要考虑以下因素进行调整。

(1) 土的可松性影响。考虑土的可松性后,场地设计标高应调整为

$$H_0' = H_0 + \Delta h$$

式中,Δh 为土的可松性引起设计标高的增加值。

(2) 借土或弃土的影响。设计标高以上的各种填方工程的用土量和设计标高以下的各种挖方工程的挖土量,以及经过经济比较而将部分挖方就近弃土于场外,或部分填方就近从场外取土,都会导致设计标高的降低或提高,因此必要时也需重新调整设计标高。

场地内若有大型基坑开挖,则有多余土方,为了防止余土外运,需提高设计标高。在场地内修筑路堤等需要土方,此时若按 H_0 施工,则会出现用土不足,为了保证有足够的土,需降低设计标高。

(3) 泄水坡度的影响。当按设计标高调整后的同一设计标高进行平整时,整个场地表面均处于同一水平面,实际上由于排水的需要,场地表面需要有一定的泄水坡度,因此,必须根据场地泄水坡度的要求,计算出场地内各方格角点实际施工所用的设计标高。

平整场地的坡度一般需标明在图纸上,如设计无要求,一般取不小于 2‰ 的坡度。根据设计图纸或现场情况,泄水坡度可分为单向泄水和双向泄水。

场地向一个方向排水称为单向泄水,如图 1-4 所示。单向泄水时场地设计标高计算是将已调整的设计标高 H_0' 作为场地中心线的标高参考,场地内任一点设计标高为

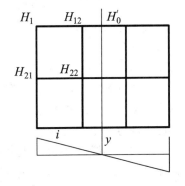

图 1-4 单向泄水

$$H_{ij} = Ho' \pm L \cdot i$$

式中：H_{ij}——场地内任一点的设计标高；

　　　L——该点至场地中心线的距离；

　　　i——场地泄水坡度。

场地向两个方向排水叫双向泄水，如图 1-5 所示。双向泄水时设计标高计算是将已调整的设计标高 H_0'' 作为场地纵横方向的中心点，场地内任一点的设计标高为

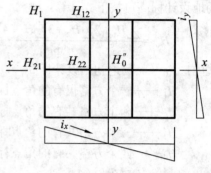

$$H_{ij} = Ho' \pm L_x \cdot i_x \pm L_y \cdot i_y$$

式中：L_x——该点距 x 轴的距离(m)；

　　　L_y——该点距 y 轴的距离(m)；

　　　i_x、i_y——场地在两个方向的泄水坡度。

图 1-5　双向泄水

2. 场地平整土方量计算

场地平整土方量的计算方法通常有方格网法和断面法两种。当场地地形较为平坦时宜采用方格网法；当场地地形起伏较大、断面不规则时，宜采用断面法。

大面积场地平整的土方量通常采用方格网法计算，即根据每个方格角点的自然地面标高和设计标高，计算出相应的角点挖填高度，然后计算出每一个方格的土方量，并计算出场地边坡的土方量，这样即可求得整个场地的填、挖土方量。

方格边长一般取 10 m、20 m、30 m、40 m 等。

计算场地平整土方量的具体步骤如下：

1) 计算场地各方格角点的施工高度

各方格角点的施工高度(挖或填的高度)可按下式计算：

$$h_n = H_n - H$$

式中：h_n——角点的施工高度，即填、挖高度，以 "+" 表示填，"−" 表示挖；

　　　H_n——角点的设计标高；

　　　H——角点的自然地面标高。

2) 确定 "零点" 和 "零线"

当同一方格的四个角点的施工高度全为 "+" 或全为 "−" 时，说明该方格内的土方全部为填方或全部为挖方；当同一个方格中一部分角点的施工高度为 "+" 而另一部分为 "−" 时，说明此方格中的土方一部分为填方，而另一部分为挖方，这时必定存在不挖不填的点，这样的点叫 "零点"。

把一个方格中的所有 "零点" 都连接起来形成的直线或曲线叫 "零线"，即挖方与填方的分界线。

计算 "零点" 的位置，根据方格角点的施工高度用几何法求出，如图 1-6 所示。

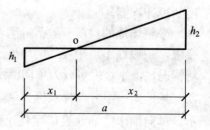

图 1-6　计算零点的位置示意图

$$x_1 = \frac{ah_1}{h_1 + h_2} \qquad x_2 = \frac{ah_2}{h_1 + h_2}$$

式中：x_1、x_2 ——角点至零点的距离(m)；

h_1、h_2 ——相邻两角点的施工高度(均用绝对值)(m)；

a ——方格网的边长(m)。

3) 计算场地方格挖、填土方量

场地各方格土方量的计算一般有下述四种类型，可采用四角棱柱体的体积计算方法。

(1) 方格四个角点全部为填方(或挖方)时，如图 1-7 所示，其土方量为

$$V = \frac{a^2}{4}\sum h = \frac{a^2}{4}(h_1 + h_2 + h_3 + h_4)$$

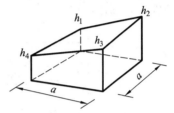

图 1-7 全挖(全填)方格

(2) 方格的相邻两角点为挖方，另两角点为填方时，如图 1-8 所示，其挖方部分的土方量为

$$V_{1,2} = \frac{a^2}{4}\left(\frac{h_1^2}{h_1 + h_4} + \frac{h_2^2}{h_2 + h_3}\right)$$

填方部分的土方量为

$$V_{3,4} = \frac{a^2}{4}\left(\frac{h_4^2}{h_1 + h_4} + \frac{h_3^2}{h_2 + h_3}\right)$$

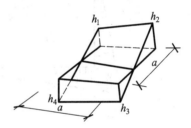

图 1-8 两挖两填方格

(3) 方格的三个角点为挖方，另一个角点为填方，或者相反时，如图 1-9 所示。其填方部分的土方量为

$$V_4 = \frac{a^2}{6}\frac{h_4^3}{(h_1 + h_4)(h_3 + h_4)}$$

挖方部分的土方量为

$$V_{1,2,3} = \frac{a^2}{6}(2h_1 + h_2 + 2h_3 - h_4) + V_4$$

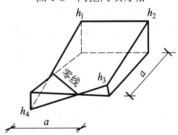

图 1-9 三挖一填(或三填一挖)方格

(4) 方格的一个角点为挖方，相对的角点为填方，另两个角点为零点时，如图 1-10 所示，其挖(填)方土方量为

$$V = \frac{a^2}{6}h$$

以上的计算公式是根据平均中断面的近似公式

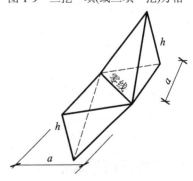

图 1-10 一挖一填方格

推导得到的，方格中地形不平时误差较大，但计算简单，目前人工计算土方量时多用此法。

为提高计算精度，也可将方格网按等高线走向划成三角棱柱体进行计算，此法计算工作量太大，一般适宜用电子计算机计算土方量。

4) 计算场地边坡土方量

在场地平整施工中，沿着场地四周都需要做成边坡以保持土体稳定，同时保证施工和使用的安全。

在对边坡土方量进行计算时，可先把挖方区和填方区的边坡画出来，如图 1-11 所示，然后将边坡划分为两种近似的几何形体，如三角棱柱体或三角棱锥体，分别计算其体积，求出边坡土方的挖、填土方量。

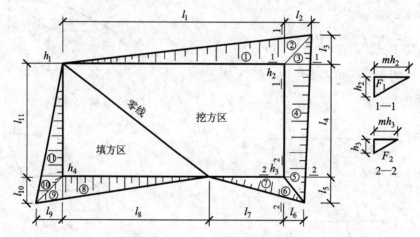

图 1-11　场地边坡土方量计算

(1) 棱锥体边坡体积。

例如，图 1-11 中的①，其体积为

$$V_1 = \frac{1}{3} F_1 l_1$$

式中：l_1 ——边坡①的长度；

　　　F_1 ——边坡①的端面积。

(2) 三角棱柱体边坡体积。

例如，图 1-11 中的④，其体积为

$$V_4 = \frac{F_1 + F_2}{2} l_4$$

在两端横断面面积相差很大的情况下，则

$$V_4 = \frac{l_4}{6}(F_1 + 4F_0 + F_2)$$

1.2.3　土方平衡与调配

土方工程量计算完成以后就可进行土方调配。土方调配就是对挖方土需运至何处，填方所需的土应取自何方进行综合协调处理。其目的是在土方运输量最小或土方运输费用最小的条件下，确定挖填方区土方的调配方向、数量及平均运距，从而缩短工期，降低成本。

土方调配工作的内容主要包括：划分调配区、计算土方调配区之间的平均运距、选择最优的调配方案及绘制土方调配图表。

1．调配原则

土方的调配原则包括：力求挖填平衡，运距最短，费用最省；便于改土造田；考虑土方的利用，减少土方的重复挖、填和运输。

2．步骤与方法

1) 划分调配区

进行土方调配时，首先要划分调配区。划分调配区应注意下列几点：

(1) 调配区的范围应该与工程建(构)筑物的平面位置相协调，并考虑它们的开工顺序、工程的分期施工顺序。

(2) 调配区的大小应该满足土方施工主导机械(铲运机、挖土机等)的技术要求。

(3) 调配区的范围应该和土方工程量计算用的方格网相协调，通常可由若干个方格组成一个调配区。

(4) 当土方运距较大或场地范围内土方不平衡时，可根据附近的地形考虑就近取土或就近弃土，这时一个取土区或弃土区可作为一个独立的调配区。

2) 求出各挖、填方区间的平均运距

挖、填方区间的平均运距即每对调配区土方重心间的距离，可近似以几何形心代替土方体积重心，先在图上将重心连起来，再用比例尺量出来。

3) 画出土方调配图

画出土方调配图(如图 1-12 所示)，在图上标出各调配区的调配方向、数量及平均运距。

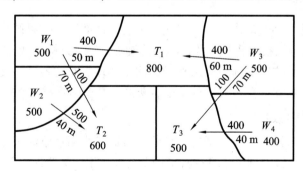

图 1-12 土方调配图

4) 确定土方调配的初始方案

用最小元素法求初始调配方案。

最小元素法即对运距(或单价)最小的一对挖填分区，优先且最大限度地供应土方量，满足该分区后，以此类推，直至所有的挖方分区土方量全部分完为止。

5) 确定土方调配的最优方案

利用"最小元素法"确定的初始方案有限，考虑就近调配时求得的总运输量是较小的，但这并不能保证其总运输量是最小的，因此，还需要确定最优调配方案。一般采用的是"闭回路法"或"位势法"。

1.3 基坑施工

场地平整工作完成后便可进行基坑的开挖，基坑的开挖往往涉及一系列的问题，如边坡的稳定、基坑的支护、降低地下水位以及基坑开挖方案的确定等。

1.3.1 基坑开挖前的施工准备

1. 学习与审查图纸

施工单位在接到施工图后，应先组织各专业主要人员对图纸进行学习及综合审查，核对平面尺寸和坑底标高，并核对各专业图纸间有无矛盾和差错，熟悉地质、土层和水文勘察资料，了解基础形式、工程规模、结构的形式与特点、工程量和质量要求，弄清楚地下管线、构筑物与地基的关系，进行图纸会审，对发现的问题逐条予以解决。

2. 编制施工方案

研究制定施工现场基础开挖方案，绘制施工总平面图，确定开挖顺序、范围、基础底面标高、边坡坡度、排水沟和集水井位置以及土方堆场，提出施工机具、劳动力的配备计划，推广新技术计划。深基坑开挖还需提出支护和降水方案。

3. 场地平整及清理障碍物

平整场地应按建筑总平面图中的标高进行。清理障碍物时一定要弄清楚情况并采取相应的措施，防止发生事故。

4. 测量定位放线

建筑物的定位是指将建筑物外墙轴线交点测设到地面上，并以此作为基础，测设好细部测设的依据。通常可以根据建筑红线、测量控制点、建筑方格网或已有的建筑物来定位。

放线是指根据已定位的主轴线交点桩详细测出建筑物其他各轴线交点的位置，并用木桩标定出来，据此按基础宽度和放坡宽度用石灰撒出开挖边界线。

5. 修建临时设施与道路

施工现场所需临时设施主要包括生产性临时设施和生活性临时设施。生产性临时设施有混凝土搅拌站、各种作业棚、建筑材料堆场及仓库。生活性临时设施主要有宿舍、食堂、办公室、厕所等。所有这些临时设施应尽可能利用永久性工程，按现场施工平面图搭设。

开工前应修好施工现场内机械的运行道路，主要运输道路宜结合永久性道路的布置修筑，同时做好现场供水、供电、供气以及施工机具和材料进场。

1.3.2 降低地下水位

在基坑开挖过程中，当基坑底面低于地下水位时，由于土壤的含水层被切断，地下水将不断渗入基坑。这时如不采取有效措施排水，降低地下水位，不但会使施工条件恶化，而且基坑经水浸泡后会导致地基承载力的下降和边坡塌方。因此，为了保证工程质量和施工安全，在基坑开挖前或开挖过程中，必须采取措施降低地下水位，使基坑在开挖过程中坑底始终保持干燥。

对于地面水(雨水、生活污水)，一般采取在基坑四周或流水的上游设排水沟、截水沟或挡水土堤等办法解决。对于地下水则常采用集水井明排降水和井点降水的方法，使地下水位降至所需开挖的深度以下。

无论采用何种方法，降水工作都应持续到基础工程施工完毕并回填土后才可停止。

1. 集水井明排法

集水井明排法是在基坑开挖过程中，沿坑底周围或中央开挖有一定坡度的排水沟，再在坑底每隔一定距离(一般为 20～40 m)设置一个集水坑，使地下水通过排水沟流入集水坑内，然后用水泵抽走，如图 1-13 所示。

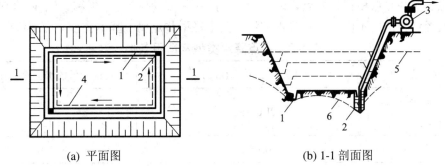

(a) 平面图　　　　　　　　　　　(b) 1-1 剖面图

1—排水明沟；2—集水井；3—水泵；4—基础外边线；5—原地下水位线；6—降低后地下水位线

图 1-13　明沟与集水井排水

集水井明排法是一种常用的最经济、最简单的方法，但仅适用于土质较好且地下水位不高的基坑开挖，当土为细砂或粉砂时，易发生流砂现象，此时可采用井点降水的方法。

1) 集水井与排水明沟的设置

集水井与排水明沟宜布置在拟建建筑基础边 0.4 m 以外，沟边缘离开边坡坡脚不应小于 0.3 m；排水明沟沟底宽一般不宜小于 0.3 m，底面应比挖土面低 0.3～0.4 m，排水纵坡宜控制在 1‰～2‰ 内；集水井直径或宽度一般为 0.6～0.8 m，其底面应比排水沟底低约0.5 m 以上，并随基坑的挖深而加深。当基坑挖至设计标高后，集水井应进一步加深至低于基坑底 1～2 m，并铺填约 0.3 m 厚的碎石滤水层，以免因抽水时间较长而携带大量泥砂，并防止集水井的土被扰动。

2) 水泵的选用

集水井明排水用水泵从集水井中抽水，常用的水泵有潜水泵、离心水泵和泥浆泵。一般所选用水泵的抽水量为基坑涌水量的 1.5～2 倍。

3) 流砂的发生与防止

当基坑挖至地下水位以下且采用集水井排水时，如果坑底、坑壁的土粒形成流动状态随地下水的渗流不断涌入基坑，则称这种现象为流砂。

发生流砂时，土完全丧失承载力，土边挖边冒，很难挖到设计深度，会给施工带来极大困难，严重时还会引起边坡塌方，甚至危及临近建筑物。

影响流砂现象的关键因素是动水压力的大小与方向，所以，防治流砂的主要途径是减小或平衡动水压力，或者改变动水压力的方向。其具体措施有：抢挖法、打钢板桩法、井点降低地下水位等方法，此外，还可选择在枯水期施工或在基坑四周修筑地下连续墙止水。

2．井点降水法

井点降水就是在基坑开挖前，预先在基坑周围埋设一定数量的滤水管(井)，利用抽水设备不断抽出地下水，使地下水位降低到坑底以下，直至基础工程施工完毕，使所挖的土始终保持干燥状态。

井点降水法改善了工作条件，防止了流砂的发生。同时，由于地下水位降落过程中动水压力向下作用与土体自重作用，使基底土层压密，提高了地基土的承载能力。

井点降水法按其系统的设置、吸水原理和方法的不同，可分为轻型井点、喷射井点、电渗井点、深井井点和管井井点，见表1-2。可根据基础规模、土的渗透性、降水深度、设备条件及经济性选用不同的井点降水方法，其中轻型井点属于基本类型，应用最广泛。

表1-2　井点降水类型及适用条件

井点类型	土层渗透系数/(m/d)	可能降低的水位深度/m
一级轻型井点 多级轻型井点	1.0～20	3～6 6～12
喷射井点	0.1～20	8～20
电渗井点	<0.1	宜配合其他形式降水使用
深井井点	10～250	15～50
管井井点	20～200	3～5

1) 轻型井点

轻型井点沿基坑四周每隔一定距离将若干直径较小的井点管埋入蓄水层内，井点管上端伸出地面，通过弯联管与总管相连并引向水泵房，利用抽水设备将地下水从井点管内不断抽出，使地下水位降至坑底以下，如图1-14、图1-15所示。

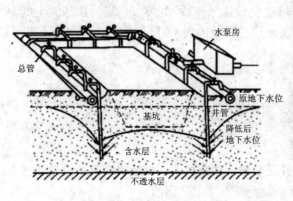

图1-14　轻型井点降水法全貌

图1-15　轻型井点施工图

(1) 轻型井点的组成。

轻型井点主要由管路系统和抽水设备两部分组成。

① 管路系统。管路系统包括滤管、井点管、弯联管及总管。

滤管是地下水的吸入口，一般采用长 1～1.5 m、直径 38～50 mm 的无缝钢管。管壁上钻有直径为 12～18 mm 的滤水孔，呈梅花形排列，滤孔面积为滤管表面积的 20%～25%，外包两层滤网，内层细滤网采用 30～80 目的金属或尼龙网，外层粗滤网采用 5～10 目金属网或尼龙网。为了使吸水通畅，避免滤孔淤塞，在管壁与滤网之间用金属丝绕成螺旋形隔开，滤网的最外面再绕一层粗金属网。滤管的上端与井点管相连，下端有一铸铁头，便于插入土层并阻止泥砂进入。

井点管采用长为 5～7 m、直径为 38～50 mm 的钢管，可用整根或分节组成，上端用弯联管与总管相连。

弯联管一般用塑料透明管或橡胶管制成，上面装有阀门，以便调节或检修井点。

总管一般用直径为 75～110 mm 的无缝钢管分节连接而成，每节长 4 m，每隔 0.8～1.6 m 设一个与井点管连接的短接头，按 2.5‰～5‰坡度坡向泵房。

② 抽水设备。抽水设备常用的有干式真空泵井点设备和射流泵井点设备两类。

(2) 轻型井点的布置。

轻型井点的布置，应根据基坑的大小和深度、土质、地下水位的高低与流向、降水深度要求等因素确定，设计时主要考虑平面和高程两个方面。

① 平面布置。当基坑或沟槽宽度小于 6 m 且降水深度不超过 6 m 时，可用单排井点，将井点管布置在地下水上游一侧，两端的延伸长度不宜小于该坑或槽的宽度，如图 1-16 所示；若基坑宽度大于 6 m 或土质不良，则宜采用双排井点，如图 1-17 所示；对于面积较大的基坑宜采用环形井点布置，如图 1-18 所示。

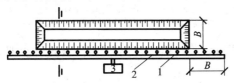

1—总管；2—井点管；3—抽水设备

(a) 平面布置

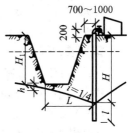

(b) 高程布置

图 1-16 单排线状井点布置

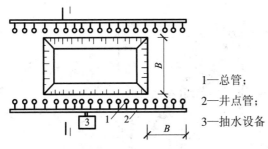

(a) 平面布置

1—总管；
2—井点管；
3—抽水设备

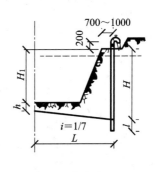

(b) 高程布置

图 1-17 双排线状井点布置

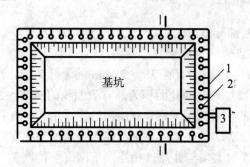
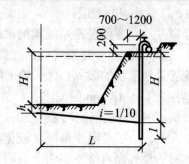

1—总管；2—井点管；3—抽水设备

(a) 平面布置　　　　　　　(b) 高程布置

图 1-18　环状井点布置

井点管距离基坑壁不宜过小，一般取 0.7～1.2 m，以防止坑壁发生漏气而影响系统中的真空度。井点管间距按计算或经验确定，一般为 0.8～1.6 m，靠近河流处或总管四角部位，井点管应适当加密。

当采用多套抽水设备时，井点系统应分段，各段长度应大致相等，分段地点宜选择在基坑转弯处，以减少总管弯头数量，提高水泵抽吸能力。水泵宜设置在各段总管中部，使泵两边水流平衡。分段处应设阀门或将总管断开，以免管内水流紊乱，从而避免其影响抽水效果。

② 高程布置。轻型井点的降水深度从理论上讲可达 10 m 左右，但由于抽水设备的水头损失，实际降水深度一般不大于 6 m。井点管的埋设深度 H(不包括滤管)可按下式计算：

$$H \geqslant H_1 + h + iL$$

式中：H_1——井点管埋设面到基坑底面的距离(m)；

　　　h——基坑底面至降低后的地下水位线的距离，一般取 0.5～1.0 m(人工开挖取下限，机械开挖取上限)；

　　　i——降水曲线坡度，可取实测值或按经验，单排井点取 1/4，双排井点取 1/7，环形井点取 1/10～1/15；

　　　L——井点管中心至基坑中心的水平距离，单排井点为至基坑另一边的距离(m)。

如 H 值小于降水深度 6 m，可用一级井点，H 值稍大于 6 m 时，若降低井点管的埋设面后可满足降水深度要求，仍可采用一级井点；当一级井点达不到降水深度要求时，可采用二级井点或多级井点，即先挖去第一级井点所疏干的土，然后在其底部埋设第二级井点，如图 1-19 所示。

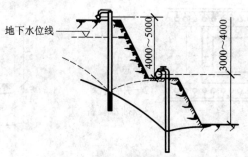

图 1-19　二级轻型井点示意图

确定井点埋深时应考虑到井点管一般要露出地面 0.2 m 左右。

对于滤管来说，任何情况下滤管必须埋在透水层内。

(3) 轻型井点的计算。

轻型井点的计算主要包括涌水量计算、井点管数量与间距的确定、抽水设备的选用等。

① 涌水量计算。

井点系统涌水量受诸多不易确定的因素影响，计算比较复杂，难以得出精确值，目前一般是按水井理论进行近似计算的。

水井的类别有多种，如图 1-20 所示，根据井底是否达到不透水层，水井可分为完整井和非完整井，井底到达含水层下面的不透水层顶面的井称为完整井，否则称为非完整井。

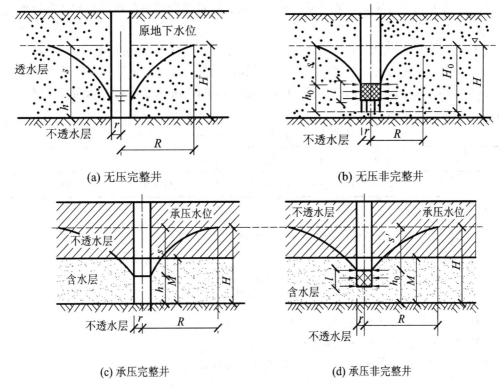

(a) 无压完整井　　　　　　　　　(b) 无压非完整井

(c) 承压完整井　　　　　　　　　(d) 承压非完整井

图 1-20　水井的分类

根据地下水有无压力，水井又可分为承压井和无压井。

对于无压完整井的环形井点系统，群井涌水量计算公式为

$$Q = 1.366K \frac{(2H - S)S}{\lg R - \lg x_o} \tag{1-2}$$

式中：Q ——井点系统的涌水量($\mathrm{m^3/d}$)；

　　　　K ——土的渗透系数($\mathrm{m/d}$)；

　　　　H ——含水层厚度(m)；

　　　　S ——水位降低值(m)；

R ——抽水影响半径(m);

x_o ——环状井点系统的假想半径(m)。

按式(1-2)计算涌水量时，需先确定 R、x_o、K 值。

对于矩形基坑，其长度与宽度之比不大于 5 时，R、x_o 值可分别按下式计算：

$$R = 1.95S\sqrt{HK}$$

$$x_o = \sqrt{\frac{F}{\pi}}$$

式中：F 为环状井点系统包围的面积(m^2)。

渗透系数 K 值直接影响降水效果，一般可根据地质勘探报告提供的数据或通过现场抽水试验确定 K 值。

对于无压非完整井的环形井点系统，地下潜水不仅会从井的侧面流入，还会从井点底部渗入，因此涌水量比完整井大。为了简化计算，仍可按式(1-2)计算，但此时式中 H 应换成有效抽水影响深度 H_0，H_0 值可按表 1-3 确定，当算得 H_0 大于实际含水量厚度时，仍取 H 值。

表 1-3　抽水影响深度 H_0　　　　　　　　　　　　　m

$s'(s'+l)$	0.2	0.3	0.5	0.8
H_0	$1.3(s'+l)$	$1.5(s'+l)$	$1.7(s'+l)$	$1.85(s'+l)$

注：s' 为井点管中水位降低值；l 为滤管长度。

承压完整井的环状井点系统的涌水量计算公式为

$$Q = 2.73K\frac{MS}{\lg R - \lg x_o}$$

式中：M ——承压含水层的厚度(m)；

K、S、R、x_o ——与公式(1-2)相同。

承压非完整井的环状井点系统的涌水量计算公式为

$$Q = 2.73K\frac{MS}{\lg R - \lg x_o} \cdot \sqrt{\frac{M}{l+0.5r}}\sqrt{\frac{2M-l}{M}}$$

式中：r ——井点管半径(m)；

l ——滤管长度(m)；

K、S、R、x_o ——与公式(1-2)相同。

若用以上各式计算轻型井点系统涌水量，要先确定井点系统布置方式和基坑计算图形面积。如矩形基坑的长宽比大于 5 或基坑宽度大于抽水影响半径的两倍时，需将基坑分块，使其符合上述各式的适用条件，然后分别计算各块的涌水量和总涌水量。

② 确定井点管数量及井距。

确定井点管数量需要先确定单根井点管的出水量，其最大出水量按下式计算：

$$q = 65\pi dl\sqrt[3]{K}$$

式中：d——滤管直径(m)；

l——滤管长度(m)；

K——渗透系数(m/d)。

井点管数量由下式确定：

$$n = 1.1\frac{Q}{q}$$

式中：1.1 为井点管备用系数。

井点管最大间距为

$$D = \frac{L}{n}$$

式中：L 为总管长度(m)。

实际采用的井点管间距应大于 $15D$，不能过小，以免彼此干扰，影响出水量，并且还应与总管接头的间距(0.8 m、1.2 m、1.6 m)相吻合，最后根据实际采用的井点管间距，确定井点管根数。

【例题】 某工程基坑宽 10 m，长 19 m，深 4.1 m，挖土边坡 1∶0.5，地下水位在室外地坪以下 0.6 m。根据地质勘察资料，该处地面下 0.7 m 为杂填土，此层下面有 6.6 m 的细砂层，土的渗透系数 $K = 5$ m/d，再往下为不透水的黏土层。现采用轻型井点设备人工降低地下水位，机械开挖土方，试对该轻型井点系统进行设计。

解 ① 井点系统布置。

该基坑顶部平面尺寸约为 14 m×23 m，布置环状井点，井点管距离边坡为 0.8 m。

要求降水深度为

$$S = 4.10 - 0.6 + 0.5 = 4.0 \text{ m}$$

因此，采用一级轻型井点系统即可满足要求，总管和井点管布置在同一水平面上。

总管长度为

$$L_{总} = (23 + 14) \times 2 + 8 \times 0.8 = 80.4 \text{ m}$$

井点管要求埋设深度为

$$H = H_1 + h + iL = 4.1 + 0.5 + \frac{1}{10} \times \left(\frac{14}{2} + 0.8\right) = 5.38 \text{ m}$$

因此，可采用直径为 50 mm、长度为 6 m 的井点管，井点管露出地面 0.2 m，埋入土中 5.8 m，满足埋深要求。

采用直径 50 mm、长度为 1.5 m 的滤管，滤管底部距不透水层的距离为

$$5.8 + 1.5 = 7.3 \text{ m}$$

根据自然土质情况，不透水层的顶部距离地面为 0.7 + 6.6 = 7.3 m，因此，可按无压完整井进行设计和计算。

② 基坑总涌水量计算。

含水层厚度：

$$H = 7.3 - 0.6 = 6.7 \text{ m}$$

降水深度：

$$s = 4.1 - 0.6 + 0.5 = 4.0 \text{ m}$$

基坑假想半径：由于该基坑长宽比不大于 5，所以可化简为一个假想半径为 x_o 的圆井进行计算：

$$x_0 = \sqrt{\frac{F}{\pi}} = \sqrt{\frac{(14 + 0.8 \times 2)(23 + 0.8 \times 2)}{3.14}} = 11 \text{ m}$$

抽水影响半径：

$$R = 1.95 S \sqrt{HK} = 1.95 \times 4 \sqrt{6.7 \times 5} = 45.1 \text{ m}$$

基坑总涌水量：

$$Q = 1.366 K \frac{(2H - S)S}{\lg R - \lg x_o} = \frac{1.366 \times 5(2 \times 6.7 - 4) \times 4}{\lg 45.1 - \lg 11} = 419 \text{ m}^3/\text{d}$$

③ 计算井点管数量和间距。

单井出水量：

$$q = 65\pi dl \sqrt[3]{K} = 65 \times 3.14 \times 0.05 \times 1.23 \sqrt[3]{5} = 20.9 \text{ m}^3/\text{d}$$

井点管数量：

$$n = 1.1 \frac{Q}{q} = 1.1 \times \frac{419}{20.9} = 22 \text{ 根}$$

在基坑四角处井点管应加密，如考虑每个角加 2 根井管，采用的井点管数量为 22 + 8 = 30 根。

井点管间距平均为

$$D = 2 \times \frac{24.6 + 15.6}{30 - 1} = 2.77 \text{ m，取 } 2.4 \text{ m}$$

布置井点管时，为让开机械挖土开行路线，宜布置成端部开口(即留 3 根井管数量距离)，因此，实际需要井点管数量为

$$D = 2 \times \frac{24.6 + 15.6}{2.4 - 2} = 31.5 \text{ 根，用 } 32 \text{ 根}$$

(4) 轻型井点的施工。

轻型井点系统的施工主要包括施工准备、井点系统的安装、使用及拆除。

井点系统的安装顺序是：埋设总管→冲孔→埋设井点管→灌填砂滤层→用弯联管将井点管与总管连接→安装抽水设备。

井点管的埋设一般用水冲法进行，它包括冲孔与埋管两个过程，如图 1-21 所示。

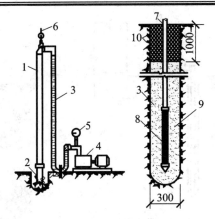

1—冲管；2—冲嘴；3—胶皮管；4—高压水泵；5—压力表；
6—起重机吊钩；7—井点管；8—滤管；9—填砂；10—黏土封口

图 1-21 井点管的埋设

冲孔时，先用起重设备将冲管吊起并插在井点的位置上，然后开动高压水泵，将土冲松，冲管则边冲边沉。冲孔直径一般为 300 mm，以保证井管四周有一定厚度的砂滤层；冲孔深度宜比滤管底深 0.5 m 左右，以防冲管拔出时部分土颗粒沉于底部而触及滤管底部。

井孔冲成后，立即拔出冲管，插入井点管，并在井点管与孔壁之间迅速填灌砂滤层，以防孔壁塌土。砂滤层一般宜选用干净粗砂，填灌均匀，并填至滤管顶上 1～1.5 m，以保证水流畅通。

井点填砂后，在地面以下 0.5～1.0 m 内必须用黏土封口，以防漏气。

井点管埋设完毕，应接通总管与抽水设备进行抽水试验，以检查有无死井(井点管淤塞)或漏气、漏水现象。

井点系统的使用过程中应连续抽水，时抽时停会抽出大量泥沙，使滤管淤塞，并可能造成附近建筑物因土粒流失而沉降开裂。

井点降水工作结束后所留的井孔必须用砂砾或黏土填实。

(5) 井点回灌。

在降水的同时，由于挖掘部位地下水的降低导致其周围地区地下水位随之下降，使土层中因失水而产生压密，容易导致周围邻近建筑物的不均匀沉降或开裂。为了防止这种不利情况的发生，通常需要设置回灌井点以进行井点回灌。

井点回灌就是在井点降水的同时将抽出的地下水通过回灌井点再灌入地基土层内，水从井点周围土层渗透，在土层中形成一个和降水井点相反的倒转降落漏斗，使降水井点的影响半径不超过回灌井点的范围。这样，回灌井点就似一道隔水帷幕，阻止回灌井点外侧的建筑物地下水流失，使地下水位基本保持不变，土层压力仍处于原始平衡状态，从而有效地防止降水井点对周围建筑物的影响，如图 1-22、图 1-23 所示。

回灌水宜采用清水，以免阻塞井点，回灌水量和压力大小均须通过计算得到，并通过对观测井的观测加以调整，既要起到隔水帷幕的作用，又要防止回灌水外溢而影响基坑内正常作业。

回灌井点的埋设深度应根据透水层深度来决定，要保证基坑的施工安全和回灌效果。

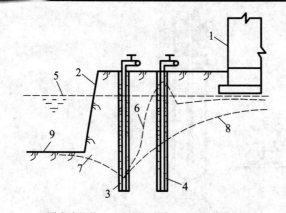

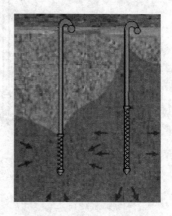

1—原有建筑物；2—基坑边坡；3—降水井点；

4—回灌井点；5—原有地下水位线；6—回灌后水位线；

7—基坑内降低后的水位线；8—受降水井点影响后的水位线

图1-22 回灌井点构造图　　　　　　　图1-23 回灌井点示意图

回灌井点的滤管部分从地下水位以上 0.5 m 处开始直至井管底部，也可采用与降水井点管相同的构造，但须保证成孔和灌砂的质量。

回灌井点与降水井点之间应保持一定距离，一般应不少于 6 m，防止降水、回灌两进"相通"，启动和停止应同步。

井点回灌时，应在降、灌水区域附近设置一定数量的沉降观测点及水位观测井，定时观测、记录，及时调整降、灌水量，以保持水幕作用。

2) 喷射井点

当基坑开挖所需降水深度超过 6 m 时，一级的轻型井点就难以收到预期的降水效果，这时如果场地许可，可以采用二级甚至多级轻型井点以增加降水深度，达到设计要求。但是这样一来会增加基坑土方施工工程量和降水设备用量从而延长工期，二来也扩大了井点降水的影响范围而对环境不利。因此，可考虑采用喷射井点。

根据工作流体的不同，以压力水作为工作流体的为喷水井点，以压缩空气作为工作流体的是喷气井点，两者的工作原理是相同的。

喷射井点系统主要由喷射井点、高压水泵(或空气压缩机)和管路系统组成。

喷射井管由内管和外管组成，内管的下端装有喷射扬水器，与滤管相连。当喷射井点工作时，由地面高压离心水泵供应的高压工作水经过内外管之间的环行空间直达底端，在此处工作流体由特制内管的两侧进水孔至喷嘴喷出，在喷嘴处由于断面突然收缩变小，使工作流体具有极高的流速(30～60 m/s)，在喷口附近造成负压(形成真空)，将地下水经过滤管吸入，吸入的地下水在混合室与工作水混合，然后进入扩散室，水流在强大压力的作用下把地下水连同工作水一起扬升出地面，经排水管道系统排至集水池或水箱，一部分用低压泵排走，另一部分供高压水泵压入井管外管内作为工作水流。如此循环作业，将地下水不断地从井点管中抽走，使地下水渐渐下降，达到设计要求的降水深度。

喷射井点用作深层降水的适用范围为粉土、极细砂和粉砂。砂粒较粗时，由于出水量较大，循环水流就显得不经济，这时宜采用深井泵。一般一级喷射井点可降低地下位 8～

20 m，有时甚至可达 20 m 以上。

3) 电渗井点

在黏土和粉质黏土中进行基坑开挖施工，由于土体的渗透系数较小，为加速土中水分向井点管中流入，提高降水施工的效果，除了应用真空产生抽吸作用以外，还可加用电渗。

电渗井点一般与轻型井点或喷射井点结合使用，利用轻型井点或喷射井点管本身作为阴极，同时利用一金属棒(钢筋、钢管、铝棒等)作为阳极，当通入直流电(采用直流发电机或直流电焊机)后，带有负电荷的土粒即向阳极移动(电泳作用)，而带有正电荷的水则向阴极方向集中，产生电渗现象，见图 1-24。在电渗与井点管内的真空双重作用下，强制黏土中的水由井点管快速排出，井点管连续抽水，从而使地下水位渐渐降低。

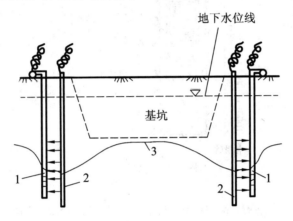

1—井点管；2—金属棒；3—地下水降落曲线

图 1-24 电渗井点

因此，对于渗透系数较小(小于 0.1 m/d)的饱和黏土，特别是淤泥和淤泥质黏土，单纯利用井点系统的真空产生的抽吸作用可能较难将水从土体中抽出排走，利用黏土的电渗现象和电泳作用特性，一方面可以加速土体固结，增加土体强度，另一方面也可以达到较好的降水效果。

4) 深井井点

对于渗透系数大、涌水量大，降水较深的非砂类土和用其他井点降水不易解决的深层降水，可采用深井井点系统。

深井井点降水是在深基坑的周围埋置深于基坑的井管，使地下水通过设置在井管内的潜水电泵将地下水抽出，地下水位低于坑底其构造见图 1-25。

深井井点降水具有排水量大、降水深(可达 50 m)、不受吸程限制、排水效果好、井距大、对平面布置的干扰小等优点，可用于各种不同情况，并且不受土层限制。其成孔(打井)用人工或机械均可，施工上较易实现。井点的制作、降水设备及操作工艺、维护均较简单，施工速度快。井点管采用钢管和塑料管时，可以整根拔出重复使用。

深井井点的缺点是一次性投资大，成孔质量要求严格，降水完毕，井管拔出较困难。

深井井点适用于渗透系数较大(10~250 m/d)、土质为砂类土、地下水丰富、降水深、面积大、时间长的情况，在有流砂和重复挖填土方区使用下效果尤佳。

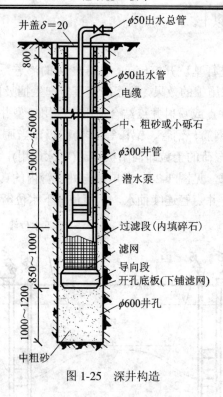

图 1-25　深井构造

5) 管井井点

对于渗透系数为 20～200 m/d 且地下水丰富的土层、砂层，用明排水会造成土颗粒大量流失，引起边坡塌方，用轻型井点难以满足排降水的要求，此时可采用管井井点。

管井井点是沿基坑每隔一定距离设置一个管井，或在坑内降水时每隔一定距离设置一个管井，每个管井单独用一台水泵不断抽取管井内的水来降低地下水位，如图 1-26 所示。其管井的滤管见图 1-27。

图 1-26　管井井点降水

图 1-27　管井井点的滤管

管井井点具有排水量大、排水效果好、设备简单、易于维护等特点，降水深度可达 3～5 m，可代替多组轻型井点作用。

1.3.3　基坑支护

基坑开挖前应根据工程结构形式、基础埋置深度、地质条件、施工方法及工期等因素，确定基坑支护形式，并编制专项施工方案。

1. 土方边坡

为了防止土壁塌方，保证施工安全，当挖方超过一定深度或填方超过一定高度时，所做成的一定形式的边坡称为土方边坡。

土方边坡的坡度用其高度 H 与底宽 B 之比来表示，即

$$土方边坡坡度 = \frac{H}{B} = \frac{1}{\frac{B}{H}} = 1 : m$$

式中：$m = B/H$ 称为边坡系数。

边坡坡度应根据土质条件、开挖深度、开挖方法、排水情况、地下水位情况、边坡留置时间、边坡上部荷载情况、相邻建筑物情况及气候条件等因素确定，可做成直线形、折线形或阶梯形，如图 1-28 所示。

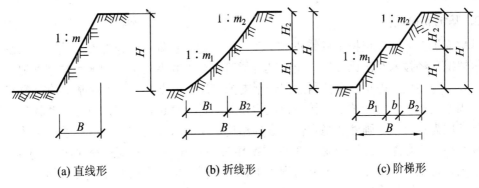

(a) 直线形　　　　　(b) 折线形　　　　　(c) 阶梯形

图 1-28　土方边坡

永久性挖方边坡应按设计要求放坡，在坡体整体稳定的情况下，如地质条件良好、土(岩)质较均匀，高度在 3 m 以内的临时性挖方边坡值应符合表 1-4 的规定。

表 1-4　临时性挖方边坡坡度值

土 的 类 别		边坡坡度
砂土(不包括细砂、粉砂)		1:1.25～1:1.50
一般性黏土	坚硬	1:0.75～1:1.00
	硬塑	1:1.00～1:1.25
碎石类土	密实、中密	1:0.50～1:1.00
	稍密	1:1.00～1:1.50

2. 土壁支撑

开挖狭窄的基坑(槽)或管沟时，可采用横撑式钢木支撑，如图 1-29 所示。

贴附于土壁上的挡土板，可水平铺设或垂直铺设，也可断续铺设或连续铺设。

断续式水平挡土板支撑用于湿度小的黏性土及挖土深度小于 3 m 时的土；连续式水平挡土板支撑用于挖土深度不大于 5 m、较潮湿或松散的土；连续式垂直挡土板支撑则常用于湿度很高及松散的土，它对挖土深度没有限制。

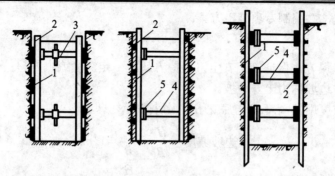

(a) 断续式水平挡土板；(b) 连续式水平挡土板；(c) 连续式垂直挡土板

1—挡土板；2—方木；3—工具式横撑；4—撑木；5—木楔

图 1-29　横撑式支撑

采用横撑式支撑时，应随挖随撑，支撑要牢固。拆除时，应按回填顺序依次进行，多层支撑应自下而上逐层拆除，随拆随填。

3. 基坑支护

基坑支护的方法应根据工程特点、土质条件、地下水位、开挖深度、施工方法及相邻建筑等情况，经技术经济比较后选定。其种类可分为加固型支护、边坡稳定型支护、支挡型支护及各种类型支护相结合使用的混合型支护。混合型支护多用于深基坑的支护。

加固型支护对基坑边坡滑动棱体范围内及其附近土体进行加固，以改善其物理力学性能，使其成为具有一定强度和稳定性的土体结构，从而保证边坡稳定，并兼有抗渗作用。其主要结构形式有深层搅拌水泥土桩(深层搅拌法)、高压喷射桩(高压喷射注浆法)等。

边坡稳定型支护指在基坑土壁内埋入土钉或锚杆以增加土层的稳定性。其主要形式有土钉支护、土层锚杆支护等。

支挡型支护利用设置在基坑土壁上的支挡构件承受土壁的侧压力及其他荷载以保持土体结构稳定。其主要形式有排桩式支护、板桩式支护等。

1) 深层搅拌水泥土桩支护

深层搅拌水泥土桩是利用特制的深层搅拌机在边坡土体需要加固的范围内，将软土与固化剂强制拌合，使软土硬结成具有整体性、水稳性和足够强度的水泥加固土，又称为水泥土搅拌桩，见图 1-30，其工艺流程如图 1-31 所示。

图 1-30　深层搅拌水泥土桩

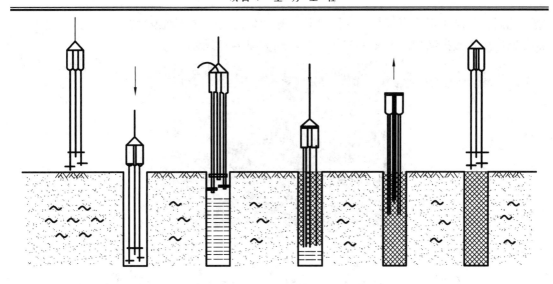

(a) 定位　　(b) 预搅下沉　(c) 喷浆搅拌上升 (d) 重复搅拌下沉 (e) 重复搅拌上升　　(f) 完毕

图 1-31　深层搅拌水泥土桩施工工艺流程

深层搅拌法利用的固化剂为水泥浆或水泥砂浆，水泥的掺量为加固土重的 7%～15%，水泥砂浆的配合比为 1∶1 或 1∶2。

(1) 深层搅拌机。

深层搅拌机是深层搅拌水泥土桩施工的主要机械。目前国内外已应用的有中心管喷浆方式和叶片喷浆方式。前者输浆方式中的水泥浆是从两根搅拌轴之间的另一根管子输出，不影响搅拌均匀度，可适用于多种固化剂；后者水泥浆是从叶片上若干个小孔喷出，这样可使水泥浆与土体混合较均匀，适用于大直径叶片和连续搅拌，但因为喷浆孔小易堵塞，它只能用于纯水泥浆而不能用于其他固化剂。

(2) 施工工艺。

① 定位：用起重机悬吊搅拌机到达指定桩位，然后对中。

② 预搅下沉：待深层搅拌机的冷却水循环正常后，启动搅拌机，放松起重机钢丝绳，使搅拌机沿导向架搅拌切土下沉。

③ 制备水泥浆：待深层搅拌机下沉到一定深度时，开始按设计确定的配合比拌制水泥浆，压浆前将水泥浆倒入集料斗中。

④ 提升、喷浆、搅拌：待深层搅拌机下沉到设计深度后，开启灰浆泵将水泥浆压入地基，且边喷浆、边搅拌，同时按设计确定的提升速度提升深层搅拌机。

⑤ 重复上下搅拌：为使土和水泥浆搅拌均匀，可再次将搅拌机边旋转边沉入土中，至设计深度后再提升出地面。桩体要求互相搭接，搭接长度应大于 200 mm，以形成整体。

⑥ 清洗、移位：向集料斗中注入适量清水，开启灰浆泵，清除全部管路中残存的水泥浆，并将黏附在搅拌头上的软土清洗干净，然后移位，进行下一根桩的施工。

2) 高压喷射桩支护

高压喷射桩是利用工程钻机钻孔至设计标高后，将钻杆从地基深处逐渐上提，同时利用安装在钻杆端部的特殊喷嘴向周围土体喷射固化剂，将软土与固化剂强制混合，使其胶结硬化后在地基中形成直径均匀的圆柱体,该固化后的圆柱体称为喷射桩,桩体相连形成帷幕墙,用作支护结构,见图1-32,工艺流程如图1-33所示。

图1-32　高压喷射注浆机

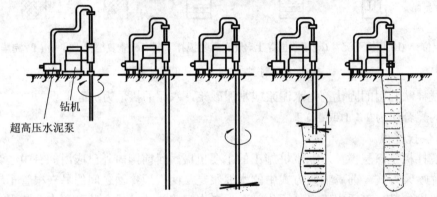

(a) 定位、钻进　(b) 钻至预定深度　(c) 开始旋喷　(d) 边旋喷边提升　(e) 旋喷结束成桩

图1-33　高压喷射注浆(旋喷)施工顺序图

高压喷射桩的注浆形式分为旋喷注浆、摆喷注浆和定喷注浆三种类别。定喷适用于粒径不大于 20 mm 的松散地层;摆喷适用于粒径不大于 60 mm 的松散地层,大角度摆喷适用于粒径不大于 100 mm 的松散地层;旋喷适用于卵砾石地层及基岩残坡积层。

(1) 钻孔机。

高压喷射桩所用的施工机械为钻孔机。根据喷射方法的不同,钻孔机可分为单管钻孔机、双重管钻孔机和三重管钻孔机,施工时应根据设计桩径进行选用。

① 单管:单层喷射管,仅喷射水泥浆。

② 双重管:同时喷射高压水泥浆和空气两种介质。

③ 三重管:使用时分别输送水、空气和浆液三种介质。

(2) 施工工艺。

利用钻孔机进行高压喷射注浆的工艺流程为:钻机安装、就位→钻孔→插管→高压喷射作业→复喷搭接→冲洗。

① 钻机安装、就位:钻机安装在设计的孔位上,使钻杆头对准孔位的中心,为保证钻机达到设计要求的垂直度,钻机就位后,必须对其做水平校正,以使其钻杆轴垂直对准孔中心位置,采用水平尺校正,确保桩身垂直度偏差在 1.0% 以内。

② 钻孔:可采用干作业成孔或泥浆护壁成孔。在成孔过程中,如发现钻杆摇晃难钻时,

应放慢进度，否则容易导致桩孔偏斜、位移，甚至会导致钻杆、钻具损坏。钻进的深度取决于入土的位置。钻孔时要做好成孔记录。

③ 插管：注浆管随钻机钻头一起钻至预定深度。插管过程中，为防止泥浆堵塞喷嘴，可边射水边插管，水压力一般不超过 1 MPa。

④ 高压喷射作业：喷管插入预定深度后，由下而上进行喷射作业。水泥浆应在喷注前 1 小时内搅拌，当喷嘴到达设计高程后，先送高压水清管，然后再注浆。当达到喷射压力及喷浆量后，待水泥浆液返出孔口，开始提升喷嘴。为防止浆管扭断，必须连续不断地提升钻杆。喷射过程中若出现压力突降或骤增，必须查明原因，及时处理。如果孔内漏浆，应停止提升喷嘴。

⑤ 复喷搭接：当注浆管不能一次完成提升而需分次拆卸时，拆卸动作要快，卸管后继续喷射，喷射的搭接长度不得小于 100 mm。喷射中断 0.5 小时、1 小时、4 小时，搭接长度分别为 0.2 m、0.5 m、1.0 m。

⑥ 冲洗：喷射施工完毕后应迅速拔出注浆管，并把注浆管等机具设备冲洗干净，管内、机内不得残存水泥浆，以防止残存水泥浆硬化堵管。

3) 土钉墙支护

土钉墙支护是以土钉作为主要受力构件的边坡支护，它由密集的土钉群、被加固的原位土体、喷射的混凝土面层和必要的防水系统组成，又称土钉墙，适用于地下水位以上或经降水措施后的砂土、粉土、黏土等土体，见图 1-34，其构造如图 1-35 所示。

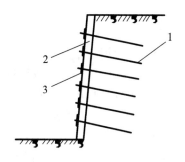

1—土钉；2—喷射混凝土面层；3—垫板

图 1-34　土钉墙支护　　　　　　　图 1-35　土钉墙支护构造

土钉是用做加固或同时锚固原位土体的细长杆件，通常采取在土层中钻孔、置入变形钢筋、沿孔全长注浆的方法做成。

土钉墙支护的构造要求如下：

(1) 土钉支护的墙面坡度不宜大于 1∶0.1。

(2) 土钉外露端部和面层应有效连接在一起，并设加强筋和承压板。

(3) 土钉长度宜为开挖深度的 0.5～1.2 倍，土钉间距宜为 0.6～1.2 m，土钉与水平面夹角为 10°～20°。

(4) 土钉宜选用 HRB335、HRB400 钢筋，直径 16～32 mm，钻孔直径宜为 70～120 mm。

(5) 面层喷射混凝土强度等级不宜低于 C20，厚度宜为 80～200 mm。

(6) 喷射混凝土面层中应配有钢筋网，采用 HPB235 钢筋，钢筋直径宜为 6～10 mm，间距宜为 150～300 mm，钢筋网搭接长度应大于 300 mm。

(7) 注浆材料为水泥浆或水泥砂浆，其强度等级不低于 M10。

(8) 坡面上可根据具体情况设置泄水孔。

4) 土层锚杆支护

土层锚杆支护是由一种设置于钻孔内、端部且伸入稳定土层中的钢绞线、钢丝束、钢筋或钢管与孔内注浆体组成的受拉杆体，它一端与支护结构相连，另一端锚固在土层中，通常对其施加预应力，以承受由土压力、水压力产生的拉力，用以维护构筑物的稳定，见图 1-36，其构造如图 1-37 所示。

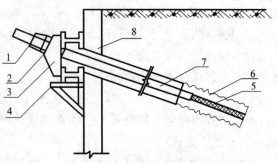

1—紧固圈；2—承压垫板；3—台座；4—支架；
5—拉杆；6—锚固体(水泥浆或水泥砂浆)；
7—套管；8—支护结构

图 1-36　土层锚杆支护　　　　　　　图 1-37　土层锚杆支护构造

土层锚杆一般由锚头、自由段和锚固段三部分组成，其中锚固段用水泥浆或水泥砂浆将杆体与土体黏结在一起形成锚杆的锚固体。

常用的土层锚杆用的拉杆有钢管、粗钢筋、钢丝束和钢绞线(见图 1-38)，主要根据承载能力和现有材料进行选择。土层锚杆的全长一般在 10 m 以上，长的可达到 30 m。

(1) 构造要求。

① 锚杆上、下排间距不宜小于 2.5 m，锚杆水平方向间距不宜小于 2.0 m。

② 锚杆锚固体上覆土层厚度不应小于 4.0 m，锚杆锚固段长度不应小于 4.0 m。

③ 倾斜锚杆的倾角不应小于 13°，并不得大于 45°，以 15°～35° 为宜。

图 1-38　土层锚杆支护的拉杆

(2) 施工工艺。土层锚杆的施工过程包括：成孔→安放拉杆→灌浆→张拉→锚固。

① 成孔：土层锚杆的成孔可采用螺旋式钻孔机、旋转冲击式钻孔机和冲击式钻孔机，见图 1-39。应用较多的是压水钻进法成孔工艺，它可把成孔过程中的钻进、出渣、清孔等工序一次完成。当土层无地下水时，可用螺旋钻干作业法成孔。

图 1-39 土层锚杆钻机

② 安放拉杆：拉杆使用前要除锈，钢绞线如涂有油脂，在其锚固段要仔细加以清除，以免影响与锚固体的黏结。成孔后即可将制作好的通长、中间无节点的钢拉杆插入管尖的锥形孔内。

③ 灌浆：灌浆是土层锚杆施工中的一个关键工序。常用的灌浆方法为一次灌浆法，即利用压浆泵将水泥浆经胶管压入拉杆内，再由拉杆管端注入锚孔，灌浆压力为 0.3～0.5 MPa。待浆液流出孔口时，用水泥袋纸塞入孔内，用湿黏土堵塞孔口，严密捣实，再以 400～600 kPa 的压力进行补灌，稳压数分钟即可。

④ 张拉和锚固：土层锚杆灌浆后，待锚固体强度达到设计强度的 80% 以上时，便可对锚杆进行张拉和锚固。张拉锚固作业在锚固体及台座的混凝土强度达 15 MPa 以上时进行。

5) 排桩式支护

对不能放坡开挖的基坑，开挖深度在 6～10 m 时，基坑支护可采用排桩式支护结构。排桩式支护是在基坑周围打排桩挡土以防止基坑边坡塌方。常用的排桩支护为钢筋混凝土灌注桩，如图 1-40 所示。

排桩式支护结构的形式可分为柱列式排桩、连续式排桩及组合式排桩。柱列式排桩在边坡土质较好、地下水位较低时，以稀疏灌注桩支挡土坡；连续式排桩在软土中支挡，结构应密排；组合式排桩是在地下水位较高的软土地区，采用灌注桩与水泥土桩相结合的形式。

排桩形式应根据工程与水文地质条件及当地施工条件确定，桩径应通过计算确定。一般人工挖孔桩桩径不宜小于 800 mm，钻孔或冲孔灌注桩桩径不宜小于 600 mm。

图 1-40 钢筋混凝土排桩支护

排桩中心距可根据桩受力及桩间土稳定条件确定，一般取 1.2D～2.0D(D 为桩径)，砂性土或黏土中宜采用较小桩距。

排桩支护的桩间土质较好时，可不进行处理，否则应采用横挡板、挂钢丝网喷射混凝土面层等措施维持桩间土的稳定。当桩间渗水时，应在护面上设泄水孔。

排桩桩顶应设置钢筋混凝土压顶梁，并宜沿基坑成封闭结构。压顶梁工作高度(水平方向)宜与排桩桩径相同，宽度(垂直方向)宜在 $0.5D \sim 0.8D$(D 为排桩桩径)。

在支护结构平面拐角处宜设置角撑，并可适当增加拐角处排桩间距或减少锚固支撑数量。

支锚式排桩支护结构应在支点标高处设水平腰梁，支撑或锚固应与腰梁连接，腰梁可采用钢筋混凝土或钢梁，腰梁与排桩的连接可采用预埋铁件或锚筋。

6) 板桩式支护

板桩式支护是指采用板桩的形式对基坑周围的土体进行支护。

板桩支护既可挡土又能防水，特别适于开挖深度较深、地下水位较高的大型基坑。板桩支护还可以防止基坑附近的建筑物基础下沉。

常用的板桩支护有 H 型钢支柱挡板支护、钢板桩等。

(1) H 型钢支柱挡板支护。这种支护采用 H 型钢作为支柱，施工时，用桩锤将 H 型钢按一定间距打入土中，嵌入土层足够的深度后保持稳定，型钢之间加插横板以挡土(随开挖逐步加设)，如图 1-41 所示。

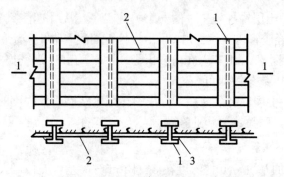

1—H 型钢桩；2—横向挡土板；3—木楔

图 1-41　H 型钢横挡板支护

采用这种方法做基坑支护，其支柱和挡板可回收使用，较为经济。这种方法适用于土质较好的黏土、砂土及地下水位较低的地区。

(2) 钢板桩支护。这种支护采用钢板桩做支柱，钢板桩之间通过锁口互相连接，形成一道连续的挡墙。锁口的连接使钢板桩连接牢固，形成整体，同时也具有较好的隔水能力，钢板桩在基础施工完毕后还可拔出重复使用，适用于柔软地基及地下水位较高的深基坑。

钢板桩按生产工艺可分为热轧钢板桩和冷弯钢板桩，按形式可分为槽型、U 型、Z 型、一字型及组合型等。

槽型钢板桩支护是一种简易的钢板桩支护挡墙，由槽钢并排或正反扣搭接组成，如图1-42 所示。槽钢长 6～8 m，型号由计算确定。由于其抗弯能力较弱，可用于深度不超过 4 m的基坑，打入地下后顶部设一道支撑或拉锚。

U 型、Z 型钢板桩支护又称波浪形板桩，如图 1-43 所示，其防水和抗弯性能都较好，施工中应用广泛，适用于开挖深度为5～10 m的基坑，U型钢板桩的材料见图1-44，其锁口形式见图1-45。

图1-42 槽形钢板桩支护

图1-43 U型钢板桩支护

图1-44 U形钢板桩

图1-45 钢板桩锁口

一字型钢板桩又称平板桩，如图1-46所示，其防水和承受轴向压力性能良好，易打入地下，但长轴方向抗弯强度较小，适于开挖一些沟渠，特别是在两个建筑物中间空间不大而又必须开挖的情况。

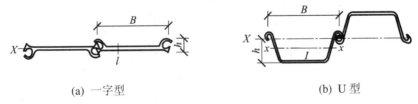

(a) 一字型   (b) U型

图1-46 常用的钢板桩

组合型钢板桩是将几种不同形式钢板桩组合使用，常应用于开挖深度超过 10 m 的深基坑。

钢板桩施工时要正确选择打桩方法和打桩机械，并对流水段进行正确划分，以保证打设后的板桩墙有足够的刚度起到支护防水的作用。

钢板桩打入法一般分为单独打入法、双层围檩插桩法和分段复打法。

单独打入法是从一角开始逐块插打，每块钢板桩自起打到结束中途不停顿，适用于桩长小于 10 m 且工程要求不高的钢板桩支撑施工。

双层围檩插桩法是在板桩的轴线两侧先安装双层围檩(一定高度的钢制栅栏)支架后，

再将钢板桩依次锁口咬合全部插入双层围檩间，如图 1-47 所示。

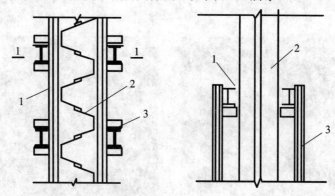

1—围檩；2—钢板桩；3—围檩支架

图 1-47 围檩插桩法

分段复打法是在板桩轴线一侧安装好单层围檩支架，将 10～20 块钢板桩拼装组成施工段插入土中一定深度，形成一段钢板桩墙即屏风墙，如图 1-48 所示。

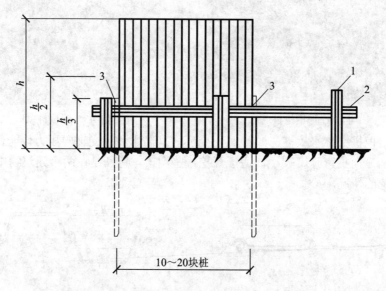

1—围檩桩；2—围檩；3—两端先打入的定位钢板桩

图 1-48 单层围檩分段复打法

钢板桩在打入前应将桩尖处的凹槽口封闭，避免泥土挤入，锁口处应涂以黄油或其他油脂。当基坑回填土时再拔出钢板桩，拔出前要注意钢板桩的拔出顺序、时间及桩孔处理方法。应及时回填拔桩产生的桩孔，以减少对邻近建筑物等的影响。

7) 组合型支护

如果基坑的开挖深度较深且基坑的开挖面积也较大，采用单一的支护形式可能难以满足支护要求，可根据工程特点、现场情况、土质条件等，将上述几种支护形式混合使用，分别如图 1-49～图 1-53 所示。

例如，对于基坑四周的土壁，可采用排桩式或板桩式支护结构，在基坑内部再配以钢管或钢筋混凝土梁等水平支撑，从而组成牢固的支护体系，以此保证基坑的安全施工。

图 1-49　水泥土搅拌桩 + 内支撑

图 1-50　水泥土搅拌桩 + 型钢 + 内支撑

图 1-51　钢筋混凝土内撑支护

图 1-52　钢管内撑支护

图 1-53　地下连续墙 + 钢内撑

4. 地下连续墙

地下连续墙是一种造价较高的基坑支护形式，它是指利用各种挖槽机械，借助泥浆的护壁作用在地下挖出窄而深的沟槽，并在其内浇筑适当的材料而形成一道具有防渗(水)、挡土和承重功能的连续的地下墙体。

地下连续墙施工振动小、噪声低，墙体刚度大，防渗性能好，对周围地基无扰动，它可以组成具有很大承载力的任意多边形连续墙来代替桩基础、沉井基础或沉箱基础。地下连续墙对土壤的适应范围很广，在软弱的冲积层、中硬地层、密实的砂砾层以及岩石的地基中都可施工。地下连续墙初期用于坝体防渗、水库地下截流，后期发展为挡土墙、地下结构的一部分或全部，在房屋的深层地下室、地下停车场、地下街、地下铁道、地下仓库、矿井等均有应用。地下连续墙的工艺布置如图1-54所示。

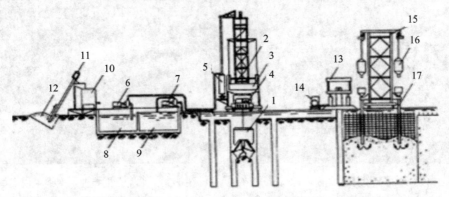

1—导板抓斗；2—机架；3—出土滑槽；4—翻斗车；5—潜水电钻；6、7—吸泥泵；8—泥浆池；
9—泥浆沉淀池；10—泥浆搅拌机；11—螺旋输送机；12—膨润土；13—接头管顶升架；
14—油泵车；15—混凝土浇灌机；16—混凝土吊斗；17—混凝土导管

图1-54　地下连续墙用钻抓法施工的工艺布置

地下连续墙的施工工艺为：在工程开挖土方之前，用特制的挖槽机械在泥浆护壁的情况下，每次开挖一定长度（一个单元槽段）的沟槽，待开挖至设计深度并清除沉淀下来的泥渣后，将地面上加工好的钢筋骨架（一般称为钢筋笼）用起重机械吊放入充满泥浆的沟槽内，用导管向沟槽内浇筑混凝土，由于混凝土是由沟槽底部开始逐渐向上浇筑，所以随着混凝土的浇筑即可将泥浆置换出来。待混凝土浇至设计标高后，一个单元槽即施工完毕。各个单元槽之间由特制的接头连接，最终形成连续的地下钢筋混凝土墙。

地下连续墙的工艺流程为：导墙施工→泥浆护壁→成槽施工→安放接头管→水下灌注混凝土→拔出接头管。

1）导墙施工

导墙通常为就地灌注的钢筋混凝土结构。其主要作用是：保证地下连续墙设计的几何尺寸和形状，容蓄部分泥浆，保证成槽施工时液面稳定，承受挖槽机械的荷载，保护槽口土壁不受破坏，它可作为安装钢筋骨架的基准。导墙深度一般为1.2～1.5 m，墙顶要高出地面100～150 mm，以防地表水流入而影响泥浆质量。导墙底不能设在松散的土层或地下水位波动的部位。导墙施工如图1-55所示。

图1-55　导墙施工

2）泥浆护壁

通过泥浆对槽壁施加压力以保护挖成的深槽形状不变，同时灌注混凝土把泥浆置换出来。泥浆材料通常由膨润土、水、化学处理剂和一些惰性物质组成。泥浆的作用是在槽壁上形成不透水的泥皮，从而使泥浆的静水压力有效地作用在槽壁上，防止地下水的渗水和槽壁的剥落，保持壁面的稳定，同时泥浆还有悬浮土渣和将土渣携带出地面的功能。

在砂砾层中成槽，必要时可采用木屑、蛭石等挤塞剂防止漏浆。泥浆使用方法分静止式和循环式两种。泥浆在循环式使用时，应用振动筛、旋流器等净化装置。当指标恶化后要考虑采用化学方法处理或废弃旧浆，换用新浆。

3) 成槽施工

成槽的专用机械有旋转切削多头钻、导板抓斗、冲击钻等，施工时应根据地质条件和筑墙深度选用。一般土质较软，深度在 15 m 左右时，可选用普通导板抓斗；对密实的砂层或含砾土层，可选用多头钻或加重型液压导板抓斗；在含有大颗粒卵砾石或岩基中成槽，选用冲击钻为宜。槽段的单元长度一般为 6~8 m，通常结合土质情况、钢筋骨架重量及结构尺寸、划分段落等确定。成槽后需静置 4 小时，并使槽内泥浆比重小于 1.3。成槽施工如图 1-56 所示。

图 1-56　成槽施工

4) 墙段接头处理

地下连续墙由许多墙段拼组而成，为保持墙段之间连续施工，接头采用锁口管工艺，即在灌注槽段混凝土前，在槽段的端部预插一根直径和槽宽相等的钢管，即锁口管，待混凝土初凝后将钢管徐徐拔出，使端部形成半凹榫状接状，如图 1-57 所示。也可根据墙体结构受力需要设置刚性接头，以使先后两个墙段连成整体。

图 1-57　吊放钢筋笼及接头管

5) 水下灌注混凝土

采用导管法按水下混凝土灌注法进行灌注，在用导管开始灌注混凝土前为防止泥浆混入混凝土，可在导管内吊放一管塞，依靠灌入的混凝土压力将管内泥浆挤出。混凝土要连续灌注并连续测量混凝土灌注量及上升高度，溢出的泥浆应送回泥浆沉淀池。浇筑混凝土施工如图 1-58 所示。

图 1-58　水下灌注混凝土

1.3.4　基坑开挖

基坑开挖的工艺流程为：测量放线→切线分层开挖→排、降水→修坡→整平→留足预留土层等。相邻基坑开挖时应遵循先深后浅或同时进行的施工程序。

挖土时应自上而下、水平分段分层进行，每层 0.3 m 左右，边挖边检查坑底宽度及坡度，每 3 m 左右修一次坡，至设计标高时再统一进行一次外修坡清底。

基坑开挖应尽量防止对地基土的扰动，当采用机械开挖基坑时，为避免破坏基底土，应在基底标高以上预留一层人工清理。使用铲运机、推土机或多斗挖土机时，预留土层厚度为 200 mm；使用正铲、反铲或拉铲挖土机挖土时预留土层厚度为 300 mm。

在地下水位以下挖土，应在基坑四侧或两侧挖好临时排水沟和集水井，将水位降低至坑底以下至少 500 mm 处，以利于挖方。降水工作应持续到基础(包括地下水位下回填土)施工完成。

雨季施工时，基坑应分段开挖，挖好一段浇筑一段垫层，并在基坑四周用土堤或挖排水沟来防止地面雨水流入基坑，同时应经常检查边坡的支护情况，以防止坑壁受水浸泡造成塌方。

弃土应及时运出，在基坑边缘上侧临时堆土或堆放材料以及移动施工机械时，均应与基坑边缘保持 1 m 以上的距离，以保证坑边边坡的稳定。当土质良好时，堆土或材料应距挖方边缘 0.8 m 以上，高度不宜超过 1.5 m，并应避免在已完基础一侧过高堆土，防止因基础、墙、柱歪斜而酿成事故。

基坑挖完后应进行地基验槽，做好记录，如发现地基土质与地质勘探报告、设计要求不符，应与有关人员研究并及时处理。

1.4 土方机械化施工

土方工程的工程量大，人工挖土不仅劳动繁重，而且劳动生产效率低，工期长，成本较高，因此在土方施工中应尽量采用机械化、半机械化的施工方法，以减轻繁重的体力劳动，加快施工进度，降低工程成本。

1.4.1 推土机

推土机是一种在拖拉机上装有推土铲刀等工作装置而成的土方机械，能单独地进行挖土、运土和卸土工作，它具有操作灵活、运转方便、所需工作面较小、行驶速度较快等特点，适用于场地清理、场地平整、开挖深度不大的基坑以及回填作业，它还可以牵引其他无动力的土方机械。

推土机可以推挖一至三类土，四类以上的土需经预松后才能作业，其经济运距为 30～100 m。

推土机可分为履带式和轮胎式两种。履带式推土机附着牵引力大，接地比压小，爬坡能力强，但行驶速度低(见图 1-59)；轮胎式推土机行驶速度高，机动灵活，作业循环时间短，运输转移方便，但牵引力小。轮胎式推土机适用于需经常变换工地和野外工作的情况。

推土机常用的施工方法有：下坡推土法、一次推土法、并列推土法、槽形推土法、斜角推土法等。

图 1-59 履带式推土机

下坡推土法可增大推土机铲土深度和运土数量，提高生产效率，在推土丘和回填管沟时均可采用。

对于较硬的土，推土机的切土深度较小，一次铲土不多，可先分批集中，再整批地一次推送到卸土区。此法可使铲刀推送数量增大，缩短运输时间，提高生产效率。

在较大面积的平整场地施工中，可采用两台或三台推土机并列推土，一般可使每台推土机的推土量增加 20%。并列推土时，铲刀间距宜为 150～300 mm，并列台数不宜超过四台。

槽形推土法是沿第一次推过的原槽推土，前次推土所形成的土埂能阻止土的散失，从而增加推运量。这种方法可以和一次推送法联合使用。

斜角推土法是将铲刀斜装在支架上，与推土机横轴在水平方向形成一定角度进行推土。一般在管沟回填且无倒车余地时，可采用这种方法。

1.4.2 铲运机

铲运机是一种能综合完成挖土、运土、卸土、填筑和整平的机械。按铲运机行走机构的不同，可分为拖式铲运机和自行式铲运机；按铲运机的操作系统的不同，又可分为液压式铲运机和索式铲运机。

拖式铲运机需要有拖拉机牵引作业，装有宽基低压轮胎(见图 1-60)，适用于在土质疏松的丘陵地带施工，其经济运距一般为 200～350 m。

自行式铲运机由牵引车和铲斗车两部分合成整体，中间用铰销连接，其经济运距可达800～1500 m，它是一种集运土、铲土、松土、推土、卸土于一体的多功能铲运机(见图 1-61)。这种铲运机操作灵活，且不受地形限制，不需特设道路，生产效率高，能够广泛用于建筑施工、机场修建、矿山开采、水利水电等。

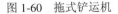

图 1-60　拖式铲运机　　　　　　　　图 1-61　自行式铲运机

铲运机一般适用于一至三类土的直接挖运，对于硬土，需用松土机预松后再挖，所挖土的含水量不宜大于 27%，它不适于在砾石层、冻土地带及沼泽地区施工。

铲运机的运行路线和施工方法视工程大小、运距长短、土的性质和地形条件而定，其开行路线可采用环形或 8 字形，施工方法可采用下坡铲土法、跨铲法、推土机助铲法等，能缩短装土时间，提高土斗装土量，充分发挥其工作效率。

1.4.3 挖土机

基坑土方开挖一般均采用挖土机施工，对大型的、较浅的基坑有时也可采用推土机。挖土机按行走方式分为履带式和轮胎式，按传动方式分为机械传动和液压传动，按其斗容量分为 0.2 m³、0.4 m³、1.0 m³、1.5 m³、2.5 m³ 等。

挖土机利用土斗直接挖土，因此也称为单斗挖土机。挖土机按土斗作业装置可分为正铲、反铲、拉铲及抓铲。

液压式单斗挖土机的优点是：能无级调速且调速范围大；快速作业时惯性小，并能高速反转；转动平稳，可减少强烈的冲击和振动；结构简单，机身轻，尺寸小；附有不同的装置，能一机多用；操纵省力，易实现自动化。

1. 正铲挖土机

正铲挖土机(见图 1-62)的工作特点是"前进向上、强制切土"，铲斗由下向上强制切土，挖掘力大，生产效率高，其工作示意图如图 1-63 所示。这种挖土机适用于开挖停机面以上且含水量不大于 27% 的一至三类土，且可与自卸汽车配合完成整个挖掘运输作业，可以挖掘高度 3 m 以上的、大型干燥的基坑和土丘等。

图 1-62　正铲挖土机

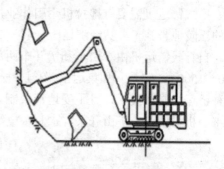

图 1-63　正铲挖土机工作示意图

根据开挖路线与运输车辆的相对位置的不同，正铲挖土机的挖土和卸土的方式可分为两种(见图 1-64)：① 正向挖土，反向卸土；② 正向挖土，侧向卸土。

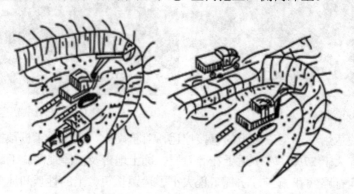

(a) 正向挖土，反向卸土　　　　　(b) 正向挖土，侧向卸土

图 1-64　正铲挖土机的挖土和卸土方式

2. 反铲挖土机

反铲挖土机(见图 1-65)的工作特点是"后退向下、强制切土",铲斗由上而下强制切土，其工作示意图如图 1-66 所示。这种挖土机用于开挖停机面以下的一至三类土，不仅适用于挖掘深度不大于 4 m 的基坑、基槽和管沟，也适用湿土、含水量较大的以及地下水位以下的土方开挖。

图 1-65 反铲挖土机

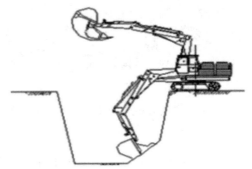

图 1-66 反铲挖土机工作示意图

反铲挖土机的开行方式有沟端开挖和沟侧开挖两种。沟端开挖时，反铲挖土机停在沟端，向后退着挖土；沟侧开挖时，挖土机在沟槽一侧挖土，挖土机移动方向与挖土方向垂直，如图 1-67 所示。

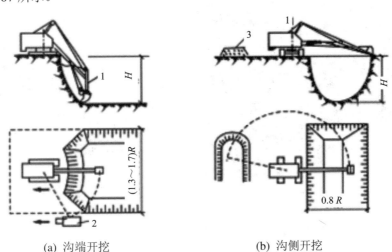

(a) 沟端开挖   (b) 沟侧开挖

1—反铲挖土；2—自卸汽车；3—弃土堆

图 1-67 反铲挖土机的开挖方式

3. 拉铲挖土机

拉铲挖土机(见图 1-68)工作时利用惯性把铲斗甩出后靠收紧和放松钢丝绳进行挖土或卸土，适用于开挖大型基坑及水下挖土、填筑路基和修筑堤坝。

拉铲挖土机的工作特点是"后退向下、自重切土"，铲斗由上而下，靠自重切土，其工作示意图如图 1-69 所示。这种挖土机可以开挖停机面以下的一至三类土，特别适用于含水量大的水下松软土和普通土的挖掘。

图 1-68　拉铲挖土机

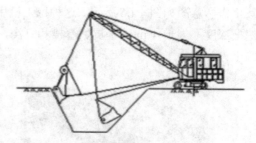

图 1-69　拉铲挖土机工作示意图

拉铲挖土机的开挖方式与反铲相似，可沟端开挖，也可沟侧开挖。

4．抓铲挖土机

抓铲挖土机(见图 1-70)主要用于开挖土质比较松软，施工面比较狭窄的基坑、沟槽、沉井等工程，特别适于水下挖土，还可用于挖取水中淤泥、装卸碎石、矿渣等松散材料。

抓铲挖土机的工作特点是"直上直下、自重切土"，其工作示意图如图 1-71 所示。这种挖土机可开挖停机面以下的一、二类土，挖土时，对于小型基坑，抓铲立于一侧抓土，对于较宽的基坑，抓铲则在两侧或四侧抓土。

图 1-70　抓铲挖土机

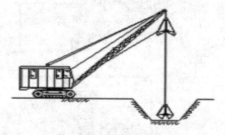

图 1-71　抓铲挖土机工作示意图

1.4.4　土方开挖方式与机械选择

1．平整场地

平整场地常由土方的开挖、运输、填筑和压实等工序组成。

地势较平坦、含水量适中的大面积平整场地，选用铲运机较适宜；地形起伏较大，挖方、填方量大且集中的平整场地，运距在 1000 m 以上时，可选正铲挖土机配合自卸汽车进行挖土、运土，在填方区配备推土机平整及压路机碾压施工；挖、填方高度均不大，运距在 100 m 以内时，采用推土机施工，灵活、经济。

2．地面上的坑式开挖

对于单个基坑和中小型基础基坑的开挖，在地面上作业时多采用抓铲挖土机和反铲挖土机。抓铲挖土机适用于一、二类土质和较深的基坑,反铲挖土机适于四类以下土质和深度在 4 m 以内的基坑。

3．长槽式开挖

在地面上开挖具有一定截面、长度的基槽或沟槽时,如果是大型厂房的柱列基础和管沟,宜采用反铲挖土机;若为水中取土或土质为淤泥,且坑底较深,则可选择抓铲挖土机挖土;若土质干燥,槽底开挖不深,基槽长 30 m 以上,可采用推土机或铲运机施工。

4．整片开挖

对于大型浅基坑且基坑土干燥的情况,可采用正铲挖土机开挖;若基坑内土潮湿,则采用拉铲或反铲挖土机,并可在坑上作业。

1.5 土方填筑与压实

在建筑工程中,场地的平整、基坑(槽)、管沟、室内外地坪的回填,枯井、古墓、暗塘的处理以及填土地基等都需要进行填土,这些填土多是有压实要求的,压实的目的就在于迅速保证填土的强度和稳定性。

1.5.1 填筑土料要求

填筑土料应符合设计要求,以保证填方的强度和稳定性,如设计无要求时,应符合下列规定:

碎石类土或爆破石渣可用作表层以下回填;含水量符合压实要求的黏性土,可用做各层填料;草皮土和有机质含量大于 8% 的土,不应用于有压实要求的回填区域;淤泥和淤泥质土不宜用做填料,但在软土或沼泽地区经过处理且符合压实要求后,可用于回填次要部位或无压实要求的区域。

碎石类土或爆破石渣用做填料时,如采用碾压法施工,其最大粒径不得超过每层铺填厚度的 3/4;如采用强夯法施工,其最大粒径应根据强夯夯击能量大小和施工条件通过试验确定,为了保证填料的均匀性,粒径一般不宜大于 1 m。大块填料不应集中,且不宜填在分段接头处或回填与山坡相连接处。

1.5.2 填筑要求

土方填筑前,应根据工程特点、填料种类、设计压实系数、施工条件等合理选择压实机具,并确定填料含水量控制范围、铺土厚度和压实遍数等参数。

冬雨季进行填土施工时,应采取防雨、防冻措施,防止填料(粉质黏土、粉土)受雨水淋湿或冻结,并防止出现"橡皮土"。

填土应分层进行,并尽量采用同类土填筑,当选用不同类别的土料时,上层宜填筑透水性较小的填料,下层宜填筑透水性较大的土料;不同类别的土严禁混用,以免形成水囊。

压实填土的施工缝应错开搭接,在施工缝的搭接处应适当增加压实遍数。

当填方位于倾斜的山坡上时，应先将斜坡挖成阶梯状，然后分层回填，以防填土侧向移动。

1.5.3 填土压实方法

填土压实的方法主要有碾压法、夯实法和振动压实法。

1. 碾压法

碾压法是靠沿填筑面滚动的鼓筒或轮子的压力压实填土的，适用于大面积填土工程，如场地平整、路基、堤坝等工程。

碾压机械有平碾(见图 1-72)及羊足碾(见图 1-73)等。平碾(光碾压路机)是一种以内燃机为动力的自行式压路机，适用于碾压黏性和非黏性土壤；羊足碾单位面积的压力比较大，土壤压实的效果好，一般用于碾压黏性土，不适用于砂性土，因为在碾压砂土时，土的颗粒受到羊足碾较大的单位压力后会向四面移动而使土的结构破坏。

图 1-72 平碾

图 1-73 羊足碾

按碾轮重量，平碾又分为轻型、中型和重型三种。松土碾压宜先用轻碾压实，然后再用重碾压实，效果较好。

用碾压法压实土壤时，宜采用"薄填、低速、多遍"的方法，铺土应均匀一致，碾压遍数要一样，碾压方向应从填土区的两边逐渐压向中心，每次碾压应有 150～200mm 的重叠。

碾压机械压实填方时，行驶速度不宜过快，一般平碾不应超过 2 km/h，羊足碾不应超过 3 km/h。

2. 夯实法

夯实法是利用冲击力来夯实土壤，使土体孔隙被压缩，土粒排列得更加紧密，适用于小面积填土及室内地面的填土压实。

夯实机械有夯锤、内燃夯土机(图 1-74)和蛙式打夯机(见图 1-75)等，其中蛙式打夯机轻巧灵活、构造简单，在小型土方工程中应用最广。

夯锤借助起重机提起并落下，其重力一般为 15～30 kN，落距一般为 2.5～4.5 m，如果夯击 8～12 遍，夯土影响深度可达到 1.2 m，常用于夯实湿陷性黄土、杂填土以及含有石块的填土。

内燃夯土机是利用内燃机原理制成的一种冲击式的夯实机械，主要组成部分包括燃油系统、点火系统、配气结构、夯身、夯足和操纵机构等。内燃夯土机借助于磁电机打火，点燃由空气与燃油在进气圈处雾化混合气体，使之发生爆炸而产生夯实作用。内燃夯土机是一种广泛应用的小型土壤夯实机械，适用于建筑、水利、道路等工程的夯实作业，特别在小型土坝、沟槽、坑穴、墙边、屋角等处施工具有更独特的效能。

内燃夯土机的作用深度一般为 0.4～0.7 m，夯实黏性土壤的效果较佳。

蛙式打夯机是利用旋转惯性力的原理制成，利用冲击和冲击振动作用分层夯实回填土的压实机械。它适用于夯实灰土和素土的地基、地坪以及场地平整，不得用它来夯实坚硬或软硬不一的地面，更不得用来夯打坚石或混有砖石碎块的杂土。

图 1-74　内燃夯土机　　　　　　　　图 1-75　蛙式打夯机

3. 振动压实法

振动压实法是将振动压实机放在土层表面，在压实机的振动作用下，土颗粒发生相对位移而达到紧密状态。此法用于振实非黏性土壤效果较好。振动压实机有振动平碾(见图1-76)、振动凸块碾(见图1-77)和平板振动器(见图1-78)三种。

图 1-76　振动平碾　　　　　图 1-77　振动凸块碾　　　　图 1-78　平板振动器

振动碾是一种振动和碾压同时作用的高效能压实机械，它可比一般平碾提高工效 1～2 倍，适用于爆破石渣、碎石类土、杂填土或轻亚黏土的压实。

1.5.4　影响填土压实的因素

影响填土压实的因素很多，主要有压实功、填土含水量以及每层铺土厚度。

1. 压实功的影响

填土压实后的干密度与压实机械在其上所施加的功有一定的关系。当土的含水量一定，在开始压实时，土的干密度急剧增加，待到接近土的最大干密度时，压实功虽然增加许多，但土的干密度却没有变化。

实际施工中，对不同的土应根据选择的压实机械和密实度要求确定合理的压实遍数。

2. 填土含水量的影响

在同一压实功的条件下，填土含水量的大小将直接影响填土压实质量。

较为干燥的土，由于土颗粒之间的摩阻力较大而不易压实；土中含水量较大呈饱和状态时，土也不能被压实。当土具有适当含水量时，土的颗粒之间因水的润滑作用使摩擦阻力减小，使用同样的压实功进行压实所得到的密实度最大，这时土的含水量称做最佳含水量，土的干密度与含水量的关系如图 1-79 所示。

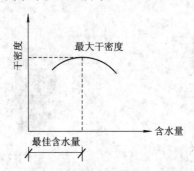

图 1-79 土的干密度与含水量关系图

填料含水量与最佳含水量的偏差应控制在 ±2% 的范围内，当填料为黏性土时，回填前应检验其含水量是否在控制范围内。如含水量偏高，可采用翻松晾晒或均匀掺入干土或生石灰等措施；如含水量偏低，可采用预先洒水湿润。

3. 铺土厚度的影响

土在压实功的作用下，压应力随深度增加而逐渐减小，其影响深度与压实机械、土的性质和含水量等有关。

铺土厚度应小于压实机械压土时的有效作用深度，还应考虑最优土层厚度。铺得过厚，要压很多遍才能达到规定的密实度；铺得过薄，则要增加机械的总压实遍数。最优的铺土厚度应能使土方压实而且机械的功耗费最少。

1.5.5 填土压实的质量控制与检验

1. 填土压实的质量控制

填土经压实后必须达到要求的密实度，以避免建筑物产生不均匀沉降。

填土密实度以设计规定的控制干密度 ρ_d 作为检验标准。土的控制干密度 ρ_d 与最大干密度 ρ_{dmax} 之比称为压实系数 λ_c。

压实填土的最大干密度一般在实验室由击实试验确定，再根据设计要求的压实系数即可算出填土控制干密度 ρ_d 值。

在填土施工时，若土的实际干密度大于或等于控制干密度 ρ_d，则符合质量要求。

2. 填土压实的质量检验

填土施工过程中应检查排水措施、每层填筑厚度、含水量控制和压实程序。

填土经夯实或压实后，要对每层回填土的质量进行检验，一般采用环刀法(或灌砂法)取样测定土的干密度，或用小型轻便触探仪直接通过锤击数来检验干密度，符合要求后才能填筑上层。

填土施工结束后应检查标高、边坡坡高、压实程度等。

1.6 土方工程模拟实训

1.6.1 工程背景

本工程为某市基础设施建设工程，工程造价约为 1500 万元，工期为 30 日历天。工程地点附近有一条永久市政道路直通淤泥弃土场，场平区域内另有一条便道可通至永久市政道路，周围树木较多，人烟稀少。弃土场为本工程指定多余土方弃填区域，该区域为待开发土地，有较大的水塘需要回填，多余土方外运至指定弃土场时，运距为 1 km，淤泥外运至指定弃土场时，运距为 2.5 km。

场平区域内有成片的苗木和少量建筑物及其他附着物，需进行清理，东北向的红线位置有一个池塘，需进行排水及淤泥清运。根据业主提供的工程量清单，其中三类土有1 418 396.27 m³，土质主要为亚黏土、砂质黏土；石方有 90 535.93 m³，淤泥、流沙有 17 000 m³。

本工程总挖方量约为 1 520 000 m³，总填方量约为 90 000 m³，外运弃土约为 1 430 000 m³，场平面积约为 310 000 m²。

1.6.2 施工方案

1. 工程概况

略。

2. 工程的主要特点

(1) 本工程开挖、回填土石方量巨大，工期相当紧。

(2) 土石方主要为弃方，达 1 430 000 m³；石方有 90 535.93 m³，需自行爆破，爆破前需征得相关部门的允许，办理爆破许可证才可作业，同时，必须遵守爆破安全规程。

(3) 土石方有填方量约为 90 000 m³，压实度要求达到 90%，土料含水量和碾压质量要严格控制。

(4) 场区内有鱼塘、树木、建筑物需进行处理，淤泥需外运。

(5) 施工场地内开挖、回填及运输相互交叉施工，工程测量复杂，难度大，需精心施工。

(6) 场内青苗和建筑物需征收，其赔偿工作与施工同时进行。

3. 作业部署

1) 总体施工方向

各施工区从与施工道路靠近处开始，按照从近至远的方向进行施工，主要目的是便于大型施工机械的行走。

2) 施工顺序

总的施工顺序：修筑施工便道→清除绿化植被、清障、清除民宅及宅基、鱼塘抽水清淤→土石方开挖→回填、余土外运。

要求在土石方施工时使用足够数量的大功率机械进行连续施工，其临时用地和临时排水沟等设施建设穿插进行，不得占用主要工期。

4．机械配备

1) 挖掘机的配备

在本工程施工中，主要选用斗容量为 1.4 m³ 的单斗挖掘机进行土方挖掘，每台产量为 1000 m³(实方)，每台挖掘机每天工作时间按 18 小时计算，则每台挖掘机每天产量为 1000/8 × 18 = 2250 m³。本工程总挖方量为 1 525 932.2 m³，工期为 30 日历天，除去下雨天等影响因素，实际可利用时间只有 80% 左右，约为 24 天，则每天需完成挖方量为 1 525 932.2/24 = 63 581 m³。

需配备的挖掘机数量为 63581/2250 = 28.3 台，综合考虑到本工程施工工期紧，土方开挖时丛林树木较多而增加的施工难度，决定配用 30 台斗容量为 1.4 m³ 的单斗挖掘机进行土方施工。

2) 自卸汽车的配备

在本工程中将选用 15 t 自卸汽车进行土石方运输，每台挖掘机需配用 5 辆 15 t 自卸汽车(1 km 运距内运输)，共需配备 30×5 = 150 辆自卸汽车，考虑到机械的备用，决定配备 170 辆自卸汽车。

3) 爆破机械的选用

根据本工程特点，选用英格索兰 RPH750 高风压移动式螺杆空压机 1 台、英格索兰 CM351 履带式气动钻机 1 台、手持式风动凿岩机 4 台、韶峰 3 m³ 空压机 3 台。

4) 其他机械的选用

本工程中填方量较小，故选用 5 台 114 kW 的推土机、2 台 131 kW 的推土机、2 台 3 m³ 的装载机和 2 台 18 t 振动压路机。现场除安放一只 10 t 的油罐外，还需准备 2 台 5 t 的油罐车进行机械用油(柴油)的不间断运输。

5．开挖施工

1) 开挖方法

采用挖掘机或装载机挖土，配合自卸汽车运输。开挖自上而下，先将山上的树木、植物及树根等杂物清除运弃，再将挖出来的土方回填到相邻的填方区，多余的土方运至业主指定的弃土地点。由于本工程以弃方为主，故填土与弃土同步进行。

2) 开挖标高控制

待挖至接近地面设计标高时，要加强测量，其方法如下：在挖方区边界根据方格桩设置高程控制桩，并在控制桩上挂线，挂线时要预留一定的碾压下沉量(通常为 30～50 mm)，使其碾压后的高程正好与设计高程一致。

6．填筑施工

在土石方填筑前，先对需填场地进行测量放样，清除表土及不适宜材料。按规范要求清理现场并定好控制桩位后，经监理工程师同意方可进行填筑作业。当在斜坡上填筑时，其原坡陡于 1 : 5 时，原地面应挖成台阶，台阶应有不小于 1 m 的宽度，并且台阶应与所用的挖土和压实设备相适用，所挖台阶向内侧倾斜 2%，砂性土可不挖台阶，但应将原地面以下 200~300 mm 的土翻松，再同新填土料一起重新压实。路基填筑采用全断面水平分层填筑。其工艺流程为：施工准备→基底处理→分层填筑摊铺整平→洒水或翻晒→机械碾压→面层修整→检验签证。

7. 碾压

本工程主要采用振动压路机进行碾压施工，碾压时，振动压路机从低到高、从边到中适当重叠碾压。为防止漏压，碾压时横向接头的轮迹重叠宽度为 150~250 mm，每块连接处的重叠碾压宽度为 1~1.5 m，碾压时振动压路机不能碰撞高程控制桩，压路机碾压不到的地方采用蛙式打夯机或人工夯实。

碾压时先轻后重，速度适中。先用压路机预压一遍以提高压实层上部的压实度，然后用推土机修平后再碾压，以防止高低不平影响碾压效果。为保证碾压的均匀性，碾压速度不能太快，先快后慢，行驶速度控制在 2 km/h 以内。

碾压遍数需根据压实度要求、分层厚度、回填土的土质含水量、碾压机械等情况来确定，一般为 6~8 遍。可在施工初期通过碾压试验段来确定，并作为以后碾压施工的依据。

碾压到规定遍数后，工地试验人员应及时检查土的压实度，若尚未达到压实度要求，需要继续碾压，直至达到规定的压实度并经监理工程师认可才能填筑上层土方。

碾压时，施工人员应随时观察土石方的碾压情况，若在碾压过程中出现受压下陷、去压回弹等不正常现象要停止碾压，待处理后再重新碾压。

8. 检测

为确保压实质量，必须经常检查填土含水量及压实度，始终在最佳含水量状态下碾压，采用环刀法或灌砂法检测，确保填方压实度大于 90%。压实过程中的检测方法和频率按相关技术规范执行。

9. 最上一层土的填筑

当填土接近设计标高时，测量员要加强测量检查，控制最上一层填土厚度。最上一层填土既不能太厚又不能太薄，太厚了压实度达不到，太薄了上层土易脱皮，不能很好结合。根据现场土质及现场试压情况留准虚高，使碾压后的高程符合质量标准。

最后一层的高程控制采用加桩挂线法。

10. 爆破

略。

【复习思考题】

一、填空

1. 根据土的开挖难易程度将土分为_____类。

2. 平整场地时，初步确定场地设计标高的原则是_____。

3. 深层搅拌法水泥土桩挡墙采用的固有剂有_____。

4. 轻型井点的管路系统有_____、_____、_____、_____。

5. 填土施工时，如采用不同填料填筑，上层宜填透水性_____的填料，不宜填筑透水性_____的填料。

6. 推土机可以推挖一至三类土，经济运距在_____内。

二、选择

1. 下列四种土中渗透系数 K 最大的是( )。

A. 黄土   B. 黏土

C. 粉砂   D. 中砂

2. 防治流砂的关键在于减少或平衡( )压力。

A. 静水   B. 动水

C. 土   D. 水

3. 开挖较窄的基坑沟槽时，多采用( )。

A. 板桩式支撑   B. 横撑式支撑

C. 立柱式支撑   D. 锚杆式支撑

4. 对密实、中密实和碎石类土，当地下水位低于基坑(槽)底面标高时，可直立开挖，不加支撑的深度不超过( )m。

A. 1.0   B. 1.25

C. 1.5   D. 2.0

5. 当采用明沟排水时，抽水应到( )时结束。

A. 基坑挖至规定深度   B. 基坑施工达到地下水位以上

C. 基坑施工完毕   D. 回填土完毕

6. 下列( )不是钢板桩施工时的打桩方法。

A. 单独打入法   B. 整体打入法

C. 围檩插桩法   D. 分段复打桩法

7. 反铲挖土机的工作特点是( )。

A. 后退向下，强制切土   B. 前进向上，强制切土

C. 后退向上，强制切土   D. 直上直下，自重切土

8. 当土方分层填筑时，下列不适合的土料是( )。

A. 碎石土   B. 淤泥和淤泥质土

C. 砂土   D. 爆破石渣

9. 基槽在采用机械挖土时，在基底标高以上应留出( )，待基础施工前用人工铲平修整。

A. 100～200 mm   B. 200 mm

C. 200～300 mm   D. 50 mm

10. 大型基坑填土压实常用( )。

A. 平碾   B. 平板振动器

C. 蛙式打夯机   D. 人工夯打

三、名词解释

1. 土的可松性

2. 最佳含水量

3. 流砂

四、简答

1. 土的工程性质有哪些？指出其各自对土方施工有何影响。
2. 试述场地平整土方量计算步骤及方法。
3. 基坑降水方法有哪些？指出其适用范围。
4. 集水井降水法的设置有哪些要求？
5. 流砂发生的原因是什么？试述流砂的防治方法。
6. 影响土方边坡稳定的因素有哪些？应采取什么措施防止边坡塌方？
7. 基坑土壁支护的方法包括哪几类？各自的适用范围及特点有哪些？
8. 试述轻型井点降水设备的组成和布置。
9. 场地平整和土方开挖施工机械有哪几类？各自的特点及适用范围有哪些？
10. 对填筑土料质量有何要求？如何检查填土压实的质量？
11. 填土压实的方法主要有哪些？影响填土压实的主要因素有哪些？

五、计算

某多层建筑外墙基础断面形式如图 1-80 所示，地基土为硬塑的亚黏土，土方边坡坡度为 1 : 0.33。已知土的可松性系数 $K_s = 1.30$，$K'_s = 1.04$。试计算 55 m 长的基坑施工时的土方挖方量。若留下回填土后，余土要求外运，试计算预留回填土量及弃土量。(以自然状态下的体积计算)

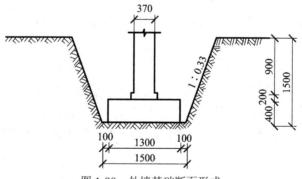

图 1-80 外墙基础断面形式

六、设计

某建筑物地下室平面尺寸为 51 m × 11.50 m，基底标高为 −5 m，自然地面标高为 −0.45 m，地下水位为 −2.8 m，不透水层在地面以下 12 m，地下水为无压水，实测透水系数 $K = 5$ m/d，基坑边坡为 1 : 0.5。现采用轻型井点降低地下水位，试进行轻型井点系统的平面和高程布置，并计算井点管的数量和间距。

项目2 桩基础工程

【教学目标】 熟悉预制桩的制作、起吊、运输和堆放等施工要求；掌握预制管桩的施工工艺；了解灌注桩的种类、特点和适用范围；掌握钻孔灌注桩的施工工艺；掌握沉管灌注桩的施工工艺；掌握人工挖孔灌注桩的施工工艺。

桩基础是一种在建筑工程中被广泛采用的基础形式，它是一种深基础。

桩基础的作用是将上部结构较大的荷载通过桩穿过软弱土层传递到较深的坚硬土层上，它可以解决浅基础承载力不足和变形较大的地基问题。

桩基础具有承载力高、沉降量小而均匀、沉降速率缓慢等特点，它能承受垂直荷载、水平荷载、上拔力以及机器的振动或动力作用，已广泛用于房屋地基、桥梁、水利等工程中。

2.1 桩基础的分类

工程中的桩基础通常由数根桩组成，桩顶设置承台，把各桩连成整体，并将上部结构的荷载均匀传递给桩。

1. 按承载性质不同分类

(1) 端承桩。端承桩(见图 2-1)是穿过软弱土层而达到坚硬土层或岩层上的桩，上部结构荷载主要由岩层阻力承受，桩侧较软弱的土对桩身的摩擦作用很小，其摩擦力可忽略不计。施工时以控制贯入度为主，桩尖进入持力层深度或桩尖标高可作参考。

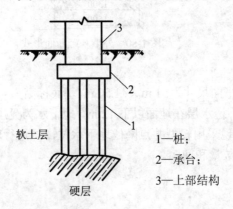

软土层

硬层

1—桩；
2—承台；
3—上部结构

图 2-1 端承桩

(2) 摩擦桩。摩擦桩(见图 2-2)完全设置在软弱土层中，将软弱土层挤密实，提高了土的密实度和承载能力，上部结构的荷载由桩尖阻力和桩身侧面与地基土之间的摩擦阻力共同承受。施工时以控制桩尖设计标高为主,贯入度可作参考。

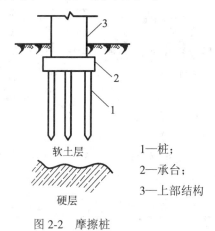

软土层

硬层

1—桩;
2—承台;
3—上部结构

图 2-2 摩擦桩

2. 按桩身的材料不同分类

(1) 混凝土桩。混凝土桩可以预制也可以现浇,根据设计,桩的长度和截面尺寸可任意选择。

(2) 钢桩。钢桩可采用管型、H 型或其他异型钢材,常用的有直径 250~1200 mm 的钢管桩和宽翼工字形钢桩,分段长度为 12~15 m,接头采用焊接,其焊接接头应采用等强度连接。钢桩的承载力较大,起吊、运输、沉桩和接桩都比较方便,但消耗钢材多、造价高,我国目前只在少数重点工程中使用钢桩。

3. 按制作工艺分

(1) 钢筋混凝土预制桩。钢筋混凝土预制桩是在工厂或施工现场预制的桩,常用的有预应力混凝土空心桩。

(2) 钢筋混凝土灌注桩。钢筋混凝土灌注桩又叫现浇桩,它是直接在设计桩位的地基上成孔,再在孔内放置钢筋笼,最后在孔内灌注混凝土而成的桩。

2.2 钢筋混凝土预制桩施工

钢筋混凝土预制桩包括混凝土实心桩(见图 2-3)及预应力混凝土空心桩(见图 2-4)。

图 2-3 混凝土实心桩

图 2-4 预应力混凝土管桩

预应力混凝土空心桩按截面形式可分为管桩和空心方桩；按混凝土强度等级可分为预应力高强混凝土管桩(PHC 桩)和空心方桩(PHS 桩)、预应力混凝土管桩(PC 桩)和空心方桩(PS 桩)等。

预应力混凝土管桩采用离心法成型，混凝土中多余的水分由于离心力而被甩出，故混凝土致密、强度高，抵抗地下水和其他腐蚀的性能好。管桩径有 300 mm、400 mm、500 mm 等，每节长度 8 m、10 m、12 m 不等。管桩各节段之间的连接可以用焊接、法兰螺栓连接及机械快速连接，接桩时，每根桩的接头数量不宜超过 4 个。

图 2-5　预应力混凝土管桩的堆放

预应力混凝土管桩的堆放场地应平整、坚实，最下层与地面接触的垫木应有足够的宽度和高度，堆放时，桩应稳固，不得滚动，如图 2-5 所示。

当场地条件许可时，宜单层堆放；若场地条件不许可时，则可叠层堆放，外径为 500～600 mm 的桩不宜超过 4 层，外径为 300～400 mm 的桩不宜超过 5 层。叠层堆放桩时，应在垂直于桩长度方向的地面上设置两道垫木，垫木应分别位于距桩端 1/5 桩长处，底层最外缘的桩应在垫木处用木楔塞紧。

2.2.1　桩的接长

当桩的长度较大时，由于桩架高度以及制作运输等条件限制，往往需要分段制作和运输，沉桩时，分段之间就需要接头。

预应力混凝土管桩的连接可采用焊接、法兰连接或机械快速连接(螺纹式、啮合式)。

1. 焊接

当预应力管桩采用焊接连接时(见图 2-6)，钢板宜采用低碳钢，焊条采用 E43，下节桩段的桩头宜高出地面 0.5 m，并设有导向箍。

图 2-6　管桩焊接

焊接前，上下端板表面应采用铁刷子清刷干净，坡口处应刷至露出金属光泽。焊接时，上下节桩段应保持顺直，宜在桩四周对称地进行，待上下桩节固定后拆除导向箍再分层施焊，焊接层数不得少于两层，第一层焊完后必须把焊渣清理干净，方可进行第二层的施焊，焊缝应连续、饱满。

焊好后的桩接头自然冷却后方可继续锤击，自然冷却时间不宜少于 8 分钟，严禁采用水冷却或焊好后立即施打。

2. 法兰连接

当预应力管桩采用法兰连接时，钢板和螺栓宜采用低碳钢。

在预制桩时，先在桩的端部设置法兰，需要接桩时，再用螺拴把它们连在一起。这种施工方法简便、速度快，但法兰盘的制作工艺复杂，且用钢量大。

3. 机械快速连接

预应力混凝土管桩的机械快速连接方式是先将加工好的机械连接接头预先浇筑在混凝土管桩两头，然后在施工现场连接的一种新型管桩连接工艺，它有螺纹式和啮合式两种。

接桩时，其下节桩端宜高出地面 0.8 m。

1) 螺纹连接

接桩时，先卸下上下节桩两端的保护装置，清理其接头残物，涂上润滑油，然后采用专用接头锥度对中，对准上下节桩并进行旋紧连接。可采用专用链条式扳手进行旋紧，锁紧后两端板应有 1～2 mm 的间隙，如图 2-7 所示。

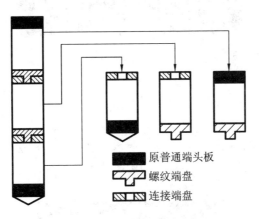

图 2-7 螺纹连接示意图

2) 啮合连接

接桩时，先将上下接头板清理干净，用扳手将已涂抹沥青涂料的连接销逐根旋入上节桩Ⅰ型端头板的螺栓孔内，用钢模板调整好连接销的方位，再剔除下节桩Ⅱ型端头板连接槽内泡沫塑料保护块，在连接槽内注入沥青涂料，并在端头板面周边抹上宽度 20 mm、厚度 3 mm 的沥青涂料(当地基土、地下水含中等以上腐蚀介质时，端头板板面应满涂沥青涂料)如图 2-8 所示。最后将上接桩吊起，使连接销与Ⅱ型端头板上各连接口对准，随即将连接销插入连接槽内，加压使上下节桩的桩头板接触，完成接桩。

图 2-8 机械啮合接头

啮合式接桩施工如图 2-9 所示。

(a) 上节桩的下端粘沥青胶

(b) 下节桩的上端放沥青胶

(c) 上、下节桩对接

(d) 对接完成

图 2-9　啮合式接桩施工图

2.2.2　桩的施工方法

预制桩的沉桩方法有锤击法、振动法、射水法和静力压桩法等。

锤击法利用桩锤的冲击克服土对桩的阻力，使桩沉到预定持力层，如图 2-10 所示，它是一种较常用的沉桩方法。

图 2-10　锤击法

　　振动沉桩利用固定在桩顶部的振动器所产生的激振力，通过桩身使土颗粒受迫振动，使其改变排列组织，产生收缩和位移，这样桩表面与土层间的摩擦力就会减少，桩在自重和振动力共同作用下沉入土中。

　　振动沉桩设备简单，不需要其他辅助设备，并且具有重量轻、体积小、搬运方便、费用低、工效高等优点，不仅适用于在黏土、松散砂土、黄土和软土中沉桩，更适合于打钢板桩，同时借助起重设备可以拔桩。

　　射水沉桩也叫水冲沉桩，大多数情况下它与锤击或振动相辅使用，视土质情况可采取以下不同方式先用射水管冲桩孔，然后将桩身随之插(锤可置于桩顶，以增加下沉的重量)；一面射水，一面锤击(或振动)；射水锤击交替进行或以锤击或振动为主，射水为辅等。一般多采取射水与锤击联合使用的方式以加速下沉，亦可先用射水管冲孔至离桩设计深度约 1 m 左右，再将桩吊入孔内，用锤击打入到设计深度。

　　射水法沉桩宜适用于砂土和碎石土。

　　静力压桩法借助于专用桩架自重、配重或结构自重，通过压梁或压柱将整个桩架自重、配重或结构反力，并以卷扬机滑轮组或电动油泵液压方式架在桩顶或桩身上，当架给桩的静压力与桩的阻力达到动态平衡时，桩在自重和静压力作用下逐渐沉入地基土中，如图 2-11 所示。

　　这种方法施工时无噪音、无振动、无污染，对周围环境的干扰小，不仅适用于软土地区、城市中心或建筑物密集处的桩基础工程，也适用于精密工厂的扩建工程。

图 2-11　静力压桩法

2.2.3　锤击桩施工工艺

1. 打桩设备

　　打桩设备主要由桩锤、桩架和动力装置三部分组成。

　　桩锤对桩施加冲击力，将桩打入土中，主要有落锤、单动汽锤、双动汽锤、柴油锤和液压锤等。

桩架可用来支持桩身和桩锤，它能将桩吊到打桩位置，在打入过程中引导桩的方向，保证桩锤沿着所要求的方向冲击。桩架的选用应考虑桩锤的类型、桩的长度和施工条件等因素，常用的桩架形式有滚筒式桩架、多功能桩架、履带式桩架等。

动力装置主要有卷扬机、空气压缩机等，它是给桩锤提供动力的设施。

2．打桩顺序

打桩时，由于桩对土体的挤密作用，先打入的桩会被后打入的桩水平挤推而造成偏移和变位或被垂直挤拔造成浮桩，而后打入的桩会由于难以达到设计标高或入土深度，造成土体隆起和挤压，导致截桩过大。所以，群桩施工时，为了保证质量和进度，防止周围建筑物被破坏，打桩前应根据桩的密集程度、规格、长短、埋深以及桩架移动是否方便等因素来选择正确的打桩顺序。

对于密集桩群，自中间向两个方向或四周对称施打；当一侧毗邻建筑物时，由毗邻建筑物处向另一方向施打；根据基础的设计标高，宜先深后浅；根据桩的规格，宜先大后小，先长后短。

3．打桩方法

打桩机就位后，将桩锤和桩帽吊起，先吊桩并送至导杆内，垂直对准桩位缓缓送下插入土中，然后固定桩帽和桩锤，使桩、桩帽、桩锤在同一铅垂线上，确保桩能垂直下沉。

在桩锤与桩帽、桩帽与桩之间应加设硬木、麻袋、草垫等弹性衬垫，桩帽或送桩帽与桩顶周围应有 $5\sim10\text{ mm}$ 的间隙，以防损伤桩顶。

打桩开始时，应先采用小的落距($0.5\sim0.8\text{ m}$)作轻的锤击，使桩正常沉入土中约 $1\sim2\text{ m}$ 后，经检查桩尖不发生偏移后再逐渐增大落距至规定高度，继续锤击，直至把桩打到设计要求的深度。

锤击时宜采用"重锤低击"的方式，最大落距不宜大于 1 m。

在打桩过程中，遇到有贯入度剧变、桩身突然发生倾斜、移位或有严重回弹、桩顶或桩身出现严重裂缝或破碎等异常情况时，应暂停打桩，及时研究处理。

4．截桩

在打完预制桩开挖基坑时，要按设计要求的桩顶标高，将桩头多余的部分截去。

截桩头时不能破坏桩身，要保证桩身的主筋伸入承台，长度应符合设计要求。

当桩顶标高在设计标高以下时，需在桩位上挖成喇叭口，凿掉桩头混凝土，剥出主筋并焊接接长至设计要求长度，与承台钢筋绑扎在一起，用桩身同强度等级的混凝土与承台一起浇筑接长桩身。

2.2.4 静力压桩施工工艺

1．压桩设备

压桩机用液压静力压桩机，它有顶压式和抱压式两种，宜根据单节桩的长度选择。

压桩机的主要部件有桩架底盘、压梁、桩帽、卷扬机、滑轮组、配置和动力设备等。

2．压桩顺序

压桩顺序宜根据场地工程地质条件确定，并应符合下列规定：

(1) 对于场地地层中局部含砂、碎石、卵石的情况，宜先对该区域进行压桩。

(2) 当持力层埋深或桩的入土深度差别较大时，宜先施压长桩后施压短桩。

3．压桩方法

静压预制桩的施工一般采用分段压入、逐段接长的方法。其施工流程为：测量定位→压桩机就位→吊装喂桩→桩身对中调直→压桩→接桩→再压桩→(送桩)→终止压桩→切割桩头。

压桩时，先将桩起吊，对准桩位，将桩顶置于梁下，然后开动卷扬机牵引钢丝绳，逐渐将钢丝绳收紧，使活动压梁向下，将整个桩机的自重和配重荷载通过压梁压在桩项，如图 2-12 所示。

压桩是通过主机的压桩油缸的伸程力将桩压入土中，压桩油缸的最大行程因压桩机型号的不同而有所不同，一般为 1.5～2.0 m，每一次下压，桩的入土深度约为 1.5～2.0 m，然后再按照松夹具→上升→再夹紧→再压的顺序反复进行，方可将一节桩压下去。

当一节桩被压到其桩顶离地面 0.8～1.0 m 时，可进行接桩，如图 2-13 所示。

图 2-12　静力压桩

图 2-13　接桩

当施压最后一节桩的桩顶面达到施工地面以上 1.5m 左右时，应再吊一节桩放在被压桩的顶面，不要将接头连接起来，一直下压直到桩顶面压至符合终压控制条件为止，然后将其上面的一节桩拔出来即可。

终压条件有下面几条：

(1) 压桩至设计标高，压力值达到或大于桩承载力设计值时，可终压。

(2) 压桩至设计标高，压力值未达到桩承载力设计值时，应立即将情况报设计单位，由设计单位决定是否继续压桩。

(3) 压力值达到桩承载力设计值的 2 倍，桩未压至设计标高时，应根据该桩位地勘资料与设计单位协商决定是否继续施压。

2.2.5　预制桩施工质量控制

预制桩质量评定包括两个方面：一是能否满足设计规定的贯入度或标高的要求；二是沉桩后的偏差是否在施工规范允许的范围内。

1．贯入度或标高必须符合设计要求

当桩端达到坚硬、硬塑的黏性土、碎石土，中密以上的粉土和砂土或风化岩等土层时，应以贯入度控制为主，将桩端进入持力层深度或桩尖标高作为参考；当贯入度已达到而桩端标高未达到时，应继续锤击 3 阵，其每阵 10 击的平均贯入度不应大于规定的数值。

桩端位于其他软土层时，应以桩端设计标高控制为主，将贯入度作为参考。

沉桩时如桩端达到设计标高而贯入度指标与要求相差较大，或者贯入度指标已满足，而标高与设计要求相差较大，这两种情况说明地基的实际情况与设计原来的估计或判断有较大的出入，属于异常情况，都应会同设计单位研究处理，以调整其标高或贯入度达到控制的要求。

2. 平面位置或垂直度必须符合施工规范要求

桩沉入后，桩位的允许偏差应在施工质量验收规范的允许范围内。

预制桩桩位的允许偏差必须使桩在提升就位时对准桩位，桩身要垂直；在施工时，必须使桩身、桩帽和桩锤(或压梁)三者的中心线在同一垂直轴线上，以保证桩的垂直入土；短桩接长时，上下节桩的端面要平整，中心要对齐，如发现断面有间隙，应用铁片垫平焊牢；沉桩完毕，基坑挖土时，应制订合理的挖土方案，以防挖土而引起桩的位移或倾斜。

2.3 钢筋混凝土灌注桩施工

钢筋混凝土灌注桩直接在施工现场桩位上成孔，然后在孔内安放钢筋笼，最后浇筑混凝土而成。

与预制桩相比，灌注桩具有不受地层变化限制、不需要接桩和截桩、节约钢材、振动小、噪声小等特点。

2.3.1 灌注桩的分类

灌注桩按成孔的方法不同，可分为钻孔灌注桩、沉管灌注桩、人工挖孔灌注桩等。其中，钻孔灌注桩按施工条件不同，分为泥浆护壁成孔灌注桩、干作业成孔灌注桩；按成孔机械不同，分为潜水钻成孔灌注桩、冲击钻成孔灌注桩、旋挖成孔灌注桩、长螺旋钻孔压灌桩等。

泥浆护壁成孔灌注桩适用于地下水位以下的黏性土、粉土、砂土、填土、碎石土及风化岩层，旋挖成孔灌注桩适用于黏性土、粉土、砂土、填土、碎石土及风化岩层。

长螺旋钻孔压灌桩适用于黏性土、粉土、砂土、填土、非密实的碎石类土、强风化岩。

干作业钻孔灌注桩、人工挖孔灌注桩适用于地下水位以上的黏性土、粉土、填土、中等密实以上的砂土、风化岩层。在地下水位较高，有承压水的砂土层、滞水层、厚度较大的流塑状淤泥、淤泥质土中不得采用人工挖孔灌注桩。

沉管灌注桩适用于黏性土、粉土和砂土。

2.3.2 泥浆护壁成孔灌注桩

泥浆护壁成孔灌注桩利用泥浆护壁，钻孔时通过循环泥浆将钻头切削下的土渣排出孔外而成孔，而后吊放钢筋笼，水下灌注混凝土而成。

1．工艺流程

泥浆护壁成孔灌注桩的施工工艺流程如下：

测定桩位→埋设护筒→桩机就位、制备泥浆→成孔→清孔→安放钢筋骨架→浇筑水下混凝土。

2．施工方法

1）测定桩位

平整清理好施工场地后，设置桩基轴线定位点和水准点，根据桩位平面布置施工图，定出每根桩的位置并做好标志。施工前，桩位要检查复核，以防因外界因素影响而造成偏移。

2）埋设护筒

护筒是泥浆护壁成孔灌注桩特有的一种装置，护筒的作用是：固定桩孔位置，防止地面水流入，保护孔口，增高桩孔内水压力，防止塌孔，成孔时引导钻头方向。

护筒可采用 4～8 mm 厚的钢板制成，内径比钻头直径大 100 mm(当采用冲孔时，护筒内径应大于钻头直径 200 mm)，上部开设 1～2 个溢浆孔。护筒高度应能保持孔内泥浆面高出地下水位 1.0 m 以上，在受水位涨落影响时，泥浆面应高出最高水位 1.5 m 以上，如图 2-14 所示。

埋设护筒时，先挖去桩孔处表土，再将护筒埋入土中，护筒顶面应高于地面 0.5 m 左右，其埋设深度在黏土中不宜小于 1.0 m，在砂土中不宜小于 1.5 m。受水位涨落影响或水下施工的钻孔灌注桩影响，护筒应加高加深，必要时应打入不透水层，其埋设如图 2-15 所示。

护筒埋设应准确、稳定，护筒中心与桩位中心线的偏差不得大于 50 mm，对位后应在护筒外侧填入黏土并分层夯实。

图 2-14　护筒内泥浆面

图 2-15　护筒埋设

3）泥浆制备

泥浆是此种方法不可缺少的材料，泥浆有护壁、携砂排土、切土润滑、冷却钻头等作用，其中以护壁为主。除能自行造浆的黏性土层外，其他土层均应制备泥浆。

泥浆应根据施工机械、工艺及穿越土层情况进行配合比设计。

泥浆制备方法应根据土质条件确定。在黏土和粉质黏土中成孔时，可注入清水，以原土造浆；在其他土层中成孔，泥浆可选用高塑性的黏土或膨润土制备。

4) 成孔

泥浆护壁成孔灌注桩的成孔方式有潜水钻成孔、冲击钻成孔、旋挖成孔等。

(1) 潜水钻成孔。

潜水钻机是一种旋转式钻孔机，如图 2-16 所示，其防水电机变速机构和钻头密封在一起，由桩架及钻杆定位后可潜入水、泥浆中钻孔，注入泥浆后通过正循环或反循环排渣法将孔内切削土粒、石渣排至孔外，如图 2-17 所示。

图 2-16　潜水钻机

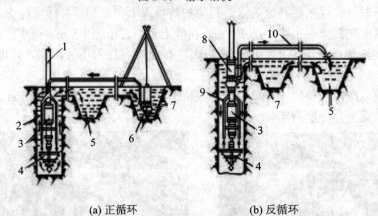

(a) 正循环　　　　　　　　　　　(b) 反循环

1—钻杆；2—送水管；3—主机；4—钻头；5—沉淀池；6—潜水泥浆泵；
7—泥浆池；8—砂石泵；9—抽渣管；10—排渣胶管

图 2-17　循环排渣方法

正循环排渣法：在钻孔过程中，旋转的钻头将碎泥渣切削成浆状后，先利用泥浆泵压送高压泥浆，再经钻机中心管、分叉管送入到钻头底部强力喷出，与切削成浆状的碎泥渣混合，携带泥土沿孔壁向上运动，最后从护筒的溢流孔排出。

反循环排渣法：砂石泵随主机一起潜入孔内，直接将切削碎泥渣随泥浆抽排出孔外。

在钻孔达到设计深度，灌注混凝土之前，孔底沉渣厚度指标应符合要求：对于端承桩，不应大于 50 mm；对于摩擦桩，不应大于 100 mm。

对孔深较大的端承桩和粗粒土层中的摩擦桩，宜采用反循环工艺成孔或清孔，也可根据土层情况采用正循环钻进，反循环清孔。

(2) 冲击钻成孔。

冲击钻成孔是用冲击钻机把带钻刃的重钻头(又称冲锤)提高,靠自由下落的冲击力来削切岩层,排出碎渣成孔。

冲击钻机有钻杆式和钢丝绳式两种,前者所钻孔径较小、效率低、应用较少,后者钻孔直径大,有 800 mm、1000 mm、1200 mm 几种,图 2-18 为泵吸双循环冲击钻机。

冲击钻头形式有十字形、工字形、人字形等,一般常用十字形冲击钻头(见图 2-19)。

冲击钻机就位后,校正冲锤中心使之对准护筒中心,在冲程 0.4~0.8 m 范围内应低提密冲,并及时加入石块与泥浆护壁,直至护筒下沉 3~4 m 以后,此时冲程可以提高到 1.5~2.0 m,再转入正常冲击,随时测定并控制泥浆相对密度。

图 2-18 泵吸双循环冲击钻机

图 2-19 十字型冲击钻头

冲击钻成孔时,应低锤密击,当表土为淤泥、细砂等软弱土层时,可加黏土块夹小片石反复冲击造壁,孔内泥浆面应保持稳定。进入基岩后,应采用大冲程、低频率冲击,当发现成孔偏移时,应回填片石至偏孔上方 300~500 mm 处,然后重新冲孔。

(3) 旋挖成孔。

旋挖成孔利用旋挖钻机(见图 2-20)直接把土从孔中挖出,其工作原理是先利用发动机驱动、液压加压,使钻头切削土体,土被旋入提筒中后,再提出孔外,直接装入自卸汽车运出施工现场。

此方法自动化程度和钻进效率高,钻头可快速穿过各种复杂地层,在桩基施工特别是城市桩基施工中具有非常广阔的前景。

图 2-20 旋挖钻机

旋挖钻机与传统的潜水钻机相比,由于旋挖钻机的圆柱形钻头在提出泥浆液面时会使钻头下局部空间产生"真空",同时由于钻头提升时,泥浆对护筒下部与孔眼相交部位孔壁的冲刷作用,很容易造成护筒底孔壁坍塌,因此对护筒周围回填土必须精心进行夯实。

旋挖钻机成孔时应采用跳挖方式,钻斗倒出的土距离桩孔口的最小距离应大于 6 m,并应及时清除。

根据地层情况及地下水位埋深的不同,旋挖成孔也可以采用干作业成孔。

5) 清孔

当钻孔达到设计要求深度并经检查合格后，应立即进行清孔，目的是为了清除孔底沉渣以减少桩基的沉降量，提高承载能力，确保桩基质量。

清孔方法有空气吸泥清孔、泥浆循环、抽渣筒排渣等。

对于不易塌孔的桩孔，可采用空气吸泥清孔，管内形成强大高压气流向上涌，同时不断地补足清水，被搅动的泥渣随气流上涌从喷口排出，直至喷出清水为止。

稳定性差的孔壁应采用泥浆循环或排渣筒排渣，清孔后的泥浆相对密度应控制在1.15～1.25。

6) 安放钢筋骨架

桩孔清孔符合要求后，必须马上安放钢筋骨架。吊放时，要防止扭转、弯曲和碰撞，要吊直扶稳，缓缓下落，避免碰撞孔壁。钢筋骨架下放到设计位置后，应立即固定。

7) 水下浇筑混凝土

钢筋骨架固定以后，在4小时以内必须浇筑混凝土。

浇筑混凝土前，应安置导管或气泵管二次清孔，并进行孔位、孔径、垂直度、孔深沉渣厚度等检验。

水下混凝土浇筑常用导管法，浇筑时，先将导管内及漏斗灌满混凝土，其量应保证导管下端一次埋入混凝土面以下 0.8 m 以上，然后剪断悬吊隔水栓的钢丝，使混凝土拌和物在自重作用下迅速排出球塞进入水中，如图 2-21 所示。

水下灌注混凝土，其坍落度宜为 180～220 mm，含砂率宜为 40%～50%，可选用中粗砂，粗骨料的最大粒径应小于 40 mm，宜掺外加剂。

导管可采用钢管，壁厚不宜小于 3 mm，直径宜为 200～250 mm，直径制作偏差不应超过2 mm。导管的分节长度可视工艺要求而定，底管长度不宜小于 4 m，接头宜采用双螺纹方扣快速接头。

使用的隔水栓应有良好的隔水性能，并应保证混凝土顺利排出。隔水栓宜采用球胆或与桩身混凝土强度等级相同的细石混凝土制作。

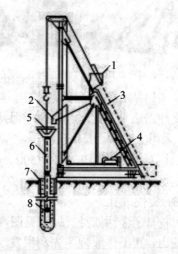

1—上料斗；2—贮料斗；3—滑道；4—卷扬机；
5—漏斗；6—导管；7—护筒；8—隔水栓

图 2-21 水下浇筑混凝土

开始浇灌混凝土时，导管底部距孔底的距离宜为 300～500 mm，导管一次埋入混凝土灌注面以下不应少于 0.8 m，埋入混凝土深度宜为 2～6 m，严禁将导管提出混凝土灌注面。

灌注水下混凝土时必须连续施工，并应控制提拔导管的速度，要有专人测量导管埋深及管内外混凝土灌注面的高差，填写水下混凝土灌注记录。

最后一次灌注时，超灌高度宜为 0.8～1.0 m，凿除泛浆后必须保证暴露的桩顶混凝土强度等级达到设计要求。

每次灌注后应对导管内部进行清理。

2.3.3　干作业钻孔灌注桩

干作业成孔是在无地下水或地下水很小，基本上不影响工程施工时成孔，主要适用于北方地区和地下水位低的土层。其成孔设备为螺旋钻孔机，螺旋钻头见图 2-22，施工示意图见图 2-23。

（a）钻孔　（b）安放钢筋笼　（c）浇筑混凝土

图 2-22　螺旋钻头　　　　　图 2-23　螺旋钻机钻孔灌注桩施工示意图

1．工艺流程

干作业钻孔灌注桩的工艺流程是：场地清理→测量放线定桩位→桩机就位→钻孔取土成孔→清除孔底沉渣→成孔质量检查验收→吊放钢筋笼→浇筑孔内混凝土。

2．施工注意事项

干作业钻孔一般采用螺旋钻机钻孔，还可采用机扩法扩底。为了确保成桩后的质量，施工中应注意以下几点：

(1) 开始钻孔时，应保持钻杆垂直、位置正确，防止因钻杆晃动引起孔径扩大，增多孔底虚土。

(2) 发现钻杆摇晃、移动、偏斜或难以钻进时，应提钻检查，排除地下障碍物，避免桩孔偏斜和钻具损坏。

(3) 钻进过程中，应随时清理孔口黏土，遇到地下水、塌孔、缩孔等异常情况时，应停止钻孔，同有关单位研究处理。

(4) 钻头进入硬土层时，易造成钻孔偏斜，可提起钻头上下反复扫钻几次，以便削去硬土。若纠正无效，可在孔中局部回填黏土至偏孔处 0.5 m 以上，再重新钻进。

(5) 成孔达到设计深度后，应保护好孔口，按规定验收，并做好施工记录。

(6) 孔底虚土应尽可能清除干净，可采用夯锤夯击孔底虚土或进行压力注水泥浆处理。

(7) 灌注混凝土前，应在孔口安放护孔漏斗，然后放置钢筋笼，并应再次测量孔内虚土厚度。

2.3.4　长螺旋钻孔压灌桩

长螺旋钻孔压灌桩是在长螺旋干钻法基础上发展的压灌混凝土桩成桩技术，其工作原理是把混凝土从钻杆中心压入孔中，成孔、成桩一机一次完成。

长螺旋钻孔压灌桩采用长螺旋钻机(见图 2-24)钻孔，至设计深度后提钻，灌注混凝土，安放钢筋笼并振捣成桩。其特点如下：

(1) 适应性强。该桩型适用于黏性土、粉土、填土等各种土质，能在有缩径的软土、流沙层、沙卵石层、有地下水等复杂地质条件下成桩。

(2) 桩身质量好。由于混凝土是从钻杆中心压入孔中，因此混凝土具有密实、无断桩、无缩颈等特点，并对桩孔周围土有渗透、挤密作用。

(3) 单桩承载力高。由于是连续压灌超流态混凝土护壁成孔，因此对桩孔周围的土有渗透、挤密作用，提高了桩周土的侧摩阻力，使桩基具有较强的承载力、抗拔力、抗水平力，变形小，稳定性好。

(4) 机械投入少。钻机直接吊入钢筋笼，节省了吊车台班，减少了大型机械的投入量。

图 2-24　长螺旋钻孔压灌桩机

1. 施工工艺流程

长螺旋钻孔→空转清孔→提钻 200 mm→通过长螺旋钻杆中心向内压力灌注混凝土(边提钻边压入)→下钢筋笼(连同振动棒一同下入)→振捣成桩。

2. 施工操作要点

1) 钻孔

(1) 施工前利用经纬仪和尺子根据桩位图放桩位，并作好记号。

(2) 压灌钻机就位，保持其平整、稳固，在机架或钻杆上设置标尺，以便控制和记录孔深。

(3) 下放钻杆，使钻头对准桩位点，调整钻杆垂直度，然后启动钻机钻孔，达到设计深度后空转清土。

(4) 钻进过程中不宜反转或提升钻杆。

(5) 在地下水位以下的砂土层中钻进时，钻杆底部活门应有防止进水的措施。

2) 灌注混凝土

(1) 桩身混凝土坍落度宜为 180～220 mm，粗骨料可采用卵石或碎石，最大粒径不宜大于 30 mm，可掺加粉煤灰或外加剂。

(2) 混凝土输送泵型号应根据桩径选择，泵管布置宜减少弯道，泵与钻机的距离不宜超过 60 m。当气温高于 30℃时，宜在泵管上覆盖隔热材料，每隔一段时间应洒水降温一次。

(3) 钻至设计标高后，应先泵入混凝土并停顿 10～20 秒，再缓慢提升钻杆，边灌注边提升，提升速度应视土层情况而定，且应与混凝土泵送量相匹配。

(4) 混凝土的泵送压灌应连续进行，压灌时，料斗内混凝土的高度不得低于 400 mm。

3) 成桩

(1) 混凝土压灌结束后，应立即将钢筋笼插至设计深度，钢筋笼插设宜采用专用插筋器。

(2) 成桩后，应及时清除钻杆及泵管内残留混凝土。

2.3.5　沉管灌注桩

沉管灌注桩又叫套管成孔灌注桩，它利用锤击打桩设备或振动沉桩设备，将带有钢筋混凝土的桩尖(或钢板靴)或带有活瓣式桩靴的钢管沉入土中(钢管直径应与桩的设计尺寸一致)，形成桩孔，然后放入钢筋骨架并浇筑混凝土，随之拔出套管，利用拔管时的振动将混凝土捣实，形成所需要的灌注桩。

依据使用桩锤和成桩工艺的不同，沉管灌注桩可分为锤击沉管灌注桩、振动(振动冲击)沉管灌注桩和内夯沉管灌注桩等。

这类灌注桩的施工工艺是：使用锤击式桩锤或振动式桩锤将带有桩尖的钢管沉入土中造成桩孔，然后放入钢筋笼，随后浇筑混凝土，最后拔出钢管，形成所需的灌注桩。

沉管灌注桩对周围环境会产生噪音、振动、挤压等影响。

1．锤击沉管灌注桩

锤击沉管灌注桩的机械设备由桩管、桩锤、桩架、卷扬机滑轮组、行走机构等组成。

锤击沉管桩适用于一般黏性土、淤泥质土、砂土和人工填土地基，不能在密实的砂砾石、漂石层中使用。

1) 工艺流程

定位埋设混凝土预制桩尖→桩机就位→锤击沉管→灌注混凝土→边拔管、边锤击、边继续灌注混凝土(中间插入吊放钢筋笼)→成桩。

2) 施工方法

根据土质情况和荷载要求，锤击沉管灌注桩的施工方法有单打法、复打法和反插法。

(1) 单打法。单打法又称一次拔管法，拔管时，每提升 0.5～1.0 m，振动 5～10 s，然后再拔管 0.5～1.0 m，这样反复进行，直至管全部拔出。

(2) 复打法。复打法是指在同一桩孔内连续进行两次单打。

施工时，在第一次单打将混凝土浇筑到桩顶设计标高后，清除桩管外壁上污泥和孔周围地面上的浮土，立即在原桩位上再次安放桩尖，进行第二次沉管，使第一次未凝固的混凝土向四周挤压密实，将桩径扩大，然后进行第二次浇筑混凝土成桩。

复打法有全复打、半复打和局部复打之分。如果缺陷在下半段，则在第一次混凝土浇筑到半桩长时，另加 1 m，开始复打；如果缺陷在上半段，则在第一次浇筑混凝土到顶后，将桩管打入 1/2 桩长，再第二次灌注混凝土。

对于饱和淤泥或淤泥质软土宜采用全桩长复打法。

(3) 反插法。反插法是钢管每提升 0.5 m，再下插 0.3 m，这样反复进行，直至拔出。

3) 施工要点

(1) 桩管、混凝土预制桩尖或钢桩尖的加工质量和埋设位置应与设计相符，桩管与桩尖的接触应有良好的密封性。

(2) 沉管至设计标高后，应立即检查和处理桩管内的进泥、进水和吞桩尖等情况，并立即灌注混凝土。

(3) 当桩身配置局部长度钢筋笼时，第一次灌注混凝土应先灌至笼底标高，然后放置钢筋笼，再灌至桩顶标高。第一次拔管高度应以能容纳第二次灌入的混凝土量为限。

(4) 拔管速度应保持均匀，对一般土层，拔管速度宜为 1 m/min，在软弱土层或软硬土层交界处拔管速度宜控制在 0.3～0.8 m/min。

(5) 成桩后的桩身混凝土顶面应高于桩顶设计标高 500 mm 以内。

(6) 全长复打时，桩管入土深度宜接近原桩长，局部复打应超过断桩或缩颈区 1 m 以上。第一次灌注混凝土应达到自然地面，采用复打法应保证前后两次沉管轴线重合，并在混凝土初凝之前进行。

(7) 混凝土的坍落度宜为 80～100 mm。

2．振动(振动冲击)沉管灌注桩

振动沉管灌注桩采用激振器或振动冲击进行沉管，其施工过程为：桩机就位→沉管→上料→拔管。

振动沉管灌注桩的施工方法也有单打法、复打法和反插法。单打法可用于含水量较小的土层，且宜采用预制桩尖；复打法和反插法可用于饱和土层。

振动沉管灌注桩的施工要点有：

(1) 必须严格控制最后 30 秒的电流和电压值，其值应按设计要求或根据试桩和当地经验确定。

(2) 桩管内灌满混凝土后，应先振动 5～10 秒再开始拔管，边振边拔，每拔出 0.5～1.0 m 时停拔，振动 5～10 秒，如此反复，直到桩管全部拔出。

(3) 在一般土层内，拔管速度宜为 1.2～1.5 m/min，用活瓣桩尖时宜慢，用预制桩尖时可适当加快。

(4) 当采用反插法施工时，桩管灌满混凝土后，先振动再拔管，每次拔管高度 0.5～1.0 m，反插深度 0.3～0.5 m。

(5) 在拔管过程中应分段添加混凝土，保持管内混凝土面始终不低于地表面或高于地下水位 1.0～1.5 m 以上，拔管速度应小于 0.5 m/min。

(6) 在距桩尖 1.5 m 范围内，宜多次反插以扩大桩端部断面。

3．内夯沉管灌注桩

内夯沉管灌注桩是在锤击沉管灌注桩基础上发展起来的一种施工方法，它是在原桩机的桩管内增加一根封底的内夯管，在机械作用下，内外管同步打入土内至设计要求深度，接着拔出内夯管，在外管内注入一定高度的混凝土后，放入内夯管，再将外管拔起相应高度，然后锤击内夯管，使外管内的混凝土夯出管外，再将内外管同步沉到规定深度，使桩端形成扩大头后拔出内管，在外管内灌注桩身所需的混凝土，然后将内管压在外管内的桩身混凝土面上，最后拔起外管成桩，如图 2-25 所示。

这种夯扩桩桩身直径一般为 400～600 mm，扩大头直径在 500～900 mm，桩长不宜超过 20 m，适用于中低压缩性黏土、粉土、砂土、碎石土、强风化岩等。

施工时，内夯管应比外管短 100 mm，内夯管底端可采用闭口平底或闭口锥底，见图 2-26。

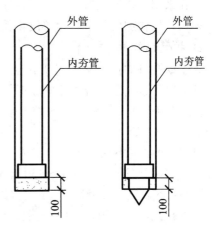

图 2-25　内夯沉管灌注桩施工　　　　图 2-26　内外管及管塞

外管封底可采用干硬性混凝土、无水混凝土配料，经夯击形成阻水、阻泥管塞，其高度可为 100 mm。当内、外管间不会发生间隙涌水、涌泥时，可不采用上述封底措施。

桩身混凝土宜分段灌注，拔管时内夯管和桩锤应施压于外管中的混凝土顶面，边压边拔。

2.3.6　人工挖孔灌注桩

人工挖孔灌注桩的桩孔采用人工挖掘方法进行成孔，然后安放钢筋笼、浇筑混凝土而成桩。

人工挖孔灌注桩单桩的承载能力高，受力性能好，既能承受垂直荷载，又能承受水平荷载，具有机具设备简单、施工操作方便、占用施工场地小、无噪音、无振动、不污染环境、对周围建筑物影响小、施工质量可靠、可全面展开施工、工期缩短、造价低等优点。

人工挖孔桩的孔径(不含护壁)不得小于 0.8 m，且不得大于 2.5 m，孔深不宜大于 30 m。

1. 施工机具

(1) 电动葫芦或手动卷扬机，提土桶及三脚支架。

(2) 潜水泵：用于抽出孔中积水。

(3) 鼓风机和输风管：用于向桩孔中强制送入新鲜空气。

(4) 镐、锹、土筐等挖土工具，若遇坚硬土层或岩石还应配备风镐等。

(5) 照明灯、对讲机、电铃等。

2. 施工工艺

人工挖孔灌注桩的工艺流程为：

场地整平→放线、定桩位→挖第一节桩孔土方→第一节护壁施工→在护壁上二次投测标高及桩位十字轴线→设置垂直运输架、安装电动葫芦(或卷扬机)、吊土桶、潜水泵、鼓风机、照明设施等→第二节桩身挖土→清理桩孔四壁、校核桩孔垂直度和直径→重复第一节护壁工序，循环作业直至设计深度→对桩孔直径、深度、持力层进行全面检查验收→清理虚土、排除孔底积水→吊放钢筋笼就位→浇灌桩身混凝土。

1) 土方开挖

桩孔采用分段开挖方式,每段高度取决于土壁的直立能力,一般为 0.5～1.0 m,开挖直径为设计桩径加上两倍护壁厚度,挖土顺序是自上而下,先中间、后孔边。

2) 护壁施工

人工挖孔桩的护壁常采用现浇混凝土护壁,见图 2-27、图 2-28,也可采用钢护筒或采用沉井护壁等。当采用混凝土护壁时,应满足下列规定:

(1) 护壁模板高度取决于开挖土方每段的高度,一般为 1 m,由 4～8 块活动模板组合而成。

(2) 护壁厚度不宜小于 100 mm,一般取 $D/10+50$ mm(D 为桩径),且第一段井圈的护壁厚度应比以下各段增加 100～150 mm。

(3) 上下节护壁可用长为 1 m 左右、直径不小于 8 mm 的构造钢筋进行拉结,拉筋应上下搭接或拉接,上下节护壁的搭接长度不得小于 50 mm。

(4) 护壁混凝土的强度等级不得低于桩身混凝土强度等级,应浇捣密实。根据土层渗水情况,可考虑使用速凝剂。每节护壁均应在当日施工完毕。

(5) 护壁混凝土一般在浇筑 24 小时之后便可拆模,继续下一段的施工。

(6) 当护壁符合质量要求后,便可开挖下一段的土方,再支模浇筑护壁混凝土,如此循环,直至挖到设计要求的深度。

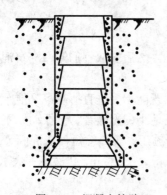

图 2-27　混凝土护壁

图 2-28　混凝土护壁施工图

3) 安放钢筋笼、浇筑混凝土

孔底有积水时应先排除积水再浇混凝土,当混凝土浇至钢筋的底面设计标高时再安放钢筋笼,继续浇筑桩身混凝土,如图 2-29 所示。

图 2-29　安放钢筋笼

3．施工注意事项

(1) 当桩净距小于 2 倍桩径且小于 2.5 m 时，应采用间隔开挖，排桩跳挖的最小施工净距不得小于 4.5 m，孔深不宜大于 40 m。

(2) 每段挖土后必须吊线检查中心线位置是否正确，桩孔中心线平面位置偏差不宜超过 20 mm，桩的垂直度偏差不得超过 1%，桩径不得小于设计直径。

(3) 挖土时如遇到松散或流砂土层，可减少每段开挖深度(取 0.3～0.5 m)或采用钢护筒、预制混凝土沉井等作护壁，待穿过此土层后再按一般方法施工。流砂现象严重时，应采用井点降水处理。

(4) 浇筑桩身混凝土时，应注意清孔及防止积水，桩身混凝土应一次连续浇筑完毕，不留施工缝。为防止混凝土离析，宜采用串筒来浇筑混凝土。如果地下水穿过护壁流入量较大无法抽干，则应采用导管法浇筑水下混凝土。

4．安全措施

(1) 施工人员进入孔内必须戴安全帽，孔内有人作业时，孔上必须有人监督防护。

(2) 孔内必须设置应急软爬梯供人员上下井。使用的电动葫芦、吊笼等应安全可靠并配有自动卡紧保险装置，不得使用麻绳和尼龙绳吊挂或脚踏井壁凸缘上下。电动葫芦宜用按钮式开关，使用前必须检查其安全起吊能力。

(3) 每日开工前必须检测井下的有毒、有害气体，并应有相应的安全防范措施。桩孔开挖深度超过 10 m 时，应有专门向井下送风的设备，风量不宜少于 25 L/s。

(4) 护壁顶面应高出地面 100～150 mm，以防杂物滚入孔内，孔口四周要设护栏，护栏高度宜为 0.8 m。

(5) 孔内照明要用 12 V 以下的安全灯或安全矿灯，使用的电器必须有严格的接地、接零和漏电保护器(如潜水泵等)。

(6) 挖出的土石方应及时运离孔口，不得堆放在孔口周边 1 m 范围内，机动车辆的通行不得对井壁的安全造成影响。

2.4　桩基础工程模拟实训

2.4.1　工程背景

某工程总建筑面积 73 242 m^2，主要建筑物包括生产及配件厂房(F1～F4、H、C3 局部)、垃圾房等。

根据设计图纸及现场情况，本工程厂房采用静压 C80 高强预应力管桩(PHC)(十字形桩尖)基础，以强风化岩顶部或全风化底部为桩端持力层，桩径为 ϕ500 和 ϕ400 两种，设计桩长为 22～34 m。

2.4.2　施工方案

1．工程概况

略。

2. 施工工艺

1) 平整场地放线

三通一平工作均已完成，现场有施工基准点，具备测量放线条件。

定位放线采用经纬仪、50 m 钢尺，依据控制轴线和施工图纸要求测放轴线和各桩位，桩位用钢钉插入地下标示。作业面高程采用 S_3 型水准仪进行测量。

由于静力压桩机自重较大，因此桩位测放之前，应进行场地压实，确保场地承载力满足施工设备自重要求。

2) 压桩机就位

压桩机行至桩位处时，应按额定总重量配置压重，调整机架垂直度，并使桩机夹持钳口中心与地面上的样桩基本对准，调平压桩机，再次校核无误后将长步履落地受力。

3) 吊桩喂桩

可直接用压桩机的工作吊机自行吊桩喂桩。当桩被运至压桩机附近后，采用单点吊法起吊，用双千斤(吊绳)的起吊方法使桩身竖起插入夹桩的钳口中。

4) 对中、调直

管桩被插入夹钳口中后，将桩徐徐下降直到桩尖离地面 100 mm 左右，然后夹紧桩身，微调压桩机使桩尖对准桩位，并将桩压入土中 0.5～1.0 m，暂停下压，从桩的两个正交侧面校正桩身垂直度，待桩身垂直度偏差小于 0.5% 并使静力压桩机处于稳定状态时方可正式开压。

5) 压桩

检查有关动力设备及电源等，防止压桩过程中途间断施工，确定无误后即可正式压桩。

压桩通过主机的压桩油缸伸程之力将桩压入土中，压桩油缸的最大行程为 1.8 m，每一次下压桩的入土深度为 1.8 m，然后松夹—上升—再夹—再压，如此反复，直至将一节桩压入土中。

当一节桩压至离地面 0.8～1.0 m 时(以施工方便为宜)，可进行接桩或放入送桩器将桩压至设计标高。

(1) 压桩过程中，应经常观察压力表，控制压桩阻力，调节桩机静力同步平衡，勿使偏心，并详细做好静力压桩施工记录。桩在沉入时，根据静压桩机每一次的行程，记录压力变化情况。

(2) 压同一根桩时，各工序应连续施工，并作好压桩施工记录。

(3) 压桩顺序：压桩应连续进行，防止因压桩中断而引起间歇后压桩阻力过大，发生压不下去的现象。如果压桩过程中确实需要间歇，则应考虑将桩端间歇在软弱土层中，以便启动阻力不致过大。

(4) 压桩过程中，当桩尖碰到硬夹层而压不下去时，应以最大压力压桩，忽开忽停，使桩有可能缓缓下沉穿过砂夹层。如桩尖遇到其他硬物时，应及时处理后方可再压。

6) 送桩

施压桩的最后一节桩的桩顶面达到地面以上 1.5 m 左右后，再将下一支桩吊放在被压的桩顶面上，一直将被压桩的顶面下压至土层中，直到符合终压条件为止，最后将桩拔出即可。

在送桩侧面标出尺寸线，便于观察送桩深度。

7) 截桩

如果桩顶高出设计桩顶标高一段距离，而桩长和终压力均符合设计要求，则要截桩，以便压桩机移位。截桩时用截桩器截断或用碎桩器破碎。

3. 施工技术要求

1) 桩机定位、调平

桩机定位是通过大船行走油缸和小船行走油缸的动作，作纵向和横向的行走，使压桩机行走定位，利用机座垂直支腿油缸，调整好压桩机的水平度。

2) 桩的起吊、就位与沉桩

当预制桩的强度达到设计强度的 100% 时方可进行沉桩。沉桩时用纵横两方向的经纬仪调整垂直度，水准仪控制标高，如遇桩身发生较大幅度位移、倾斜，压入过程中桩身突然下沉或倾斜，桩顶混凝土破坏或压桩阻力剧变时应暂停压桩并会同设计院等有关单位研究处理后方可继续压桩。

3) 接桩

接桩时采用电焊接桩，分两层焊，焊完后 8 分钟才能施压。焊接时预埋铁件表面应保持清洁，上、下节桩之间的间隙应用铁片垫实垫牢，焊缝应饱满，为减少焊接变形，应采用对角跳焊。送桩时应保持送桩器垂直，送桩快至标高时应缓压，严防超压。

4) 终止压桩的控制原则

(1) 控制桩顶标高达到设计要求。

(2) 终压值采用如下压桩反复压 2～3 次，每次稳压持续时间不少于 10 s。ϕ500 桩终压值为 4500 kN，ϕ400 桩终压值为 2750 kN。

(3) 当遇到地下障碍物等特殊情况无法控制标高时，咨询设计意见后，控制沉桩阻力按设计要求即可终止压入。

4. 质量保证措施

(1) 桩帽、桩身及送桩器应保持在同一直线上。

(2) 压桩前应用吊锤观测控制桩身的垂直度，在压桩过程中也应随时观测垂直度，若发现倾斜，应立即调整，保证桩身入土时的垂直度偏差不超过 0.5%，成桩后偏差不超过 0.5%。

(3) 当下一节桩压到地面 25 mm 左右时，根据配桩方案进行接桩时，应将桩管吊起对位，控制好垂直度。

(4) 电焊接桩时，要由两人对称施焊，电流要适中，焊条要有出厂合格证，施焊时焊缝必须密实，不该有施工缺陷(如咬边、夹渣、焊瘤等)。

(5) 做好施工日志、隐蔽工程验收记录、原始记录和现场签证等工程技术资料。

(6) 桩机的保养和维修要由专人负责，以便使工程能顺利进行。

(7) 对施工完毕的桩应对其质量和承载能力进行检验鉴定，经检验合格，方可继续施工承台。

(8) 认真组织好图纸会审，严格按图纸施工，组织好现场施工技术人员的技术交底，并随时通报在施工中存在的质量问题。

(9) 精心组织安排好现场施工人员的岗位，明确其责任，强调校对桩位，允许偏差值小于 50 mm，接桩时上下节桩的中心线误差不得大于 10 mm，校正垂直度，允许偏差小于 1%桩长。

(10) 接桩的焊接应严格要求，施焊时要将桩头清刷干净，焊缝应连续饱满，先进行自检，发现焊接缺陷的焊缝应重新焊，请现场监理验收，焊接后，待焊口自然冷却 8 分钟后才继续压入土层。

(11) 压同一根桩，各节必须连续施工，中间间歇时间不能过长，否则会造成压桩阻力增大。发现地质条件和压桩情况有差异时，应立即通知设计人员及监理以便能采取相应措施。

(12) 根据压力表对承载力进行控制，当达到要求指数时，方可卸荷，复压三次均达到设计压力后即可终止压桩。

(13) 当遇到桩失压、桩严重走位及桩身破坏情况时，要暂停压桩，待与有关部门联系处理后，方可继续施工。

(14) 所有管桩须有产品准用证和出厂合格证书，管桩进场后须认真检查，不准使用质量不合格的管桩，不合格的管桩挑出后，要对其明确标记，并及时运出场外。

(15) 经常进行桩机的维修、保养，压力表应定期进行合格检测，保证主要技术参数，满足设计要求。

(16) 严格按业主和设计单位提出的要求及有关的规范规程施工，随时接受当地质检部门的监督检查。

(17) 认真做好施工记录，及时将当日"施工记录"提交现场监理签证。所有桩施工完成时应及时请监理复核桩长及送桩深度，由监理送甲方代表确认。

5. 常见质量事故分析及处理

1) 桩身上抬

由于静压桩是挤土桩，在场地桩数量较多，桩距较密的情况下，时常后压的桩会对已压的桩产生挤压上抬，特别对于短桩，易形成所谓的吊脚桩。这种桩在做静载试验时，开始沉降较大，曲线较陡，但当桩尖达到持力层，承载力又有明显增加，沉降曲线又趋于平缓，这是桩身上抬的典型曲线。桩身上抬除了静载沉降偏大外，对桩而言还可能会把接头拉断，桩尖脱空，同时大大增加对四周桩的水平挤压力，导致桩倾斜偏位。

在处理上，施工前应合理安排压桩顺序，同一单体建筑物一般要求先压场地中央的桩，后压周边的桩；先压持力层较深的桩，后压较浅的桩。

出现桩身上抬后一般采用复压的办法使桩基正常使用，但对承受水平荷载的基础要慎重。

2) 桩端封口不实

当桩尖有缝隙时，地下水水头差的压力可使桩外的水通过缝隙进入桩管内腔，若桩尖附近的土质是泥质土，遇水易软化，从而直接影响桩的承载力。

桩靴的焊接要求与端板间无间隙、错位，保证焊缝饱满，无气孔。施焊时应对称进行，焊拉时间要控制得当，以防因高温焊缝遇水后变脆，容易开裂。

工程上比较有效的补救技术措施是采用"填芯混凝土"法，即在管桩施压完毕后立即灌细石混凝土进行封底(按设计院要求)，保证桩端不漏水、桩端附近水压平衡，桩端土承受三向压力，承载力能保持稳定。

3) 桩顶(底)开裂

目前压桩机越来越大，最重可达 6800 kN，对于较硬土质，管桩有可能仍然压不到设计标高，在反复复压情况下，管桩桩身横向产生强烈应力，如果桩还是按常规配箍筋，桩顶混凝土就会因抗拉不足开裂，产生垂直裂缝，为处理带来很大困难。

另一种情况就是管桩由软土层没有经过渡层突然进入硬持力层，桩机油压迅速升高，桩身受到瞬间冲击力容易引起桩顶开裂，如果硬持力层面不平整，桩靴卡不进土引起桩头折断破碎，桩机油压又下降，再压时压力不稳定，吊线测量桩长发现比入土部分短。

处理上，事前改进桩尖形式(圆锥形桩尖易滑)，事后用压力灌浆把桩底破碎混凝土粘结住，适当折减承载力设计值。

6. 安全保证措施

(1) 工人上岗前必需进行安全教育，用电设备必须有防雷接地及按规定安装漏电开关，一切电源电路的安装拆卸必须由持证电工进行，现场特种作业人员须持证上岗。

(2) 进入现场的作业人员必须遵守"十不准"规定，进入现场必须戴安全帽，并系紧带子，与生产无关人员不得进入施工现场，现场设立警告牌。

(3) 设备安装验收后才能使用，并悬挂安全标志。

(4) 开机时要有专人指挥，压桩机司机和吊机司机必须熟练操作。在施工时必须听从指挥信号，不得擅离岗位。应经常注意机械运转情况，发现异常应立即处理。与桩机操作无关的人员不得进入主司机室。

(5) 上班前必须在桩机各部件及钢丝绳、转动部分加润滑油，各制动部分要灵敏，试机正常后方能施工。卷扬机钢丝绳在卷筒缠绕圈数在任何情况下不少于 4 圈，并且要经常检查，发现断丝现象，应立即更换。

(6) 桩机行动时，指挥员应注意地面及空中的情况，要保证桩架的稳定、平衡、垂直移动，保证安全。

(7) 当风力大于 6 级时，停止施工。

(8) 桩机升降过程中要尽量保持水平，防止四个液压油缸伸屈严重不协调而损伤机件。

(9) 机电设备维修时必须先切断电源，断电后方能进行维修操作。

(10) 严禁酒后操作。

(11) 所有用电设备必须安装漏电保护装置，保证一机一闸一漏电开关，漏电开关采用两级以上设置，实行三相五线制。电箱和机具采用黄绿双色线进行接零保护。

(12) 电箱应能防雨，门锁齐全，出线应电缆化，一律架空，不拖地。

(13) 做好施工现场的布置工作，管桩的堆放要有利于安全施工，堆叠不能超过 4 层。

(14) 遵守当地建筑施工管理条例，做好文明施工，严格控制噪音，做好现场卫生，注意防火。

【复习思考题】

一、填空

1. 预制打入桩垂直度偏差应控制在_____以内。入土深度控制对摩擦桩应以_____为主，以_____作为参数，端承桩应以_____为主。

2. 钢筋混凝土预制桩施工的方法有_____、_____、_____。

3. 灌注桩按其成孔方式不同可分为_____、_____、_____等。

4. 钻孔灌注桩钻孔时的泥浆循环工艺有_____、_____两种，其中_____工艺的泥浆上流速度高，携土能力大。

二、选择

1. 预制打桩时，桩锤回跃增大时，贯入度骤减的原因是( )。

A. 地下有空洞　　　　　　　　　B. 地下有障碍物

C. 正常　　　　　　　　　　　　D. 桩身断裂

2. 在确定打桩顺序时，桩距大于4倍的桩身直径下，其顺序是( )。

A. 自中央向两边打设　　　　　　B. 与打桩顺序无关

C. 自边沿向中间打设　　　　　　D. 分段打设

3. 预制混凝土桩的混凝土强度达到设计强度的( )方可起吊，达到( )方可运输和打桩。

A. 70%，90%　　　　　　　　　B. 70%，100%

C. 90%，90%　　　　　　　　　D. 90%，100%

4. 用锤击沉桩时，为防止桩受冲击应力过大而损坏，应力要求( )。

A. 轻锤重击　　　　　　　　　　B. 轻锤轻击

C. 重锤重击　　　　　　　　　　D. 重锤轻击

5. 下列关于灌注桩的说法不正确的是( )。

A. 灌注桩是直接在桩位上就地成孔，然后在孔内灌注混凝土或钢筋混凝土而成。

B. 灌注桩能适应地层的变化，无需接桩。

C. 灌注桩施工后无需养护即可承受荷载。

D. 灌注桩施工时无振动、无挤土且噪音小。

6. 干作业成孔灌注桩的适用范围是( )。

A. 饱和软黏土

B. 地下水位较低、在成孔深度内无地下水的土质

C. 地下水不含腐蚀性化学成分的土质

D. 适用于任何土质

7. 泥浆护壁成孔灌注桩成孔机械可采用( )。

A. 导杆抓斗　　　　　　　　　　B. 高压水泵

C. 冲击钻　　　　　　　　　　　D. 导板抓斗

8. 钻孔灌注桩施工过程中若发现泥浆突然漏失,可能的原因是(　　)。

A. 护筒水位过高　　　　　　　　　　B. 塌孔

C. 钻孔偏斜　　　　　　　　　　　　D. 泥浆比重太大

9. 下列关于泥浆护壁成孔灌注桩的说法不正确的是(　　)。

A. 仅适用于地下水位低的土层

B. 泥浆护壁成孔是用泥浆保护孔壁、防止塌孔和排出土渣而成

C. 多用于含水量高的地区

D. 对不论地下水位高或低的土层皆适用

10. 下列(　　)不属于沉管灌注桩的质量问题。

A. 缩颈　　　　　　　　　　　　　　B. 吊脚桩

C. 桩靴进水　　　　　　　　　　　　D. 混凝土质量降低

11. 为提高单桩承载力,在(　　)施工中常用复打法。

A. 套管成孔灌注桩　　　　　　　　　B. 泥浆护壁成孔灌注桩

C. 钢筋混凝土灌注桩　　　　　　　　D. 干作业成孔灌注桩

三、简答

1. 什么叫端承桩?什么叫摩擦桩?摩擦型桩和端承型桩受力上有何区别?

2. 接桩的方法有几种?各适用于什么情况?

3. 什么叫泥浆护壁成孔灌注桩?泥浆护壁成孔灌注桩的护筒有何作用?泥浆在灌注桩成孔中有何作用?

项目3 脚手架与垂直运输设施

【教学目标】 了解脚手架工程在建筑施工中的作用；熟悉脚手架的分类、选型、构造组成、搭设及拆除的基本要求；掌握各种脚手架的构造组成及搭设要求；熟悉各种垂直运输设施的种类及应用。

在建筑施工中，脚手架和垂直运输设施占有特别重要的地位，选择与使用是否得当，不仅直接影响施工作业的顺利和安全进行，而且也关系到工程质量、施工进度和企业经济效益的提高，因而它是建筑施工技术措施中重要的环节之一。

3.1 脚手架工程

脚手架是建筑施工中重要的临时设施，它是在施工现场为工人操作并解决垂直和水平运输而搭设的各种支架，不仅可用做操作平台、施工作业和运输通道，还能临时堆放施工用的材料和机具。

对脚手架的基本要求是：满足工人操作、材料堆置和运输的需要；有足够的强度、刚度和稳定性，坚固稳定、安全可靠；搭拆简单、搬运方便，能多次周转使用；因地制宜、就地取材，尽量节约材料。

3.1.1 脚手架的分类

脚手架可根据构架方式、与施工对象的位置关系、支承特点等划分为多种类型。我国现在使用的多是用钢管材料制作的脚手架。

1. 按照构架方式划分

1) 多立杆式脚手架

多立杆式脚手架是由立杆、纵向水平杆、横向水平杆、各种支撑、脚手板等组成的脚手架，其特点是每步架高可根据施工需要灵活布置，它有单排、双排两种布置形式，如果用做模板支撑架，可采用满堂布置方式。

单排脚手架在建筑物外侧沿墙体仅设一排立杆，其横向水平杆一端与纵向水平杆连接，另一端支承在墙上。单排脚手架虽然节约材料，但稳定性较差且在墙上留有脚手眼，其搭设高度及利用范围也遭到一定的限制，仅适用于荷载较小、高度较低、墙体有一定强度的多层建筑。

双排脚手架沿墙外侧设两排立杆，两排立杆上分别设两道纵向水平杆，其横向水平杆两端支承在两道纵向水平杆上。双排脚手架具有较好的稳定性，可用于高层及多层建筑物。

扣件式钢管脚手架(见图 3-1)、碗扣式钢管脚手架(见图 3-2)、承插型盘扣式钢管脚手架(见图 3-3)均属于多立杆式脚手架。

2) 框组式脚手架

框组式脚手架也称门式脚手架(见图 3-4)，由门式框架及其配件组成门架单元，将门架单元相互连接并增加梯子、栏杆及脚手板等组成脚手架。

框组式脚手架是一种工厂生产、现场搭设的脚手架，一般只需要按产品目录所列的使用荷载和搭设规定进行施工，它的应用十分广泛。

3) 工具式脚手架

工具式脚手架是为操作人员搭设或设立的作业场所或平台，其主要架体构件为工厂制作的专用钢结构产品，在现场按特定的程序组装后进行施工。

工具式脚手架包括附着式升降脚手架(见图 3-5)、高处作业吊篮(见图 3-6)和外挂防护架等。

图 3-1 扣件式钢管脚手架

图 3-2 碗扣式钢管脚手架

图 3-3 盘扣式钢管脚手架

图 3-4 门式钢管脚手架

图 3-5　附着式升降脚手架

图 3-6　高处作业吊篮

2．按照与建筑物的位置关系划分

1）外脚手架

外脚手架是指搭设在建筑物外墙外面的脚手架，它沿建筑物外围从地面搭起，既可用于外墙砌筑，又可用于外装饰施工。

2）里脚手架

里脚手架搭设于建筑物内部，每砌完一层墙后，即将其转移到上一层楼面，进行新的一层砌体砌筑，可用于内外墙的砌筑和室内装饰施工。里脚手架用料少，但装拆频繁，故要求其轻便灵活、装拆方便。

3．按照支承部位和支承方式划分

1）落地式

落地式脚手架是直接搭设在地面、楼面、屋面或其他平台结构之上的脚手架，如图 3-7 所示。

2）悬挑式

悬挑式脚手架是搭设在建筑物外边缘伸出的悬挑结构上，采用悬挑支承方式的脚手架，如图 3-8、图 3-9 所示。这种形式的脚手架是将脚手架的荷载由悬挑结构传递给建筑物，其挑支方式有以下三种：架设于专用悬挑梁上；架设于专用悬挑三角桁架上；架设于由撑拉杆件组合的支挑结构上。其支承结构有斜撑式、斜拉式、拉撑式和顶固式等多种。

3）悬吊式

悬吊式脚手架是悬吊于悬挑梁或工程结构之下的脚手架，一般用于装饰阶段的施工。高处作业吊篮属于悬吊式脚手架。

4) 附着式

附着式升降脚手架是指搭设一定高度并附着于工程结构上，依靠自身的升降设备和装置，可随工程结构逐层爬升或下降，并具有防倾覆、防坠落装置的外脚手架。附着式升降脚手架主要由架体结构、附着支座、防倾装置、防坠落装置、升降机构及控制装置等构成，可用于高层及超高层建筑的施工。

5) 移动式

移动式脚手架是指带有行走装置的脚手架或操作平台架，如图 3-10 所示。它具有装拆简单、承载性能好、使用安全可靠等特点，移动式脚手架是一种工具式脚手架，可用于室内施工。

图 3-7　落地式脚手架

图 3-8　悬挑式脚手架

图 3-9　悬挑式脚手架的三角桁架

图 3-10　移动式脚手架

3.1.2　扣件式钢管脚手架

扣件式钢管脚手架是采用扣件作为杆件连接件的脚手架，其优点有：① 承载力较大。当脚手架的几何尺寸及构造符合规范的有关要求时，一般情况下，脚手架的单管立柱的承载力可达 15～35 kN；② 装拆方便，搭设灵活。由于钢管长度易于调整，扣件连接简便，因而扣件式钢管脚手架可适用于各种平面、立面的建筑物与构筑物用脚手架；③ 加工简单，一次投资费用较低。如果精心设计脚手架的几何尺寸，并注意提高钢管周转使用率，则材料用量也可减少。缺点有：扣件(特别是它的螺杆)容易丢失；节点处的杆件为偏心连接，靠抗滑力传递荷载和内力，因而降低了其承载能力；扣件节点的连接质量受扣件本身质量和工人操作的影响显著。

扣件式钢管脚手架适用于组装各种形式的脚手架、模板和其他支撑架，组装井字架，搭设坡道、工棚、看台及其他临时构筑物，做其他种类脚手架的辅助、加强杆件等。

扣件式钢管脚手架的搭设高度为单排不宜超过 24 m，双排不宜超过 50 m。

1．构造组成

扣件式钢管脚手架主要由钢管杆件、扣件、脚手板、连墙件和底座组成，其构架形式为多立杆式，如图 3-11 所示。

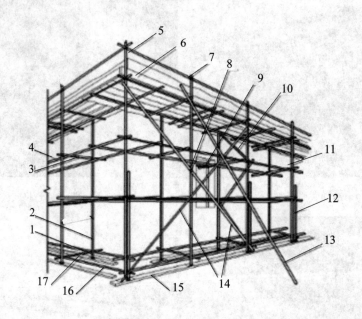

1—外立杆；2—内立杆；3—横向水平杆；4—纵向水平杆；5—栏杆；6—挡脚板；
7—直角扣件；8—旋转扣件；9—连墙件；10—横向斜撑；11—主立杆；12—副立杆；
13—抛撑；14—剪刀撑；15—垫板；16—纵向扫地杆；17—横向扫地杆

图 3-11　双排扣件式钢管脚手架构造组成

1) 钢管杆件

钢管杆件包括立杆、大横杆、小横杆、剪刀撑、斜撑和抛撑(在脚手架立面之外设置的斜撑)等，见图 3-12。

钢管杆件一般采用外径 48 mm、壁厚 3.5 mm 的焊接钢管或无缝钢管，也可采用外径 50～51 mm、壁厚 3～4 mm 的焊接钢管或其他钢管。

用于立杆、大横杆、剪刀撑和斜杆的钢管，长度一般为 4～6.5 m，最大重量不宜超过 250 N，以便适于人工搬运。用于小横杆的钢管长度宜为 1.8～2.2 m，以满足脚手架的宽度需要。

图 3-12　钢管杆件

2) 扣件

扣件为杆件的连接件,有可锻铸铁铸造扣件和钢板压制扣件两种。

扣件的基本形式有三种:① 对接扣件(见图 3-13):用于两根钢管的对接连接;② 旋转扣件(见图 3-14):用于两根钢管呈任意角度交叉的连接;③ 直角扣件(见图 3-15):用于两根钢管呈垂直交叉的连接。

在使用中,虽然旋转扣件可连接任意角度的相交钢管,但对于直角相交的钢管应用直角扣件连接,而不应用旋转扣件连接。

图 3-13　对接扣件连接

图 3-14　旋转扣件连接

图 3-15　直角扣件连接

3) 连墙件

连墙件的作用是将立杆与主体结构连接在一起，它可采用钢管、型钢或粗钢筋等，其间距如表 3-1 所示，其做法见图 3-16、图 3-17。

表 3-1　连墙件布置最大间距

搭设方法	脚手架高度/m	竖向间距/m	水平间距/m	每根连墙件覆盖面积/m^2
双排落地	≤50	3	3	≤40
双排悬挑	>50	2	3	≤27
单排	≤24	3	3	≤40

每个连墙件抗风荷载的最大面积应小于 40 m^2，连墙件需从底部第一根纵向水平杆处开始设置，连墙件与结构的连接应牢固，通常采用预埋件连接。

连墙件每 3 步 5 跨设置一根，其作用是不仅防止架子外倾，同时也可增加立杆的纵向刚度。

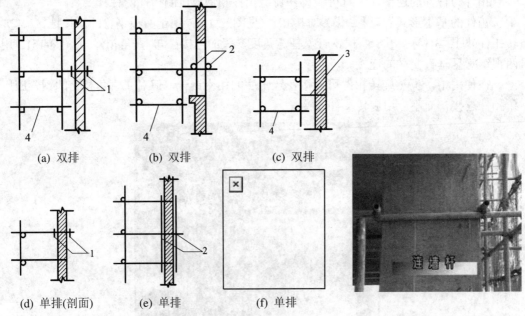

(a) 双排　　　(b) 双排　　　(c) 双排

(d) 单排(剖面)　　(e) 单排　　(f) 单排

1—扣件；2—短钢管；3—铅丝与墙内埋设的钢筋环拉柱；

4—横杆；5—木楔

图 3-16　连墙件的做法

图 3-17　连墙件

4) 脚手板

脚手板设在施工层上供工人操作用，一般用厚 2 mm 的钢板压制而成，长度为 2～4 m，宽度为 250 mm，表面应有防滑措施(见图 3-18)；也可采用厚度不小于 50 mm 的杉木板或松木板，长度为 3～6 m，宽度为 200～250 mm；或者采用竹脚手板，它有竹笆板和竹片板两种形式，每块质量不宜大于 30 kg。

脚手板的材质应符合规定，且脚手板不得有超过允许的变形和缺陷。

图 3-18 钢脚手板

5) 底座

底座是设于立杆底部的垫座，用于承受脚手架立柱传递下来的荷载。

底座一般采用厚 8 mm、边长 150～200 mm 的钢板作底板，上面焊 150～200 mm 高的钢管，见图 3-19。

底座形式有内插式和外套式两种，内插式的外径 D_1 比立杆内径小 2 mm，外套式的内径 D_2 比立杆外径大 2 mm。

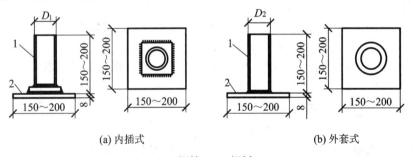

(a) 内插式   (b) 外套式

1—钢管；2—钢板

图 3-19 扣件式钢管脚手架底座

2. 搭设要求

脚手架必须配合施工进度搭设，一次搭设高度不应超过相邻连墙件以上二步，每搭完一步脚手架后，应校正步距、纵距、横距及立杆的垂直度。

底座安放应符合下列规定：

① 底座、垫板均应准确地放在定位线上。

② 垫板宜采用长度不少于 2 跨、厚度不小于 50 mm 的木垫板，也可采用槽钢。

立杆搭设应符合下列规定：

① 严禁将外径 48 mm 与 51 mm 的钢管混合使用。

② 相邻立杆的对接扣件不得在同一高度内，错开距离应符合规定。

③ 开始搭设立杆时，应每隔 6 跨设置一根抛撑，直至连墙件安装稳定后，方可根据情况拆除。

④ 当搭至有连墙件的构造点时，在搭设完该处的立杆、纵向水平杆和横向水平杆后，应立即设置连墙件。

⑤ 顶层立杆搭接长度与立杆顶端伸出建筑物的高度应符合规定。

纵向水平杆搭设应符合下列规定：

① 纵向水平杆的搭设应符合构造规定。

② 在封闭型脚手架的同一步中，纵向水平杆应四周交圈，用直角扣件与内外角部立杆固定。

横向水平杆搭设应符合下列规定：

① 横向水平杆搭设应符合构造规定。

② 双排脚手架横向水平杆的靠墙一端至墙装饰面的距离不宜大于 100 mm。

③ 单排脚手架的横向水平杆不应设置在下列部位：

※ 设计上不允许留脚手眼的部位；

※ 过梁上与过梁两端成 60° 角的三角形范围内及过梁净跨度 1/2 的高度范围内；

※ 宽度小于 1 m 的窗间墙；

※ 梁或梁垫下及其两侧各 500 mm 的范围内；

※ 砖砌体的门窗洞口两侧 200 mm 和转角处 450 mm 的范围内；其他砌体的门窗洞口两侧 300 mm 和转角处 600 mm 的范围内；

※ 独立或附墙砖柱。

连墙件、剪刀撑、横向斜撑等的搭设应符合下列规定：

① 连墙件搭设应符合构造规定。当脚手架施工操作层高出连墙件 2 步时，应采取临时稳定措施，直到上一层连墙件搭设完后方可根据情况拆除。

② 剪刀撑、横向斜撑搭设应符合规定，并应同立杆、纵向和横向水平杆等同步搭设，各底层斜杆下端均须支承在垫块或垫板上。

扣件安装应符合下列规定：

① 扣件规格必须与钢管外径相同。

② 螺栓拧紧扭力矩不应小于 40 N·m，且不应大于 65 N·m。

③ 在主节点处固定横向水平杆、纵向水平杆、剪刀撑、横向斜撑等用的直角扣件、旋转扣件的中心点的相互距离不应大于 150 mm。

④ 对接扣件开口应朝上或朝内。

⑤ 各杆件端头伸出扣件盖板边缘的长度不应小于 100 mm。

作业层、斜道的栏杆和挡脚板的搭设应符合下列规定：

① 栏杆和挡脚板均应搭设在外立杆的内侧。

② 上栏杆上皮高度应为 1.2 m。

③ 挡脚板高度不应小于 180 mm。

④ 中栏杆应居中设置。

脚手板的铺设应符合下列规定：

① 脚手板应铺满、铺稳，离开墙面 120～150 mm。

②　采用对接或搭接时均应符合规定，脚手板探头应用直径 3.2 mm 的镀锌钢丝固定在支承杆件上。

③　在拐角、斜道平台口处的脚手板，应与横向水平杆可靠连接，防止滑动。

④　自顶层作业层的脚手板往下计，宜每隔 12 m 满铺一层脚手板。

拆除脚手架时，应符合下列规定：

①　拆除作业必须由上而下逐层进行，严禁上下同时作业。

②　连墙件必须随脚手架逐层拆除，严禁先将连墙件整层或数层拆除后再拆脚手架。分段拆除高差不应大于 2 步，如高差大于 2 步，应增设连墙件加固。

③　当脚手架拆至下部最后一根长立杆的高度(约 6.5 m)时，应先在适当位置搭设临时抛撑加固后，再拆除连墙件。

④　当脚手架采取分段、分立面拆除时，对不拆除的脚手架两端，应先按规定设置连墙件和横向斜撑加固。

3.1.3　碗扣式钢管脚手架

碗扣式钢管脚手架是一种多功能脚手架，其杆件节点处采用碗扣连接，由于碗扣是固定在钢管上的，构件全部轴向连接，力学性能好，故其连接可靠，组成的脚手架整体性好，不存在扣件丢失问题。

碗扣式钢管脚手架立杆连接是同轴心承插，横杆同立杆靠碗扣接头连接，接头具有可靠的抗弯、抗剪、抗扭力学性能，而且各杆件轴心线交于一点，节点在框架平面内，因此，碗扣式钢管脚手架结构稳固可靠、承载力大。

碗扣式钢管脚手架在接头设计时，考虑了上碗扣螺旋摩擦力和自重力的作用，使接头具有可靠的自锁能力。作用于横杆上的荷载通过下碗扣传递给立杆，下碗扣具有很强的抗剪能力(最大为 199 kN)。上碗扣即使没被压紧，横杆接头也不致脱出而造成事故。同时它配备有安全网支架、间横杆、脚手板、挡脚板、架梯、挑梁、连墙撑等杆配件，使用起来安全可靠。

碗扣式钢管脚手架的搭设高度宜为 50 m 以下。

1. 构造组成

碗扣式钢管脚手架由钢管立杆、横杆、碗扣接头等组成，见图 3-20、图 3-21，其基本构造和搭设要求与扣件式钢管脚手架类似，不同之处主要在于碗扣接头。

图 3-20　焊有碗扣的钢管

图 3-21　碗扣配件

碗扣接头是该脚手架系统的核心部件，它由上碗扣、下碗扣、横杆接头和上碗扣的限位销等组成。上碗扣、上碗扣和限位销按 600 mm 间距设置在钢管立杆之上，其中下碗扣和限位销则直接焊在立杆上，见图 3-22。

组装时，将上碗扣的缺口对准限位销后，把横杆接头插入下碗扣内，压紧和旋转上碗扣，利用限位销固定上碗扣。

碗扣接头可同时连接 4 根横杆，可以互相垂直或偏转一定角度，见图 3-23。

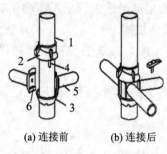

(a) 连接前　　(b) 连接后

1—立杆；2—上碗扣；3—下碗扣；
4—限位销；5—横杆；6—横杆接头

图 3-22　碗扣接头

图 3-23　碗扣接头

2. 搭设要求

1) 双排脚手架

双排脚手架首层立杆应采用不同的长度交错布置，底层纵、横向横杆作为扫地杆距地面高度应小于或等于 350 mm，严禁施工中拆除扫地杆，立杆应配置有可调底座或固定底座。

双排脚手架专用外斜杆设置应符合下列规定：

① 斜杆应设置在有纵、横向横杆的碗扣节点上。

② 在封圈的脚手架拐角处及一字形脚手架端部应设置竖向通高斜杆。

③ 当脚手架高度小于或等于 20 m 时，每隔 5 跨应设置一组竖向通高斜杆；当脚手架高度大于 20 m 时，每隔 3 跨设置一组竖向通高斜杆。斜杆应对称设置，见图 3-24。

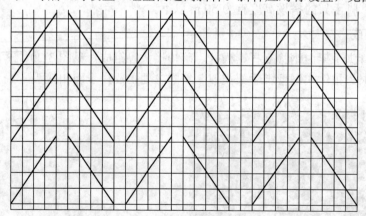

图 3-24　钢管扣件斜杆设置图

④ 当斜杆临时拆除时，应调整斜杆位置，并严格控制同时拆除的根数。

当采用钢管扣件作斜杆时应符合下列规定：

①　斜杆应每步与立杆扣接，扣接点距碗扣节点的距离不应大于 150 mm；当出现不能与立杆扣接情况时，应与横杆扣接，扣件扭紧力矩为 40～65 N·m。

②　斜杆宜设置成八字形且内外对称，水平倾角宜在 45°～60°之间，纵向斜杆间距可间隔 1～2 跨。

连墙件的设置应符合下列规定：

①　连墙件应呈水平设置，当不能呈水平设置时，与脚手架连接的一端应下斜连接。

②　每层连墙件应在同一平面，其位置应由建筑结构和风荷载计算确定，且水平间距不应大于 4 跨。

③　连墙件应设置在有横杆的碗扣节点处，当采用钢管扣件做连墙件时，连墙件应采用直角扣件与立杆连接，连接点距碗扣节点距离不应大于 150 mm。

④　连墙件应采用可承受拉、压荷载的刚性结构，连接应牢固可靠。

⑤　当连墙件竖向间距大于 4 m 时，连墙件内外立杆之间必须设置廊道斜杆或十字撑。

当脚手架高度大于 20 m 时，顶部 20 m 以下所有的连墙件层必须设置水平斜杆，水平斜杆应设置在纵向横杆之下。

脚手板设置应符合下列规定：

①　工具式钢脚手板必须有挂钩，并带有自锁装置与廊道横杆锁紧，严禁浮放。

②　冲压钢脚手板、木脚手板和竹串片脚手板，两端均应与横杆绑牢，作业层相邻两根廊道横杆间应加设间横杆，脚手板探头长度应小于 150 mm。

③　作业层的脚手板框架外侧应设挡脚板及防护栏，护栏应采用二道横杆。

④　人行坡道坡度可为 1∶3，并在坡道脚手板下增设横杆，坡道可折线上升。

⑤　人行梯架应设置在尺寸为 1.8 m×1.8 m 的脚手架框架内，梯子宽度为廊道宽度的 1/2，梯架可在一个框架高度内折线上升，梯架拐弯处应设置脚手板及扶手。

⑥　脚手架上的扩展作业平台挑梁宜设置在靠建筑物一侧，按脚手架离建筑物间距及荷载选用窄挑梁或宽挑梁。宽挑梁可铺设两块脚手板，宽挑梁上的立杆应通过横杆与脚手架连接。

2) 模板支撑架

模板支撑架应根据所承受的荷载选择立杆的间距和步距，底层纵、横向水平杆作为扫地杆，距地面高度应小于或等于 350 mm，立杆底部应设置可调底座或固定底座，立杆上端包括可调螺杆伸出顶层的长度不得大于 0.7 m。

模板支撑架高度超过 4 m 时，应在四周拐角处设置专用斜杆或四面设置八字斜杆，并在每排每列设置一组通高十字撑或专用斜杆。

房屋建筑模板支撑架可采用立杆支撑楼板、横杆支撑梁的梁板合支方法。当梁的荷载超过横杆的设计承载力时，可采取独立支撑的方法，并与楼板支撑连成一体。

模板支撑架高宽比应小于或等于 3，否则应扩大下部架体尺寸或采取其他构造措施。

模板支撑架斜杆设置应符合下列要求：

①　当立杆间距大于 1.5 m 时，应在拐角处设置通高专用斜杆，中间每排每列应设置通高八字形斜杆或剪刀撑。

②　当立杆间距小于或等于 1.5 m 时，模板支撑架四周从底到顶连续设置竖向剪刀撑。

中间纵、横向由底至顶连续设置竖向剪刀撑，其间距应小于或等于 4.5 m。

③ 剪刀撑的斜杆与地面夹角应在 45°～60°之间，斜杆应每步与立杆扣接。

3) 人行通道设置要求

当双排脚手架设置人行通道时，应在通道上部架设专用梁，门洞两侧立杆应加设斜杆。模板支撑架设置人行通道时，应符合下列规定：

① 通道上部应架设专用横梁，横梁结构应经过设计计算确定。

② 横梁下的立杆应加密，并应与架体连接牢固。

③ 通道宽度应小于或等于 4.8 m。

④ 门洞及通道顶部必须采用木板或其他硬质材料全封闭，两侧应设置安全网。

⑤ 通行机动车的洞口，必须设置防撞击设施。

3.1.4 承插型盘扣式钢管脚手架

承插型盘扣式钢管脚手架是继扣件式脚手架、碗扣式脚手架之后的理想升级换代产品，又称圆盘式脚手架、菊花式脚手架、插盘式脚手架、轮盘式脚手架和雷亚架等。

承插型盘扣式钢管脚手架采用新颖、美观、坚固的圆扣盘、精密铸钢接头、楔式自锁插销做为连接件(见图 3-25、图 3-26)，并采用优质低合金高强度 Q345B 材质钢管做主构件，其立杆承载力得到大幅度提升。

承插型盘扣式钢管支架立杆采用套管承插连接，水平杆和斜杆采用杆端和接头卡入连接盘，用楔形插销连接，形成了结构几何不变体系的钢管支架。

图 3-25　承插型盘扣式钢管

图 3-26　盘扣式脚手架配件

1. 构造组成

承插型盘扣式钢管脚手架由立杆、水平杆、斜杆、可调底座及可调托座等配件构成。根据其用途可分为模板支架和脚手架两类。

盘扣接点由焊接于立杆上的连接盘、水平杆杆端扣接头和斜杆杆端扣接头组成，如图 3-27、图 3-28 所示。

插销外表面应与水平杆和斜杆杆端扣接头内表面吻合，插销连接应保证锤击自锁后不拔脱，抗拔力不得小于 3 kN。

插销应配有可靠防拔脱构造措施，且应设置便于目视检查楔入深度的刻痕或颜色标记。立杆盘扣节点间距宜按 0.5 m 模数设置，横杆长度宜按 0.3 m 模数设置。

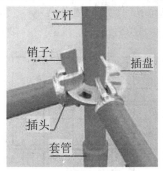

图 3-27　盘扣节点

图 3-28　盘扣连接构造

2. 搭设要求

1) 模板支架

模板支架应根据施工方案计算得出的立杆排架尺寸选用定长的水平杆，并应根据支撑高度组合套插的立杆段、可调托座和可调底座。

当采用搭设高度不超过 8 m 的满堂模板支架时，支架架体四周外立面向内的第一跨每层均应设置竖向斜杆，架体整体底层以及顶层均应设置竖向斜杆，并应在架体内部区域每隔 5 跨由底至顶纵、横向均设置竖向斜杆或采用扣件钢管搭设的剪刀撑。

当满堂模板支架的架体高度不超过 4 个节段立杆时，可不设置顶层水平斜杆；当架体高度超过 4 个节段立杆时，应设置顶层水平斜杆或扣件钢管水平剪刀撑。

当模板支架搭设高度超过 8 m 时，竖向斜杆应满布设置，水平杆的步距不得大于 1.5 m，沿高度每隔 4～6 个节段立杆，应设置水平层斜杆或扣件钢管剪刀撑，并应与周边结构形成可靠拉结。

当模板支架搭设成无侧向拉结的独立塔状支架时，架体每个侧面每步距应设竖向斜杆。当有防扭转要求时，在顶层及每隔 3～4 步应增设水平层斜杆或钢管水平剪刀撑，如图 3-29 所示。

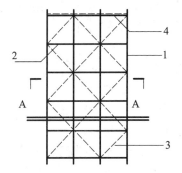
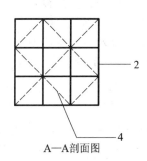

A—A 剖面图

1—立杆；2—水平杆；3—斜杆；4—水平层斜杆

图 3-29　无侧向拉结塔状支模架

对长条状的独立高支模架，架体总高度与架体的宽度之比 H/B 不宜大于 3。

模板支架可调托座伸出顶层水平杆的悬臂长度严禁超过 650 mm，可调托座插入立杆长度不得小于 150 mm。

高大模板支架最顶层的水平杆步距应比标准步距缩小一个盘扣间距。

模板支架可调底座调节螺母离地高度不应大于 300 mm，作为扫地杆的水平杆，离地高度不应大于 550 mm。当可调底座调节螺母离地高度不大于 200 mm 时，第一层步距可按标准步距设置，且应设置竖向斜杆，并可间隔抽除第一层水平杆形成施工人员进入通道，与通道正交的两侧立杆间应设置竖向斜杆。模板支架应与周围已建成的结构进行可靠连接。

当模板支架体内设置人行通道时，应在通道上部架设支撑横梁，如图 3-30 所示，横梁截面大小应按跨度以及承受的荷载确定。通道两侧支撑梁的立杆间距应根据计算设置，通道周围的模板支架应连成整体。洞口顶部应铺设封闭的防护板，两侧应设置安全网。通行机动车的洞口，必须设置安全警示和防撞设施。

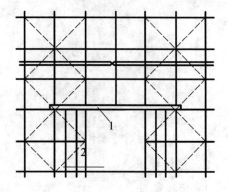

1—支撑横梁；2—立杆加密

图 3-30　模板支架人行通道设置图

2) 双排外脚手架

用承插型盘扣式钢管支架搭设双排脚手架时，可根据使用要求选择架体几何尺寸。

相邻水平杆步距宜选用 2 m，立杆纵距宜选用 1.5 m 或 1.8 m，且不宜大于 3 m，立杆横距宜选用 0.9 m 或 1.2 m。

首层立杆宜采用不同长度的立杆交错布置，错开立杆竖向距离不应小于 500 mm，当需要设置人行横道时，立杆底部应配置可调底座。

在拐角为直角部位应设置立杆间的竖向斜杆，当作为外脚手架使用时，通道内可不设置斜杆。

在设置双排脚手架人行通道时，应在通道上部架设支撑横梁，横梁截面大小应按跨度以及承受的荷载计算确定，通道两侧脚手架应加设斜杆，洞口顶部应铺设封闭的防护板，两侧应设置安全网。

通行机动车的洞口，必须设置安全警示和防撞设施。对双排脚手架的每步水平杆层，当无挂扣钢脚手架板加强水平层刚度时，应每 5 跨设置水平斜杆。

连墙件的设置应符合下列规定：

① 连墙件必须采用可承受拉、压荷载的刚性杆件，连墙件与脚手架立面及墙体应保持垂直，同一层连墙件宜在同一平面，水平间距不应大于 3 跨。

② 连墙件应设置在有水平杆的盘扣节点旁，连接点至盘扣节点距离不应大于 300 mm。采用钢管扣件作连墙杆时，连墙杆应采用直角扣件与立杆连接。

③ 当脚手架下部暂不能搭设连墙件时，应用扣件钢管搭设抛撑。抛撑杆应与脚手架通长杆件可靠连接，与地面的倾角在 45°～60° 之间，抛撑应在连墙件搭设后方可拆除。

脚手板设置应符合下列规定：

① 钢脚手板的挂钩必须完全扣在水平杆上，挂钩必须处于锁住状态，作业层脚手板应满铺。

② 作业层的脚手板架体外侧应设挡脚板和防护栏杆，均匀设置两道，并应在脚手架外

侧立面满挂密目安全网。防护上栏杆宜设置在离作业层高度 1000 mm 处,防护中栏杆宜设置在离作业层高度为 500 mm 处。

③ 挂扣式钢梯宜设置在尺寸不小于 0.9 m×1.8 m 的脚手架框架内,钢梯宽度应为廊道宽度的 1/2,钢梯可在一个框架高度内折线上升,钢架拐弯处应设置钢脚手板及扶手杆。

3.1.5 门式钢管脚手架

门式钢管脚手架是一种工厂生产、现场组拼的脚手架,由于主架呈"门"字形,所以称为门式或门型脚手架,也称鹰架或龙门架,是目前国际上应用最普遍的脚手架之一。

20 世纪 70 年代以来,我国先后从日本、美国、英国等国家引进门式脚手架体系,在一些高层建筑工程施工中应用。它不但能用作建筑施工的内外脚手架,也能用作楼板、梁模板支架和移动式脚手架等,因为它具有较多的功能,所以又称多功能脚手架。

门式钢管脚手架的优点有:门式钢管脚手架几何尺寸标准化;结构合理,受力性能好,充分利用钢材强度,承载能力高;施工中装拆容易、架设效率高、省工省时、安全可靠、经济适用。

门式钢管脚手架的缺点有:构架尺寸无任何灵活性,构架尺寸的任何改变都要换用另一种型号的门架及其配件;交叉支撑易在中铰点处折断;定型脚手板较重;价格较贵。

通常门式脚手架搭设高度限制在 45 m 以内,采取一定措施后可达到 80 m 左右。

1. 构造组成

门型脚手架有门式框架(见图 3-31)、剪刀撑和水平梁架或脚手板基本单元,将基本单元连接起来即可构成整片脚手架(见图 3-32)。

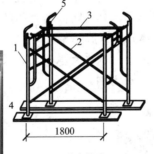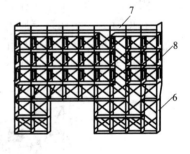

(a) 基本单元   (b) 门式外脚手架

1—门式框架;2—剪刀撑;3—水平梁架;4—螺旋基脚;
5—连接器;6—梯子;7—栏杆;8—脚手板

图 3-31 门架   图 3-32 门式钢管脚手架

2. 搭设要求

门式脚手架的搭设应与施工进度同步,一次搭设高度不宜超过最上层连墙件两步,且自由高度不应大于 4 m。

满堂脚手架和模板支架应采用逐列、逐排和逐层的方法搭设。

门架的组装应自一端向另一端延伸,应自下而上按步架设,并应逐层改变搭设方向,不应自两端相向搭设或自中间向两端搭设。

每搭设完两步门架后,应校验门架的水平度及立杆的垂直度。

搭设门架及配件应符合下列要求：

① 交叉支撑、脚手板应与门架同时安装。

② 连接门架的锁臂、挂钩必须处于锁住状态。

③ 钢梯的设置应符合专项施工方案组装布置图的要求，底层钢梯底部应加设钢管并应采用扣件扣紧在门架立杆上。

④ 在施工作业层外侧周边应设置 180 mm 高的挡脚板和两道栏杆，上道栏杆高度应为 1.2 m，下道栏杆应居中设置。挡脚板和栏杆均应设置在门架立杆的内侧。

加固杆的搭设应符合下列要求：

① 水平加固杆、剪刀撑等加固杆件必须与门架同步搭设。

② 水平加固杆应设于门架立杆内侧，剪刀撑应设于门架立杆外侧。

门式脚手架连墙件的安装必须符合下列规定：

① 连墙件的安装必须随脚手架搭设同步进行，严禁滞后安装。

② 当脚手架操作层高出相邻连墙件以上两步时，在连墙件安装完毕前必须采用确保脚手架稳定的临时拉结措施。

加固杆、连墙件等杆件与门架采用扣件连接时，应符合下列规定：

① 扣件规格应与所连接钢管的外径相匹配。

② 扣件螺栓拧紧扭力矩值应为 40～65 N·m。

③ 杆件端头伸出扣件盖板边缘长度不应小于 100 mm。

3.1.6 附着式升降脚手架

附着式升降脚手架是指搭设一定高度并附着于工程结构上，依靠自身的升降设备和装置，并可随工程结构逐层爬升或下降，具有防倾覆、防坠落装置的脚手架。它包括自升降式脚手架、互升降式脚手架和整体升降式脚手架。

附着式升降脚手架由竖向主框架、水平支承桁架、架体构架、附着支承结构、防倾装置和防坠装置等组成，见图 3-33、图 3-34。

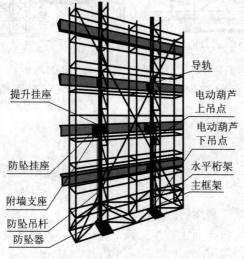

图 3-33　附着式脚手架架体整体示意图

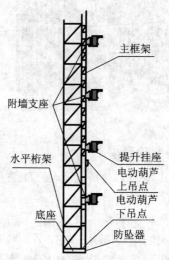

图 3-34　附着式脚手架架体断面图

附着式升降脚手架结构构造尺寸应符合下列规定：

① 架体高度不得大于 5 倍楼层高。

② 架体宽度不得大于 1.2 m。

③ 直线布置的架体支承跨度不得大于 7 m，折线或曲线布置的架体，相邻两主框架支撑点处的架体外侧距离不得大于 5.4 m。

④ 架体的水平悬挑长度不得大于 2 m，且不得大于跨度的 1/2。

⑤ 架体全高与支承跨度的乘积不得大于 110 m²。

附着式升降脚手架应在附着支承结构部位设置与架体高度相等的且与墙面垂直的定型的竖向主框架，竖向主框架应是桁架或刚架结构，其杆件连接的节点应采用焊接或螺栓连接，并应与水平支承桁架和架体构架构成有足够强度和支撑刚度的空间几何不可变体系的稳定结构。

附着支承结构应包括附墙支座、悬臂梁及斜拉杆，其构造应符合下列规定：

① 竖向主框架所覆盖的每个楼层处应设置一道附墙支座。

② 在使用工况下，应将竖向主框架固定于附墙支座上。

③ 在升降工况下，附墙支座上应设有防倾、导向的结构装置。

④ 附墙支座应采用锚固螺栓与建筑物连接，受拉螺栓的螺母不得少于两个或应采用弹簧垫圈加单螺母，螺杆露出螺母端部的长度不应少于 3 扣，并不得小于 10 mm，垫板尺寸应由设计确定，且不得小于 100 mm×100 mm×10 mm。

⑤ 附墙支座支承在建筑物上连接处混凝土的强度应按设计要求确定，且不得小于 C20。

1．自升降式脚手架

自升降式脚手架的升降运动是通过手动或电动倒链，交替对活动架和固定架进行升降来实现的。从升降架的构造来看，活动架和固定架之间能够进行上下相对运动。

当脚手架工作时，活动架和固定架均用附墙螺栓与墙体锚固，两架之间无相对运动。当脚手架需要升降时，活动架与固定架中的一个架子仍然锚固在墙体上，使用倒链对另一个架子进行升降，两架之间便产生相对运动，如图 3-35 所示。

通过活动架和固定架交替附墙，互相升降，脚手架即可沿着墙体上的预留孔逐层升降。

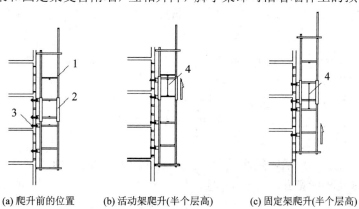

(a) 爬升前的位置　　　(b) 活动架爬升(半个层高)　　　(c) 固定架爬升(半个层高)

1—活动架；2—固定架；3—附墙螺栓；4—倒链

图 3-35　自升降式脚手架爬升过程

1) 施工前准备

按照脚手架的平面布置图和升降架附墙支座的位置，在混凝土墙体上设置预留孔。预留孔尽可能与固定模板的螺栓孔结合布置，孔径一般为 40～50 mm。

为使升降顺利进行，所有预留孔中心必须在一条直线上。

脚手架爬升前，应检查墙上预留孔位置是否正确，如有偏差，应预先修正，墙面突出严重时，也应预先修平。

2) 安装

脚手架的安装应在起重机配合下按脚手架平面图进行。

先把上、下固定架用临时螺栓连接起来，组成一片，附墙安装，一般每 2 片为一组。

每步架上用 4 根 $\phi48\times3.5$ 钢管作为大横杆，把 2 片升降架连接成一跨，组装成一个与邻跨没有牵连的独立升降单元体。

附墙支座的附墙螺栓从墙外穿入，待架子校正后，在墙内紧固。对壁厚的筒仓或桥墩等，也可预埋螺母，然后用附墙螺栓将架子固定在螺母上。脚手架工作时，每个单元体共有 8 个附墙螺栓与墙体锚固。

在升降脚手架上墙组装完毕后，用 $\phi48\times3.5$ 钢管和对接扣件在上固定架上面再接高一步，最后在各升降单元体的顶部扶手栏杆处设临时连接杆，使之成为整体。

内侧立杆用钢管扣件与模板支撑系统拉结，以增强脚手架整体稳定。

3) 爬升

爬升可分段进行，视设备、劳动力和施工进度而定，每个爬升过程提升 1.5～2 m，每个爬升过程分两步进行。

(1) 爬升活动架。解除脚手架上部的连接杆，在一个升降单元体两端升降架的吊钩处，各配置 1 只倒链，倒链的上、下吊钩分别挂入固定架和活动架的相应吊钩内，操作人员位于活动架上。

倒链受力后卸去活动架附墙支座的螺栓，活动架即被倒链挂在固定架上，然后在两端同步提升，活动架即呈水平状态徐徐上升。

爬升到达预定位置后，将活动架用附墙螺栓与墙体锚固，卸下倒链，活动架爬升完毕。

(2) 爬升固定架。同爬升活动架相似，在吊钩处用倒链的上、下吊钩分别挂入活动架和固定架的相应吊钩内，倒链受力后卸去固定架附墙支座的附墙螺栓，固定架即被倒链挂吊在活动架上，然后在两端同步抽动倒链，固定架即徐徐上升。

同样爬升至预定位置后，将固定架用附墙螺栓与墙体锚固，卸下倒链，固定架爬升完毕，至此，脚手架完成了一个爬升过程。

待爬升一个施工高度后，重新设置上部连接杆，脚手架进入工作状态，以后按此循环操作，脚手架即可不断爬升，直至结构到顶。

4) 下降

与爬升操作顺序相反，顺着爬升时用过的墙体预留孔倒行，脚手架即可逐层下降，同时把留在墙面上的预留孔修补完毕，脚手架最后返回到地面。

5) 拆除

拆除时设置警戒区，应有专人监护，统一指挥。先清理脚手架上的垃圾杂物，然后自上而下逐步拆除。拆除升降架可用起重机、卷扬机或倒链。升降机拆下后要及时清理、整修和保养，以便重复使用，运输和堆放均应设置地楞，防止变形。

2. 互升降式脚手架

互升降式脚手架将脚手架分为甲、乙两种单元，通过倒链交替对甲、乙两单元进行升降。

当脚手架需要工作时，甲单元与乙单元均用附墙螺栓与墙体锚固，两架之间无相对运动；当脚手架需要升降时，一个单元仍然锚固在墙体上，使用倒链对相邻一个架子进行升降，两架之间便产生相对运动。通过甲、乙两单元交替附墙，相互升降，脚手架即可沿着墙体上的预留孔逐层升降，如图3-36所示。

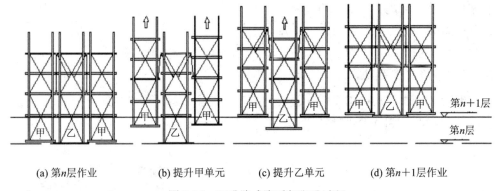

| (a) 第n层作业 | (b) 提升甲单元 | (c) 提升乙单元 | (d) 第n+1层作业 |

图3-36 互升降式脚手架爬升过程

互升降式脚手架的性能特点是：① 结构简单，易于操作控制；② 架子搭设高度低，用料省；③ 操作人员不在被升降的架体上，增加了操作人员的安全性；④ 脚手架结构刚度较大，附墙的跨度大。

它适用于框架剪力墙结构的高层建筑、水坝、筒体等施工。

1) 施工前的准备

施工前应根据工程设计和施工需要进行布架设计，绘制设计图，编制专项施工方案，编制施工安全操作规定。

在施工前还应将互升降式脚手架所需的辅助材料和施工机具准备好，并按照设计位置预留附墙螺栓孔或设置好预埋件。

2) 安装

互升降式脚手架的组装有两种方式：一是在地面组装好单元脚手架，再用塔吊吊装就位；二是在设计爬升位置搭设操作平台，在平台上逐层安装。

爬架组装固定后的允许偏差应满足：沿架子纵向垂直偏差不超过30 mm；沿架子横向垂直偏差不超过20 mm；沿架子水平偏差不超过30 mm。

3) 爬升

脚手架爬升前应进行全面检查，检查的主要内容有：预留附墙连接点的位置是否符合要求，预埋件是否牢靠；架体上的横梁设置是否牢固；提升降单元的导向装置是否可靠；

升降单元与周围的约束是否解除，升降有无障碍；架子上是否有杂物；所适用的提升设备是否符合要求等。

当确认以上各项都符合要求后方可进行爬升。

提升到位后，应及时将架子同结构固定，然后用同样的方法对与之相邻的单元脚手架进行爬升操作，待相邻的单元脚手架升至预定位置后，将两单元脚手架连接起来，并在两单元操作层之间铺设脚手板。

4）下降

与爬升操作顺序相反，利用固定在墙体上的架子对相邻的单元脚手架进行下降操作，同时把留在墙面上的预留孔修补完毕，脚手架最后返回到地面。

5）拆除

爬架拆除前应清理脚手架上的杂物。

拆除爬架有两种方式：一种是同常规脚手架拆除方式，采用自上而下的顺序，逐步拆除；另一种是用起重设备将脚手架整体吊至地面拆除。

3. 整体升降式脚手架

整体升降式脚手架用电动倒链作为提升机，使整个外脚手架沿建筑物外墙或柱整体向上爬升，如图3-37、图3-38所示。

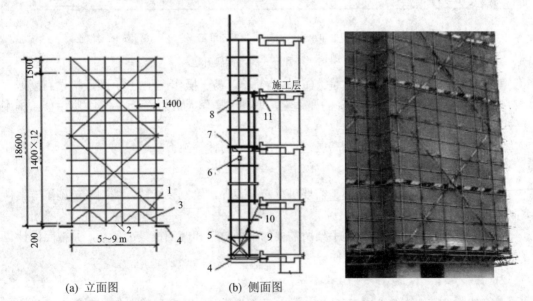

(a) 立面图　　　　　(b) 侧面图

1—上弦杆；2—下弦杆；3—承力桁架；4—承力架；5—斜撑；
6—电动倒链；7—挑梁；8—倒链；9—花篮螺栓；10—拉杆；11—螺栓

图 3-37　整体升降式脚手架(1)　　　　　图 3-38　整体升降式脚手架(2)

在超高层建筑的主体施工中，整体升降式脚手架有明显的优越性，它结构整体好、升降快捷方便、机械化程度高且经济效益显著，是一种很有推广使用价值的超高建(构)筑外脚手架。

搭设高度视建筑物施工层的层高而定，一般取建筑物标准层4个层高加1步安全栏的高度为架体的总高度。

脚手架为双排，宽以 0.8～1 m 为宜，里排杆离建筑物净距 0.4～0.6 m。脚手架的横杆和立杆间距都不宜超过 1.8 m，可将 1 个标准层高分为 2 步架，以此步距为基数确定架体横、立杆的间距。

架体设计时可将架子沿建筑物外围分成若干单元，每个单元的宽度参考建筑物的开间而定，一般在 5～9 m 之间。

1) 施工前的准备

按平面图先确定承力架及电动倒链挑梁安装的位置和个数，在相应位置上的混凝土墙或梁内预埋螺栓或预留螺栓孔。各层的预留螺栓或预留孔位置要求上下相一致，误差不超过 10 mm。

加工制作型钢承力架、挑梁、斜拉杆。准备电动倒链、钢丝绳、脚手管、扣件、安全网、木板等材料。

因整体升降式脚手架的高度一般为 4 个施工层层高，在建筑物施工时，由于建筑物的最下几层层高往往与标准层不一致，且平面形状也往往与标准层不同，所以一般在建筑物主体施工到 3～5 层时开始安装整体脚手架，下面几层施工时往往要先搭设落地外脚手架。

2) 安装

先安装承力架，承力架内侧用 M25～M30 的螺栓与混凝土边梁固定，承力架外侧用斜拉杆与上层边梁拉结固定，用斜拉杆中部的花篮螺栓将承力架调平。

在承力架上面搭设架子，安装承力架上的立杆，然后搭设下面的承力桁架，再逐步搭设整个架体，随搭随设置拉结点，并设斜撑。

在比承力架高 2 层的位置安装工字钢挑梁，挑梁与混凝土边梁的连接方法与承力架相同。

电动倒链挂在挑梁下，并将电动倒链的吊钩挂在承力架的花篮挑梁上。

在架体上每个层高满铺厚木板，架体外面挂安全网。

3) 爬升

短暂开动电动倒链，将电动倒链与承力架之间的吊链拉紧，使其处在初始受力状态。

松开架体与建筑物的固定拉结点，松开承力架与建筑物相连的螺栓和斜拉杆，开动电动倒链开始爬升，爬升过程中应随时观察架子的同步情况，如发现不同步应及时停机进行调整。

爬升到位后，先安装承力架与混凝土边梁的紧固螺栓，并将承力架的斜拉杆与上层边梁固定，然后安装架体上部与建筑物的各拉结点，待检查符合安全要求后，脚手架可开始使用，进行上一层的主体施工。

在新一层主体施工期间，将电动倒链及其挑梁摘下，用滑轮或手动倒链转至上一层重新安装，为下一层爬升做准备。

4) 下降

与爬升操作顺序相反，利用电动倒链顺着爬升用的墙体预留孔倒行，脚手架即可逐层下降，同时把留在墙面上的预留孔修补完毕，脚手架最后返回到地面。

5) 拆除

爬架拆除前应清理脚手架上的杂物，拆除方式与互升式脚手架类似。

3.1.7 高处作业吊篮

高处作业吊篮是将悬挂机构架设于建筑物或构筑物上，用提升机驱动悬吊平台并通过钢丝绳沿立面上下运动的一种非常设悬挂设备，常称为吊篮。

高处作业吊篮多用于装修工程，特别是在应对建筑节能的要求在外墙表面做保温材料的施工现场应用非常广泛。

高处作业吊篮是由悬挂机构、吊篮平台、提升机构、防坠落机构、电气控制系统、钢丝绳和配套附件、连接件组成，见图3-39。

高处作业吊篮安装时应按专项施工方案，在专业人员的指导下实施。安装作业前，应划定安全区域，并应排除作业障碍。组装前应确认结构件和紧固件已配套且完好，其规格型号和质量应符合设计要求，所用的构配件应是同一厂家的产品。

在建筑物屋面上进行悬挂机构的组装时，作业人员应与屋面边缘保持2 m以上的距离，组装场地狭小时应采取防坠落措施。

图3-39　高处作业吊篮悬挑梁

悬挂机构前支架严禁支撑在女儿墙上、女儿墙外或建筑物挑檐边缘。悬挑横梁应前高后低，前后水平高差不应大于横梁长度的2%。配重件稳定可靠地安放在配重架上，并应有防止随意移动的措施。严禁使用破损的配重件或其他替代物，配重件的重量应符合设计规定。

安装时钢丝绳应沿建筑物立面缓慢下放至地面，不得抛掷。当使用两个以上的悬挂机构时，悬挂机构吊点水平间距与吊篮平台的吊点间距应相等，其误差不应大于50 mm。

悬挂机构前支架应与支撑面保持垂直，脚轮不得受力。安装任何形式的悬挑机构，其施加于建筑物或构筑物支承处的作用力均应符合建筑结构的承载能力，不得对建筑物和其他设施造成破坏和不良影响。

吊篮做升降运行时，工作平台两端高差不得超过150 mm，吊篮悬挂高度在60 m及其以下的，宜选用长边不大于7.5 m的吊篮平台；悬挂高度在100 m及其以下的，宜选用长边不大于5.5 m的吊篮平台；悬挂高度在100 m以上的，宜选用长边不大于2.5 mm的吊篮平台。

3.1.8 外挂防护架

外挂防护架是指用于建筑主体施工时临边防护而分片设置的外防护架。

每片防护架由架体、两套钢结构构件及预埋件组成，架体为钢管扣件式单排架，它通过扣件与钢结构构件连接，钢结构构件再与设置在建筑物上的预埋件连接，将防护架的自重及使用荷载传递到建筑物上。

在使用过程中，利用起重设备提升动力，每次向上提升一层并固定，建筑主体施工完毕后，用起重设备将防护架吊至地面并拆除。外挂防护架适用于层高4 m以下的建筑主体施工。

1. 构造措施

外挂防护架在提升状况下，三角臂应能绕竖向桁架自由运动；在工作状况下，三角臂与竖向桁架之间应采用定位装置防止三角臂转动,如图3-40所示。

连墙件应与竖向桁架连接,其连接点应在竖向桁架上部并应与建筑物上设置的连接点高度一致,宜采用水平铰接的方式连接,并应使连墙件能水平转动。

每一处连墙件应至少有两套杆件,每一套杆件应能够独立承受架体上的全部荷载。

每榀竖向桁架的外节点应设置纵向水平杆,其与节点距离不应大于150 mm。每片防护架的竖向桁架在靠建筑物一侧从底部到顶部,应设置横向钢管且不得少于3道,并应采用扣件连接牢固,其中位于竖向桁架底部的一道应采用双钢管。

防护层应根据工作需要确定其设置位置,防护层与建筑物的距离不得大于150 mm。

竖向桁架与架体的连接应采用直角扣件,架体纵向水平杆应在竖向架体的上面。竖向桁架安装位置与架体主节

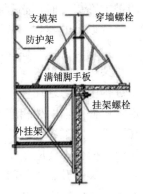

图3-40 三角形外挂架施工示意图

点距离不得大于300 mm,架体底部的横向水平杆与建筑物的距离不得大于50 mm。每片防护架应设置不少于3道的水平防护层,其中最底部的一道应满铺脚手板,外侧应设挡脚板,并采用水平安全网将底层与建筑物之间全封闭。

2．施工

应根据专项施工方案的要求在建筑结构上设置预埋件,预埋件应经验收合格后方可浇筑混凝土,并应做好隐蔽工程记录。

1) 安装

安装防护架时,应先搭设操作平台,防护架应配合施工进度搭设,一次搭设的高度不应超过相邻连墙件以上两个步距。

每搭完一步架后,应校正步距、纵距、横距及立杆的垂直度,确认合格后方可进行下道工序。

同一片防护架的相邻立杆的对接扣件应交错布置,在高度方向错开的距离不宜小于500 mm,每个接头中心至主节点的距离不宜大于步距的1/3。

纵向水平杆应通长设置,不得搭接。

当安装防护架的作业层高出辅助架二步时,应搭设临时连墙杆,待防护架提升时方可拆除。临时连墙杆可采用2.5～3.5 m长的钢管,一端与防护架第三步相连,另一端与建筑结构相连。每片架体与建筑结构连接的临时连墙件不得少于两处。

防护架应将设置在桁架底部的三角臂和上部的刚性连墙件及柔性连墙件分别与建筑物上的预埋件相连接。

根据不同的建筑结构形式,防护架的固定位置可设在建筑结构边梁处、檐板处和剪力墙处。

2) 提升

防护架的提升索具应使用现行国家标准《重要用途钢丝绳》GB8918规定的钢丝绳,钢丝绳的直径不应小于12.5 mm。

提升防护架的起重设备能力应满足要求,公称起重力矩值不得小于400 kN·m,其额

定起升重量的90%应大于架体重量。

钢丝绳与防护架的连接点应在竖向桁架的顶部，连接处不得有尖锐凸角等。提升钢丝绳的长度应能保证提升平稳，提升速度不得大于 3.5 m/min。

防护架在提升时，必须按照"提升一片、固定一片、封闭一片"的原则进行，严禁提前拆除两片以上的架体、分片处的连接杆、立面及底部封闭设施。在每次防护架提升后，必须逐一检查扣件紧固程度，所有连接扣件拧紧力矩必须达到 40~65 N·m。

每片架体均应分别与建筑物直接连接，不得在提升钢丝绳受力前拆除连墙件，也不得在施工过程中拆除连墙件。当采用辅助架时，第一次提升前应在钢丝绳收紧受力后，才能拆除连墙杆件及辅助架相连接的扣件。

在防护架从准备到提升到位交付使用前，除操作人员以外的其他人员不得从事临边防护等作业。操作人员应系安全带。

当防护架提升、下降时，操作人员必须站在建筑物内或相邻的架体，严禁站在防护架上操作。架体安装完毕前，严禁上人。

指挥人员应持证上岗，信号工、操作工应服从指挥、协调一致，不得缺岗。

3) 拆除

拆除防护架的准备工作应符合下列规定：

① 对防护架的连接扣件、连墙件、竖向桁架和三角臂应进行全面检查，并应符合构造要求。

② 应根据检查结果补充完善专项施工方案中的拆除顺序和措施。

③ 应对操作人员进行拆除安全技术交底。

④ 应清除防护架上杂物及地面障碍物。

拆除防护架时，应采用起重机械把防护架运到地面进行拆除，拆除的构配件应按品种、规格随时码堆存放，不得抛掷。

作业人员应经过专门培训，并持证上岗，在施工过程中应戴安全帽、系安全带、穿防滑鞋。酒后不得上岗作业。

3.1.9 里脚手架

里脚手架常用于楼层上砌砖、内粉刷等工程施工。由于使用过程中不断转移施工地点，装拆较频繁，故其结构形式和尺寸应力求轻便灵活和装拆方便。

里脚手架的形式很多，按其构造分为折叠式里脚手架、支柱式里脚手架、门架式里脚手架和移动式里脚手架。

1. 折叠式里脚手架

折叠式里脚手架适用于民用建筑的内墙砌筑和室内粉刷，根据材料不同，可分为角钢、钢管和钢筋折叠式里脚手架，如图 3-41 所示。

砌墙时，角钢折叠式里脚手架的架设间距不

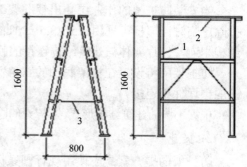

1—立柱；2—横楞；3—挂钩；4—铰链

图 3-41 折叠式里脚手架

超过 2 m,粉刷时不超过 2.5 m。可以搭设两步脚手架,第一步高约 1 m,第二步高约 1.65 m。

砌墙时,钢管和钢筋折叠式里脚手架的架设间距不超过 1.8 m,粉刷时不超过 2.2 m。

2．支柱式里脚手架

支柱式里脚手架由若干支柱和横杆组成,适用于砌墙和内粉刷,砌墙时,其搭设间距不超过 2 m,粉刷时不超过 2.5 m。

支柱式里脚手架的支柱有套管式和承插式两种形式。套管式支柱(见图 3-42)是将插管插入立管中,以销孔间距调节高度,在插管顶端的凹形支托内搁置方木横杆,并在横杆上铺设脚手架,架设高度为 1.5～2.1 m。

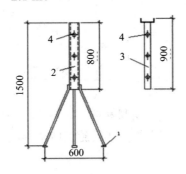

1—支脚;2—立管;3—插管;4—销孔

图 3-42　套管式支柱里脚手架

3．门架式里脚手架

门架式里脚手架由两片 A 形支架与门架组成,如图 3-43 所示,适用于砌墙和粉刷,砌墙时,支架间距不超过 2.2 m,粉刷时不超过 2.5 m,其架设高度为 1.5～2.4 m。

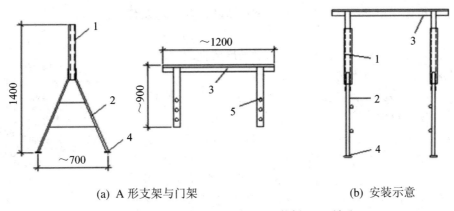

(a) A 形支架与门架　　　　　　　　　　　　(b) 安装示意

1—立管;2—支脚;3—门架;4—垫板;5—销孔

图 3-43　门架式里脚手架

4．移动式里脚手架

移动式里脚手架(见图 3-44)具有安装快捷、牢固、灵活、适应性强等特点,其搭设高度可达 6～10 m,平台面积 15～40 m²,特别适用于狭小场所、形状复杂的建筑物、停车场、出入口、门楼、广告牌等的建造、装修和维护。

图 3-44　移动式里脚手架

3.2　垂直运输设施

垂直运输设施是指担负垂直输送材料和施工人员上下的机械设备和设施，常用的垂直运输设施有井架、龙门架、塔式起重机、建筑施工电梯等。

3.2.1　井架

井架是安装在车辆底盘的连接杆，由于形状像"井"，所以被称为井字架，如图 3-45 所示，井架主要作用是加强车架底盘的整体刚性，通常与前、后顶巴和前、后底巴一起被称为平衡杆五件套。

井架是建筑工程垂直运输的常用设备之一，它的特点是：稳定性好、运输量大，可以搭设较大的高度。

井字架可分为单孔、两孔和多孔，常用单孔，井架内设有吊盘。

井架上可根据需要设置拔杆，供吊运长度较大的构件，其起重量为 5～15 kN，工作幅度可达 10 m。

井架除可用型钢或钢管加工的定型井架外，也可用脚手架材料搭设而成，搭设高度可达 50 m 以上。

井架搭设要求垂直(垂直偏差≤总高的 1/400)，支承地面应平整，各连接件螺栓须拧紧，缆风绳一般每道不少于 6 根，高度在 15 m 以下时设一道，高度在 15 m 以上时每增高 10 m 设一道，缆风绳宜采用 7～9 mm 的钢丝绳，并与地面成 45°，安装好的井架应有避雷和接地装置。

图 3-45　井架

3.2.2　龙门架

龙门架是由两立柱和天轮梁(横梁)组成的门式架，龙门架上装设滑轮、导轨、吊盘、缆风绳等，如图 3-46 所示，可进行材料、机具、小型预制构件的垂直运输。

立柱是由若干个格构柱用螺栓拼装而成，而格构柱用角钢及钢管焊接而成或直接用厚壁钢管构成门架。

龙门架构造简单、制作容易、用材少、装拆方便,起升高度为 15～30 m,起重量为 0.6～1.2 t,适用于中小型工程。

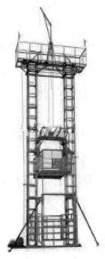

图 3-46 龙门架

3.2.3 塔式起重机

塔式起重机是将起重臂安装在塔身顶部,且可作 360° 回转的起重机,它具有较高的起重高度、工作幅度和起重能力,而且具有施工速度快、生产效率高、机械运转安全可靠、使用和装拆方便等优点,因此,广泛地用于多层和高层的工业与民用建筑的施工。

塔式起重机按起重能力可分为:轻型塔式起重机,起重量为 0.5～3.0 t,一般用于六层以下的民用建筑施工;中型塔式起重机,起重量为 3～15 t,适用于一般工业建筑与民用建筑施工;重型塔式起重机,起重量为 20～40 t,一般用于重工业厂房的施工和高炉等设备的安装。

塔式起重机按结构与性能特点分为一般式塔式起重机(见图 3-47)、自升式塔式起重机(见图 3-48)和爬升式塔式起重机(见图 3-49)等。

图 3-47 一般式塔吊　　　　图 3-48 自升式塔吊　　　　图 3-49 内爬式塔吊

1．一般式塔式起重机

QT1-6 型为上回转动臂变幅式塔式起重机，适用于结构吊装及材料装卸工作；QT-60/80 型为上回转动臂变幅式塔式起重机，适用于较高建筑的结构吊装。

2．自升式塔式起重机

自升式塔式起重机的型号较多，有 QTZ-50、QTZ-60、QTZ-100、QTZ-120 等。

QT4-10 型多功能(可附着、可固定、可行走、可爬升)自升塔式起重机是一种上旋转、小车变幅自升式塔式起重机，随着建筑物的增高，利用液压顶升系统可逐步自行接高塔身。

3．爬升式起重机

爬升式起重机的特点有：塔身短，起升高度大而且不占建筑物的外围空间；司机作业时看不到起吊过程，全靠信号指挥；施工完成后拆塔工作处于高空作业等。

爬升式起重机的主要型号有 QT5-4/40 型、QT5-4/60 型、QT3-4 型等。

3.2.4　建筑施工电梯

建筑施工电梯(见图 3-50)是人货两用梯，也是高层建筑施工设备中唯一可以运送人员上下的垂直运输设备，它对提高高层建筑施工效率起着关键作用。

建筑施工电梯的吊笼装在塔架的两侧，按其驱动方式可分为齿轮齿条驱动式和绳轮驱动式两种。

齿轮齿条驱动式电梯利用安装在吊箱(笼)上的齿轮与安装在塔架立杆上的齿条相咬合，电动机经过变速机构带动齿轮转动式吊箱(笼)即沿塔架升降。

该电梯装有高性能的限速装置，具有安全可靠、能自升接高的特点，作为货梯可载重 10 kN，作为载人梯，可容纳 12～15 人。

图 3-50　施工电梯

其高度随着建筑物主体结构施工而接高，可达 100～150 m 以上，适用于建造 25 层特别是 30 层以上的高层建筑。

绳轮驱动式是利用卷扬机、滑轮组，通过钢丝绳悬吊吊箱升降。该电梯为单吊箱，具有安全可靠、构造简单、结构轻巧、造价低的特点，适用于建造 20 层以下的高层建筑。

3.3　脚手架工程模拟实训

3.3.1　工程背景

本工程为××市新城区地块项目，位于××市新区村，地下车库为框剪结构，主楼为剪力墙结构，共计 18 栋住宅楼，其中 11 栋为 26 层，7 栋为 30 层，总建筑面积为 344 103.55 m² (含地下建筑)。

3.3.2　施工方案

1．工程概况

略。

2．脚手架方案的选择

本工程考虑到施工工期、质量和安全要求，故在选择方案时，应充分考虑以下几点：

(1) 架体的结构设计，力求做到结构安全可靠，造价经济合理。

(2) 在规定的条件下和规定的使用期限内，能够充分满足预期的安全性和耐久性。

(3) 选用材料时，力求做到常见通用、可周转利用、便于保养维修。

(4) 结构选型时，力求做到受力明确、构造措施到位、升降搭拆方便、便于检查验收。

综合以上几点，结合国家行业标准JGJ59，根据工程总体部署，6#、7#、8#、9#、10#、11#、12#、13#、14# 楼的地下室顶至地上九层以下采用扣件钢管搭设落地式外脚手架，搭设高度约为 26 m，九层以上采用工字钢悬挑脚手架；1#、2#、3#、4#、5#、15#、16#、17#、18# 楼的底板至三层以下采用扣件钢管搭设落地式外脚手架，搭设高度约为 12 m，三层以上采用工字钢悬挑脚手架。

本方案主要叙述落地式外脚手架搭设，悬挑外脚手架搭设另编专项施工方案。

3．脚手架的材质要求

1) 钢管

选用外径 48 mm、壁厚 3.5 mm 的钢管，钢材强度等级 Q235-A。要求钢管表面应平直光滑，不应有裂纹、分层、压痕、划道和硬弯。

搭设架子前应进行保养、除锈并统一涂色，颜色力求与环境美观协调。脚手架立杆、防护栏杆、踢脚杆统一漆黄色，剪力撑统一漆红白色，底排立杆、扫地杆均漆红白相间色。

2) 扣件

采用铸造扣件，由有扣件生产许可证的生产厂家提供，要求不得有裂纹、气孔、缩松、砂眼等锻造缺陷。扣件的规格应与钢管相匹配，贴和面应平整，活动部位灵活，夹紧钢管时开口处最小距离不小于 5 mm。

3) 安全网

采用密目式安全网，网目应满足 2000 目/1000 mm^2 的要求，颜色应满足环境效果要求，选用绿色。要求做耐贯穿试验保证不穿透，1.6 m × 1.8 m 的单张网重量应在 3 kg 以上，并具有阻燃作用。使用的安全网必须有产品生产许可证和质量合格证。

4) 连墙件

采用钢管的材质应符合现行国家标准《碳素钢结构》中 Q235A 钢的要求。

4．落地脚手架的搭设

1) 工艺流程

落地脚手架的搭设顺序为：场地平整→材料配备→定位设置通长脚手板、底座→纵向扫地杆→立杆→横向扫地杆→小横杆→大横杆→剪刀撑→连墙件→铺脚手板→扎防护栏杆

→扎安全网。

根据构造要求在建筑物四角用尺量出内、外立杆离墙距离，并做好标记；用钢卷尺拉直，分出立杆位置，并用小竹片点出立杆标记；垫板、底座应准确地放在定位线上，垫板必须铺放平整，不得悬空。

在搭设首层脚手架过程中，应沿四周每框架格内设一道斜支撑，拐角处双向增设，待该部位脚手架与主体结构的连墙件可靠拉接后方可拆除。当脚手架操作层高出连墙件两步时，宜先立外排，后立内排。

2）立杆基础

本工程脚手架 1#、2#、3#、4#、5#、6#、10#、11#、14#、15#、16#、17#、18# 楼的立杆基础部分落在基础筏板上，剩下部分落于地库顶板上，立杆下部铺设木脚手板，脚手板的规格为 50 mm 厚、200 mm 宽。

7#、8#、9#、12#、13# 楼的立杆基础均落在车库顶板上，立杆下部铺设木脚手板，脚手板的规格为 50 mm 厚、200 mm 宽。

3）立杆间距

脚手架立杆纵距为 1.5 m，横距为 0.9 m，步距为 1.8 m；连墙杆间距竖向为 2.9 m，水平为 3 m，里立杆距建筑物 0.3 m。

脚手架的底部立杆采用不同长度的钢管参差布置，使钢管立杆的对接接头交错布置，高度方向相互错开 500 mm 以上，且要求相邻接头不应在同步同跨内，以保证脚手架的整体性。

立杆应设置垫木，并设置纵横方向扫地杆，连接于立脚点杆上，离底座 200 mm 左右。架体阴阳转角处设置 4 根立杆，大横杆应联通封闭，立杆的垂直偏差应不大于架高的 1/400。

4）大横杆、小横杆设置

大横杆在脚手架高度方向的间距为 1.8 m，以便立网挂设，大横杆置于立杆里面，每侧外伸长度为 150 mm。

外架子在立杆与大横杆交点处设置小横杆，两端固定在立杆上，小横杆固定在大横杆上面，以形成空间结构整体受力。

5）剪刀撑

剪刀撑应在外侧立面整个长度和高度连续设置，每道剪刀撑宽度按照 4 跨设置，斜杆与地面的倾角为 60°。

剪刀撑斜杆的接长宜采用搭接，搭接长度不应小于 1 m，应等间距设置 3 个旋转扣件固定。

6）脚手板、脚手片的铺设要求

脚手架里排立杆与结构层之间均应铺设木板，板宽为 200 mm，里外立杆应满铺脚手板，无探头板。

满铺层脚手片必须垂直墙面横向铺设，满铺到位，不留空位，不能满铺处必须采取有效的防护措施。

脚手片须用铁丝双股并联绑扎，不少于 4 点，要求绑扎牢固，交接处平整，铺设时要选用完好无损的脚手片，发现有破损的要及时更换。

脚手板应设置在三根横向水平杆上，当脚手板长度小于 2 m 时，可采用两根横向水平杆支撑，但应将脚手板两端与其可靠固定，严防倾覆。脚手板对接平铺时，接头处必须设置两根横向水平杆，脚手板外伸长应取 130~150 mm，两块脚手板外伸长度之和不应大于 300 mm。脚手板搭接铺设时，接头必须在横向水平杆上，搭接长度应大于 200 mm，其伸出横向水平杆的长度不应小于 100 mm。

7）防护栏杆及斜撑

脚手架外侧使用建设主管部门认证的合格绿色密目式安全网封闭，且将安全网固定在脚手架外立杆里侧。

架体应采用铅丝张挂安全网，要求严密、平整。

脚手架外侧必须设 1.2 m 高的防护栏杆和 30 cm 高踢脚。

脚手架内侧形成临边的（如遇大开间门窗洞等），在脚手架内侧设 1.2 m 的防护栏杆和 300 mm 高踢脚杆。

架体拐角处及中间每六跨设置一道搭接斜撑，横向斜撑应在同一节间，由底到顶呈"之"字型布置，斜撑交叉和内外大横杆相连到顶。

8）连墙件

脚手架与建筑物按水平方向 3 m、垂直方向 2.9 m（即层高）设一拉结点，拉结点尽量拉结在主节点上或附近。

拉结点在转角范围内和顶部处加密，即在转角 1 m 以内范围按垂直方向每 2.9 m 设一拉结点。

外墙装饰阶段拉结点也须满足上述要求，确因施工需要要除去原拉结点时，必须重新补设可靠、有效的临时拉结，以确保外架安全可靠。

拉结点应牢固，防止其移动变形，且尽量设置在外架大小横杆接点处。

拉结点处连墙件采用直径为 48 mm 的钢管，连接墙体与脚手架采用双扣件连接。

9）架体内封闭

脚手架的架体里立杆距墙体净距为 300 mm，施工层里立杆与建筑物之间应采用脚手片或木板进行封闭，施工层以下外架每隔 2 步用密目网或其他措施进行封闭。

10）人行斜道

人行道采用之字型，道宽为 1.2 m，坡度采用 1∶3，在拐弯处设置平台，其宽度不应小于斜道宽度，斜道两侧及平台外围均应设置栏杆及挡脚板，栏杆高度为 1.2 m，挡脚板高度不应小于 0.18 m。

木脚手板的厚度不应小于 50 mm，单块脚手板的质量不宜大于 30 kg。

斜道脚手板应顺铺，接头宜采用搭接，下面的板头应压住上面板头，板头的凸棱处用三角木填顺。

人行斜道脚手板应每隔 250~300 m 设置一根防滑木条，木条厚度为 20~30 mm。

木脚手板的两端宜采用直径不小于 4 mm 的镀锌钢丝绳箍两道。

5. 脚手架搭设安全技术措施

外脚手架不得搭设在距离外电架空线路的安全距离内。

定期检查脚手架，如发现问题和隐患，在施工作业前应及时维修加固，确保其坚固稳定，保证施工安全。

外脚手架严禁用钢竹、钢木混搭，禁止扣件、绳索、铁丝、竹篾、塑料篾混用。

外脚手架搭设人员必须持证上岗，并正确佩戴安全帽、系安全带、穿防滑鞋。

严禁脚手板存在探头板，铺设脚手板以及多层作业时，应尽量使施工荷载内、外传递平衡。

保证脚手架体的整体性，不得与升降机一并拉结，不得截断架体。

结构外脚手架每支搭一层，在支搭完毕后，须经项目部安全员验收合格后方可使用。任何班组长和个人，未经同意不得任意拆除脚手架部件。

严格控制施工荷载，脚手板不得集中堆料施荷，施工荷载不得大于 $3\ kN/m^2$，确保较大安全储备。

结构施工时不允许多层同时作业，装修施工时同时作业层数不超过两层。

各作业层之间应设置可靠的防护栅栏，防止坠落物体伤人。

6. 脚手架拆除安全技术措施

拆架前，应全面检查拟拆脚手架，根据检查结果，拟订出作业计划，报请批准，进行技术交底后方可工作。作业计划一般包括：拆架的步骤和方法、安全措施、材料堆放地点、劳动组织安排等。

拆架时应划分作业区，在周围设绳绑围栏或竖立警戒标志，地面应设专人指挥，禁止非作业人员进入。

拆架的高处作业人员应佩戴安全帽、系安全带、扎裹腿、穿软底防滑鞋。

拆架时应遵守由上而下，先搭后拆的原则，即先拆拉杆、脚手板、剪刀撑和斜撑，后拆小横杆、大横杆、立杆等，并按一步一清原则依次进行。严禁上下同时进行拆架作业。

拆立杆时，要先抱住立杆再拆开最后两个扣，拆除大横杆、斜撑和剪刀撑时，应先拆中间扣件，然后托住中间，再解端头扣。

连墙杆(拉结点)应随拆除进度逐层拆除，拆抛撑时，应先临时撑支住，然后才能拆除脚手架。

拆除时要统一指挥、上下呼应、动作协调，当解开与另一人有关的结扣时，应先通知对方，以防坠落。

拆架时严禁碰撞脚手架附近电源线，以防触电事故。

在拆架时，不得中途换人，如必须换人，应将拆除情况交代清楚后方可离开。

拆下的材料要徐徐下运，严禁抛掷。运至地面的材料应按指定地点随拆随运，分类堆放，当天拆当天清，拆下的扣件和铁丝要集中回收处理。

输送至地面的杆件，应及时按类堆放，整理保养。

当天离岗时，应及时加固尚未拆除部分，防止存留隐患造成复岗后的人为事故。

如遇强风、雨、雪等特殊天气，不应进行脚手架的拆除，严禁夜间拆除。

翻掀垫铺竹笆应注意站立位置，并应自外向里翻起竖立，防止外翻导致竹笆内未清除的残留物从高处坠落而伤人。

7. 钢管落地脚手架计算书

略。

【复习思考题】

一、填空

1. 钢管扣件式脚手架由_____、_____、_____和_____等组成。

2. 扣件用于钢管之间的连接，其基本形式有_____、_____、_____。

3. 钢管扣件式脚手架的基本形式有_____、_____两种，一般用于外墙砌筑与装修。

4. 碗扣式钢管脚手架的核心部位是碗扣接头，由_____、_____和_____组成。

5. 门型框架是由_____、_____和_____或脚手板构成基本单元。

6. 垂直运输设施指担负_____和_____的机械设备和设施。砌筑工程中常用的垂直运输设施有_____、_____、_____和_____等。

二、选择

1. 下列( )不是工程中常用脚手架的形式。

A. 桥式脚手架　　　　　　　　　B. 多立杆式脚手架

C. 悬挑脚手架　　　　　　　　　D. 升降式脚手架

2. 扣件式钢管脚手架属于( )脚手架形式。

A. 框式　　　　　　　　　　　　B. 吊式

C. 挂式　　　　　　　　　　　　D. 多立杆式

3. 砌筑用脚手架的步架高控制在( )。

A. <1.2 m　　　　　　　　　　　B. 1.2～1.4 m

C. 1.4～1.6 m　　　　　　　　　 D. 1.6～1.8 m

4. 碗扣式钢管脚手架碗扣的间距通常为( )。

A. 500 mm　　　　　　　　　　 B. 600 mm

C. 700 mm　　　　　　　　　　 D. 800 mm

5. 碗扣式钢管脚手架的总高垂直度偏差控制在( )。

A. <50 mm　　　　　　　　　　 B. ≤100 mm

C. <150 mm　　　　　　　　　　D. ≤200 mm

6. 门式钢管脚手架搭设高度通常控制在( )。

A. 30 m 以内　　　　　　　　　　B. 45 m 以内

C. 60 m 以内　　　　　　　　　　D. 75 m 以内

7. 30 层以上的高层建筑常用门式脚手架，应该每( )架设水平架一道。

A. 3 层　　　　　　　　　　　　B. 4 层

C. 5 层　　　　　　　　　　　　D. 6 层

8. 互升降式脚手架的操作过程的正确顺序是( )。

A. 爬升→下降→安装　　　　　　B. 爬升→安装→下降

C. 安装→爬升→下降　　　　　　D. 下降→安装→爬升

9. 整体升降式脚手架以( )为提升机。

A. 电动机   B. 涡轮涡杆减速机

C. 电动倒链   D. 千斤顶

10. 下列( )不是里脚手架的结构形式。

A. 框式   B. 折叠式

C. 支柱式   D. 门架式

三、简答

1. 简述砌筑用脚手架的作用及基本要求。

2. 简述外脚手架的类型和构造各有何特点，适用范围怎样，在搭设和使用时应注意哪些问题。

3. 脚手架的支撑体系包括哪些？如何设置？

4. 常用里脚手架有哪些类型？其特点怎样？

5. 脚手架的安全防护措施有哪些内容？

6. 多立杆式脚手架的承重杆件主要有哪几种？

7. 搭设多立杆式脚手架为什么要设置连墙件？

项目4 砌体工程

【教学目标】 了解砌筑材料的性能和砌体工程施工的组织方法；掌握砖砌体施工工艺、质量要求及保证质量和安全的技术措施；掌握小型混凝土空心砌块的施工工艺及质量要求；掌握大、中型砌块的种类、规格及安装工艺；了解砌体常见质量通病及其防治措施。

砌体工程是指以烧结普通砖、多孔砖、硅酸盐类砖、石材和各类砌块的砌筑工程，即用砌筑砂浆将砖、石、砌块等砌成所需形状，如墙、基础等砌体。

砖石砌体结构作为一项传统结构，从古至今一直被广泛应用，我国也有"秦砖汉瓦"的说法，这种结构具有取材方便、造价低、施工简单的优点，并且其耐久性、耐火性好，有良好的保温隔热性能，目前在中小城市、农村仍为建筑施工中的主要工种工程之一。但这种结构以手工砌筑为主，其缺点是自重大、劳动强度高、生产效率低、抗震性能差，且烧结黏土砖还大量占用耕地，会与农业争用土地，难以适应现代建筑工业化的需求，因而开发应用新型墙体材料，改善砌体施工工艺是砌筑工程改革的重点。

砌体材料的发展方向是大力发展多孔砖、空心砖、废渣砖、各种建筑砌块和建筑板材等各种新型墙体材料。

4.1　砌体材料

砌体工程所用材料主要是砖、石、各种砌块以及砌筑砂浆。

4.1.1　砌筑用砖

砌筑用砖按所用原材料可分为页岩砖、煤矸石砖、粉煤灰砖、灰砂砖和炉渣砖等；按生产工艺可分为烧结砖和非烧结砖，其中非烧结砖又可分为压制砖、蒸养砖和蒸压砖等；按有无孔洞可分为空心砖、多孔砖和实心砖。

1. 烧结普通砖

烧结普通砖是以页岩、煤矸石、粉煤灰为主要原料焙烧而成的实心砖，简称砖。它的品种有页岩砖(Y)、煤矸石砖(M)和粉煤灰砖(F)等。

烧结普通砖的规格为 240 mm×115 mm×53 mm，配砖为 175 mm×115 mm×53 mm，如图 4-1 所示。根据砖的抗压强度可将其分为 MU30、MU25、MU20、MU15、MU10 五个强度等级。

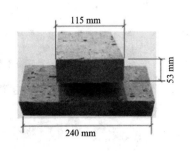

图 4-1　烧结普通砖

强度、抗风化性能和放射性物质合格的砖，根据尺寸偏差、外观质量、泛霜和石灰爆裂可将其分为优等品(A)、一等品(B)、合格品(C)三个质量等级。优等品适用于清水墙和墙体装饰；一等品和合格品可用于混水墙；中等泛霜的砖不能用于潮湿部位。

2．烧结多孔砖

烧结多孔砖是以页岩、煤矸石、粉煤灰为主要原料经焙烧而成的，孔洞率不小于25%，孔的尺寸小且数量多，主要用作承重部位的砖，简称多孔砖。

多孔砖的孔形为圆孔或非圆孔。孔洞尺寸应为：圆形孔直径小于或等于22 mm；非圆形孔内切圆直径小于或等于15 mm；手抓孔(30～40)mm×(75～85)mm。多孔砖的品种按主要原料可分为页岩多孔砖(Y)、煤矸石多孔砖(M)(见图4-2)和粉煤灰多孔砖(F)(见图4-3)。

图4-2　煤矸石烧结多孔砖　　　　　　　　图4-3　粉煤灰烧结多孔砖

多孔砖分为P型砖和M型砖：P型砖的规格为240 mm×115 mm×90 mm，辅以实心配砖P的规格为190 mm×90 mm×40 mm；M型砖(2M长度系列模数多孔砖)的规格有DM1-1和DM1-2(190×240×90)mm、DM2-1和DM2-2(190×190×90)mm、DM3-1和DM3-2(190×140×90)mm以及DM4-1和DM4-2(190×90×90)mm四种，辅以实心配砖P的规格为190 mm×90 mm×40 mm。正待开发的3M长度系列模数多孔砖的规格有DM11(290×240×90)mm、DM22(290×190×90)mm、DM33(290×140×90)mm、DM44(290×90×90)mm四种。

多孔砖的强度等级分为MU30、MU25、MU20、MU15、MU10五种。

3．烧结空心砖

烧结空心砖是以页岩、煤矸石、粉煤灰为主要原料经焙烧而成的，主要用于非承重部位，简称空心砖。

空心砖有页岩空心砖(Y)、煤矸石空心砖(M)(见图4-4)和粉煤灰空心砖(F)(见图4-5)。空心砖的外形为直角六面体，在与砂浆的接合面上可设有增加结合力的深度1 mm以上的凹线槽。空心砖的长度有390 mm、290 mm、240 mm，宽度有190 mm、180(175)mm，高度有140 mm、115 mm、90 mm，如240 mm×180 mm×115 mm便是其中一种规格。

图4-4　煤矸石烧结空心砖　　　　　　　　图4-5　粉煤灰烧结空心砖

空心砖的抗压强度分为 MU10.0、MU7.5、MU5.0、MU3.5、MU2.5 五种。体积密度分为 800 级、900 级、1000 级、1100 级。

4. 蒸压灰砂砖

蒸压灰砂砖是以石灰和砂为主要原料(允许掺入颜料和外加剂),经坯料制备、压制成型、蒸压养护而成的实心砖,简称灰砂砖,如图 4-6 所示。灰砂砖不得用于长期受热 200℃以上,温差变化较大和有酸性介质侵蚀的建筑部位。

蒸压灰砂砖的公称尺寸为 240 mm×115 mm×53 mm,其他规格尺寸产品由供需双方协商确定。蒸压灰砂砖根据抗压强度和抗折强度分为 MU25、MU20、MU15、MU10 四级,MU25、MU20、MU15 的砖可用于基础及其他建筑,MU10 的砖仅可用于防潮层以上的建筑。

图 4-6　蒸压灰砂砖

5. 蒸压粉煤灰砖

蒸压粉煤灰砖是以粉煤灰、石灰为主要原料,掺加适量石膏、外加剂、颜料和集料,经坯料制备、压制成型、高压或常压蒸汽养护而成的实心砖(见图 4-7)或多孔砖(见图 4-8),简称粉煤灰砖。这种砖可用于工业与民用建筑的墙体和基础,但用于基础或用于易受冻融和干湿交替作用的建筑部位时必须使用 MU15 及以上强度的砖。粉煤灰砖不得用于长期受热(200℃以上)、受急冷急热和有酸性介质侵蚀的建筑部位。

图 4-7　蒸压粉煤灰实心砖

图 4-8　蒸压粉煤灰多孔砖

粉煤灰砖的公称尺寸为 240 mm×115 mm×53 mm,在砌筑时有时要砍砖,按尺寸不同分为七分头(也称七分找)、半砖、二寸条和二寸头(也称二分找)。

蒸压粉煤灰砖的强度等级分为 MU30、MU20、MU15、MU10 四级。

4.1.2　砌筑用砌块

砌块为砌筑用人造块材,一般以混凝土或工业废料作为原料制成实心或空心的块材。它具有自重轻、机械化和工业化程度高、施工速度快、生产工艺和施工方法简单、可大量利用工业废料等优点,因此,用砌块代替普通黏土砖是墙体改革的重要途径。

砌块按形状来分有实心砌块和空心砌块两种;按制作原料来分有普通混凝土、轻集料混凝土、泡沫混凝土等;按规格来分有小型砌块、中型砌块和大型砌块。

砌块外形尺寸可达标准砖的 6～60 倍,砌块高度在 115～380 mm 的块体,一般称为小型砌块；高度在 380～940 mm 的块体，一般称为中型砌块；高度大于 940 mm 的块体，称为大型砌块。目前在工程中多采用中小型砌块。

1. 普通混凝土小型空心砌块

普通混凝土小型空心砌块是由普通混凝土制成，空心率在 25%～50%的空心砌块，简称混凝土砌块或砌块。

普通混凝土小型空心砌块主规格尺寸为 390 mm×190 mm×190 mm，其他规格尺寸可由供需双方协商，见图 4-9、图 4-10。最小外壁厚不应小于 30 mm，最小肋厚不应小于 25 mm，空心率不应小于 25%。

图 4-9　普通混凝土小型空心砌块　　　　　图 4-10　普通混凝土小型空心砌块配块

普通混凝土小型空心砌块按其强度可分为 MU3.5、MU5.0、MU7.5、MU10.0、MU15.0、MU20.0 六个强度等级。

2. 轻集料混凝土小型空心砌块

轻集料混凝土小型空心砌块是由轻集料(黏土陶粒和陶砂、页岩陶粒和陶砂、天然轻集料、超轻陶粒和陶砂、自燃煤矸石轻集料，煤渣、膨胀珍珠岩，粉煤灰陶粒和陶砂等)混凝土制成，空心率在 25%～50%的空心砌块，如图 4-11 所示。其中煤渣的含碳量不大于 10%，煤渣在陶粒混凝土中的掺量不应大于轻粗集料总量的 30%。

图 4-11　轻集料混凝土小型空心砌块

轻集料混凝土小型空心砌块按照砌块孔的排数分为五类：实心(0)、单排孔(1)、双排孔(2)、三排孔(3)和四排孔(4)；按砌块密度等级分为八级：500、600、700、800、900、1000、1200、1400(实心砌块的密度等级不应大于 800)；按砌块强度等级分为六级：1.5、2.5、3.5、5.0、7.5、10.0；按砌块尺寸允许偏差和外观质量分为两个等级：一等品(B)和合格品(C)。

3. 蒸压加气混凝土砌块

蒸压加气混凝土砌块是以钙质材料和硅质材料为主要原料(如水泥、水淬、矿渣、粉煤灰、石灰、石膏等)，经过磨细，并以铝粉为发气剂，按一定比例配合，再经过料浆浇筑、发气成型、坯体切割、蒸汽养护等工艺制成的一种轻质多孔建筑墙体材料，简称砌块，如图4-12 所示。

图 4-12　蒸压加气混凝土砌块

蒸压加气混凝土砌块的强度有 A1.0、A2.0、A2.5、A3.5、A5.0、A7.5、A10 七个级别，体积密度有 B03、B04、B05、B06、B07、B08 六个级别；按尺寸偏差与外观质量、体积密度和抗压强度分为优等品(A)、一等品(B)和合格品(C)三个等级。

4.1.3　砌筑用石材

石砌体所用的石材应质地坚实、无风化剥落和裂纹，用于清水墙、柱表面的石材应色泽均匀。石材表面的泥垢、水锈等杂质，在砌筑前应清除干净，以利于砂浆和块石黏结。

石材按其加工后的外形程度，可分为料石(见图 4-13)和毛石(见图 4-14)。料石可分为细料石、粗细料石、粗料石、毛料石。细料石通过细加工制成，外表规则，截面的宽度、高度不宜小于 200 mm，且不宜小于长度的 1/4；粗细料石、粗料石的规格尺寸与细料石相同；毛料石的外形大致方整，一般不加工或仅稍加修理，高度不应小于 200 mm。毛石指形状不规则的石块，其中平毛石指形状不规则，但有两个平面大致平行的石块，中部厚度不应小于 200 mm。

图 4-13　料石墙体

图 4-14　毛石墙体

4.1.4　砌筑砂浆

1. 砌筑砂浆的种类

砌筑砂浆是砌体结构的胶结材料，砌筑砂浆按胶结材料的不同，可分为常用砂浆和砌块专用砂浆；按施工方法的不同，可分为湿拌砂浆和干拌砂浆。

1) 常用砂浆

常用砂浆按其材料的组成不同，可分为水泥砂浆、混合砂浆及非水泥砂浆(石灰砂浆、石膏砂浆、黏土砂浆等)。

水泥砂浆由水泥和砂加水拌合而成，具有较高的强度和耐久性，但和易性差，主要用于潮湿环境和对强度要求较高的砌体。

混合砂浆是在水泥砂浆中掺入了一定量的石灰膏或黏土膏，具有一定的强度和耐久性，且和易性和保水性好，主要用于地面以上强度要求较高的砌体。

非水泥砂浆是指不含水泥的砂浆，其强度低且耐久性差，可用于简易和临时性建筑的砌体。

2) 砌块专用砂浆

砌块专用砂浆由水泥、砂、水、掺合料和外加剂组成，其中由水泥、钙质消石灰粉、砂、掺合料以及外加剂按一定比例干混制成的混合物称为干拌砂浆，干拌砂浆在施工现场加水经机械拌合成为砌块专用砂浆。

干拌砂浆按其砌体材料不同的吸水特点可分为高保水性砂浆、中保水性砂浆及低保水性砂浆。

高保水性砂浆用于加气混凝土砌块砌体；中保水性砂浆用于普通混凝土砌块及轻质混凝土砌块砌体；低保水性砂浆主要用于灰砂砖砌体。

2. 砌筑砂浆的材料要求

1) 水泥

砌筑砂浆使用的水泥品种及强度等级，应根据砌体部位和所处环境来选择。水泥宜用符合相应标准的普通硅酸盐水泥、矿渣硅酸盐水泥、火山灰硅酸盐水泥和粉煤灰硅酸盐水泥。

水泥砂浆采用的水泥，其强度等级不宜大于 32.5 级；混合砂浆采用的水泥，其强度等级不宜大于 42.5 级；砌块专用砂浆采用的水泥，其强度等级不低于 32.5 级。

水泥进场使用前，应分批对其强度、安定性进行复验。检验批应以同一生产厂家、同一编号为一批。当在使用中对水泥质量有怀疑或水泥出厂超过三个月(快硬硅酸盐水泥超过一个月)时，应复查试验，并按其结构使用。不同品种的水泥，不得混合使用。

2) 石灰膏

配制混合砂浆应将生石灰或生石灰粉熟化成石灰膏。块状生石灰熟化成石灰膏时，应采用孔洞不大于 3 mm×3 mm 的网过滤。为使其充分熟化，一般在沉淀池中的熟化时间不少于 7 天；对于砌块专用砂浆，其熟化时间不少于 3 天；对于磨细生石灰粉，其熟化时间不得小于 2 天。

沉淀池中储存的石灰膏，应防止其干燥、冻结和污染，严禁使用脱水硬化后的石灰膏。消石灰粉不得直接用于砌筑砂浆中。

3) 细骨料

砌筑砂浆用砂宜优先采用中砂，其中毛石砌体宜选用粗砂。

对于水泥砂浆和强度不小于 M5 的混合砂浆，砂的含泥量不应超过 5%；对强度等级小于 M5 的混合砂浆，砂的含泥量不应超过 10%。人工砂、山砂及特细砂经试配能满足砌筑砂浆技术条件时，含泥量可适当放宽。

砂必须过筛后方可使用，不得含有草根等杂物。

4) 外加剂

砌筑砂浆中掺入的砂浆外加剂，如早强剂、减水剂、缓凝剂、防冻剂、增塑剂、防水剂等，应具有法定检测机构出具的产品检验报告，并经砂浆性能试验后方可使用，其掺量应通过试验确定。

5) 配合比

砌筑砂浆的配合比应采用质量比，现场拌制时，各组成材料应采用质量计算，每车过磅称。水泥及各种外加剂配料的允许偏差控制在 ±2% 以内，砂、石灰膏、粉煤灰、磨细石灰粉等组分的允许偏差控制在 ±5% 以内。

为使砂浆具有良好的保水性,应掺入无机或有机塑化剂,不应采取增加水泥用量的方法。

3. 砌筑砂浆的强度等级

常用砌筑砂浆的强度等级以标准养护龄期 28 天的试块抗压强度为准,用 M 标记,分为 M15、M10、M7.5、M5、M2.5 五个等级。施工中不应采用强度等级小于 M5 的水泥砂浆代替同强度等级的水泥混合砂浆,如需代替,应将水泥砂浆提高一个强度等级。

砌块专用砂浆的强度等级不用 M 标记,而应用 Mb 标记。参照国内外有关资料及砌筑砂浆的研究成果和应用经验,可将其划分为 Mb5.0、Mb7.5、Mb10.0、Mb15.0、Mb20.0、Mb30.0 等七个强度等级。

对所用的砂浆应做强度检验,制作试块的砂浆应在现场取样,每一楼层或 250 m³ 砌体中的各种强度等级的砂浆,每台搅拌机应至少检查一次,每次至少留一组试块,其标准养护 28 天的抗压强度应满足设计要求。

4. 砌筑砂浆的拌制

砌筑砂浆应采用机械搅拌,自投料完起算,水泥砂浆(最小水泥用量不宜小于 200 kg/m³)和水泥混合砂浆的搅拌时间不得少于 120 s;水泥粉煤灰砂浆和掺用外加剂的砂浆的搅拌时间不得少于 180 s;掺用增塑剂的砂浆,其搅拌方式、搅拌时间应符合现行行业标准《砌筑砂浆增塑剂》JG/T164 的有关规定;干拌砂浆及加气混凝土砌块专用砂浆宜按掺用外加剂的砂浆确定搅拌时间或按产品说明书采用。

拌和后砂浆的稠度,烧结普通砌体、蒸压粉煤灰砖砌体为 70~90 mm;混凝土实心砖和混凝土多孔砖砌体、普通混凝土小型空心砌块砌体、蒸压灰砂砖砌体为 50~70 mm;烧结多孔砖和空心砖砌体、轻骨料小型空心砌块砌体、蒸压加气混凝土砌块砌体为 60~80 mm;石砌体为 30~50 mm。分层度不应大于 30 mm,颜色应一致。

砂浆拌成后和使用时,宜盛入储灰斗内。如砂浆出现沁水现象,在使用前应重新拌和。

现场拌制的砂浆应随拌随用,拌制的砂浆应在 3 小时内使用完毕;当施工期间最高气温超过 30℃时,应在 2 小时内使用完毕。预拌砂浆和蒸汽加压混凝土砌块专用砂浆的使用时间应按照厂方提供的说明书确定。

5. 预拌砂浆

随着建筑业技术的进步和文明施工要求的提高,现场拌制砂浆日益显露出其固有的缺陷,如砂浆质量不稳定、材料浪费大、砂浆品种单一、文明施工程度低以及污染环境等。因此,取消现场拌制砂浆,采用工业化生产的预拌砂浆势在必行,它是保证建筑工程质量、提高建筑施工现代化水平、实现资源综合利用、减少城市污染、改善大气环境、发展散装水泥、实现可持续发展的一项重要举措。

预拌砂浆指专业生产厂生产的湿拌砂浆或干拌砂浆。预拌砂浆的品种选用应根据设计、施工等要求确定,不同品种、规格的预拌砂浆不应混合使用。施工前,施工单位应根据设计和工程要求及预拌砂浆产品说明书等编制施工方案,并应按施工方案进行施工。施工时,施工环境温度宜为 5℃～35℃,当温度低于 5℃或高于 35℃时,应采取保证工程质量的措施。五级风及以上、雨天和雪天的露天环境条件下,不应进行预拌砂浆施工。

预拌砂浆进场时,供方应按规定批次向需方提供质量证明文件,应包括产品形式检验报告和出厂检验报告等。进场时应进行外观检验，湿拌砂浆应外观均匀，无离析、沁水现象；散装干拌砂浆应外观均匀，无结块、受潮现象；袋装干拌砂浆应包装完整，无受潮现象。

不同品种、强度等级的湿拌砂浆应分别存放在不同的储存容器中，并应对储存容器进行标识，标识内容应包括砂浆的品种、强度等级和使用时限等，应先存先用；袋装干拌砂浆应储存在干燥、通风、防潮、不受雨淋的场所，并应按品种、批号分别堆放，不得混堆混用，且应先存先用。配套组分中的有机类材料应储存在阴凉、干燥、通风、远离火和热源的场所，不应露天存放和爆晒，储存环境温度应为 5℃～35℃。

6. 蒸压加气混凝土砌块专用砂浆

由于加气混凝土砌块具有封闭多孔的性能，其表面吸水快，如果采用常用砌筑砂浆砌筑，砂浆中的水分被加气混凝土砌块吸收，会导致水泥水化不充分、强度不能正常发挥、砂浆的黏结强度和抗压强度低、砂浆和砌块黏结不牢，从而影响砌体质量，产生开裂、空鼓、脱落、断层等质量问题。

另外，普通砂浆抗压强度较高，而加气混凝土砌块抗压强度较低，两者性能不匹配，因此，常用砌筑砂浆不适宜砌筑加气混凝土砌块墙体，必须采用专用砂浆。

蒸压加气混凝土砌块专用砂浆是指与蒸压加气混凝土性能相匹配的，能满足蒸压加气混凝土砌块砌体施工要求和砌体性能的砂浆，分为适用于薄抹灰砌筑法的蒸压加气混凝土砌块黏结砂浆及适用于非薄抹灰砌筑法的蒸压加气混凝土砌块砌筑砂浆。

蒸压加气混凝土砌块砌筑砂浆在配制时应加入适量的清水，充分搅拌，静置 5 min 即可使用，砌筑时省工省料，且无须浇水，可实现干法施工，如图 4-15 所示。

图 4-15　蒸压加气混凝土砌块专用砌筑砂浆

4.2　砖砌体施工

4.2.1　砖砌体的施工准备工作

砖砌体的施工准备工作包括砖的准备、砌筑砂浆的准备和施工机具的准备。

1. 砖的准备

砖要按规定及时进场，按砖的强度等级、外观、几何尺寸进行验收，并应检查出厂合格证。砖的品种、强度等级必须符合设计要求，规格应一致。用于清水墙、柱表面的砖，外观应要求尺寸准确、边角整齐、色泽均匀及无裂纹、掉角、缺棱和翘曲等严重现象。

砌筑烧结普通砖、烧结多孔砖、蒸压灰砂砖、蒸压粉煤灰砖砌体时，为避免砌筑时由于砖吸收砂浆中过多的水分使砂浆流动性降低，砌筑困难，影响砂浆的黏结强度，砖应提前 1～2 天浇水湿润，通常以浸入砖内 10～15 mm 为宜。严禁采用干砖或处于吸水饱和状态的砖砌筑，并应除去砖面上的粉末。

混凝土多孔砖及混凝土实心砖不需浇水湿润，但在气候干燥炎热的情况下，宜在砌筑前对其喷水湿润。

如因天气酷热，砖面水分蒸发过快，操作时揉压困难，也可在脚手架上进行二次浇水。

2．砂浆的准备

砂浆的作用是黏结砌体、传递荷载、密实孔隙及保温隔热。砂浆的准备主要包括材料和砂浆的拌制。

水泥进场使用前，应分批对水泥的强度和体积按定性两项指标进行复验；不同品种的水泥，不得混合使用，由于成分不一，如将不同水泥混合使用，会发生材性变化或强度降低的现象，容易引起工程质量问题。

3．施工机具的准备

在砌筑施工前，必须按施工组织设计的要求组织垂直和水平运输机械和砂浆搅拌机械进场，并进行安装和调试等工作，确定各种材料的堆放场地，同时，还要准备好脚手架、砌筑工具(如皮数杆、托线板)等。

4.2.2 砖砌体施工工艺

1．组砌形式

砖砌体的组砌要求为：上下错缝、内外搭砌，以保证砌体的整体性；同时组砌要有规律，少砍砖，以提高砌筑效率，节约材料。

实心砌体采用一顺一顶(见图 4-16)、梅花顶(见图 4-17)或三顺一顶(见图 4-18)的砌筑形式。

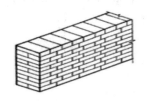 

图 4-16 一顺一顶砌筑形式　　　图 4-17 梅花顶砌筑形式　　　图 4-18 三顺一顶砌筑形式

一顺一顶砌法是以一皮中全部顺砖与另一皮中全部顶砖相互间隔砌成，上下皮间的竖缝相互错开 60 mm。采用一顺一顶砌法，砌体中无任何通缝，而且顶砖数量较多，能增强横向拉结力。这种组砌方式各皮间错缝搭接牢靠，墙面整体性好，操作中变化小，易于掌握，砌筑时墙面也容易控制平直，多用于 240 mm 厚墙体的砌筑。但其竖缝不易对齐，在墙的转角、丁字接头、门窗洞口等处都要砍砖，因此砌筑效率受到一定限制。

梅花顶又称沙包式、十字式。梅花顶的砌法是每皮中顶砖与顺砖相隔，上皮顶砖坐中于下皮顺砖，上下皮间竖缝相互错开 60 mm。这种砌法内外竖缝每皮都能错开，故抗压整体性较好，墙面容易控制平整，竖缝易于对齐，特别是当砖长、宽比例出现差异时竖缝易控制。因其顶、顺砖交替砌筑，且操作时容易搞错，比较费工，抗拉强度不如"三顺一顶"。这种砌法灰缝整齐，而且墙面比较美观，但砌筑效率较低。砌筑清水墙或当砖的规格不一致时，采用这种砌法较好。

　　三顺一顶砌法是以三皮中全部顺砖与一皮中全部顶砖间隔砌成。上下皮顺砖与顶砖间竖缝错开 60 mm，上下皮顺砖间竖缝错开 120 mm。这种砌法出面砖较少，顺砖较多，同时在墙的转角、丁字与十字接头、门窗洞口处砍砖较少，故可提高工效，但由于顺砖层较多，墙面的平整度不易控制，当砖较湿或砂浆较稀时，顺砖层内部纵向有通缝，整体性较差。这种方法砌的墙，抗压强度接近一顺一顶砌法，受拉受剪力学性能较"一顺一顶"强，宜用于一砖半以上的墙体的砌筑或挡土墙的砌筑。

　　多孔砖及空心砖砌体宜采用一顺一顶或梅花顶的切筑形式，砌体应上下错缝，内外搭砌，砖柱不得采用包心砌法，如图 4-19 所示。

　　空心砖砌体孔洞应垂直墙体高度方向，如图 4-20 所示。

图 4-19　P 型、M 型多孔砖砌筑形式

图 4-20　空心砖砌筑形式

　　对于房屋的转角处、内外墙的交接处和十字墙的交接处，其砌筑形式分别如图 4-21、图 4-22、图 4-23 所示。

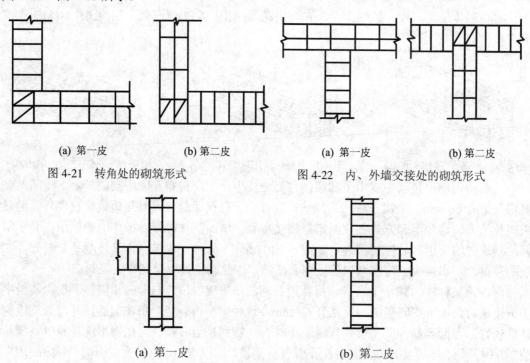

(a) 第一皮　　　　　　(b) 第二皮　　　　　　(a) 第一皮　　　　　　(b) 第二皮

图 4-21　转角处的砌筑形式　　　　　图 4-22　内、外墙交接处的砌筑形式

(a) 第一皮　　　　　　　　(b) 第二皮

图 4-23　十字墙交接处的砌筑形式

2. 施工工艺

砖砌体砌筑的施工工艺流程为：抄平→放线→摆砖样→立皮数杆→盘角→挂线→砌筑→勾缝→清理→楼层轴线的引测→各层标高的控制。

1) 抄平与放线

为了保证建筑物平面尺寸和各层标高的正确，在砌筑前必须准确地定出各层楼面的标高和墙柱的轴线位置，作为砌筑时的控制依据。

砌筑前，应在基础防潮层或楼面上先用M7.5 水泥砂浆或 C20 细石混凝土找平，然后以龙门板上的定位钉为标志弹出墙身的轴线和边线，定出门窗洞口的位置，如图4-24 所示。

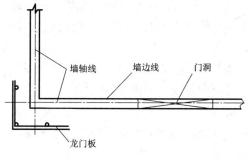

图 4-24　放线

2) 摆砖样

摆砖样是在弹好线的基层上按选定的组砌方式先用砖试摆，以核对所弹出的墨线在门窗洞口、墙垛等处是否符合砖模数，以便借助灰缝调整，使砖的排列和砖缝宽度均匀合理。摆砖时，要求山墙摆成顶砖，横墙摆成顺砖。摆砖由一个大角摆到另一个大角，砖与砖之间留 10 mm 缝隙，摆砖结束后，用砂浆把刚摆的砖砌好，砌筑时应注意其平面位置不得移动。摆砖样在清水墙砌筑中尤为重要。

3) 立皮数杆

砌筑前先要立好皮数杆(又称线杆)，作为砌筑的依据之一。皮数杆可用 50 mm×70 mm的方木做成，上面划有砖的皮数、灰缝厚度、门窗、楼板、圈梁、过梁、屋架等构件位置及建筑物的各种预留洞口和加筋的高度(如图 4-25 所示)，它是墙体竖向尺寸的标志。

(a) 基础皮数杆

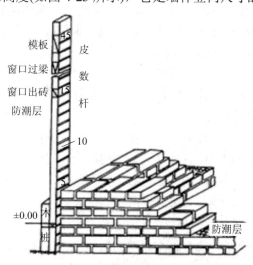

(b) 墙体皮数杆

图 4-25　皮数杆示意图

皮数杆一般立于房屋的四大角、内外墙交接处、楼梯间以及洞口多的地方，大约每隔 10～15 m 立一根。

4) 盘角、挂线

砌筑时，应根据皮数杆先在墙角砌 4～5 皮砖，称为盘角，然后将皮数杆和已砌的墙角挂准线作为砌筑中间墙体的依据。每砌一皮或两皮，准线向上移动一次，以保证墙面平整。一砖厚的墙单面挂线，外墙挂外边，内墙挂任何一边；一砖半及以上厚的墙都要双面挂线，如图 4-26 所示。

5) 砌筑

图 4-26 挂线砌筑

砌砖的操作方法很多，不论选择何种砌筑方法，首先应保证砖缝的灰浆饱满，其次还应考虑有较高的生产效率。常用的砌筑方法有"三一"砌砖法、铺浆法、刮浆法和满口灰法。其中，"三一"砌砖法和铺浆法最为常用。

"三一"砌砖法指的是一块砖、一铲灰、一揉压，并随手将挤出的砂浆刮去的砌筑方法。这种砌法的特点是上灰后立即挤砌，灰浆不宜失水，且灰缝容易饱满、黏结性好、墙面整洁，易于保证质量。竖缝可采用挤浆或加浆的方法，使其砂浆饱满。砌筑实心砖砌体宜采用"三一"砌砖法。

铺浆法是在墙顶上铺一段适当厚度的砂浆，然后使砖挤入砂浆中一定厚度之后把砖放平，达到下齐边、上齐线、横平竖直的要求。这种砌法的优点是效率较高，灰缝容易饱满，能保证砌筑质量。当采用铺浆法砌筑时，铺浆长度不得超过 750 mm；施工期间气温超过 30℃时，铺浆长度不得超过 500 mm。

6) 勾缝与清理

勾缝是砌清水墙的最后一道工序，具有保护墙面并增加墙面美观的作用。

勾缝的方法有两种。墙较薄时，可用砌筑砂浆随砌随勾缝，称为原浆勾缝；墙较厚时，待墙体砌筑完毕后，用 1∶1.5 水泥砂浆或加色砂浆勾缝，称为加浆勾缝。为了保证勾缝质量，勾缝前应清除墙面黏结的砂浆和杂物，并洒水湿润，在砌完墙后，应画出 10 mm 的灰槽，灰槽可勾成平、斜、凹等形状。

当该层施工面墙体砌筑完成后，应及时对墙面和落地灰进行清理。

7) 楼层轴线的引测

为了保证各层轴线的重合和施工方便，在弹墙身线时，应根据龙门板上标注的轴线位置将轴线引测到房屋的外墙基上。二层以上各层墙的轴线，可用经纬仪或垂球引测到楼层上。轴线的引测是放线的关键，必须按图纸要求尺寸用钢皮尺进行校核，然后按楼层墙身中心线弹出各墙边线，划出门窗洞口的位置。

8) 各层标高的控制

基础砌完之后，除要把主要墙的轴线由龙门桩或龙门板上引到基础墙上，还要在基础墙上抄出一条 −0.1 m 或 −0.15 m 标高的水平线。楼层各层标高除立皮数杆控制外，亦可用在室内弹出的水平线控制。

墙体标高可在室内弹出水平线控制。当底层砌到一定高度(500 mm 左右)后，用水准仪根

据龙门板上 ±0.000 m 标高，引出统一标高的测量点(一般比室内地坪高 200～500 mm)，在相邻两墙角的控制点间弹出水平线，作为过梁、圈梁和楼板标高的控制线。以此线到该层墙顶的高度计算出砖的皮数，并在皮数杆上划出每皮砖和砖缝的厚度，作为砌砖时的依据。此外，在建筑物四外墙上引测 ±0.000 m 标高，画上标志，当第二层墙砌到一定高度时，从底层用尺往上量出第二层的标高的控制点，并用水准仪以引上的第一个控制点为准，定出各墙面水平线，用以控制第二层楼板标高。

3．质量要求

砖砌体是由砖块和砂浆通过各种形式的组合而搭砌成的整体，所以砌体质量的好坏取决于组成砌体的原材料质量和砌筑方法。在砌筑时应掌握正确的操作方法，做到横平竖直、砂浆饱满、错缝搭接、接槎可靠，以保证墙体有足够的强度和稳定性。

1) 横平竖直

砖砌体的灰缝应横平竖直、上下对齐、厚薄均匀。水平灰缝厚度宜为 10 mm，不应小于 8 mm，也不应大于 12 mm；竖向灰缝应垂直对齐，对不齐而错位(称为游丁走缝)会影响墙体外观质量。

要做到横平竖直，首先应将基层找平，在砌筑时必须立设皮数杆、挂线砌筑，并随时用线锤和靠尺或者用 2 m 托线板检查墙体垂直度，做到"三皮一吊、五皮一靠"，发现问题应立即使纠正。

2) 砂浆饱满

为保证砖块均匀受力和使块体紧密结合，要求水平灰缝砂浆饱满，厚薄均匀。水平灰缝太厚，在受力时砌体的压缩会变形增大，还可能使砌体产生滑移，这对砌体结构很不利。如灰缝过薄，则不能保证砂浆的饱满度，会削弱砌体的黏结力，影响整体性。砂浆的饱满程度以砂浆饱满度表示，用百格网(就是按照一块标准砖的尺寸为外边尺寸，在该矩形内均分为 100 分格，专用检测砌体的砂浆饱满度)检查，如图 4-27 所示。

要求水平灰缝饱满度达到 80% 以上，竖向灰缝饱满度达到 60% 以上。同样竖向灰缝亦应控制厚度保证黏结，不得出现透明缝、瞎缝和假缝，以避免透风漏雨，影响保温性能。

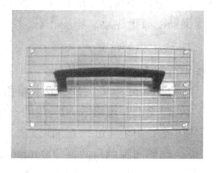

图 4-27 百格网

3) 错缝搭接

为保证墙体的整体性和传力效果，砖块的排列方式应遵循内外搭接、上下错缝的原则。砖块的错缝搭接长度不宜小于 1/4 砖长，应避免出现垂直通缝(上下两皮砖搭接长度小于 25 mm 皆称通缝)。为确保砌筑质量，加强砌体的整体性，应采用适宜的组砌方式。

4) 接槎可靠

整个房屋的纵横墙应相互连接牢固，以增加房屋的强度和稳定性。砖砌体的转角处和交接处应同时砌筑，严禁在无可靠措施的情况下对内外墙分砌施工。对抗震设防烈度为 8 度及 8 度以上地区，不能同时砌筑而又必须留置的临时间断处应砌成斜槎，普通砖砌体斜槎水平投影长度不应小于高度的 2/3，多孔砖砌体斜槎长高比不应小于 1/2。斜槎高度不得超过一步脚手架的高度，如图 4-28(a)所示。

非抗震设防及抗震设防烈度为 6 度、7 度地区的临时间断处，当不能留斜槎时，除转角处外，可留直槎，但直槎必须做成凸槎，且应加设拉结筋，拉结钢筋的数量为每 120 mm 的墙厚放置 1φ6 拉结钢筋(120 mm 厚墙应放置 2φ6 拉结钢筋)。间距沿墙高不应超过 500 mm，且竖向间距偏差不应超过 100 mm，埋入长度从留槎处算起每边均不应小于 500 mm，对抗震设防烈度 6 度、7 度的地区，不应小于 1000 mm，末端应有 90°的弯钩，如图 4-28(b)所示。

接槎即先砌砌体与后砌砌体之间的结合。

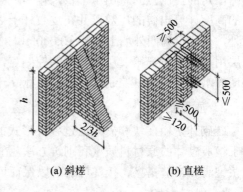

(a) 斜槎　　　　(b) 直槎

图 4-28　实心砖斜槎砌筑

接槎方式的合理与否，对砌体的质量和建筑物整体性影响极大。因留槎处的灰浆不易饱满，故应少留槎。斜槎和直砖砌体接槎时，必须将接槎处的表面清理干净，浇水湿润，并应填实砂浆，保持灰缝平直，使接槎处的前后砌体黏结牢固。

4．技术要求

1) 施工洞口的留设

在墙上留置临时施工洞口，其侧边离交接处墙面不应小于 500 mm，洞口净宽度不应超过 1 m。抗震设防烈度为 9 度的地区建筑物的临时施工洞口位置，应会同设计单位确定。临时施工洞口应做好补砌。设计要求的洞口、沟槽、管道应于砌筑时正确留出或预埋，未经设计同意，不得打凿墙体和在墙体上开凿水平沟槽。宽度超过 300 mm 的洞口上部，应设置钢筋混凝土过梁。不应在截面长度小于 500 mm 的承重墙体、独立柱内埋设管线。

2) 脚手眼的设置

不得在下列墙体或部位设置脚手眼：

① 120 mm 厚墙、料石清水墙和独立柱；

② 过梁上与过梁成 60°角的三角形范围及过梁净跨度 1/2 的高度范围内；

③ 宽度小于 1 m 的窗间墙；

④ 砌体门窗洞口两侧 200 mm(石砌体为 300 mm)和转角处 450 mm(石砌体为 600 mm)范围内；

⑤ 梁或梁垫下及其左右 500 mm 范围内；

⑥ 设计不允许留设脚手眼的部位；

⑦ 轻质墙体；

⑧ 夹心复合墙外叶墙。

补砌脚手眼时，应清除脚手眼内掉落的砂浆、灰尘，脚手眼处砖及填塞用砖应湿润，并应填实砂浆。

3) 砌体自由高度的限制

对于尚未安装楼板或屋面板的墙和柱因有可能遇到大风，其允许自由高度不得超过国家现行规范的规定，否则应采取必要的临时加固措施。

4) 减少不均匀沉降

沉降不均匀将导致墙体开裂，对结构危害很大，砌筑施工中要严加注意。砖砌体相临施工段的高差，不得超过一个楼层的高度，也不宜大于 4 m；临时间断处的高度差不得超过一步脚手架的高度。

为减少灰缝变形而导致砌体沉降，一般每日砌筑高度不宜超过 1.8 m，雨期施工每日不宜超过 1.2 m。

4.2.3 构造柱和砖组合砌体的施工

构造柱和砖组合砌体由钢筋混凝土构造柱、砖砌体以及拉结钢筋等组成。钢筋混凝土构造柱是在多层砌体房屋墙体的规定部位，按构造配筋和先砌墙后浇灌混凝土的施工顺序进行的。

砖墙与构造柱的连接处应砌成大马牙槎，从每层柱脚开始，先退后进(两侧各 60 mm)，每一马牙槎沿高度方向的尺寸不宜超过 300 mm，并应沿墙高每隔 500 mm 设置 $2\phi6$ 拉结筋，拉结筋每边伸入墙内不宜小于 1 m，如图 4-29 所示。

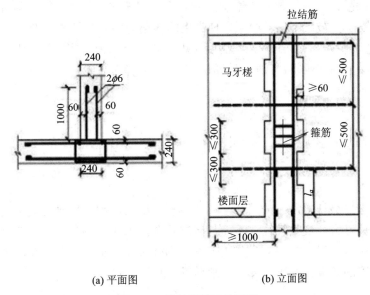

(a) 平面图　　　　　　　(b) 立面图

图 4-29　拉结钢筋及马牙槎

预留伸出的拉结筋，不得在施工中任意反复弯折，如有歪斜、弯曲，在浇灌混凝土之前，应校正到准确位置并绑扎牢固。

构造柱和砖组合墙体的施工程序为：绑扎钢筋→砌砖墙→支模板→浇筑混凝土→拆模。

构造柱的模板可以采用木模板或组合钢模板，在每层砖墙及其马牙槎砌好后，应立即支设模板，模板必须与所在墙的两侧严密贴紧，支撑牢靠，防止模板缝漏浆。

4.2.4 砖砌体工程常见的质量问题及处理

在砌筑过程中，容易发生质量事故，故应详细分析产生事故的原因，防患于未然。常见的质量事故有：砂浆强度不稳定、砖缝砂浆不饱满、"螺丝"墙等。

1. 砂浆强度不稳定

1) 现象

砂浆强度不稳定，通常是指砂浆强度低于设计要求或是砂浆的强度波动较大，匀质性差。

2) 原因

材料的计量不准；超量使用微沫剂；砂浆搅拌不均匀。所以在实际施工中要按照砂浆的配合比准确称量各种原材料，对塑化材料宜先调制成标准稠度，再进行称量，采用机械搅拌，合理确定投料顺序，以保证搅拌均匀。

2. 砖缝砂浆不饱满

1) 现象

实心砖砌体水平灰缝的砂浆饱满度低于 80%，砂浆饱满度不合格；竖缝内无砂浆；缩口缝深度大于 2 m 以上。

2) 原因

砂浆和易性差，铺灰不匀、不饱满，挤浆不紧，砖与砂浆粘结差；铺灰过长，砌筑速度慢，砂浆中的水分被底下的砖吸干，使砌上的砖层与砂浆不粘结；砌清水墙时采用 20～30 mm 的大缩口深度，减少了砂浆饱满度；用干砖砌筑，使砂浆过早脱水、干硬，削弱了砖与砂浆的粘结；摆砖砌筑没揉挤或没放丁头灰，竖缝内无砂浆。

3. "螺丝" 墙

1) 现象

砌完一层高的墙体后，同一砖层的标高差一皮砖的厚度而不能咬合的现象称为"螺丝"墙。

2) 原因

砌筑时没按皮数杆控制砖的层数，每当砌至基础顶面和在预制混凝土楼板上接砌砖墙时，由于标高偏差大，皮数杆往往不能与砖层吻合，需要在砌筑中用灰缝厚度逐步调整。如果砌同一皮砖时，误将负偏差当作正偏差，砌砖时反而压薄灰缝，在砌至层高赶上皮数时，与相邻位置的砖墙正好差一皮砖，则形成"螺丝"墙。

4.3 石砌体施工

4.3.1 材料要求

石砌体所用的石材应质地坚实，无风化剥落和裂纹，用于清水墙、柱表面的石材，应色泽均匀。石材表面的泥垢、水锈等杂质，在砌筑前应清除干净。毛石应呈块状，其中部厚度不宜小于 200 mm。

砌筑砂浆的品种和强度等级应符合设计要求，砂浆稠度宜为 30～50 mm，雨期或冬期稠度应小些，在暑期或干燥气候下，稠度可大些。

4.3.2 石砌体施工

1. 毛石墙体的组砌形式

毛石砌体的组砌形式有三种：一是顶顺分层组砌法，二是顶顺混合组砌法，三是交错混合组砌法。由于所用的石料不规则，要求每砌一块石块要与左右上下有叠靠、与前后有搭接、砌缝要错开。每砌一块石块，都要放置稳固。

2. 毛石墙体的施工工艺

毛石墙体的砌筑工序为：准备工作→确定砌筑方法→砌筑→收尾工作。

1) 准备工作

砌毛石墙应在基槽和室内回填土完成以后进行，由于毛石比较笨重，应尽量双面搭设脚手架砌筑。

毛石墙无法像砖墙一样绘出皮数杆，一般为绘制线杆，线杆上标示出窗台、门窗上口、圈梁、过梁、预留洞、预埋件、楼板和檐口等，与皮数杆不同的仅是不绘出皮数。

砌筑前，要检查砌毛石墙的石块不能出现缺棱、少角和外形过于不规则的现象，还应检查基础顶面的墨线是否符合设计要求，标高是否达到设计要求。

2) 确定砌筑方法

角石砌筑法：角石要选用三面都比较方正且比较大的石块，缺少合适的石块时应该加工修整。角石砌好以后可以架线砌筑墙身，墙身的石块也要选基本平整的放在外面。选墙面石的原则是"有面取面，无面取凸"。同一层的毛石要尽量选用大小相近的石块，同一堵墙的砌筑，应把大的石块砌在下面，小的砌到上面，这样可以给人以稳定感。如果是清水墙，应该选取棱角较多的石块，以增加墙面的装饰美。

砖抱角砌法：在转角处砌上一砖到一砖半的角，一般砌成五进五出的弓形槎。砌筑时应先砌墙角的五皮砖，然后砌毛石，毛石上口要基本与砖面平，待毛石砌完这一层后，再砌上面的五皮砖，上面的五皮砖要伸入墙身半砖长，以达到拉结的要求。采用这种方法砌筑时是在缺乏角石材料又要求墙角平直的情况下使用的。它不仅可以用于墙的转角处，也可以使用在门窗口边。

3) 砌筑

毛石的砌筑方法有两种：一是浆砌法；二是干砌法。

浆砌法又可分为灌浆法和挤浆法。灌浆法适用于基础，其方法是：按层铺放块石，每砌 3～4 皮为一分层厚度，每个分层高度应找一次平，然后灌入流动性较大的砂浆，边灌边捣，对于较宽的缝隙，可在灌浆后打入小石块，挤出多余的砂浆。挤浆法是先铺筑一层 30～50 mm 厚的砂浆，然后放置石块，使部分砂浆挤出，砌平后再铺浆并把砂浆灌入石缝中，再砌上面一层石块。挤浆法是最常用的方法。

干砌法是先将较大的石块进行排放，边排放边用薄小石块或石片嵌垫，逐层砌筑，砌成以后用水泥砂浆勾嵌石缝。干砌法工效较低，并且整体性较浆砌法差，适用于受力较小的墙体。

4) 收尾工作

砌筑结束时，要把当天砌筑的墙体都勾好砂浆缝，并根据设计要求的勾缝形式来确定勾缝的深度。当天勾缝，砂浆强度还很低，故操作容易。

当天勾缝既是补缝又是抠缝，对砂浆不足处要补嵌砂浆，对于多余的砂浆则应抠掉，可以采用抿子、溜子等作业。墙缝抹完后，可以用钢丝刷、竹丝扫帚等清刷墙面，以使石面能以其美观的天然纹理面向外侧。

3．石基础的砌筑

1) 毛石基础

毛石基础是用毛石与水泥砂浆或水泥混合砂浆砌成。所用毛石强度等级一般为 MU20 以上，砂浆宜用水泥砂浆，强度等级应不低于 M5。

毛石基础可作为墙下条形基础或柱下独立基础，按其断面形式有矩形、阶梯形和梯形。基础的顶面宽度应比墙厚大 200 mm，即每边宽出 100 mm，每阶高度一般为 300～400 mm，并至少砌二皮毛石。上级阶梯的石块应至少压砌下级阶梯的 1/2，相邻阶梯的毛石应相互错缝搭砌。

毛石基础必须设置拉结石。毛石基础同皮内每隔 2 m 左右设置一块。如基础宽度等于或小于 400 mm，拉结石长度应与基础宽度相等；如基础宽度大于 400 mm，可用两块拉结石内外搭接，搭接长度不应小于 150 mm，且其中一块拉结石长度不应小于基础宽度的 2/3。

2) 料石基础

砌筑料石基础的第一皮石块应用丁砌层坐浆砌筑，以上各层料石可按一顺一顶进行砌筑。阶梯形料石基础，上级阶梯的料石至少压砌下级阶梯料石的 1/3。

4．石挡土墙的砌筑

石挡土墙可采用毛石或料石砌筑。

毛石挡土墙应符合下列规定：每砌 3～4 皮为一个分层高度，每个分层高度应找平一次。外露面的灰缝厚度不得大于 40 mm，两个分层高度间分层处的错缝不得小于 80 mm，如图 4-30 所示。

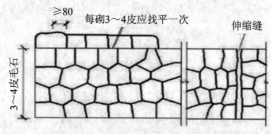

图 4-30 毛石挡土墙立面

料石挡土墙宜采用丁顺组砌的砌筑形式。当中间部分用毛石填砌时，丁砌料石伸入毛石部分的长度不应小于 200 mm。

挡土墙的泄水孔当设计无规定时，施工应符合下列规定：泄水孔应均匀设置，在每米高度上间隔 2 m 左右设置一个泄水孔，泄水孔与土体间铺设长宽各为 300 mm、厚 200 mm 的卵石或碎石作疏水层。

4.4 砌 块 施 工

砌块代替普通黏土砖作为墙体材料是墙体改革的重要途径。近年来各地因地制宜,就地取材,以天然材料或工业废料为原材料制作各种砌块。目前工程中多采用中小型砌块。

中型砌块施工采用各种吊装机械及夹具将砌块安装在设计位置,一般要按建筑物的平面尺寸及预先设计的砌块排列图逐块按次序吊装、就位、固定。

小型砌块施工与传统的砖砌体砌筑工艺相似,也是手工砌筑,但在形状、构造上有一定的差异。

4.4.1 小型空心砌块施工

1.混凝土小型空心砌块的构造要求

对室内地面以下的砌体,应采用不低于 MU7.5 的普通混凝土小型砌块和不低于 Mb5 的专用砂浆砌筑,五层及五层以上民用建筑的底层墙体,应采用不低于 MU7.5 的混凝土小型砌块和 Mb5 的专用砂浆砌筑。

在墙体的下列部位,应采用 C20 混凝土灌实砌块的孔洞:

(1) 底层室内地面以下或防潮层以下的砌体。

(2) 无圈梁的檩条和钢筋混凝土楼板支承面下的一皮砌块。

(3) 有设置混凝土垫块的屋架、梁等构件支承面处,灌实宽度不应小于 600 mm,高度不应小于 600 mm 的砌块。

(4) 挑梁支承面下,其支承部位的内外墙交接处,纵横各灌实 3 个孔洞,灌实高度不小于 3 皮砌块体。

砌块墙与后砌隔墙交接处,应沿墙高每隔 400 mm 在水平灰缝内设置不少于 $2\phi4$、横筋间距不大于 200 mm 的焊接钢筋网片,钢筋网片伸入后砌隔墙内不应小于 600 mm。

2.混凝土小型砌块的施工要点

施工时所用的混凝土小型空心砌块的产品龄期不应小于 28 天。

在天气炎热的情况下,可提前洒水湿润小砌块;对轻骨料混凝土小砌块,可提前浇水湿润。

砌筑小砌块前,应清除表面污物和芯柱及小砌块孔洞底部的毛边,剔除外观质量不合格的小砌块,小砌块表面有浮水时,不得施工。承重墙严禁使用断裂的小砌块。

小砌块应将生产时的底面朝上反砌于墙上,并应对孔错缝搭砌(见图 4-31),搭接长度不应小于 90 mm。墙体的个别部位不能满足上述要求时,应在灰缝中设置拉结钢筋或钢筋网片,但竖向通缝不能超过两皮小砌块。

图 4-31 小砌块对孔砌筑

小砌块砌体的灰缝应横平竖直，全部灰缝均应铺填砂浆。水平灰缝的砂浆饱满度不得低于90%，竖向灰缝的砂浆饱满度不得低于80%，砌筑中不得出现瞎缝、透明缝。水平灰缝厚度和竖向灰缝宽度应控制在8~12 mm。当缺少辅助规格小砌块时，砌体通缝不应超过两皮砌块。

小砌块应从转角或定位处开始，内外墙同时砌筑，纵横墙交错搭接。外墙转角处应使小砌块隔皮露端面，T字交接处应使横墙小砌块隔皮露端面，纵墙在交接处改砌两块辅助规格小砌块(尺寸为290 mm×190 mm×190 mm，一端开口)，所有露端面用水泥砂浆抹平(见图4-32)。

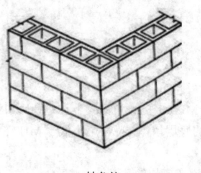 

(a) 转角处　　　　　　　　　　　　(b) T字交接处

图4-32　小砌块墙转角处及T字交接处

墙体转角处和纵横交接处应同时砌筑。临时间断处应砌成斜槎，斜槎水平投影长度不应小于斜槎高度。施工洞口可预留直槎，但在洞口砌筑和补砌时，应在直槎上下搭砌的小砌块孔洞内用强度等级不低于C20(或Cb20)的混凝土灌实。

小砌块砌体临时间断处应砌成斜槎，斜槎长度不应小于斜槎高度(一般按一步脚手架高度控制)，如留斜槎有困难，除外墙转角处及抗震设防地区，砌体临时间断处不应留直槎外，从砌体面伸出200 mm砌成阴阳槎，并沿砌体高每三皮砌块(600 mm)，设拉结筋或钢筋网片，见图4-33，接槎部位宜延至门窗洞口。

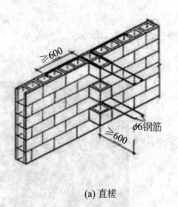 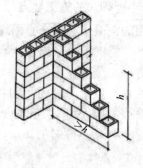

(a) 直槎　　　　　　　　　　　　(b) 斜槎

图4-33　小砌块砌体斜槎和直槎

对于填充墙砌体，砌块底部应砌200 mm高实心砖；当砌至梁底或板底时，应预留一部分距离，待7天之后，用实心砖斜砌挤紧，并填满砂浆，如图4-34、图4-35所示。

图 4-34 填充墙到顶斜砌　　　　　　　图 4-35 填充墙底部处理

4.4.2 大、中型砌块施工

1. 编制砌块排列图

砌块在吊装前应先绘制砌块排列图(见图 4-36),以指导吊装施工和砌块准备。

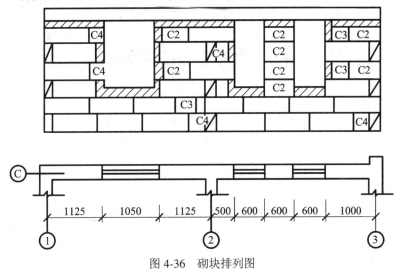

图 4-36 砌块排列图

1) 绘制方法

在立面图上用 1∶50 或 1∶30 的比例绘制出纵横墙面,然后将过梁、平板、大梁、楼梯、混凝土垫块等在图上标出,再将管道等孔洞标出。

在纵横墙上画水平灰缝线,按砌块错缝搭接的构造要求和竖缝的大小,尽量以主砌块为主、其他各种型号砌块为辅进行排列。需要镶砖时,尽量对称分散布置。

2) 砌块排列应遵守的技术要求

上下皮砌块错缝搭接长度一般为砌块长度的 1/2(较短的砌块必须满足这个要求)或不得小于砌块皮高的 1/3,以保证砌块牢固搭接。

外墙转角处及纵横墙交接处应用砌块相互搭接,如纵横墙不能互相搭接,则应每二皮设置一道钢筋网片。

2. 施工工艺

砌块施工工艺流程为:铺灰(长度不大于 3～5 m)→砌块就位→校正→灌缝→镶砖。

1) 铺灰

铺灰砌块墙体所采用的砂浆，应具有较好的和易性，砂浆稠度宜为 50～80 mm。

铺灰应均匀平整，长度一般不超过 5 m，炎热天气及严寒季节应适当缩短。

2) 砌块就位

砌块吊装就位时应避免偏心，应使砌块中心尽可能与墙身中心线在同一垂直线上，对准位置徐徐下落于砂浆层上，待砌块安放稳定后，方可松开夹具。

3) 校正

校正砌块吊装就位后，用锤球或托线板检查砌块的垂直度，用拉准线的方法检查砌块的水平度。

4) 灌缝

竖缝可用夹板在墙体内外夹住，然后灌砂浆，用竹片插或用铁棒捣，使其密实。

5) 镶砖

镶砖工作要紧密配合安装，在砌块校正后进行，不要在安装好一层墙身后才镶砖。

4.5　砌体工程模拟实训

4.5.1　工程背景

某工程墙体均为 200 mm 厚，采用 MU3.5 蒸压加气混凝土砌块和 Mb5.0 专用砂浆砌筑。

4.5.2　施工方案

1．工程概况

略。

2．施工准备

1) 技术准备

审查设计说明、施工图纸、制订详细的施工方案，并进行技术交底。

2) 材料要求

加气混凝土砌块的一般规格为 600 mm×200 mm、600 mm×250 mm、600 mm×300 mm（长×高），宽度模数制为 25 mm 和 60 mm 进位。

加气混凝土砌块进场应具备出厂合格证，外观上应无麻面、缺棱掉角等，并按见证取样要求对其抽样检验，各项满足以下标准要求后方能使用在过程上。

配套使用的材料有蒸压加气混凝土砌块专用砂浆、混凝土预制块、木砖、$\phi 6$ 钢筋、小木楔等。

3) 主要机具

施工主要机具有大铲、刀锯、镂槽工具带齿刃、灰槽及砌块夹具、手摇钻、线坠、托线板、小白线、灰桶、铺灰铲、小锤、水桶、水平尺等。

各类机具维护应按企业质量体系标准要求进行，确保机具完好。

4) 作业条件

现场存放砌块的场地应夯实、平整、不积水，码放要整齐，堆放高度以 1.5 m 左右为宜。装运过程中要轻拿轻放，避免损坏，应尽量减少二次搬运。

砌筑前，加气混凝土墙部位的楼地面灰渣杂物及高出部分应清除干净。

根据墙体尺寸和砌块规格，进行砌筑平面排块设计，应尽可能地减少现场切割量。根据砌块厚度、结构净空高度做好立面的排块设计，避免浪费。

弹出 500 mm 标高线，分别划出砌块的层数，安排好灰缝的厚度。

砌墙的前一天，应将加气混凝土砌块及与原结构相接部位洒水湿润，以保证砌体黏结牢固。

3．施工工艺

1) 工艺流程

砌块施工工艺流程为：基层处理→砌筑加气混凝土块→砌块与主体结构连接。

2) 砌筑加气混凝土块

砌筑时，按排块设计进行试摆排块，不够整块时，可以分割成需要的尺寸，但不小于砌块长度的 1/3。

竖缝宽 20 mm，水平灰缝 15 mm，当最下一皮的水平灰缝厚度大于 20 mm 时，应用细石混凝土找平铺砌。

砌筑时应满砌满挤，上下错位，搭接长度不宜小于砌块长度的 1/3。

3) 加气墙与结构墙柱连接

必须按设计要求留置拉结筋，设计无要求时，竖向间距为砌块高的 2 倍，埋入 2ϕ6.5，伸入墙内不少于 700 mm 及墙长的 1/5。

砌块端头与墙柱接缝处各满刮 5 mm 的粘接砂浆，挤紧密实，将挤出的砂浆刮平。

4) 砌块与楼板或梁底的连接

楼板的底部或梁底应预先留拉结筋，便于与加气混凝土砌块墙体拉结。当楼板或梁底未事先留置拉结筋时，先在砌块与楼板接触面涂抹粘接砂浆，每砌完一块用小木楔(间距 600 mm)在砌块上皮紧贴楼板底部或梁底与砌块楔牢，用粘接砂浆塞实，灰缝刮平，或在楼板底或梁底斜砌一排砖，以使墙体顶板稳定、牢固。

4．质量要求

(1) 使用的原材料和加气混凝土砌块品种、强度必须符合设计要求，质量符合标准规定的各项技术性能指标，并有出厂合格证。

(2) 砂浆的品种、强度等级必须符合设计要求，试块的平均抗压强度不得低于设计强度。

(3) 转角和纵横墙交接处必须咬槎砌筑，严禁留直槎，交接处应留斜槎。

(4) 每道墙二皮砌块的通缝不得超过三处，不得出现三皮砌块及三皮砌块高度以上的通缝。灰缝应均匀，无透缝、亮缝、瞎缝现象。

(5) 拉结筋的间距、位置、长度及配筋的规格、数量应符合设计要求，位置偏差不应超过一皮砌块。接槎应严密，无破槎、松动现象。

5. 成品保护

(1) 穿墙线管应以预留为主，如需开槽应使用专用镂槽工具，不得用锤斧剔凿。

(2) 严禁施工车或其他工具碰撞墙体。

(3) 加气混凝土砌块墙壁上不得留脚手眼，拆除脚手架时不得碰撞已砌筑的墙体。

(4) 落地砂浆应及时清除干净，以免与地面黏结，影响地坪施工。

【复习思考题】

一、填空

1. 砖墙的水平灰缝厚度和竖缝宽度一般为_____mm，但不小于_____mm，也不大于_____mm。水平灰缝的饱满度应不小于_____，砂浆饱满度用_____检查。

2. 设有钢筋混凝土构造柱的抗震多层砖混房屋，应先_____，然后_____，最后_____。墙与柱应沿高度方向每_____mm 设 2ϕ6 钢筋，每边伸入墙内不应少于_____m。

3. 砖墙每天砌筑高度不宜超过_____m，雨天施工时，每天砌筑高度不宜超过_____m。

4. 砌块高度为_____mm 的称为中型砌块，高度小于_____mm 的称为小型砌块。

5. 砖砌体施工时，砖应提前_____天浇水，以水浸入砖内深度为_____为宜。

二、选择

1. 砖砌体水平灰缝厚度宜为(   )。

A. 10 mm   B. 12 mm

C. 8 mm   D. 8～12 mm

2. 可砌高度是指(   )。

A. 人工砌筑完毕的高度   B. 工人无法继续砌筑的高度

C. 工人可以继续砌筑的高度   D. 砌体的高度

3. 在墙体砌筑时，"370 mm"墙应(   )挂线。

A. 单面   B. 双面

C. 都可以   D. 不必

4. 在有抗震要求的地区，砖的砌筑形式可采用(   )。

A. 三顺一顶   B. 一顺一顶

C. 全顺   D. 全顶

5. 砖墙砌筑时，如临时间断应尽量留成(   )槎。

A. 直   B. 斜

C. 马牙   D. 阴

6. 砖墙砌筑留槎时，斜槎长度不应小于高度的(   )。

A. 1/3   B. 2/3

C. 3/4   D. 1/4

7. 砌块砌体的搭接长度不得小于块高的 1/3，且不应小于(   )。

A. 80 mm

B. 90 mm

C. 150 mm

D. 200 mm

8. 砌块砌体施工时，若竖缝宽度超过 30 mm，竖缝应用混凝土灌注，强度等级不得低于( )。

A. C10

B. C15

C. C20

D. C30

9. 砌块吊装的主要工序是( )。

A. 铺灰、砌块安装就位、校正、灌缝、镶砖

B. 抄平放线、摆砖、立皮数杆、盘角挂线、砌筑、勾缝

C. 铺灰、摆砖、灌缝、镶砖

D. 抄平放线、砌块安装就位、镶砖

10. 清水墙的最后一道工序是( )，它具有保护墙面并增加墙面美观的作用。

A. 摆砖

B. 勾缝

C. 挂线

D. 立皮数杆

11. 砌砖通常采用"三一砌筑法"，指的是( )。

A. 一皮砖、一层灰、一勾缝

B. 一挂线、一皮砖、一勾缝

C. 一块砖、一铲灰、一挤揉

D. 一块砖、一铲灰、一刮缝

三、简答

1. 砌筑用砂浆有哪些种类？适用于什么场合？对砂浆制备和使用有什么要求？

2. 砌筑用块材有哪些种类？其外观质量和强度指标有什么要求？

3. 砌体工程质量有哪些要求？影响其质量的因素有哪些？

4. 皮数杆的作用是什么？应如何设置？

5. 砖墙砌体主要有哪几种砌筑形式？各有何特点？

6. 简述砖墙砌筑的施工工艺和施工要点。

7. 如何绘制砌块排列图？简述砌块的施工工艺。

项目5 钢筋混凝土结构工程

【教学目标】掌握混凝土的配制、搅拌、使用；掌握混凝土施工配合比的概念和计算；掌握定型组合钢模板工程的施工方法；熟悉大模板、滑升模板、爬升模板的施工方法；掌握钢筋工程的施工方法；掌握混凝土工程的施工方法；掌握模板工程的施工方法和设计方法；掌握钢筋下料、代换的计算方法。

钢筋混凝土结构工程包括现浇钢筋混凝土结构施工和装配式钢筋混凝土构件制作两个方面，由模板、钢筋和混凝土等多个工种工程组成。

5.1 模 板 工 程

模板工程是钢筋混凝土结构工程的重要组成部分，在现浇混凝土结构工程中，模板工程往往决定着施工方法和施工机械的选择，直接影响工程的工期和造价。所以采用先进的模板技术，对于提高工程质量、加快施工进度、提高劳动生产率、降低工程成本都具有十分重要的意义。

我国现浇混凝土结构所用的模板技术已迅速向多体化、体系化方向发展，目前已形成组合式、工具化、永久式三大系列工业化模板体系。

5.1.1 模板的基本要求及分类

1. 模板的基本要求

模板是使新拌混凝土在浇筑过程中保持设计要求的位置尺寸和几何形状，并使之硬化成为钢筋混凝土结构或构件的模具。

模板及其支架应根据工程结构形式、荷载大小、地基土类别、施工设备和材料供应等条件进行设计，并根据施工条件编制施工技术方案。模板及其支架应符合以下要求：

(1) 模板系统应具有足够的承载能力、刚度和稳定性，能可靠地承受浇筑混凝土的重量、侧压力以及施工荷载。

(2) 模板系统应满足装拆方便、构造简单、便于钢筋的安装和绑扎、符合混凝土的浇筑及养护等工艺要求。

(3) 宜优先推广和使用清水混凝土模板、工具式模板和快拆体系模板，提高模板周转率，减少模板一次投入量。

(4) 模板制作，应保证规格尺寸准确，满足施工图纸的尺寸要求，棱、角平直光洁，面层平整，拼缝严密。

(5) 模板的配置必须具有良好的可拆性，以便于混凝土工程之后的模板拆除工作顺利进行。

2. 模板的分类

模板的种类很多，可按材料、结构构件类型和施工方法进行分类。

1) 按材料分类

模板按所用的材料不同，分为木模板、钢木(竹)组合模板、胶合板模板、组合钢模板、塑料模板、玻璃钢模板、铝合金模板等。

(1) 木模板。木模板的树种可按各地区实际情况选用，一般多为松木和杉木。由于木模板木材消耗量大、重复使用率低，为节约木材，在现浇钢筋混凝土结构中应尽量少用或不用木模板。

(2) 钢木(竹)模板。钢木(竹)模板是以角钢为边框，以木板或竹编胶合板作面板的定型模板，如图 5-1 所示，其优点是刚度较大、不易变形、重量轻、操作方便，可以充分利用短木料或竹材，并能多次周转使用。

(3) 胶合板模板。胶合板模板是以表面覆膜的胶合板为面板的定型模板(见图 5-2)，这种模板克服了木材的不等方向性的缺点，受力性能好，具有强度高、自重小、不翘曲、不开裂及板幅大、接缝少的优点。

(4) 组合钢模板。组合钢模板一般均做成定型模板，用连接构件拼装成各种形状和尺寸(见图 5-3)，适用于多种结构形式，在现浇钢筋混凝土结构施工中被广泛应用。钢模板一次投资量大，但周转率高，在使用过程中应注意保管和维护、防止生锈以延长钢模板的使用寿命。

图 5-1 钢木组合模板

图 5-2 覆膜胶合板

图 5-3 定型圆柱钢模板

(5) 塑料模板。塑料模板是用含纤维的高强塑料为原料，在熔融状态下，通过注塑工艺一次注射成型的模板，它是一种节能型绿色环保产品，具有常规建筑模板的使用共性和优于常规模板的更多性能，是建筑业今后发展的方向之一，塑料模板是以塑代木、以塑代钢、以塑代竹的理想建筑模板产品(见图 5-4)。

主要优点有：① 表面平整光滑、强度高、省工、省料，可达到清水混凝土模板的要求，脱膜后无需清洁模板表面，从而节省大量人工；② 耐水性好、韧性强，长期浸水不分层；③ 可塑性强，能根据设计和构件尺寸要求，加工制作不同形状和不同规格的模板，有弧度构件模板制作更为简

图 5-4 塑料模板

单，塑料模板可钻钉、锯、刨等，具有与木模板一样的可加工性，现场拼接简单方便；④ 使用到一定程度可以全面回收，不论大小新旧，经处理后，可再加工生产出新的模板。

(6) 玻璃钢模板。玻璃钢模板是利用高强树脂作为胶凝材料，无碱玻璃纤维布、碳纤维织物作为增强材料制作的新型环保产品(见图5-5)，具有重量轻、成本低、韧性好、耐冲击、强度高、表面硬度高、周转次数高的优点，组装使用时不占用施工机械，由2～3人即可组装操作。

图5-5　玻璃钢圆柱模板

使用该模板浇筑的混凝土圆柱成型效果好，完全达到清水柱的要求，在柱子垂直方向只有一条竖向痕迹，无横向痕迹，且不需要复杂的外部支撑体系，只需要在接口处用角钢和螺栓加以固定，之后用钢丝缆风绳的一端拉住柱筋的上端，而另一端固定在浇筑之后的混凝土楼板上就可以了，不用另外设置柱箍或是搭设支撑架。

(7) 铝合金模板。铝合金模板是新一代的建筑模板，在世界发达国家越来越多的地方可以见到它们的应用，见图5-6，具有重量轻、拆装灵活、刚度高、使用寿命长、板面大、拼缝少、精度高、浇筑的混凝土平整光洁、施工对机械依赖程度低、能降低人工和材料成本、应用范围广、维护费用低、施工效率高、回收价值高等特点。

铝合金模板适合墙体、水平楼板、楼梯(见图5-7)、柱、梁、爬模、桥梁等模板的使用，可以拼成小型、中型或大型模板，可采用全人工拼装，也可成片后用机械吊装。模板之间的距离采用拉筋调节，模板边框上的孔均按一定的间距分布，连接主要采用圆柱体插销和楔型插片，模板背后支撑可采用斜支撑，也可采用ϕ48 mm 钢管或方管作为背撑，方便实用，施工时通常只需要一把扳手或小铁锤，方便快捷，安装前只需对施工人员进行简单的培训即可。

图5-6　铝合金模板

图5-7　铝合金模板组装的楼梯模板

铝合金模板较传统建材模板的优势有：① 强度高、重量轻：每平方米的重量仅为21～24 kg，在现有金属模板中最轻，承载能力高，可达每平方米30 kN(试验荷载每平方米60 kN 不破坏)；② 环保、回收价值高：铝合金模板是新型的绿色环保建材，即使在使用100次以上，其铝材也可回收循环利用，不会对环境造成污染；③ 施工质量精度高：使用铝合金模板成型的混凝土墙面平整光洁，板面幅面大，拼缝少，基本达到饰面及清水混凝土要求，可在保证工程质量的同时降低建筑表面装饰的成本；④ 使用寿命长，成本低，周转次数高：正常使用规范施工下可达 100 次以上，单位价格和传统模板接近；⑤ 应用范围广：适合各类模板的使用；⑥ 施工效率高：可达到 4～6 天一层的循环且能节省大量人工的使用，比一般模板施工快 2～3 倍。

2) 按结构构件类型分类

各种现浇钢筋混凝土结构构件，由于其形状、尺寸、构造不同，模板的构造及组装方法也不同，形成了各自的特点。模板按结构构件的类型可分为：基础模板、柱模板、梁模板、楼板模板、楼梯模板、墙模板、壳模板、烟囱模板等多种。

3) 按施工方法分类

模板按施工方法可分为现场装拆式模板、固定式模板、移动式模板、工具式模板、永久性模板、早拆模板体系等。

(1) 现场装拆式模板。现场装拆式模板是指在施工现场按照设计要求的结构形状、尺寸及空间位置现场组装的模板，当混凝土达到拆模强度后方可拆除。现场装拆式模板多采用定形模板和工具式支撑。

(2) 固定式模板。固定式模板是指按照构件的形状、尺寸在现场或预制厂制作预制构件的模板，各种胎模如土胎模、砖胎模、混凝土胎模等均属于固定式模板。

(3) 移动式模板。移动式模板是指随着混凝土的浇筑，可沿垂直方向或水平方向移动的模板，如烟囱、水塔、墙柱混凝土浇筑时采用的滑升模板、爬升模板等。

(4) 工具式模板。工具式模板是指活动式的大尺寸模板，施工时可作为拼装的工具，进行机械化浇筑混凝土墙体或楼板。这种模板多用于建造高层建筑。随着建筑工业化的推广，混凝土浇筑技术和吊装机械的改进，模板式建筑得到发展。在发达国家，工具式模板的设计和制作已成为独立的行业，可设计生产模板体系的部件和配件、辅助材料和专用工具，例如，生产浇筑外墙饰面用的模板里衬、辅助铁件、支撑和脱模剂等。

工具式模板具有使用灵活，适应性强的特点。模板是由工厂生产的，表面平整，尺寸精确。利用模板体系可设计成各种形式，满足多种工程的需要。制造工具式模板所用的材料除钢板外，还有木制品、钢丝网水泥板等。应用工具模板，可以省去大量内外饰面的湿作业量，加快施工进度，但现场浇筑混凝土的工作量大，施工组织复杂。

常用的工具式模板有用于浇筑剪力墙的大模板、浇筑楼板的台模、浇筑密肋楼板的模壳以及浇筑涵洞的隧道模等。

(5) 永久性模板。永久性模板又称一次性消耗模板，在现浇混凝土结构浇筑后模板不再拆除，其中有的模板与现浇结构叠合后组合成共同受力构件。该模板多用于现浇钢筋混凝土楼板工程，也可用于竖向现浇结构。

永久性模板的最大特点是简化了现浇钢筋混凝土结构的模板支拆工艺，使得模板的支拆工作量大大减少，从而改善了劳动条件，节约了模板支拆用工，加快了施工进度。目前我国用于现浇钢筋混凝土楼板工程的永久性模板有压型钢板模板和混凝土薄板模板。

压型钢板模板是采用镀锌或经防腐处理的薄钢板(不包括镀锌和饰面层一般为0.75～1.6 mm 厚)，其经冷轧成具有梯波型截面的槽型钢板，多用于钢结构工程，见图 5-8、图 5-9、图 5-10。

图 5-8　压型钢板模板施工图

图 5-9　楔形肋压型钢板

图 5-10　带压痕压型钢板

　　压型钢板用作永久性模板，主要按其结构功能分为组合式和非组合式两种。组合式压型钢板既可起到模板的作用，又可作为现浇楼板底面的受拉钢筋，它不但在施工阶段承受施工荷载和现浇层自重，而且在使用阶段还承受使用荷载；非组合式只作为模板功能，只承受施工荷载和现浇层自重，不承受使用阶段荷载。

　　混凝土薄板模板既是现浇楼板的永久性模板，又是与楼板现浇混凝土叠合、形成组合板、构成楼板的受力结构，见图 5-11，适用于不设置吊顶棚和一般装饰标准的工程，它可以大量减少顶棚的抹灰作业，但不适用于承受动力荷载的结构工程。

图 5-11　混凝土薄板模板示意图

当混凝土薄板模板用于结构表面温度高于60℃，或工作环境有酸碱等侵蚀性介质时，应采取有效措施防护。混凝土薄板模板可分为预应力混凝土薄板模板、双钢筋混凝土薄板模板和冷轧扭钢筋混凝土薄板模板。

预应力混凝土薄板模板的预应力主筋即为叠合成现浇楼板的主筋，具有与现浇预应力混凝土楼板同样的功能。

双钢筋混凝土薄板模板是以冷拔低碳钢丝焊接成梯格钢筋骨架作配筋的薄板模板，由于双钢筋在混凝土中有较大的锚着力，故能有效地提高楼板的强度、刚度和抗裂性能。

冷轧扭钢筋混凝土薄板模板采用$\phi6\sim\phi10$的热轧圆钢，用经冷拉、冷轧、冷扭成具有扁平螺旋状(麻花形状)的钢筋为配筋，它与混凝土之间的握裹力有明显的提高，从而改善了构件弹塑性阶段的性能，提高了构件的强度和刚度。

(6) 早拆模板体系。早拆模板体系是利用混凝土楼板的支承跨度小于2 m时，混凝土达设计强度的50%即可拆模的原理，在钢支撑顶端插入早拆模板的升降柱头，其顶托板始终顶住混凝土楼板，托梁与模板块搁置在插板上方的短挑梁上。混凝土达到拆模强度后，敲击插板，插板下滑，托梁与模板块下降，但顶托板仍支撑楼板，见图5-12。

利用早拆模板的原理，在一般梁板支模中，可采用可调钢支柱设置于模板块中。拆模时，将模板块及一般支撑拆除，但保留钢支柱，以达到模板早拆目的，如图5-13所示。

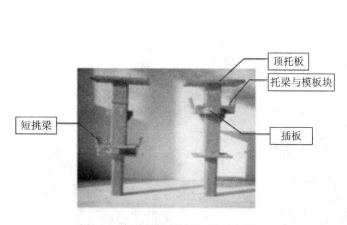

图5-12 早拆模板体系构造示意图　　　　图5-13 早拆模板施工图

3. 液压滑升模板

液压滑升模板施工是在建筑物或构筑物的底部，一次组装模板完成，上面设置有施工作业人员的操作平台，并从下而上采用液压或其他提升装置沿现浇混凝土表面边浇筑混凝土边进行同步滑动提升和连续作业，直到现浇结构的作业部分或全部完成。

其特点是：大量节约模板和脚手架，节省劳动力，减轻劳动强度，降低施工费用；加快了施工速度，缩短了工期，提高了机械化程度；能保证结构的整体性，提高工程质量，施工安全可靠；工程耗钢量大，装置一次性投资费用较多。

液压滑升模板主要用于现浇钢筋混凝土竖向、高耸的建筑物(构筑物)，如烟囱、筒仓、高桥墩、电视塔、竖井等。

液压滑升模板由模板系统、平台系统和滑升系统组成，见图5-14。模板系统包括模板、围圈和提升架，用于成型混凝土；平台系统包括操作平台、辅助平台、内外吊脚手架，是施工操作场所；滑升系统包括支承杆、液压千斤顶、高压油管和液压控制台，是滑升动力装置。

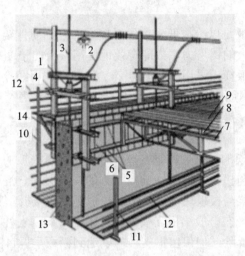

1—千斤顶；2—高压油管；3—支撑杆；4—提升架；5—上下围圈；6—模板；7—桁架；
8—搁栅；9—铺板；10—外吊架；11—内吊架；12—栏杆；13—墙体；14—挑三脚架

图5-14 滑升模板系统图

液压滑升模板一般高 1.5～1.8 m，通过围圈与提升架相连，固定在提升架上的千斤顶通过支承杆(钢筋或钢管)承受全部荷载并提供滑升动力。施工时，依次在模板内分层(300～450 mm)绑扎钢筋、浇筑混凝土，并滑升模板。滑升模板时，整个滑模装置沿不断接长的支承杆向上滑升，直至设计标高。如图5-15、图5-16所示。

图5-15 滑升模板滑升系统施工图

图5-16 滑升模板施工图

4. 爬升模板

爬升模板以建筑物的钢筋混凝土墙体为支承主体，依靠自升式爬升支架使大模板完成提升、下降、就位、校正和固定等工作，是一种适用于现浇钢筋混凝土竖向、高耸建(构)筑物施工的模板工艺，其工艺优于液压滑模。

爬升模板按爬升方式可分为"有架爬模"(模板爬架子、架子爬模板)和"无架爬模"(模板爬模板)；按爬升设备可分为电动爬模和液压爬模。

液压自爬升模板自带液压顶升系统，液压系统可使模板架体与导轨间形成互爬，从而使液压自爬模稳步向上爬升。液压自爬升模板在施工过程中无需其他起重设备，操作方便，爬升速度快，安全系数高，既可直爬，也可斜爬，是高耸建筑物施工时的首选模板体系。液压自爬升模板具有以下特点：① 既可整体爬升，也可单榀爬升，爬升稳定性好；② 操作方便，安全性高，可节省大量工时和材料；③ 通常爬模架一次组装后，一直到顶不落地，可节省施工场地，且减少模板碰伤损毁；④ 液压爬升过程平稳、同步、安全；⑤ 提供全方位的操作平台，不必为重新搭设操作平台而浪费材料和劳动力；⑥ 结构施工误差小，纠偏简单，施工误差可逐层消除；⑦ 爬升速度快，可以提高工程施工速度(平均3～5天一层)；⑧ 模板自爬，原地清理，大大降低塔吊的吊次。

液压自爬升模板主要分为三部分：模板系统、爬升系统和工作平台系统，见图5-17。

模板系统由大模板和模板支架系统组成，主要用于混凝土的浇筑。

爬升系统由埋件系统、导轨、液压系统、后移系统等组成。预埋件包括埋件板、高强螺杆、爬锥、受力螺栓和预埋件支座等，是爬升模板的锚固装置；导轨可由钢构件组焊而成，是爬升模板的爬升装置；液压系统主要包括千斤顶、油泵、操作控制箱，是爬升模板的爬升动力装置；后移系统主要由后移支架、后移轨道组成，是爬升模板的转移装置。

工作平台系统为施工人员提供安全操作平台，也是小型施工机具的摆放场所。可设置多层，有的用于外模的安装、调整和安装后移装置；有的作为液压爬模系统操作平台，用于安放液压设备；有的为施工修饰及拆除爬锥和挂座的施工平台，如图5-18所示。

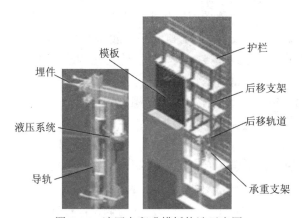

图5-17 液压自爬升模板构造示意图

图5-18 液压自爬升模板施工图

5. 大模板

通常用的大模板是根据某一类大量建造的建筑物的通用设计参数制造的，有一定的专用性，适用于剪力墙的模板。

1) 大模板的构造组成

大模板由面板、加劲肋、竖楞、支撑桁架、稳定机构和操作平台、穿墙螺栓等组成(见图5-19)。

(1) 面板。面板是直接与混凝土接触的部分，通常采用钢面板(3～5 mm厚的钢板制成)或胶合板面板(用7～9层胶合板)。面板要求板面平整、接缝严密、具有足够的刚度。

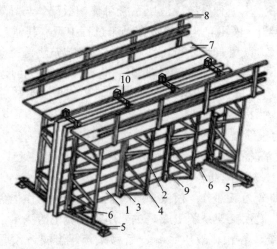

1—面板；2—横肋；3—竖肋；4—支撑桁架；5—调整水平用螺旋千斤顶；
6—调整垂直用螺旋千斤顶；7—操作平台；8—防护栏杆；9—穿墙螺栓；10—固定卡具

图 5-19　大模板构造示意图

(2) 加劲肋。加劲肋的作用是固定面板，可做成水平肋或垂直肋，主要作用是把混凝土传给面板的侧压力传递到竖楞上。加劲肋与金属面板采用焊接固定，与胶合板面板可用螺栓固定。加劲肋一般采用 [65 或 ∠65 制作，肋的间距根据面板的大小、厚度及墙体厚度确定，一般为 300～500 mm。

(3) 竖楞。竖楞可用来加强大模板的整体刚度，承受模板传来的混凝土侧压力和垂直力，并可作为穿墙螺栓的支点。竖楞一般采用 [65 或 [80 制作，间距一般为 1.0～1.2 m。

(4) 支撑桁架与稳定机构。支撑桁架采用螺栓或焊接方式与竖楞连接在一起，其作用是承受风荷载等水平力，防止大模板倾覆。桁架上部可搭设操作平台。

稳定机构为在大模板两端的桁架底部伸出支腿上设置的可调整螺旋千斤顶，在模板使用阶段，用来调整模板的垂直度，并把作用力传递到地面或楼板上；在模板堆放时，用来调整模板的倾斜度，以保证模板的稳定。

(5) 操作平台。操作平台是施工人员的操作场所，有两种做法：一是将脚手板直接铺在支撑桁架的水平弦杆上形成操作平台，外侧设栏杆，这种操作平台工作面较小，但投资少、装拆方便；二是在两道横墙之间的大模板的边框上用角钢连接成为搁栅，在其上满铺脚手板，这种操作平台的优点是施工安全，但耗钢量大。

(6) 穿墙螺栓。穿墙螺栓可用来控制模板间距，承受新浇混凝土的侧压力，并能加强模板刚度。为了避免穿墙螺栓与混凝土粘结，在穿墙螺栓外边套一根硬塑料管或穿孔的混凝土垫块，其长度为墙体厚度。

穿墙螺栓一般设置在大模板的上、中、下三个部位，上穿墙螺栓距模板顶部 250 mm 右右，下穿墙螺栓距模板底部 200 mm 左右。

2) 大模板的平面组合方案

采用大模板浇筑混凝土墙体，模板尺寸不仅要和房间的开间、进深、层高相适应，而且模板规格要少，尽可能做到定型、统一。在施工中模板要便于组装和拆卸，保证墙面平整，减少修补工作量。

大模板的平面组合方案有平模、小角模、大角模和筒形模方案等。

(1) 平模方案。采用平模方案时，纵、横墙混凝土一般要分开浇筑，模板接缝均在纵、横墙交接的阴角处，见图 5-20。采用平模方案，其墙面平整，模板加工量少，通用性强，周转次数多，装拆方便。但由于纵、横墙分开浇筑，会导致施工缝多，施工组织较麻烦。

图 5-20　全钢平模

平模的尺寸应与房间每面墙大小相适应，一个墙面采用一块模板，施工时，在一个流水段范围内先支横墙模板，待拆模后再支纵墙模板。

(2) 小角模方案。小角模方案是在相邻的平模转角处设置角钢，使每个房间墙体的内模形成封闭的支撑体系。一个房间的模板由四块平模和四根角钢组成，角钢称为小角模，见图 5-21。

采用小角模方案时，纵、横墙混凝土可以同时浇筑，这样房屋整体性好、墙面平整、模板装拆方便，但浇筑的混凝土墙面接缝多，墙面修理工作量大，加工精度要求高，模板安装较困难，阴角也不够平整。

图 5-21　全钢小角模

(3) 大角模方案。大角模方案是在房屋四角设四个大角模，使之形成封闭体系，如果房屋进深较大，四角采用大角模后，较长的墙体中间可配以小平模。大角模是由两块平模组成的 L 形大模板，在组成大角模的两块平模连接部分装置大合页，使一侧平模以另一侧平模为支点，以合页为轴可以转动，如图 5-22 所示。

图 5-22　全钢大角模

采用大角模方案时，纵、横墙混凝土可以同时浇筑，这样房屋整体性好，大角模拆装方便，且可保证自身稳定。采用大角模墙体阴角方整，施工质量好，但模板接缝在墙体中部，会影响墙体平整度。

(4) 筒形模方案。筒形模是将房间内各墙面的独立的大模板通过挂轴悬挂在钢架上，墙角用小角钢拼接起来形成一个整体，见图 5-23。它的优点是模板可以整体吊装和拆除，能减少吊装次数，模板的稳定性能好，不易倾覆，但筒形模自重大，堆放时占地面积大，不如平模灵活。

图 5-23　全钢三铰链筒模

6. 台模

台模又称飞模，是专门用于现浇钢筋混凝土楼板的一种大型工具式模板，一般是一个房间一个台模，由平台板、梁、支架、支撑和调节支腿等组成(见图 5-24)，可以整体脱模和转运，借助吊车从浇筑完成的楼板下飞出转移至上层重复使用。台模可适用于高层建筑大开间、大进深的现浇混凝土楼盖施工，也可适用于冷库、仓库等建筑的无柱帽的现浇无梁楼盖施工。

台模可以整装，也可以根据需要进行散支，具有结构简单、拆装方便、布置灵活、可重复使用的特点，还可以凭借专用的台模托架对整装台模进行整体吊装，这样施工速度明显加快，大大节省了人力的投入。

台模的长度和宽度可以根据开间尺寸调整，其下有可以上下调节的腿状支架。施工时先用大模板浇筑墙体，待墙体达到一定强度时，拆去墙模板，吊放台模支立于下层楼板上，上置钢筋网，然后浇筑楼板，如此逐层施工，其施工图如图 5-25 所示。

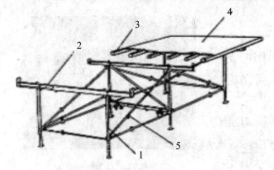

1—支柱；2—横梁；3—檩条；4—模板；5—斜撑
图 5-24　台模构造示意图

图 5-25　台模施工图

7. 模壳

模壳是用于钢筋混凝土现浇密肋楼板的一种工具式模板，目前我国的模壳，主要有塑料模壳(见图 5-26)、玻璃钢模壳、一次性水泥模壳等。其中塑料模壳和玻璃钢模壳是按密肋楼板的规格尺寸加工成型，具有一次成型、多次周转的使用特点。

塑料模壳以改性聚丙烯塑料为基材，采用模压注塑成型工艺制成，由于受注塑机容量的限制，一般按壳体尺寸加工成四个单片，用螺栓连接，四周用角钢固定。塑料模壳具有整体性能好、不易破坏、强度好、尺寸稳定、表面硬度高、耐摩擦、易清洗等优点。其特点有：① 塑料模壳耐热耐寒，抗老化，光洁度高；② 温度适用范围大，可以在 15℃～50℃气温条件下施工；③ 施工方便，支撑操作简单，有利于组织施工；④ 浇筑混凝土后 8～10 天后即可拆除模壳，且脱膜容易；⑤ 适合异地长途运输，更适合多层建筑周转重复使用；⑥ 脱膜后，外形美观新颖，具有艺术欣赏价值，可省去吊顶，后处理简便。

玻璃钢模壳是以中碱方格玻璃丝布作增强材料，不饱和聚酯树脂作粘结材料，手糊成型。采用薄壁加肋构造形式，制成按设计要求尺寸的整体大型模壳，其刚度、强度和韧性均比塑料模壳好，周转次数较多。

一次性水泥模壳采用普通水泥及菱镁制作而成，具有很多优点：① 耐高温，为 A 类耐火材料；② 耐久性好，远优于普通硅酸盐水泥；③ 环保产品，能吸收空气中的二氧化碳，净化空气；④ 强度高、塑性好，相当于普通硅酸盐水泥的 3 到 5 倍；⑤ 防水性能好；⑥ 重量轻、造价低廉；⑦ 模壳与混凝土有较强的结合能力，塑性较好，可以随着混凝土的温度而变形，具有隔音保温的效果。水泥模壳因其优越的性价比，被广泛应用于大跨度、大荷载和大空间的多层和高层建筑，如商场、办公楼、图书馆、展览馆、车站等大中型公共建筑，也适用于多层工业厂房、仓库、地下车库及人防工程等。如图 5-27、图 5-28、图 5-29 所示。

图 5-26　塑料模壳

图 5-27　密肋楼板模壳施工图

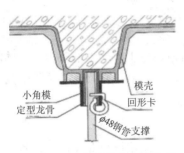

图 5-28　周转模壳支撑体系

图 5-29　拆模后密肋楼板

8. 隧道模

隧道模(见图 5-30)是一种可以同时浇筑墙体和楼板的混凝土，因为这种模板的外形像隧道，故称之为隧道模。隧道模有整间对分式隧道模和分段隧道模等。

施工时，一般在下层楼板上设临时轨道，整个模板可以像抽屉一样使用，拆模后用吊装机械从轨道上抽出模板，再运到下一个作业段组装使用。

办公楼住宅等开间相同的建筑适合于用台模和隧道模施工，其结构整体性强，适于建造高层楼房，可达 30 层。

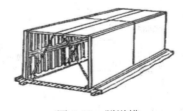

图 5-30　隧道模

5.1.2　组合钢模板

组合钢模板是一种工具式定型模板，由模板和配件组成，配件包括连接件和支承件。模板通过各种连接件和支承件可组合成多种尺寸、结构和几何形状的模板，可适应各种类型建筑物的柱、梁、墙、板、基础和楼梯等施工的需要，也可用其拼装成大模板、滑模、隧道模和台模等。施工时可在现场直接组装，亦可预拼装成大块模板或构件模板用起重机吊运安装。

定型组合钢模板组装灵活，通用性强，拆装方便，每套钢模可重复使用 50～100 次。其加工精度高，浇筑混凝土的质量好，成型后的混凝土尺寸准确，棱角整齐，表面光滑，可以节省装修用工。

1．模板

模板包括平面模板、阴角模板、阳角模板和连接角模，见图 5-31。

模板采用模数制设计，宽度模数以 50 mm 进级(共有
100 mm、150 mm、200 mm、250 mm、300 mm、350 mm、
400 mm、450 mm、500 mm、550 mm、600 mm 十一种规
格)，长度以 150 mm 进级(共有 450 mm、600 mm、750 mm、
900 mm、1200 mm、1500 mm、1800 mm 七种规格)，可
以适应横竖拼装成以 50 mm 进级的任何尺寸的模板。

图 5-31　定型组合钢模板

平面模板用于基础、墙体、梁、板、柱等各种结构的
平面部位，它由面板和肋组成，肋上设有 U 形卡孔和插
销孔，可利用 U 形卡和 L 形插销等拼装成大块板；阳角模板主要用于混凝土构件的阳角部位；阴角模板用于混凝土构件的阴角部位，如内墙角、水池内角及梁板交接处阴角等；角模可用于平模板作垂直连接构成阳角。

2．连接件

定型组合钢模板的连接件包括 U 形卡、L 形插销、钩头螺栓、对拉螺栓、紧固螺栓和扣件等，见图 5-32。

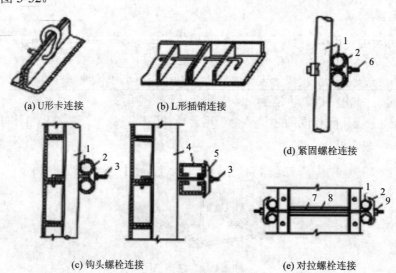

(a) U形卡连接　　　　(b) L形插销连接　　　　(d) 紧固螺栓连接

(c) 钩头螺栓连接　　　　(e) 对拉螺栓连接

1—圆钢管钢楞；2—"3"形扣件；3—钩头螺丝栓；4—内卷边槽钢钢楞；
5—蝶形扣件；6—紧固螺栓；7—对拉螺栓；8—塑料套管；9—螺母

图 5-32　钢模板连接件

U 形卡(见图 5-33)是模板的主要连接件,用于相邻模板的拼装,其安装间距不大于 300 mm,即每隔一孔卡插一个,安装方向一顺一倒相互错开,以抵消因打紧 U 形卡可能产生的位移;L 形插销用于插入两块模板纵向连接处的插销孔内,以增强模板纵向接头处的刚度和保证接头处板面平整;钩头螺栓(见图 5-34)是连接模板与支撑系统的连接件,其安装间距一般不大于 600 mm,长度应与采用的钢楞尺寸相适应;紧固螺栓用于内、外钢楞;对拉螺栓(见图 5-35)又称穿墙螺栓,用于连接墙壁两侧模板,保持墙壁厚度,承受混凝土侧压力及水平荷载,使模板不致变形。对拉螺栓宜采用工具式对拉螺栓,常用规格为:M12、M14、M16、T12、T14、T16、T18、T20;扣件用于钢楞之间或钢楞与模板之间的扣紧,按钢楞的不同形状,分别采用蝶形扣件和"3"形扣件。

图 5-33　U 形卡　　　　　图 5-34　钩头螺栓　　　　　图 5-35　对拉螺栓

3. 支承件

组合钢模板支承件的作用是将已拼成的模板组件固定并支承在它的设计位置上,承受模板传来的一切荷载。组合钢模板的支承件包括柱箍、钢楞、支架、斜撑及钢桁架等。

1) 钢楞

钢楞即模板的横档和竖档,分内钢楞与外钢楞,主要用于支承钢模板并提高其整体刚度。内钢楞配置方向一般应与钢模板垂直,直接承受钢模板传来的荷载,其间距一般为 700～900 mm。钢楞一般用圆钢管、矩形钢管、轻型槽钢、内卷边槽钢或轧制槽钢,其中以 Q235 圆钢管(规格:$\phi 48 \times 3.5$)用得较多。

2) 柱箍

用于直接支承和夹紧各类柱模的支承件,有角钢、型钢、槽钢、钢管等多种形式,角钢柱箍由两根互相焊成直角的角钢组成,用弯角螺栓及螺母拉紧,如图 5-36、图 5-37 所示。

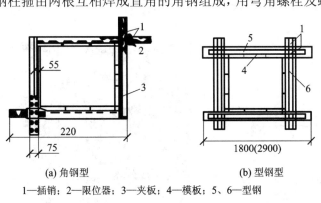 

1—插销;2—限位器;3—夹板;4—模板;5、6—型钢

图 5-36　柱箍构造图　　　　　　　　　　图 5-37　槽钢柱箍

3) 钢支架

钢支架是梁、板底模的支撑架。常用的钢支架有钢管支架(见图 5-38、图 5-39)、钢管脚手架(见图 5-40)、门型脚手架(见图 5-41)等。

图 5-38　可调钢管支架

图 5-39　楼板底模采用钢管支架

图 5-40　满堂红钢管脚手架做楼板模板支架

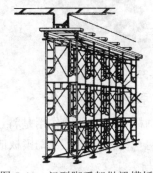

图 5-41　门型脚手架做梁模板支架

钢管支架由内外两节钢管制成，其高低调节距模数为 100 mm。支架底部除垫板外，均用木楔调整标高，以利于拆卸。另一种钢管支架本身装有调节螺杆，能调节一个孔距的高度，使用方便，但成本略高。

当荷载较大、单根支架承载力不足时，可用组合钢管井架，或搭设满堂红钢管脚手架及门型脚手架。

4) 斜撑

由组合钢模板拼成整片墙模或柱模，在吊装就位后，应由斜撑调整和固定其垂直位置，如图 5-42、图 5-43 所示。

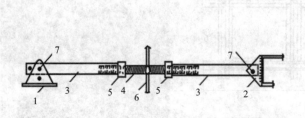

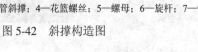

1—底座；2—顶撑；3—钢管斜撑；4—花篮螺丝；5—螺母；6—旋杆；7—销钉

图 5-42　斜撑构造图

图 5-43　剪力墙钢管斜撑施工图

5) 钢桁架

其两端可支承在钢筋托具、墙、梁侧模板的横档以及柱顶梁底横档上，以支承梁或板的模板，见图 5-44。

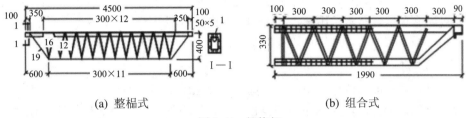

(a) 整榀式　　　　　　　　　　　(b) 组合式

图 5-44　钢桁架

6) 梁卡具

又称梁托架，用于固定矩形梁、圈梁等模板的侧模板，可节约斜撑等材料，也可用于侧模板上口的卡固定位，见图 5-45。

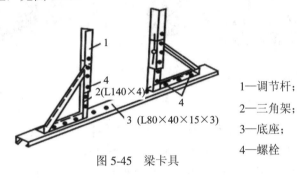

1—调节杆；

2—三角架；

3—底座；

4—螺栓

图 5-45　梁卡具

5.1.3　现浇钢筋混凝土结构中常用的模板

1. 基础模板

基础的特点是高度不大而体积较大，基础模板一般利用地基或基槽(坑)进行支撑，如土质较好，可不用模板而采用原槽浇筑。安装时，要保证上下模板不发生相对位移，如为杯形基础，则还要在其中放入杯口模板。

1) 柱下独立基础模板

柱下独立基础模板一般做成阶梯型，见图 5-46。阶梯基础模板的每一台阶模板由四块侧板拼钉而成，其中两块侧板的尺寸与相应的台阶侧面尺寸相等，另两块侧板长度应比相应的台阶侧面长度大 150～200 mm，高度与其相等，四块侧板拼成方框。上台阶模板通过轿杠木，支撑在下台阶上，下层台阶模板的四周要设斜撑及平撑。斜撑和平撑一端钉在侧板的木档(排骨档)上，另一端顶紧在木桩上。上台阶模板的四周也要用斜撑和平撑支撑，斜撑和平撑的一端钉在上台阶侧板的木档上，另一端可钉在下台阶侧板的木档顶上。

图 5-46　独立基础模板施工示意图

2) 杯形基础模板

杯形基础模板的构造与阶梯形基础相似，只是在杯口位置要装设杯芯模，见图 5-47。杯芯模两侧钉上轿杠，以便于搁置在上台阶模板上。如果下台阶顶面带有坡度，应在上台阶模板的两侧钉上轿杠，轿杠端头下方加钉托木，以便于搁置在下台阶模板上。近旁有基坑壁时，可贴基坑壁设垫木，用斜撑和平撑支撑侧板木档。

杯芯模一般不装底板，这样浇筑杯口底处混凝土比较方便，也易于振捣密实。

3) 条形基础模板

条形基础模板一般由侧板、斜撑和平撑组成，见图 5-48。

带有地梁的条形基础，轿杠布置在侧板上口，用斜撑、吊木将侧板吊在轿杠上，吊木间距为 800～1200 mm。

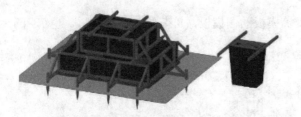

图 5-47　杯形基础模板施工示意图

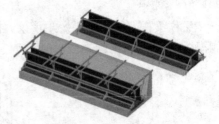

图 5-48　条形基础模板构造示意图

2. 柱模板

柱子的特点是断面尺寸不大而高度较大，因此柱模板的关键是要解决垂直度、施工时的侧向稳定和混凝土浇筑时的侧压力问题，同时方便混凝土浇筑、垃圾清理和钢筋绑扎等。柱模板由四块侧模板组成，可做成内拼板夹在两块外拼板之内，亦可用短横板代替外拼板钉在内拼板上，见图 5-49。

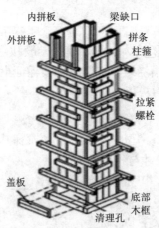

图 5-49　柱模板构造示意图

为保证模板在混凝土侧压力作用下不变形，拼板外面应设木制、钢木制或钢制的柱箍，柱箍的间距与混凝土侧压力大小及模板厚度有关，侧压力越向下越大，因此越靠近模板底端，柱箍就越多。如果柱截面尺寸较大，可在柱模内设置对拉螺栓。

如柱子断面较大，一般在柱子四周的拼条后面还应加有背方。模板上端应根据实际情况开有与梁模板连接的缺口,底部开有清理模板内的清理孔,沿高度每隔约 2 m 开有灌筑口(亦是振捣口)。当柱高大于等于 4 m 时,柱模应四面支撑,柱高大于等于 6 m 时,不宜单根柱支撑,最好几根柱同时支撑组成构架,如图 5-50 所示。

图 5-50 框架柱模板施工图

3．梁模板

梁的特点是跨度较大、宽度小而高度大。施工时,要求梁模板及支撑系统稳定性好,有足够的强度和刚度,不产生超过规范允许的变形。梁模板主要由底模、侧模、夹木及支架系统组成,见图 5-51。

梁底模下用顶撑支设,顶撑间距视梁的断面大小而定,一般 0.8～1.2 m,顶撑之间应设水平拉杆和剪刀撑,使之互相拉撑成为一整体,当梁底距地面(或楼面)高度大于 6 m 时,应搭设排架或满堂红脚手架支撑;为确保顶撑支设的坚实,应在夯实的地面上设置垫板和楔块。

梁侧模下方应设置夹木,将梁侧模与底模板夹紧,并钉牢在顶撑上。梁侧模上口应设置托木,托木的固定可上拉(上口对拉)或下撑(撑于顶撑上),当梁高度大于或等于 700 mm 时,应在梁中部另加斜撑或对拉螺栓固定。

当梁的跨度大于或等于 4 m 时,梁底模跨中要起拱,起拱高度为梁跨度的 1‰～3‰。

梁、柱模板交接处见图 5-52。

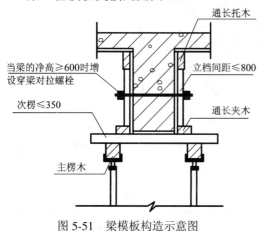

图 5-51 梁模板构造示意图

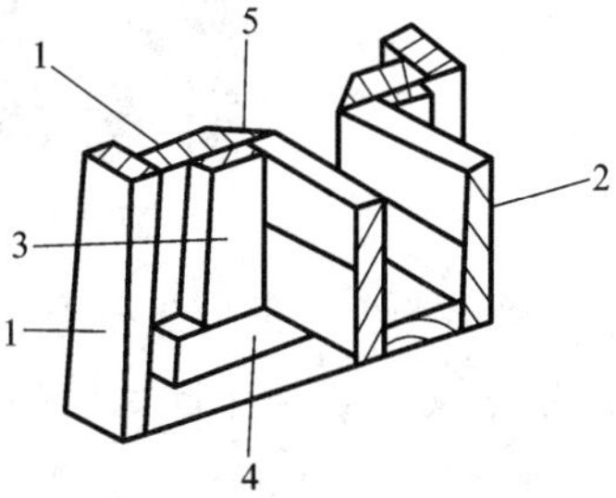

1—柱侧模;2—梁侧模;3、4—衬口档;5—斜口小木条;

图 5-52 梁、柱模板的连接

4. 楼板模板

楼板的特点是面积大而厚度一般不大，因此横向侧压力很小。楼板模板由底模及其支架系统组成，见图 5-53，主要用于抵抗混凝土的垂直荷载和其他施工荷载，保证楼板不变形下垂。

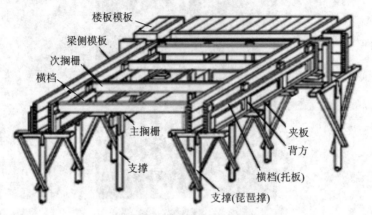

图 5-53　肋形楼盖模板构造示意图

楼板底模支承在楞木(搁栅)上，楞木间距不宜大于 600 mm，楞木支承在梁侧模板外的横档(托板)上，托板下安短撑，撑在固定夹板上。如跨度大于 2 m 时，楞木中间应增加一至几排支撑排架作为支架系统。

当楼板跨度大于或等于 4 m 时，模板的跨中要起拱，起拱高度为楼板跨度的 1‰～3‰。

楼板模板的安装是在主次梁模板安装完毕后，首先安托板，然后安楞木，铺定型模板。模板铺设方向从四周或墙、梁连接处向中央，铺好后核对楼板标高、预留孔洞及预埋铁等的部位和尺寸，如图 5-54 所示。

图 5-54　楼板模板施工图

肋形楼盖模板一般应先支梁、墙模板，然后将桁架或搁栅按设计要求支设在梁侧模通长的横档(托板)上，调平固定后再铺设楼板模板。

5. 墙模板

墙体的特点是高度大而厚度小，模板主要承受混凝土的侧压力，因此必须加强墙体模板的刚度，设置足够的支撑，以确保模板不变形且不发生位移。混凝土墙体的模板主要由模板、立杠、横杠、对拉螺栓等组成，见图5-55。

墙模板安装时，根据边线先立一侧模板，临时用支撑撑住，用线锤校正模板的垂直度，然后钉牵杠，再用斜撑和平撑固定。待钢筋绑扎后，按同样方法安装另一侧模板及斜撑等。大块侧模组拼时，上下竖向拼缝要互相错开，先立两端，后立中间部分，如图5-56所示。

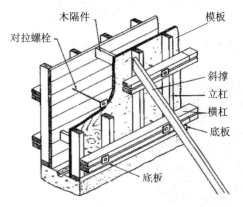

图 5-55 混凝土墙体的模板构造示意图

图 5-56 混凝土墙体的模板施工图

6. 楼梯模板

楼梯与楼板相似，但它还具有支设倾斜、有踏步的特点。踏步模板分为底板和梯步两部分，见图5-57，平台、平台梁的模板同前。

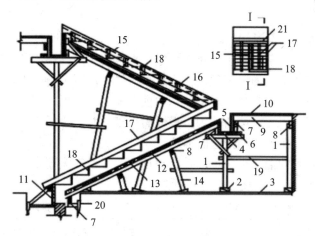

1—支柱(顶撑)；2—木楔；3—垫板；4—平台梁底板；5—侧板；6—夹木；
7—托木；8—杠木；9—楞木；10—平台底板；11—梯基侧板；12—斜楞木；
13—楼梯底板；14—斜向顶撑；15—外帮板；16—横档木；17—反三角板；
18—踏步侧板；19—拉杆；20—木桩

图 5-57 楼梯模板

安装时，先在楼梯间墙上画第一个楼梯段、楼梯踏步及平台板、平台梁的位置。然后在平台梁下竖起支柱，下垫木楔及垫板，在支柱上钉平台梁的底板，立侧板，钉夹板和托板。同时在贴墙处立支柱，支柱上钉牵杠、搁木楞、铺钉平台底板，最后在楼梯基础侧板上钉托板，将楼梯斜木楞钉固在此托板和平台梁侧板外的托板上，在斜木楞上面铺钉楼梯底板，并在下面立斜向支柱。

如楼梯较宽，应在支柱顶上设牵杠以增加牢固，支柱下也应加垫木楔和垫板，再沿楼梯边立外帮板，用外帮板上的横挡木将外帮板钉固在斜木楞上。如外帮板较高，可用斜撑，将其下端撑在牵杠上，上端撑在外帮板的横挡木上，再把反三角(反扶梯基)钉在外帮板的内侧面。沿楼梯踏步的侧板应钉设 2～3 道反三角，以防止在灌注混凝土时踏步侧板发生变形。靠墙应有一道反三角。

楼梯模板的梯步高度要一致，尤其要注意每层楼梯最上一步和最下一步的高度，防止由于粉面层厚度不同而形成梯步高度差异，见图 5-58。

图 5-58　楼梯踏步模板施工图

5.1.4　模板的拆除

混凝土成形并养护一段时间后，当强度达到一定要求时，即可拆除模板。

模板的拆除日期取决于混凝土硬化的快慢、模板的用途、结构的性质及环境温度。及时拆模可提高模板周转率、加快工程进度；过早拆模，混凝土会变形，甚至断裂，会造成重大质量事故。如设计无规定时，现浇结构的模板及支架的拆除应符合下列规定：侧模应在混凝土强度能保证其表面及棱角不因拆模板而受损坏时方可拆除；对于后张法预应力混凝土结构构件，侧模宜在预应力张拉前拆除。

底模及支架拆除时的混凝土强度应符合设计要求，设计无要求时，应在与结构同条件养护的混凝土试块达到表 5-1 规定时方可拆除。

表 5-1　底模及支架拆除时的混凝土强度要求

构件类型	构件跨度/m	达到设计的混凝土立方体抗压强度标准值的百分率(%)
板	≤2	≥50
	>2，≤8	≥75
	>8	≥100
梁、拱、壳	≤8	≥75
	>8	≥100
悬臂构件	—	≥100

普通模板的拆除应遵循"先支后拆、后支先拆"、"先非承重部位、后承重部位"以及

"自上而下"的原则；重大复杂模板的拆除，事前应制订拆除方案。

5.1.5 现浇钢筋混凝土结构模板的设计

定型模板、常用模板和工具式支撑系统在其适用范围内不需进行设计或验算，但重要结构、特殊形式的模板和超出适用范围的定型模板及支撑系统应进行设计或验算。

模板及其支架应根据工程结构形式、荷载大小、地基土类别、施工设备和材料等条件进行设计。

1. 模板设计原则与内容

1) 模板的设计应符合下列规定：

(1) 应具有足够的承载能力、刚度和稳定性，应能可靠地承受新浇混凝土的自重、侧压力和施工过程中所产生的荷载及风荷载。

(2) 构造应简单，装拆应方便，便于钢筋的绑扎、安装并符合混凝土的浇筑和养护等要求。

(3) 当验算模板及其支架在自重和风荷载作用下的抗倾覆稳定性时，应符合相应材质结构设计规范的规定。

2) 模板设计应包括下列内容：

(1) 根据混凝土的施工工艺和季节性施工措施，确定其构造和所承受的荷载。

(2) 绘制配板设计图、支撑设计布置图、细部构造和异型模板大样图。

(3) 按模板承受荷载的最不利组合对模板进行验算。

(4) 制定模板安装及拆除的程序和方法。

(5) 编制模板及配件的规格、数量汇总表和周转使用计划。

(6) 编制模板施工安全、防火技术措施及设计、施工说明书。

2. 荷载及组合

1) 荷载标准值

设计和验算模板、支架时应考虑下列荷载：

(1) 模板及支架自重。

(2) 新浇筑混凝土的自重。

(3) 钢筋自重。

(4) 施工人员及设备荷载。

(5) 振捣混凝土时产生的荷载。

(6) 新浇筑混凝土对模板侧面的压力。

(7) 倾倒混凝土时，对垂直面模板产生的水平荷载。

2) 荷载设计值

计算模板及支架结构或构件的强度、稳定性和连接强度时，应采用荷载设计值(荷载标准值乘以荷载分项系数)。

计算正常使用极限状态的变形时，应采用荷载标准值。

荷载分项系数见表5-2。

表 5-2 荷载分项系数

荷 载 类 别	分项系数 γ_i
模板及支架自重(G_{1k})	永久荷载的分项系数：
新浇筑混凝土自重(G_{2k})	(1) 当其效应对结构不利时：对由可变荷载效应控制的组
钢筋自重(G_{3k})	合，应取 1.2；对由永久荷载效应控制的组合，应取 1.35。
新浇筑混凝土对模板侧面的压力(G_{4k})	(2) 当其效应对结构有利时：一般情况应取 1；对结构的倾覆、滑移验算，应取 0.9。
施工人员及施工设备荷载(Q_{1k})	可变荷载的分项系数：
振捣混凝土时产生的荷载(Q_{2k})	一般情况下应取 1.4。
倾倒混凝土时产生的荷载(Q_{3k})	对标准值大于 4 kN/m² 的活荷载应取 1.3。
风荷载(ω_k)	1.4

钢面板及支架作用荷载设计值可乘以系数 0.95 进行折减。当采用冷弯薄壁型钢时，其荷载设计值不应折减。

3) 荷载组合

对不同结构的模板及支架进行计算时，应分别取不同的荷载效应组合，荷载组合的规定见表 5-3。

表 5-3 参与模板及支架荷载效应组合的各项荷载

模 板 类 别	参与组合的荷载项	
	计算承载能力	验算刚度
平板和薄壳的模板及支架	1+2+3+4	1+2+3
梁和拱模板的底板及支架	1+2+3+5	1+2+3
梁、拱、柱(边长≤300 mm)、墙(厚≤100 mm)的侧面模板	5+6	6
大体积结构、柱(边长>300 mm)、墙(厚>100 mm)的侧面模板	6+7	6

3. 变形值的确定

当验算模板及其支架的刚度时，其最大变形值不得超过下列容许值：

(1) 对结构表面外露的模板，其最大变形值为模板构件计算跨度的 1/400。

(2) 对结构表面隐蔽的模板，其最大变形值为模板构件计算跨度的 1/250。

(3) 支架的压缩变形或弹性挠度，其最大变形值为相应的结构计算跨度的 1/1000。

组合钢模板结构或其构配件的最大变形值不得超过表 5-4 的规定。

表 5-4 组合钢模板及构配件的容许变形值   mm

部 件 名 称	容 许 变 形 值
钢模板的面板	≤1.5
单块钢模板	≤1.5
钢楞	L/500 或 ≤3.0
柱箍	B/500 或 ≤3.0
桁架、钢模板结构体系	L/1000
支撑系统累计	≤4.0

注：L 为计算跨度，B 为柱宽。

5.2 钢 筋 工 程

5.2.1 钢筋的种类、进场验收和存放

1. 钢筋的种类和规格

混凝土结构和预应力混凝土结构应用的钢筋有热轧光圆钢筋、热轧带肋钢筋、热轧余热处理钢筋、预应力螺纹钢筋、预应力钢丝和钢绞线等。

1) 热轧光圆钢筋

热轧光圆钢筋是经热轧成型，横截面通常为圆形且表面光滑的成品钢筋，由 HPB235、HPB300 两种牌号的钢筋组成。

2) 热轧带肋钢筋

热轧带肋钢筋横截面通常为圆形，且表面带肋，强度等级分为 HRB335、HRB400、HRB500 级。

3) 热轧余热处理钢筋

热轧余热处理钢筋是热轧后利用热处理原理进行表面控制冷却(穿水)，并利用芯部余热自身完成回火处理所得的成品钢筋，按其屈服强度特征值分为 RRB400、RRB500 级，按用途分为可焊和非可焊钢筋。

4) 预应力混凝土用螺纹钢筋

预应力混凝土用螺纹钢筋(也称精轧螺纹钢筋)是一种热轧成带有不连续的外螺纹的直条钢筋，该钢筋在任意截面处均可用带有匹配形状的内螺纹连接器或锚具进行连接或锚固。

预应力混凝土用螺纹钢筋以屈服强度划分级别，常用的钢筋按其屈服强度分为 PSB785、PSB830、PSB930、PSB108 级。例如：PSB830 表示屈服强度最小值为 830 MPa 的钢筋。

5) 预应力混凝土用钢丝

钢丝按加工状态分为冷拉钢丝和消除应力钢丝两类。冷拉钢丝是盘条通过拔丝模或轧辊经冷拉加工而成的产品，以盘卷供货。消除应力钢丝按松弛性能又分为低松弛钢丝和普通松弛钢丝。其代号有 WCD(冷拉钢丝)、WLR(低松弛钢丝)和 WNR(普通松弛钢丝)。

钢丝按外形又分为光圆、螺旋肋、刻痕三种，其代号有 P(光圆钢丝)、H(螺旋肋钢丝)和 I(刻痕钢丝)。

6) 预应力混凝土用钢绞线

钢绞线按制作工艺不同分为标准型钢绞线、刻痕钢绞线和模拔型钢绞线三种。标准型钢绞线是由冷拉光圆钢丝捻制成的钢绞线；刻痕钢绞线是由刻痕钢丝捻制成的钢绞线；模拔型钢绞线是捻制后再经冷拔成的钢绞线。

钢绞线按结构分为 5 类，其代号有 1X2(用两根钢丝捻制的钢绞线)、1X3(用三根钢丝捻制的钢绞线)、1X3I(用三根刻痕钢丝捻制的钢绞线)、1X7(用七根钢丝捻制的标准型钢绞

线)和 1X7 C(用七根钢丝捻制又经模拔的钢绞线)。

2．钢筋的验收

钢筋进场时，应检查其产品合格证和出厂检验报告，并按相关标准的规定进行抽样检验。由于工程量、运输条件和各种钢筋的用量等的差异，很难对钢筋进场的批量大小作出统一规定，实际检查时，若有关标准中对进场检验作了具体规定，应遵照执行；若有关标准中只有对产品出厂检验的规定，则在进场检验时，批量应按下列情况确定：

(1) 对同一厂家、同一牌号、同一规格的钢筋，当一次进场的数量大于该产品的出厂检验批量时，应划分为若干个出厂检验批，按出厂检验的抽样方案执行。

(2) 对同一厂家、同一牌号、同一规格的钢筋，当一次进场的数量小于或等于该产品的出厂检验批量时，应作为一个检验批，然后按出厂检验的抽样方案执行。

(3) 对不同时间进场的同批钢筋，当确有可靠依据时，可按一次进场的钢筋处理。

3．钢筋的存放

钢材的保管应按钢种、规格分批挂牌堆放，特殊钢材应专料专用、专管。钢筋应尽量堆入仓库或料棚内，条件不具备时，应选择地势较高、土质坚实、较为平坦的露天场地存放，普通钢筋下部必须垫起 200 mm 以上，上部必须有防雨措施。

钢筋成品应按号挂牌排列，注明构件名称、部位、钢筋类型、尺寸、牌号、直径和根数，不能混放。

5.2.2　钢筋的加工

钢筋加工是指按配料单和料牌进行的钢筋制作。钢筋加工一般在钢筋车间或施工现场钢筋棚中进行，钢筋的加工过程取决于成品种类，一般包括冷拉、冷拔、调直、除锈、切断、弯曲成型、焊接、绑扎等，见图 5-59。

钢筋的冷加工有冷拉、冷拔和冷轧，用以提高钢筋强度设计值，能节约钢材，满足预应力钢筋的需要。

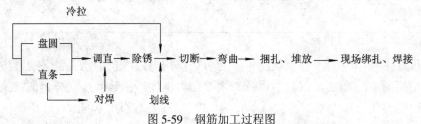

图 5-59　钢筋加工过程图

1．钢筋的冷拉

钢筋冷拉是在常温下对钢筋进行强力拉伸，以超过钢筋的屈服强度的拉应力，使钢筋产生塑性变形，达到调直钢筋、提高强度的目的。冷拉 HPB235、HPB300 钢筋适用于混凝土结构中的受力钢筋，冷拉 HRB335、HRB400、HRB500、RRB400、RRB500 级钢筋适用于预应力混凝土结构中的预应力钢筋。

当预应力钢筋由几段钢筋对焊而成时，应在焊接后再进行冷拉，以免因焊接而降低冷拉所获得的强度。

1) 冷拉控制方法

钢筋冷拉控制可以采用控制冷拉应力或控制冷拉率的方法。

冷拉率是指钢筋冷拉伸长值与钢筋冷拉前长度的比值。采用控制冷拉率的方法冷拉钢筋时，其最大冷拉率及冷拉控制应力，应符合表 5-5 的规定。

表 5-5 冷拉控制应力及最大冷拉率

项次	钢筋级别		冷拉控制应力/(N/mm²)	最大冷拉率(%)
1	HPB235	$d \leqslant 12$	280	10
2	HRB335	$d \leqslant 25$	450	5.5
		$d = 28 \sim 40$	430	
3	HRB400	$d = 8 \sim 40$	500	5
4	RRB400	$d = 10 \sim 28$	700	4

采用控制冷拉应力冷拉钢筋时，应按表 5-5 规定的控制应力对钢筋进行冷拉，冷拉后检查钢筋的冷拉率，如不超过表 5-5 中规定的冷拉率，认为钢筋合格，如超过表 5-5 中规定的数值时，则应进行钢筋力学性能试验。

用于预应力混凝土结构的钢筋，宜采用控制冷拉应力来冷拉。

不同炉批的钢筋，不宜用控制冷拉率的方法进行钢筋冷拉。多根连接的钢筋，用控制应力的方法进行冷拉时，其控制应力和每根的冷拉率均应符合表 5-5 的规定。当用控制冷拉率方法进行冷拉时，实际冷拉率按总长计算，但多根钢筋中每根钢筋的冷拉率不得超过表 5-5 的规定。

2) 冷拉设备

冷拉设备由拉力设备、承力结构、测量设备和钢筋夹具等部分组成。拉力设备可采用卷扬机或长行程液压千斤顶，承力结构可采用地锚，测力装置可采用弹簧测力计、电子称或附带油表的液压千斤顶。

3) 钢筋冷拉计算

钢筋的冷拉计算包括冷拉力、拉长值、弹性回缩值和冷拉设备选择计算。

(1) 计算冷拉力 N_{con}。冷拉力计算的作用：一是确定按控制应力冷拉时的油压表读数；二是作为选择卷扬机的依据。冷拉力应等于钢筋冷拉前截面积 A_s 乘以冷拉时控制应力 σ_{con}，即

$$N_{con} = A_s \cdot \sigma_{con}$$

(2) 计算拉长值 ΔL。钢筋的拉长值应等于冷拉前钢筋的长度 L 与钢筋的冷拉率 δ 的乘积，即

$$\Delta L = L \cdot \delta$$

(3) 计算钢筋弹性回缩值 ΔL_1。根据钢筋弹性回缩率 δ_1(一般为 0.3%左右)计算，即

$$\Delta L_1 = (L + \Delta L)\delta_1$$

则钢筋冷拉完毕后的实际长度为：

$$L' = L + \Delta L - \Delta L_1$$

(4) 冷拉设备的选择及计算。冷拉设备主要选择卷扬机，计算确定冷拉时油压表的读数。即

$$P = \frac{N_{con}}{F}$$

式中：N_{con}——钢筋按控制应力计算求得的冷拉力(N)；

F——千斤顶活塞缸面积(mm^2)；

P——油压表的读数(N/mm^2)。

2. 钢筋的冷拔

钢筋冷拔是用强力将 6~10 mm 的热轧光圆钢筋通过钨合金的拔丝模多次进行强力拉拔，使之产生塑性变形成为比原钢筋直径小的钢丝(见图 5-60)。这种经冷拔加工的钢丝称为冷拔低碳钢丝。钢筋通过拔丝模时，受到轴向拉伸与径向压缩的作用，使钢筋内部晶格变形而产生塑性变形，因而抗拉强度标准值可提高 50%~90%，硬度可提高，但塑性降低。

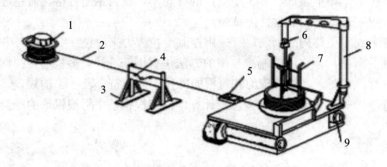

1—盘圆架；2—钢筋；3—剥壳装置；4—槽轮；5—拔丝模；
6—滑轮；7—绕丝筒；8—支架；9—电动机

图 5-60　立式单鼓筒冷拔机

冷拔低碳钢丝分为甲、乙级，甲级钢丝主要用作预应力混凝土构件的预应力筋，乙级钢丝用于焊接网和焊接骨架、架立筋和构造钢筋。直径 5 mm 的冷拔低碳钢丝，宜用直径 8 mm 的圆盘条拔制；直径 4 mm 和小于 4 mm 的冷拔低碳钢丝，宜用直径 6.5 mm 的圆盘条拔制。

冷拔用的拔丝机有立式和卧式两种，其鼓筒直径一般为 500 mm，冷拔速度约为 0.2~0.3 m/s，速度过大易断丝。

钢筋冷拔的工艺过程是：轧头→剥壳→通过润滑剂→进入拔丝模冷拔。

钢筋表面常有一硬渣层，易损坏拔丝模，并使钢筋表面产生沟纹，因而冷拔前要进行剥壳，方法是使钢筋通过 3~6 个上下排列的辊子以剥除渣壳。润滑剂常用石灰、动植物油、肥皂、白蜡和水按一定配比制成。如钢筋需要连接则应在冷拔前对焊连接。

影响冷拔低碳钢丝质量的主要因素是原材料的质量和冷拔总压缩率。冷拔低碳钢丝有时需要经过多次冷拔而成，每次冷拔的压缩率不宜太大，否则拔丝机的功率会变大，拔丝模易损耗，且易断丝，一般前道钢丝和后道钢丝的直径之比以 1：0.87 为宜。冷拔次数亦不宜过多，否则易使钢丝变脆。

冷拔低碳钢丝经调直机调直后，抗拉强度约降低 8%～10%，塑性可有所改善，使用时应注意。

3．钢筋的调直

折曲或成盘供应的钢筋，在使用前应加以矫直或调直。钢筋调直包括盘卷钢筋的调直和直条钢筋的调直两种情况。直条钢筋每米长度的弯曲度不应大于 4 mm，总弯曲度应不大于钢筋总长的 4‰。

钢筋宜采用无延伸功能的机械设备(见图 5-61)进行调直，也可采用冷拉方法调直。当采用冷拉方法调直时，HPB235、HPB300 光圆钢筋的冷拉率不宜大于 4%；HRB335、HRB400、HRB500、HRBF335、HRBF400、HRBF500 及 RRB400 带肋钢筋的冷拉率不宜大于 1%。

钢筋调直后应进行力学性能和重量偏差的检验，其强度应符合有关标准的规定。盘卷钢筋和直条钢筋调直后的断后伸长率、重量负偏差应符合表 5-6 的规定。采用无延伸功能的机械设备调直的钢筋，可不进行钢筋调制后的断后伸长率、重量负偏差的检验。

图 5-61　钢筋调直机

表 5-6　盘卷钢筋和直条钢筋调直后的断后伸长率、重量负偏差要求

钢筋牌号	断后伸长率 A(%)	重量负偏差(%)		
		直径6～12 mm	直径14～20 mm	直径22～50 mm
HPB235、HPB300	≥21	≤10	—	—
HRB335、HBRF335	≥16	≤8	≤6	≤5
HRB400、HBRF400	≥15			
RRB400	≥13			
HRB500、HBRF500	≥14			

注：(1) 断后伸长率 A 的量测标距为 5 倍钢筋公称直径；

(2) 重量负偏差(%)按公式$(W_o - W_d)/W_o \times 100$ 计算，其中 W_o 为钢筋理论重量(kg/m)，W_d 为调直后钢筋的实际重量(kg/m)；

(3) 对直径为 28～40 mm 的带肋钢筋，表中断后伸长率可降低 1%；对直径大于 40 mm 的带肋钢筋，表中断后伸长率可降低 2%。

4．钢筋的除锈

钢筋的表面必须洁净，油渍漆污、焊接处的水锈、用锤击时能剥落的浮皮铁锈等，应在使用前清除干净。不得使用经除锈后仍留有麻点的预应力钢丝。

钢筋的锈蚀程度可用肉眼观察锈迹分布状况、色泽变化以及钢筋表面平滑或粗糙程度等确定，根据锈蚀轻重的具体情况采用除锈措施。一般锈蚀现象有三种：

(1) 浮锈：钢筋表面附着较均匀的细粉末，呈黄色或淡红色。

(2) 陈锈：锈迹粉末较粗，用手捻略有微粒感，颜色转红，有的呈红褐色。

(3) 老锈：锈斑明显，有麻坑，出现起层的片状分离现象，锈斑几乎遍及整根钢筋表面，颜色变暗，深褐色，严重的接近黑色。

浮锈处于铁锈形成的初期(例如无锈钢筋经雨淋之后出现)，在混凝土中不影响钢筋与混凝土粘结，因此除了在焊接操作时在焊点附近需擦干净之外，一般可不做处理。有时为了防止锈迹污染，也可用麻袋布擦拭。

陈锈必须清除，应优先采用除锈机或喷砂机(见图 5-62)，此外还可用砂盘与人工钢丝刷除锈(见图 5-63)，盘圆钢筋可用除锈剂除锈。

图 5-62　用除锈机除锈　　　　　　　　　图 5-63　用钢丝刷除锈

对于出现老锈的钢筋，应禁止使用，退场处理。

采用冷拉工艺进行钢筋除锈时，其冷拉率必须通过试验确定，冷拉后其延伸率不得大于原材料延伸指标的要求。

5. 钢筋的切断

钢筋切断前要复核料单上的钢筋下料尺寸与成型尺寸，实行套裁下料，尽量做到长料不短用，减少料头，节约钢材。

钢筋切断可用钢筋切断机(见图 5-64)或手动剪切器(见图 5-65)。

图 5-64　钢筋切断机　　　　　　　　　图 5-65　钢筋手动剪切器

切断机接送和工作台如果是固定的，可在工作台上划尺寸刻度线(以切断机的固定刀口作为起始线)以达到操作方便，尺寸正确的目的。下第一根料后，应按料单核对，其长度误差应在 ±10 mm 以内，合格后再批量下料。钢筋切断时要摆直，对机械连接或有对焊连接要求的断口宜用砂轮切割，防止断口呈马蹄形。

6. 钢筋的弯曲

钢筋弯曲时，首先应熟悉校对料单和弯曲钢筋的级别、规格、形状、尺寸，确定弯曲步骤，先试弯一根，成型后检查其弯曲形状、尺寸，完全符合要求后，再画出加工标样进行成批生产。

钢筋的弯曲成型方法分手工和机械两种，手工弯曲可在设有底盘的成型台上进行。当弯曲较细钢筋时，可用手摇扳子每次弯曲成型 4～8 根直径 8 mm 以下的钢筋；当弯曲较粗钢筋时，可采用横开和顺口的扳子。

大批量钢筋加工时，宜采用电动弯曲成型机(见图 5-66)以减轻人工体力劳动强度，提高工效。电动弯曲机可弯曲 6～40 mm 的钢筋。操作时，当弯曲盘即将转到需要角度时，关闭开关，使弯曲盘利用惯性向前转到预定的角度。

图 5-66　钢筋弯曲机

5.2.3　钢筋的连接

钢筋的连接包括钢筋的接头、钢筋骨架的组装等。钢筋接头的连接方式有绑扎连接、焊接连接、机械连接等；钢筋骨架组装的连接方式有绑扎连接(见图 5-67)、焊接连接等。对有抗震要求的受力钢筋的接头，宜优先采用焊接或机械连接。

受力钢筋的连接方式应符合设计要求，钢筋接头宜设置在受力较小处，同一纵向受力钢筋不宜设置两个或两个以上接头，接头末端距离钢筋弯起点的距离不应小于钢筋直径的 10 倍。

图 5-67　钢筋骨架的绑扎

1. 绑扎连接

钢筋绑扎安装前，应先熟悉施工图纸，核对钢筋配料单和料牌，研究钢筋安装和与有关工种配合的顺序，准备绑扎用的铁丝、绑扎工具、绑扎架等。

钢筋绑扎一般用 18～22 号铁丝，其中 22 号铁丝只用于绑扎直径 12 mm 以下的钢筋。

(1) 钢筋接头的绑扎应符合下列要求：

① 钢筋绑扎接头的最小搭接长度应满足设计要求，如设计五要求，还应满足相关规范的要求。

② 在同一截面内，有绑扎接头的受力钢筋截面面积占受力钢筋总截面面积的百分率，在受拉区不得超过 25%，在受压区不得超过 50%。

(2) 钢筋骨架的绑扎应符合下面要求：

① 钢筋的交叉点应用铁丝扎牢。

② 柱、梁的箍筋，除设计有特殊要求外，应与受力钢筋垂直，在箍筋弯钩叠合处，应沿受力钢筋方向错开设置。

③ 柱中竖向钢筋在搭接时，其角部钢筋的弯钩平面与模板面的夹角，对于矩形柱应为 45°，对于多边形柱应为模板内角的平分角。

④ 在板、次梁与主梁的交叉处，板的钢筋应在上，次梁的钢筋应居中，主梁的钢筋应在下。当有圈梁或垫梁时，主梁的钢筋应放在圈梁上。主筋两端的搁置长度应保持均匀一致。

⑤ 纵向受力钢筋绑扎搭接接头的最小搭接长度应符合有关规定。

2. 焊接连接

常用的钢筋焊接方法有：电阻点焊、闪光对焊、电弧焊、电渣压力焊、气压焊、埋弧压力焊、埋弧螺柱焊等。

1) 电阻点焊

钢筋电阻点焊是将两钢筋安放成交叉叠接形式，压紧于两电极之间，利用电阻热熔化母材金属加压形成焊点的一种压焊方法(见图 5-68、图 5-69)，适用于直径 6~16 mm 的 HPB300、HRB335、HRBF335、HRB400、HRBF400 级钢筋和直径 5~15 mm 的 CRB550 级钢筋。电阻点焊的特点是：焊接效率高，焊接速度快，适合大量生产；初学者亦可简单焊接；焊接变形小；不需要焊丝、药剂，无消耗品，生产成本低。

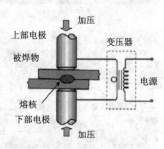

图 5-68　电阻点焊原理图

图 5-69　电阻点焊而成的钢筋网

混凝土结构中的钢筋焊接骨架和钢筋焊接网宜采用电阻点焊制作。当两根钢筋直径不同时，焊接骨架较小的钢筋直径小于或等于 10 mm 时，大、小钢筋直径之比不宜大于 3；当较小钢筋直径为 12~16 mm 时，大、小钢筋直径之比不宜大于 2。

焊接网较小钢筋的直径不得小于较大钢筋直径的 0.6 倍。

2) 闪光对焊

钢筋闪光对焊是将两钢筋以对接形式安放在对焊机(见图 5-70)上，利用电阻热使接触点金属熔化，产生强烈闪光和飞溅，迅速施加顶锻力完成的一种压焊方法。钢筋的对接焊接宜采用闪光对焊。

根据钢筋级别、直径和所用焊机的功率，闪光对焊工艺可分为连续闪光焊、预热闪光焊、闪光－预热－闪光焊三种。

(1) 连续闪光焊。

连续闪光焊的工艺过程包括连续闪光和顶锻过程。施焊时，先闭合电源使两钢筋端面轻微接触，此时端面接触点很快熔化并产生金属蒸气飞溅，形成闪光现象。接着徐徐移动钢筋，形成连续闪光过程，同时接头被加热。最后

图 5-70　闪光对焊机

待接头烧平、闪去杂质和氧化膜、白热熔化时，立即施加轴向压力迅速进行顶锻，使两根钢筋焊牢。

(2) 预热闪光焊。

预热闪光焊的工艺过程包括预热、连续闪光及顶锻过程，即在连续闪光焊前增加了一次预热过程，使钢筋预热后再连续闪光烧化进行加压顶锻。

(3) 闪光 - 预热 - 闪光焊。

闪光 - 预热 - 闪光焊是在预热闪光焊前面增加了一次闪光过程,使不平整的钢筋端面烧化平整,预热均匀,最后进行加压顶锻。

其焊接工艺方法按下列规定选择:

① 当钢筋直径较小,钢筋牌号较低时,在表 5-7 规定的范围内,可采用"连续闪光焊"。

② 当超过表 5-7 中规定,且钢筋端面较平整时,宜采用"预热闪光焊"。

③ 当超过表 5-7 中规定,且钢筋端面不平整时,应采用"闪光 - 预热 - 闪光焊"。

表 5-7　连续闪光焊钢筋上限直径

焊机容量(KV·A)	钢筋牌号	钢筋直径/mm
160 (150)	HPB300	22
	HRB335 HRBF335	22
	HRB400 HRBF400	20
	HRB500 HRBF500	20
100	HPB300	20
	HRB335 HRBF335	18
	HRB400 HRBF400	16
	HRB500 HRBF500	16
80 (75)	HPB300	16
	HRB335 HRBF335	14
	HRB400 HRBF400	12

闪光对焊时,应选择合适的调伸长度、烧化留量、顶锻留量以及变压器级数等焊接参数。

3) 电弧焊

钢筋电弧焊包括焊条电弧焊和二氧化碳气体保护电弧焊二种工艺方法。钢筋焊条电弧焊是以焊条作为一极,钢筋为另一极,利用焊接电流通过产生的电弧热进行焊接的一种熔焊方法,见图 5-71;钢筋二氧化碳气体保护电弧焊是以焊丝作为一极,钢筋为另一极,并以 CO_2 气体作为电弧介质,保护金属熔滴、焊接熔池和焊接区高温金属的一种钢筋电弧焊方法,见图 5-72。

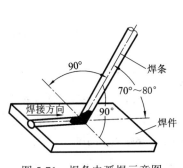

图 5-71　焊条电弧焊示意图

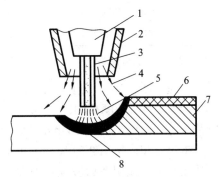

1—导电嘴;2—喷嘴;3—药芯焊丝;4—CO2气体;
5—电弧;6—熔渣;7—焊缝;8—熔池

图 5-72　二氧化碳气体保护电弧焊示意图

二氧化碳气体保护电弧焊设备应由焊接电源、送丝系统、焊枪、供气系统和控制电路等五部分组成，主要的焊接工艺参数有：焊接电流、极性、电弧电压(弧长)、焊接速度、焊丝伸出长度(干伸长)、焊枪角度、焊接位置、焊丝尺寸。施焊时，应根据焊机性能、焊接接头形状和焊接位置，选用正确焊接工艺参数。

钢筋电弧焊包括帮条焊、搭接焊(见图 5-73)、溶槽帮条焊(见图 5-74)、窄间隙焊和坡口焊五种接头形式。焊接时，应符合下列要求：

(1) 应根据钢筋牌号、直径、接头型式和焊接位置，选择焊接材料，确定焊接工艺和焊接参数。

(2) 焊接时，引弧应在垫板、帮条或形成焊缝的部位进行，不得烧伤主筋。

(3) 焊接地线与钢筋应接触良好。

(4) 焊接过程中应及时清渣，焊缝表面应光滑，焊缝余高应平缓过渡，弧坑应填满。

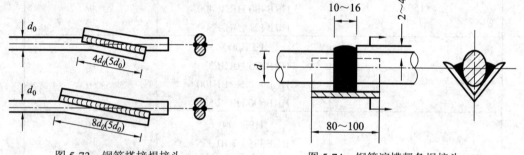

图 5-73　钢筋搭接焊接头　　　　　图 5-74　钢筋溶槽帮条焊接头

帮条焊：进行帮条焊时，宜采用双面焊，当不能进行双面焊时，方可采用单面焊。帮条长度应符合表 5-8 的规定。当帮条牌号与主筋相同时，帮条直径可与主筋相同或小一个规格；当帮条直径与主筋直径相同时，帮条牌号可与主筋相同或低一个牌号。

表 5-8　钢筋帮条长度

钢筋牌号	焊缝形式	帮条长度 L/mm
HPB300	单面焊	≥8d
	双面焊	≥4d
HPB235\HRB335 HRBF335\HRB400 HRBF400\HRB500 HRBF500\RRB400	单面焊	≥10d
	双面焊	≥5d

注：d 为主筋直径(mm)。

搭接焊：进行搭接焊时，宜采用双面焊，当不能进行双面焊时，方可采用单面焊，搭接长度可与表 5-8 帮条长度相同。

溶槽帮条焊：适用于直径 20 mm 及以上钢筋的焊接，焊接时应加角钢做垫板模。其接头形式、角钢尺寸和焊接工艺应符合下列要求：角钢边长宜为 40～60 mm；钢筋端头应加工平整；从接缝处垫板引弧后应连续施焊，并应使钢筋端部溶合，防止产生焊透、气孔或夹渣；焊接过程中应停焊清渣 1 次；焊平后，再进行焊缝余高的焊接，其高度不得大于 3 mm；钢筋与角钢垫板之间，应加焊侧面焊缝 1～3 层，焊缝应饱满，表面平整。

窄间隙焊：适用于直径 16 mm 及以上钢筋的水平连接。焊接时，钢筋端部应置于铜模中，并留出不定间隙，用焊条连接焊接，融化钢筋端面和熔敷金属填充间隙，形成接头，见图 5-75。其焊接工艺应符合下列要求：钢筋端面应平整；应选用低氢型碱性焊条，焊条型号和端面间隙应按有关规定选用；从焊缝根部引弧后应连续进行焊接，左右来回运弧，在钢筋端面处应有少许停留，并使之熔合。

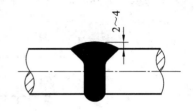

图 5-75　钢筋窄间隙焊接头

坡口焊：坡口焊分为平焊(见图 5-76(a)和立焊(见图 5-76(b)，焊接工艺应符合下列要求：坡口面应平顺，切口边缘不得有裂纹、钝边和缺棱；坡口角度应符合要求；钢垫板厚度宜为 4～6 mm，长度宜为 40～60 mm，平焊时，垫板宽度应为钢筋直径加 10 mm，立焊时，垫板宽度宜等于钢筋直径；焊缝的宽度应大于 V 形坡口的边缘 2～3 mm，焊缝余高不得大于 3 mm，并平缓过渡至钢筋表面；钢筋与垫板之间，应加焊二、三层侧面焊缝；当发现接头中有弧坑、气孔及咬边等缺陷时，应立即补焊。

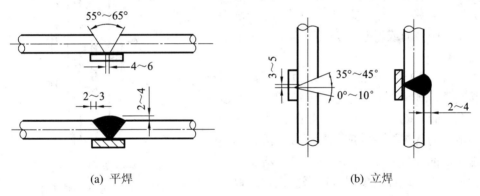

(a) 平焊　　　　　　　　　　　　　(b) 立焊

图 5-76　钢筋坡口焊接头

预埋件钢筋电弧焊 T 形接头：可分为角焊(见图 5-77(a)和穿孔塞焊(见图 5-77(b)两种，装配和焊接时，应符合下列要求：当采用 HBB235、HPB300 钢筋时，角焊缝焊脚尺寸(k)不得小于钢筋直径的 0.5 倍，采用其他牌号钢筋时，焊脚尺寸(k)不得小于钢筋直径的 0.6 倍；施焊中，不得使钢筋咬边和烧伤。

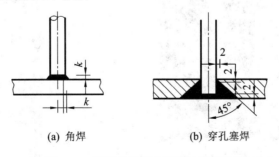

(a) 角焊　　　　　　　　(b) 穿孔塞焊

图 5-77　预埋件钢筋电弧焊 T 形接头

钢筋与钢板搭接焊：焊接接头应符合下列要求：HPB235、HPB300 钢筋的搭接长度(l)不得小于 4 倍钢筋直径，其他牌号钢筋搭接长度(l)不得小于 5 倍钢筋直径；焊缝宽度不得小于钢筋直径的 0.6 倍，焊缝厚度不得小于钢筋直径的 0.35 倍，见图 5-78。

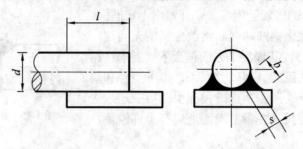

d—钢筋直径；l—搭接长度；b—焊缝宽度；s—焊缝厚度

图 5-78　钢筋与钢板搭接焊接头

4）电渣压力焊

钢筋电渣压力焊是将两根钢筋安放成竖向对接形式，利用焊接电流通过两钢筋端面间隙，在焊剂层下形成电弧过程和电渣过程，并用产生的电弧热和电阻热来熔化钢筋，加压完成的一种压焊方法，见图 5-79。电渣压力焊适用于现浇钢筋混凝土结构中竖向或斜向(倾斜度在 4：1 范围内)钢筋的连接。

对于直径 12 mm 的钢筋电渣压力焊，应采用小型焊接夹具，使上下两根钢筋对正不偏歪，并多做焊接工艺试验，确保焊接质量，如图 5-80 所示。

电渣压力焊焊接参数应包括焊接电流、焊接电压和通电时间。采用专用焊剂或自动电渣压力焊机时，应根据焊剂或焊机使用说明书中推荐的数据，通过试验确定。不同直径钢筋焊接时，钢筋直径相差宜不超过 7 mm，上下两钢筋轴线应在同一直线上，焊接接头上下钢筋轴线偏差不得超过 2 mm，见图 5-81。

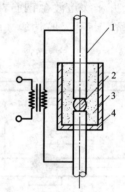

1—钢筋；2—铁丝圈；3—焊剂 4—焊剂筒

图 5-79　电渣压力焊工作原理图

图 5-80　电渣压力焊

图 5-81　电渣压力焊接头

在焊接生产中，焊工应进行自检，当发现偏心、弯折、烧伤等焊接缺陷时，应查找原因并采取措施，及时消除。

5) 气压焊

钢筋气压焊是采用氧乙炔火焰、氧液化石油气火焰或其他火焰对两根钢筋对接处加热，使其达到热塑性状态(固态)或熔化状态(熔态)后，再加压完成的一种压焊方法。气压焊可用于钢筋在水平位置(见图 5-82)、垂直位置(见图 5-83)或倾斜位置的对接焊接。

图 5-82　气压焊焊接水平钢筋

图 5-83　气压焊接竖向钢筋

气压焊按加热温度和工艺方法的不同，可分为固态气压焊和熔态气压焊两种；按加热火焰所用燃烧气体的不同，主要可分为氧乙炔气压焊和氧液化石油气气压焊两种。

6) 埋弧压力焊

预埋件钢筋埋弧压力焊是将钢筋与钢板安放成 T 形接头形式，利用焊接电流通过在焊剂层下产生电弧，形成熔池，加压完成的一种压焊方法，见图 5-84，它具有焊后钢板变形小、抗拉强度高的特点，适用于钢筋与钢板作"T"字形接头焊接。

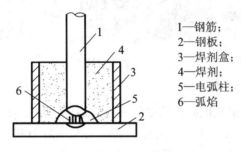

1—钢筋；
2—钢板；
3—焊剂盒；
4—焊剂；
5—电弧柱；
6—弧焰

图 5-84　埋弧压力焊示意图

7) 埋弧螺柱焊

预埋件钢筋埋弧螺柱焊是用电弧螺柱焊焊枪夹持钢筋，使钢筋垂直对准钢板，并采用螺柱焊电源设备产生强电流、短时间的焊接电弧，在熔剂层保护下使钢筋焊接端面与钢板产生熔池后，适时将钢筋插入熔池而形成 T 形接头的焊接方法，如图 5-85。

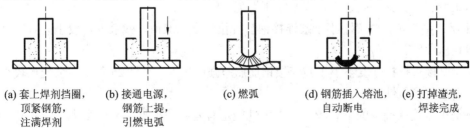

(a) 套上焊剂挡圈，顶紧钢筋，注满焊剂　(b) 接通电源，钢筋上提，引燃电弧　(c) 燃弧　(d) 钢筋插入熔池，自动断电　(e) 打掉渣壳，焊接完成

图 5-85　预埋件钢筋埋弧螺柱焊示意图

预埋件钢筋埋弧螺柱焊设备包括：埋弧螺柱焊机、焊枪、焊接电缆、控制电缆和钢筋夹头等。

3. 机械连接

1) 机械连接的定义和类型

钢筋机械连接是通过钢筋与连接件的机械咬合作用或钢筋端面的承压作用，将一根钢筋中的力传递至另一根钢筋的连接方法。常用的钢筋机械连接类型如下：

(1) 套筒挤压接头：通过挤压力使连接件钢套筒塑性变形与带肋钢筋紧密咬合形成的接头，见图 5-86。

(2) 锥螺纹套筒接头：通过钢筋端头特制的锥形螺纹和连接件套筒内锥螺纹咬合形成的接头，见图 5-87。

(3) 镦粗直螺纹套筒接头：通过钢筋端头镦粗后制作的直螺纹和连接件套筒内螺纹咬合形成的接头。

(4) 滚轧直螺纹套筒接头：通过钢筋端头直接滚轧或剥肋后滚轧制作的直螺纹和连接件套筒内螺纹咬合形成的接头，见图 5-88。

图 5-86 钢筋套筒挤压连接　　　　图 5-87 加工锥螺纹　　　　图 5-88 钢筋直螺纹接头

2) 接头的设计原则和性能等级

接头应满足强度及变形性能方面的要求并以此划分性能等级。接头连接件的屈服承载力和受拉承载力的标准值应不小于被连接钢筋的屈服承载力和受拉承载力标准值的 1.10 倍。接头应根据其等级和应用场合，对单向拉伸性能、高应力反复拉压、大变形反复拉压、抗疲劳、耐低温等各项性能确定相应的检验项目。

接头可根据抗拉强度、残余变形以及高应力和大变形条件下反复拉压性能的差异，分为下列三个等级：

Ⅰ级：接头抗拉强度等于被连接钢筋实际抗拉强度或不小于 1.10 倍钢筋抗拉强度标准值，残余变形小并具有高延性及反复拉压性能。

Ⅱ级：接头抗拉强度不小于被连接钢筋抗拉强度标准值，残余变形较小并具有高延性及反复拉压性能。

Ⅲ级：接头抗拉强度不小于被连接钢筋屈服强度标准值的 1.25 倍，残余变形较小并具有延性及反复拉压性能。

钢筋机械连接接头的形式较多，受力性能也有差异，根据接头的受力性能将其分级，有利于按结构的重要性、接头在接头中所处的位置、接头百分率等不同的应用场合合理选择接头类型。例如，在混凝土结构高应力部位的同一连接区段内必须实施 100%钢筋接头的连接时，应采用Ⅰ级接头；实施 50%钢筋接头的连接时，宜优先采用Ⅱ级接头；混凝土结构中钢筋应力较高但对接头延展性要求不高的部位，可采用Ⅲ级接头。

3) 接头的应用

钢筋连接件的混凝土保护层厚度宜符合现行国家标准《混凝土结构设计规范》中受力钢筋的混凝土保护层最小厚度的规定，且不得少于 15 mm，连接件之间的横向净距不宜小于 25 mm。

结构构件中纵向受力钢筋的接头宜相互错开，钢筋机械连接的连接区段长度应按 35d 计算(d 为被连接钢筋中的较大直径)。在同一连接区段内有接头的受力钢筋截面面积占受力钢筋总截面面积的百分率(以下简称接头百分率)应符合规定。

4) 施工现场接头的加工与安装

在施工现场加工钢筋接头时，应符合下列规定：

(1) 加工钢筋接头的操作工人，应经专业人员培训合格后才能上岗，人员应相对稳定。

(2) 钢筋接头的加工应经工艺检验合格后方可进行。

直螺纹接头的现场加工应符合下列规定：

(1) 钢筋端部应切平或镦平后再加工螺纹。

(2) 镦粗头不得有与钢筋轴线相垂直的横向裂纹。

(3) 钢筋丝头长度应满足企业标准中产品设计要求，公差应为 0p~2.0p(p 为螺距)。

(4) 钢筋丝头宜满足 6f 级精度要求，应用专用直螺纹量规检验，通规应能顺利旋入并达到要求的拧入长度，止规旋入不得超过 3p。抽检数量 10%时，检验合格率不应小于 95%。

锥螺纹接头的现场加工应符合下列规定：

(1) 钢筋端部不得有影响螺纹加工局部弯曲。

(2) 钢筋丝头长度应满足设计要求，使拧紧后的钢筋丝头不得相互接触，丝头加工长度公差应为 0.5p~1.5p。

(3) 钢筋丝头的锥度和螺距应使用专用锥螺纹量规检验，抽检数量 10%时，检验合格率不应小于 95%。

5.2.4 钢筋的配料计算

钢筋配料就是根据结构施工图，先绘出各种形状和规格的单根钢筋简图并加以编号，然后分别计算钢筋下料长度、根数及质量，最后填写配料单，作为备料、加工和结算的依据。钢筋配料是钢筋工程施工的重要一环，应由识图能力强，同时熟悉钢筋加工工艺的人员进行。

1. 下料长度的计算

结构施工图中所指钢筋长度是钢筋外缘之间的长度，即外包尺寸，这是施工中量度钢筋长度的基本依据。钢筋加工前按直线下料，经过弯曲后，外边缘伸长，内边缘缩短，而中心线不变。这样，钢筋弯曲后的外包尺寸和中心线长度之间存在一个差值，称为"量度差值"，在计算下料长度时必须加以扣除。因此，钢筋下料长度应为各段外包尺寸之和减去各弯曲处的量度差值，再加上端部弯钩的增加值。

1) 混凝土保护层厚度

混凝土保护层是结构构件中钢筋外边缘至构件表面范围用于保护钢筋的混凝土，简称保护层。混凝土保护层的最小厚度应按设计要求，如设计无要求时，应按《混凝土结构工程施工验收质量规范》的规定。

混凝土保护层厚度采用塑料垫块或卡具，见图 5-89。

图 5-89　混凝土保护层厚度塑料垫块及卡具

2) 弯曲处量度差值

不同级别的钢筋弯折 90°和 135°时的弯曲调整值见表 5-9，弯折 30°、45°、60°时的弯曲调整值见表 5-10，弯起钢筋弯折 30°、45°、60°时的弯曲调整值见表 5-11。

表 5-9　钢筋弯折 90°和 135°时的弯曲调整值

弯折角度	钢筋级别	弯曲调整值	
		计　算　式	取　值
90°	热轧光圆钢筋($D = 2.5d$)	$\Delta = 0.215D + 1.215d$	$1.75d$
	热轧带肋钢筋($D = 4d$)		$2d$
	热轧带肋钢筋($D = 6d$)		$2.5d$
	热轧带肋钢筋($D = 8d$)		$3d$
135°	热轧光圆钢筋($D = 2.5d$)	$\Delta = 0.822d - 0.178D$	$1.9d$
	热轧带肋钢筋($D = 4d$)		$3.1d$

表 5-10　钢筋弯折 30°、45°、60°时的弯曲调整值(光圆钢筋)

项　次	弯折角度	钢筋弯曲调整值	
		计　算　式	按 $D = 5d$
1	30°	$\Delta = 0.006D + 0.274d$	$0.3d$
2	45°	$\Delta = 0.022D + 0.436d$	$0.55d$
3	60°	$\Delta = 0.054D + 0.631d$	$0.9d$

表 5-11 弯起钢筋弯曲 30°、45°、60° 的弯曲调整值(变形钢筋)

项 次	弯折角度	钢筋弯曲调整值	
		计 算 式	按 $D = 5d$
1	30°	$\Delta = 0.012D + 0.28d$	$0.34d$
2	45°	$\Delta = 0.043D + 0.457d$	$0.67d$
3	60°	$\Delta = 0.108D + 0.685d$	$1.23d$

在钢筋加工实际操作中往往不能准确地按规定的最小 D 值取用,有时按略偏大或略偏小取用;有时成型机心轴规格不全,不能完全满足加工的需要,因此除按以上计算方法求弯曲调整值之外,亦可以根据各工地实际经验确定。

3) 端部弯钩长度增加值

热轧光圆纵向钢筋末端应做 180° 弯钩,圆弧弯曲直径 D 不应小于钢筋直径 d 的 2.5 倍,平直部分长度不应小于 $3d$,则其每个弯钩的长度增加值为 $6.25d$。

箍筋末端可做 90°、135°、180° 弯钩,当端部弯钩为 90° 时,对于一般结构,其平直部分长度不小于 $5d$,则其每个弯钩的长度增加值为 $5.5d$,对于有抗震要求的结构,其平直部分长度不小于 $10d$,则其每个弯钩的长度增加值为 $10.5d$;当端部弯钩为 135° 时,对于一般结构,其每个弯钩的长度增加值为 $6.9d$,对于有抗震要求的结构,其每个弯钩的长度增加值为 $11.9d$;当端部弯钩为 180°,对于一般结构,其每个弯钩的长度增加值为 $8.25d$,对于有抗震要求的结构,其每个弯钩的长度增加值为 $13.25d$。

按照规范规定,有抗震要求的箍筋,其平直段长度除满足 $10d$ 的要求外,还应同时满足大于或等于 75 mm 的要求。

4) 钢筋下料长度计算公式

$$直钢筋下料长度 = 直构件长度 - 保护层厚度 + 端部弯钩增加值$$

$$弯起钢筋下料长度 = 直段长度 + 斜段长度 - 中部弯折量度差值 + 端部弯钩增加值$$

$$箍筋下料长度 = 箍筋外包周长 - 3 个中部弯曲量度差值 + 2 个端部弯钩增加值$$

2. 钢筋配料单的编制

编制钢筋配料单之前必须熟悉图纸,把结构施工图中钢筋的品种、规格列成钢筋明细表,并读出钢筋设计尺寸,然后计算钢筋的下料长度,并汇总编制钢筋配料单。

在配料单中,要反映出钢筋所用部位、钢筋编号、钢筋简图和尺寸、钢筋直径、数量和下料长度等。

根据钢筋配料单,应将每一编号的钢筋制作成一块料牌,作为钢筋加工的依据,见图 5-90。

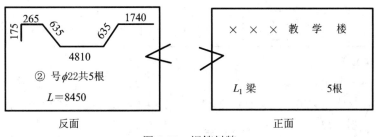

图 5-90 钢筋料牌

【例 5-1】 某建筑物简支梁 L_1 配筋如图 5-91、图 5-92 所示，试计算钢筋下料长度并编制钢筋配料单。(钢筋保护层厚度取 25 mm，共有 10 根 L_1 梁)

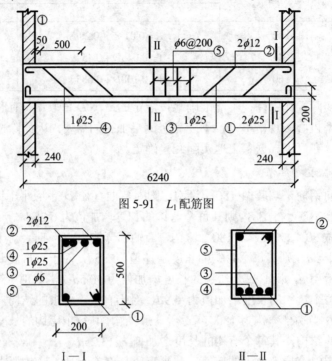

图 5-91 L_1 配筋图

图 5-92 梁断面图

解 (1) 绘出各种钢筋简图(见表 5-12)。

表 5-12 钢 筋 配 料 单

构件名称	钢筋编号	简图	品种	直径/mm	下料长度/mm	单根根数	合计根数	质量/kg
L₁ 梁(共 10 根)	①	200 ⌐ 6190 ⌐	ϕ	25	6790	2	20	523.75
	②	6190	ϕ	12	6340	2	20	112.60
	③	765 / 619 3784	ϕ	25	6815	1	10	262.80
	④	265 / 619 4784	ϕ	25	6815	1	10	262.80
	⑤	150 / 450	ϕ	6	1341	32	320	95.32

(2) 计算钢筋下料长度。

①号钢筋下料长度：

$$(6240 + 2 \times 200 - 2 \times 25) - 2 \times 1175 \times 25 + 2 \times 6.25 \times 25 = 6790(\text{mm})$$

②号钢筋下料长度：

$$6240 - 2 \times 25 + 2 \times 6.25 \times 12 = 6340(\text{mm})$$

③号弯起钢筋下料长度：

上直段钢筋长度 $= 240 + 50 + 500 - 25 = 765(\text{mm})$

斜段钢筋长度 $= (500 - 2 \times 25 - 2 \times 6) \times 1.414 = 619(\text{mm})$

中间直段长度 $= 6240 - 2 \times (240 + 50 + 500 + 438) = 3784(\text{mm})$

下料长度 $= (765 + 619) \times 2 + 3784 - 4 \times 0.55 \times 25 + 2 \times 6.25 \times 25 = 6810(\text{mm})$

④号钢筋下料长度：

上直段钢筋长度 $= 240 + 50 - 25 = 265(\text{mm})$

斜段钢筋长度 $= (500 - 2 \times 25 - 2 \times 6) \times 1.414 = 619(\text{mm})$

中间直段长度 $= 6240 - 2 \times (240 + 50 + 438) = 4784(\text{mm})$

下料长度 $= (265 + 619) \times 2 + 4784 - 4 \times 0.55 \times 25 + 2 \times 6.25 \times 25 = 6810(\text{mm})$

⑤号箍筋下料长度：

宽度 $200 - 2 \times 25 = 150(\text{mm})$

高度 $500 - 2 \times 25 = 450(\text{mm})$

下料长度 $= (150 + 450) \times 2 - 3 \times 1.75 \times 6 + 2 \times 1.9 \times 6 + 2 \times 75 = 1341(\text{mm})$

3. 钢筋代换

当施工中遇到钢筋品种或规格与设计要求不符时，可参照以下原则进行钢筋代换。

1) 等强度代换方法

当构件配筋受强度控制时，可按代换前后强度相等的原则代换，称作"等强度代换"。例如：设计图中所用的钢筋设计强度为 f_{y1}，钢筋总面积为 A_{s1}，代换后的钢筋设计强度为 f_{y2}，钢筋总面积为 A_{s2}，则应满足：$A_{s1} \cdot f_{y1} \leqslant A_{s2} \cdot f_{y2}$。

2) 等面积代换方法

当构件按最小配筋率配筋时，可按代换前后面积相等的原则进行代换，称"等面积代换"。代换时应满足要求：$A_{s1} \leqslant A_{s2}$。

3) 按裂缝宽度或挠度验算结果代换

当构件配筋受裂缝宽度或挠度控制时，代换后应进行裂缝宽度或挠度验算。

4) 代换注意事项

钢筋代换时，应办理设计变更文件，并应符合下列规定：

(1) 对抗裂性能要求高的构件，不宜用光面钢筋代换变形钢筋。

(2) 钢筋代换后，应满足混凝土结构设计规范中所规定的钢筋间距、锚固长度、最小钢筋直径、根数等配筋构造要求。

(3) 梁的纵向受力钢筋与弯起钢筋应分别代换，以保证正截面与斜截面强度。

(4) 对于有抗震要求的梁、柱和框架，不宜以强度等级较高的钢筋代换原设计中的钢筋，如必须代换时，其代换的钢筋检验所得的实际强度，应符合抗震钢筋的要求。

(5) 预制构件的吊环，必须采用未经冷拉的热轧光圆钢筋制作，严禁以其他钢筋代换。

(6) 当构件受裂缝宽度或挠度控制时，钢筋代换后应进行刚度、裂缝验算。

【例 5-2】　某墙体设计配筋为 $\phi14@200$，施工现场现无此钢筋，拟用 $\phi12$ 钢筋代换，试计算代换后每米几根。

解 因为代换前后所用钢筋的强度相同，因此采用等面积代换。

代换前墙体每米设计配筋的根数为：

$$n_1 = \frac{1000}{200} + 1 = 6 \text{ (根)}$$

代换后墙体每米所用钢筋的根数为：

$$n_2 \geq n_1 \frac{d_1^2}{d_2^2} = 6 \times \frac{14^2}{12^2} = 8.2 \text{ (根)}$$

取 $n_2 = 9$ 根，即代换后每米配置 9 根 $\phi 12$ 的钢筋。

5.3 混凝土工程

5.3.1 混凝土的制备

混凝土工程施工包括混凝土制备、运输、浇筑、养护等施工过程，各施工过程既紧密联系又相互影响，任何一个施工过程处理不当都会影响混凝土的最终质量，因此，要求混凝土构件不仅应有正确的外形，而且要获得良好的强度、密实度和整体性。

1. 混凝土的原材料

混凝土由水泥、砂、石子、水、外加剂及外掺料等组成。

1) 水泥

水泥的品种和成分不同时，其凝结时间、早期强度、水化热和吸水性等性能也不相同，应按适用范围选用。在普通气候环境或干燥环境下的混凝土、严寒地区的露天混凝土应优先选用普通硅酸盐水泥；高强混凝土(大于 C40)、要求快硬的混凝土、有耐磨要求的混凝土应优先选用硅酸盐水泥；高温环境或水下混凝土应优先选用矿渣硅酸盐水泥；厚大体积的混凝土应优先选用粉煤灰硅酸盐水泥或矿渣硅酸盐水泥；有抗渗要求的混凝土应优先选用普通硅酸盐水泥或火山灰质硅酸盐水泥；有耐磨要求的混凝土应优先选用普通硅酸盐水泥或硅酸盐水泥。

对于钢筋混凝土结构和预应力混凝土结构，严禁使用含氯化物的水泥。

水泥进场前应对其品种、级别、包装、出厂日期等进行检查，并对其强度、安定性等指标进行复检，其质量必须符合国家标准，对于安定性不合格的水泥不能使用。

入库的水泥应按品种、标号、出厂日期分别堆放，并挂牌标识，做到先进先用，不同品种的水泥不得混掺使用。水泥应在地面上架空 150～200 mm，以防水泥受潮；袋装水泥堆高不超过 10 包，堆宽以 5～10 包为限。

2) 砂

混凝土用砂以细度模数为 2.5～3.5 的中粗砂最为合适，当混凝土强度等级高于或等于 C30 时(或有抗冻、抗渗要求)，含泥量不得大于 3%；当混凝土强度等级低于 C30 时，含泥量不大于 5%。

当采用人工砂拌制混凝土时，应满足《人工砂混凝土应用技术规程》(JGJ/T241)的规定。

3) 石子

混凝土中常用的石子有卵石和碎石。卵石混凝土水泥用量少，强度偏低；碎石混凝土水泥用量大，强度较高。

石子的颗粒级配应优先采用连续级配，石子的级配越好，其空隙率及总表面积越小，这样不仅节约水泥，其混凝土的和易性、密实性和强度也较高。

当混凝土强度等级高于或等于 C30 时，石子中的含泥量小于等于 1.0%；当混凝土强度等级低于 C30 时，其含泥量小于等于 2.0%(泥块含量按重量计)。

在级配合适的情况下，石子的粒径越大，对节约水泥、提高混凝土强度和密实性的好处也越大，但由于结构断面、钢筋间距及施工条件的限制，石子的最大粒径不得超过结构截面最小尺寸的 1/4，且不得超过钢筋最小净距的 3/4；对混凝土实心板不得超过板厚的 1/3，且最大不超过 40 mm(机拌)；任何情况下石子的最大粒径机械拌制不超过 150 mm，人工拌制不超过 80 mm。

4) 水

拌制混凝土宜采用饮用水，当采用其他水源时，水质应符合国家标准《混凝土拌和用水标准》(JGJ 63)的规定。污水、工艺废水不得用于混凝土中，海水也不得用来拌制配筋结构的混凝土。

5) 外加剂

为改善混凝土的性能，提高其经济效果，以适应新结构、新技术的需要，外加剂已经成为混凝土的重要组成部分，混凝土中掺外加剂的质量应符合现行国家标准《混凝土外加剂》(GB8076)、《混凝土外加剂应用技术规程》(GB 50119)等和有关环境保护的规定。常用的外加剂主要有：

减水剂：减水剂是一种表面活性材料，它能显著减少拌和用水量，降低水灰比，改善和易性，增加流动性，节约水泥，有利于混凝土强度的增长及其物理性能的改善，尤其适用于大体积混凝土、防水混凝土、泵送混凝土等。

早强剂：早强剂能加速混凝土的硬化过程，提高早期强度，加快工程进度。其中，三乙醇胺及其复合早强剂的应用较为普遍。有的早强剂(氯盐)对钢筋有锈蚀作用，在配筋结构中使用时其掺量不大于水泥重量的 1%，并禁止用于预应力结构和大体积混凝土。

速凝剂：速凝剂起加速水泥的凝结硬化作用，用于快速施工、堵漏、喷射混凝土等。

缓凝剂：缓凝剂能延长混凝土从塑性状态转化到固体状态所需的时间，并对后期强度无影响。主要用于大体积混凝土、气候炎热地区的混凝土工程和长距离输送的混凝土。

膨胀剂：膨胀剂能使混凝土在水化过程中产生一定的体积膨胀。膨胀剂可配制补偿收缩混凝土、填充用膨胀混凝土和自应力混凝土。

防水剂：防水剂用于配制防水混凝土。用水玻璃配制的混凝土不但能防水，还有很大的黏结力和速凝作用，用于修补工程和堵塞漏水有很好效果。

抗冻剂：在一定负温条件下，抗冻剂能保持混凝土水分不受冻结，并能促使其凝结、硬化。如亚硝酸钠与硫酸盐复合剂，能适用于 −10℃ 环境下施工。

加气剂：在混凝土中掺入加气剂，能产生大量微小、密闭的气泡，既能改善混凝土的和易性、减小用水量、提高抗渗、抗冻性能，又能减轻自重，增加保温隔热性能。加气混凝土是现代建筑常用的隔热、隔声墙体材料。

混凝土外加剂使用前应检查产品合格证、出厂检验报告，并按进场的批次和产品抽样检验方案复检，其质量和应用技术应符合现行国家标准和技术规程。

6) 外掺料

采用硅酸盐水泥或普通硅酸盐水泥拌制混凝土时，为节约水泥和改善混凝土的工作性能，可掺用一定的混合材料，称之为外掺料，一般为当地的工业废料或廉价地方材料。外掺料质量应符合国家现行标准的规定，其掺量应经试验确定。例如，在混凝土中掺入适量粉煤灰既可节约水泥、改善和易性，还可降低水化热、改善混凝土的耐高温、抗腐蚀等方面的性能；掺入适量火山灰既可替代部分水泥，又可提高混凝土抗海水、硫酸盐等侵蚀的能力。

2. 混凝土的和易性

混凝土的和易性及强度是衡量混凝土质量的两个主要指标。

1) 混凝土的和易性

和易性是指混凝土在搅拌、运输、浇筑等施工过程中保持成分均匀、不分层离析，成型后混凝土密实均匀的性能。它包括流动性、粘聚性和保水性三方面的性能。

和易性好的混凝土，易于搅拌均匀，运输和浇筑时不易发生离析泌水现象，捣实时流动性大，易于捣实，成型后混凝土内部质地均匀密实，有利于保证混凝土的强度与耐久性。和易性不好的混凝土，施工操作困难，质量难以保证。

2) 混凝土和易性指标及测定

根据对和易性的需求不同，混凝土有塑性混凝土和干硬性混凝土之分。塑性混凝土的和易性一般用坍落度测定，干硬性混凝土则用工作度试验确定。各种混凝土的和易性指标见表5-13。

表 5-13　混凝土的和易性指标

混凝土名称	坍落度/mm	工作度/s
流动性混凝土	50～80	5～10
低流动性混凝土	10～30	15～30
干硬性混凝土	0	30～180

坍落度测定主要反映混凝土在自重作用下的流动性，以目测和经验评定其粘聚性和保水性，采用坍落度筒测定，见图5-93。

坍落度筒提起后无稀浆或只有少量稀浆自底部析出，则此混凝土保水性良好。用振捣棒在已坍落的锥体一侧轻轻敲打，如锥体慢慢下沉，则表示其粘聚性良好，如锥体突然倒塌、部分崩裂或发生离析现象，则表示其粘聚性不好。

当坍落度筒提起后有较多的稀浆从底部析出，锥体部分的混凝土也因失浆而骨料外露，则此混凝土保

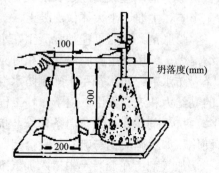

图 5-93　塌落度的测定示意图

水性差。

3) 影响混凝土和易性的因素

(1) 水泥的影响。水泥颗粒越细，混凝土的粘聚性和保水性越好，如硅酸盐水泥和普通硅酸盐水泥的和易性比火山灰水泥、矿渣水泥好。在水灰比相同的情况下，水泥用量越大，则和易性越好。

(2) 用水量的影响。在混凝土拌和物中，骨料本身是没有流动性的，混凝土拌和物的流动性来自于水泥浆。

在保持水泥用量不变的情况下，减少拌合用水量，则水泥浆变稠，流动性变小，混凝土的粘聚性也变差，混凝土难以成型密实。反之若加水过多，则水灰比会过大，会导致水泥浆过稀，将产生严重的分层离析和泌水现象，并严重影响混凝土的强度和耐久性。

(3) 砂率的影响。砂率是指混凝土中砂的质量占砂石总质量的百分率。若砂率过大，水泥浆被表面积比较大的砂粒所吸附，则流动性减小；砂率过小，砂子的体积不足以填满石子间的空隙，石子间没有足够的砂浆润滑层，会使混凝土拌合物的流动性、粘聚性和保水性变差，甚至发生混凝土骨料离析、崩散现象。

(4) 骨料性质的影响。用卵石和河砂拌制的混凝土拌合物，其流动性比碎石和山砂拌制的好，用级配好的骨料拌制的混凝土拌合物其和易性比较好。

(5) 外加剂的影响。混凝土拌合物掺入减水剂或引气剂，流动性会明显提高。引气剂还可有效改善混凝土拌合物的粘聚性和保水性，也对硬化混凝土的强度与耐久性起着十分有利的作用。

3. 混凝土的强度

混凝土以立方体抗压强度作为控制和评定其质量的主要指标。混凝土立方体抗压强度是指边长为 150 mm 的立方体试件在标准条件下(温度 20±3℃、相对湿度≥90%)养护 28 天后，按标准试验方法测得，据此来划分混凝土强度等级。

影响混凝土强度的因素有：

(1) 水泥强度。在相同条件下，所用水泥强度等级越高，混凝土的强度也就越高；反之，强度越低。

(2) 水灰比。混凝土在硬化过程中，和水泥起水化作用的水只占水泥质量的 15%～20%，其余的水是为了满足混凝土流动性的需要。水泥石在水化过程中的孔隙率取决于水灰比，如果水灰比大，则水泥浆中多余的水在混凝土中呈游离状态，硬化时会形成许多小孔降低混凝土的密实度，从而降低混凝土强度。当混凝土混合料能被充分捣实时，混凝土的强度随水灰比的降低而提高。

(3) 混凝土的振捣。浇筑混凝土时，充分捣实才能得到密实度大、强度高的混凝土。对于干硬性混凝土，可利用强力振捣、加压振捣等振捣条件提高混凝土强度。塑性混凝土则不宜利用振捣条件提高混凝土强度，过振会使混凝土产生离析泌水现象，强度降低。

(4) 粗骨料的尺寸与级配。当水泥用量和稠度一定时，较大的骨料粒径其表面积小，所需拌和水较少，较大骨料趋于形成微裂缝的弱过渡区，含较大骨料粒径混凝土拌和物比含较小粒径的强度小。

粗骨料级配良好比未采用连续级配的混凝土强度高。

碎石表面比卵石表面粗糙，它与水泥砂浆的粘结性比卵石强，当水灰比相等或配合比相同时，碎石配制的混凝土强度比卵石高。

(5) 混凝土的养护。混凝土强度与养护温度、湿度有关。当湿度合适时，在 4℃～40℃范围内，温度愈高，水泥水化作用愈快，其强度发展也愈快；反之则愈慢。当温度低于 0℃时，混凝土强度停止发展，甚至因冻胀而破坏。

混凝土浇筑后在一定时间内必须保持足够的湿度，否则，混凝土会因失水而干燥，而且因水化作用未能充分完成，会造成混凝土内部结构疏松，表面出现干缩裂缝。养护湿度是混凝土强度正常增长的必要条件。

(6) 混凝土的龄期。混凝土的强度随着龄期的增长而逐渐提高，在正常养护条件下，混凝土在最初的 7～14 天内发展较快，以后逐渐趋缓，28 天会达到设计强度等级，此后强度增长过程可延续数十年。

4. 混凝土的施工配料

施工配料是按现场使用搅拌机的装料容量进行搅拌一次(盘)的装料数量计算的，它是保证混凝土质量的重要环节之一。影响施工配料的因素主要有两个，一是原材料的过秤计量，二是砂石骨料要按实际含水率进行施工配合比的换算。

1) 原材料计量

混凝土配制前要严格控制混凝土配合比，严格对每盘混凝土的原材料过秤计量。每盘称量允许偏差为：水泥及掺合料 ±2%，砂石 ±3%，水及外加剂 ±2%。衡器应定期校验，雨天应增加砂石含水率的检测次数。

2) 施工配合比的换算

混凝土的配合比是在实验室根据初步计算的配合比经过试配和调整而确定的，称为实验室配合比。确定实验室配合比所用的砂、石都是干燥的，而施工现场使用的砂、石都具有一定的含水率，并且含水率大小随季节、气候不断变化。如果不考虑现场砂、石含水率，还按实验室配合比投料，其结果是改变了实际砂、石的用量和用水量，但会造成各种原材料用量的实际比例不符合原来的配合比的要求。

为保证混凝土工程质量，在施工时要按砂、石实际含水率对原配合比进行修正，称为施工配合比。

假定实验室配合比为

$$水泥：砂：石 = 1：x：y$$

现场测得砂含水率为 Wx，石子含水率为 Wy，则施工配合比为

$$水泥：砂：石 = 1：x \cdot (1 + Wx)：y \cdot (1 + Wy)$$

按实验室配合比 1 m³ 混凝土水泥用量为 C(kg)，计算时确保水灰比 W/C(W 为用水量)不变，则换算后材料用量为

水泥：$C' = C$；

砂：$C_砂 = Cx \cdot (1 + Wx)$；

石：$C_石 = Cy \cdot (1 + Wy)$；

水：$W' = W - Cx \cdot Wx - Cy \cdot Wy$。

【例 5-3】 已知 C20 混凝土的试验室配合比为 $1:2.55:5.12$，水灰比为 0.65，经测定砂的含水率为 3%，石子的含水率为 1%，每 $1\ m^3$ 混凝土的水泥用量 310 kg。试计算施工配合比和每 $1\ m^3$ 混凝土中各种材料的用量。

解　施工配合比为：

$$1:2.55\times(1+3\%):5.12\times(1+1\%)=1:2.63:5.17$$

则每 $1\ m^3$ 混凝土中各材料用量为：

水泥：310 kg；

砂子：$310\times2.63=815.3$ kg；

石子：$310\times5.17=1602.7$ kg；

水：$310\times0.65-310\times2.55\times3\%-310\times5.12\times1\%=161.9$ kg。

3) 施工配料

施工中往往以一袋或两袋水泥为下料单位，每搅拌一次叫做一盘。因此，求出每 $1\ m^3$ 混凝土的材料用量后，还必须根据工地现有搅拌机出料容量确定每次需用几袋水泥，然后按水泥用量算出砂、石子的每盘用量。

例 5-3 中，如采用 JZ250 型搅拌机，出料容量为 0.25 m^3，则每搅拌一次的装料数量为：

水泥：$310\times0.25=77.5$ kg (取一袋半水泥，即 75 kg)；

砂子：$75\times2.63=197.25$ kg；

石子：$75\times5.17=387.75$ kg；

水：$75\times(0.65-2.55\times3\%-5.12\times1\%)=39.17$ kg。

4) 配料机配料

配料机是一种与混凝土搅拌机配套使用的自动配料设备，可根据设计的混凝土配合比自动完成砂、石等 2～4 种物料的配制，见图 5-94，具有称量准确、配料精度高、速度快、控制功能强、操作简便等优点。

图 5-94　PL1200 型混凝土配料机(三仓)

5) 泵送混凝土的配合比要求

泵送混凝土的水泥用量不宜小于 300 kg/m³，水灰比不宜大于 0.6，掺用引气型减水剂时，混凝土含气量不宜大于 4%。

水泥不宜采用火山灰水泥，砂宜采用中砂，砂率宜控制在 35%～45%。

粗骨料的最大粒径与输送管径之比：泵送高度在 50 m 以下时，碎石不大于 1:3，卵石不大于 1:2.5；泵送高度在 50～100 m 时，碎石不大于 1:4，卵石不大于 1:3；泵送高度在 100 m 以上时，碎石不大于 1:5，卵石不大于 1:4，以免堵管。

混凝土入泵时的坍落度应符合专门的要求，一般不小于 80 mm。

5.3.2　混凝土搅拌

混凝土的搅拌是指将水、水泥和粗细骨料进行均匀拌和及混合的过程。同时，通过搅拌还要使材料达到强化、塑化的作用。

1. 搅拌机械的选择

混凝土的制备方法，除零星分散且用于非重要部位的可采用人工拌制外，其他均应采用机械搅拌。混凝土搅拌机按其搅拌原理分为自落式搅拌机(见图 5-95)和强制式搅拌机(见图 5-96)两类。

图 5-95　自落式混凝土搅拌机

图 5-96　强制式混凝土搅拌机

1) 自落式搅拌机

自落式搅拌机搅拌时，混凝土拌合料在鼓筒内作自由落体式翻转搅拌，多用于搅拌塑性混凝土和低流动性混凝土。自落式搅拌机搅拌力量小、动力消耗大、效率低，正日益被强制式搅拌机所取代。

2) 强制式搅拌机

强制式搅拌机有立轴和卧轴(见图 5-97)两种，卧轴式有单轴、双轴之分，而立轴式又分为涡浆式和行星式。强制式搅拌机搅拌时，混凝土拌合料搅拌作用强烈，适宜搅拌干硬性混凝土和轻骨料混凝土，具有搅拌质量好、速度快、生产效率高、操作简便安全的优点，但机件磨损较严重。

图 5-97　卧轴式强制混凝土搅拌机叶片

立轴式强制搅拌机不宜用于搅拌流动性大的混凝土，而卧轴式搅拌机具有适用范围广、搅拌时间短、搅拌质量好等优点，是大力推广的机型。

图 5-98　混凝土搅拌站

3) 大型混凝土搅拌站

混凝土的现场拌制已属于限制技术，在规模大、工期长的工程中设置半永久性的大型搅拌站是发展方向。将混凝土集中在有自动计量装置的混凝土搅拌站(见图 5-98)集中拌制，用混凝土运输车向施工现场供应商品混凝土，有利于实现建筑工业化、提高混凝土质量、节约原材料和能源、减少现场和城市环境污染、提高劳动生产率。

4) 选择搅拌机的注意事项

选择搅拌机时，要根据工程量的大小、混凝土的坍落度、骨料尺寸等而定，既要满足技术要求，又要考虑经济效率和能源的节约。施工现场常用搅拌机的规格(容量)为 250～1000 L。

2. 混凝土搅拌制度的确定

为了获得质量优良的混凝土拌合物，除正确选择混凝土搅拌机外，还必须正确制订混凝土搅拌制度，即装料容量、搅拌时间和投料顺序等。

1) 搅拌机的装料容量

搅拌机容量有几何容量、进料容量和出料容量三种标示。几何容量指搅拌筒内的几何容积，进料容量是指搅拌前搅拌筒可容纳的各种原材料的累计体积，出料容量是每次从搅拌筒内可卸出的最大混凝土体积。

为保证混凝土得到充分的拌和，装料容量通常是搅拌机几何容量的 1/2～1/3，出料容量约为装料容量的 0.55～0.72(称为出料系数)。

2) 搅拌时间

搅拌时间是指从原材料全部投入搅拌筒起，到混凝土拌和物开始卸出为止所经历的时间，它与搅拌质量密切相关。搅拌时间过短，混凝土拌和不均匀，强度及和易性将下降；搅拌时间过长，不但降低搅拌的生产效率，同时会使不坚硬的粗骨料在大容量搅拌机中因脱角、破碎等而影响混凝土的质量，且会降低混凝土的和易性或产生分层离析现象，加气混凝土还会因搅拌时间过长而使含气量下降。混凝土搅拌的最短时间可查表 5-14。

表 5-14　混凝土搅拌的最短时间

混凝土坍落度/mm	搅拌机机型	最短时间/s		
		搅拌机容量 < 250 L	250～500 L	> 500 L
≤30	自落式	90	120	150
	强制式	60	90	120
>30	自落式	90	90	120
	强制式	60	60	90

注：(1) 当掺有外加剂时，搅拌时间应适当延长；

(2) 全轻混凝土、砂轻混凝土搅拌时间应延长 60～90 s。

3) 投料顺序

投料顺序应根据提高搅拌质量，减少叶片、衬板的磨损，减少拌合物与搅拌筒的粘结，减少水泥飞扬，改善工作环境，提高混凝土强度及节约水泥等方面综合考虑确定。常用的有一次投料法、二次投料法和水泥裹砂法等。

(1) 一次投料法。

一次投料法是在料斗中先装石子，再加水泥和砂，将水泥夹于砂与石子之间，一次投入搅拌机。

(2) 二次投料法。

二次投料法分两次加水、两次搅拌。搅拌时先将全部的石子、砂和 70% 的拌合水倒入搅拌机，先拌合 15 秒使骨料湿润，再倒入全部水泥搅拌 30 秒左右，最后加入剩余 30% 的拌合水进行糊化搅拌 60 秒左右完成。与普通搅拌工艺相比，二次投料法可使混凝土强度提高 10%～20%，或节约水泥 5%～10%。

(3) 水泥裹砂法。

水泥裹砂法又称 SEC 法，先加适量的水使砂表面湿润，再加石子与湿砂拌匀，然后将全部水泥投入与砂石共同拌合，使水泥在砂石表面形成一层低水灰比的水泥浆壳，最后将剩余的水和外加剂加入搅拌成混凝土。

SEC 法制备的混凝土与一次投料法相比，强度可提高 20%～30%，混凝土不易产生离析和泌水现象，工作性好。

跟水泥裹砂法相类似的投料方法还有净浆法、净浆裹石法、裹砂法、先拌砂浆法等投料工艺。

3. 混凝土搅拌的注意事项

混凝土配合比必须在搅拌站旁挂牌公示，接受监督和检查。

严格控制施工配合比，砂、石必须严格过磅；严格控制水灰比和坍落度，未经试验人员同意不得随意加减用水量。

混凝土掺用外加剂时，外加剂应与水泥同时进入搅拌机，搅拌时间相应延长 50%～100%；当外加剂为粉状时，应先用水稀释，然后与水一同加入。

在混凝土搅拌前，搅拌机应加适量的水运转，使搅拌筒表面润湿，然后将多余水排干。在搅拌第一盘混凝土前，考虑到筒壁上黏附砂浆的损失，只加规定石子重量的一半，俗称"减半石混凝土"。

搅拌好的混凝土要基本卸尽，在全部混凝土卸出之前不得再投入拌合料。严禁采用边出料边进料的方法。

当混凝土搅拌完毕或预计停歇时间超过 1 小时以上时，应将搅拌机内余料倒出，倒入石子和清水，搅拌 5～10 分钟，把粘在料筒上的砂浆冲洗干净后全部卸出。料筒内不得有积水，以免料筒和叶片生锈。

每班至少应分两次检查材料的质量及每盘的用量，以确保工程质量。

5.3.3　混凝土运输

混凝土由拌制地点运至浇筑地点称为混凝土的运输。

1. 混凝土运输的要求

应保证混凝土的浇筑量，在不允许留施工缝的情况下，混凝土运输须保证浇筑工作能连续进行，应按混凝土的最大浇筑量来选择混凝土运输方法及运输设备的型号和数量。

应保证混凝土在初凝前浇筑完毕，以最短的时间和最少的转换次数将混凝土从搅拌地点运至浇筑地点。混凝土从搅拌机卸出后到振捣完毕的延续时间见表 5-15。

应保证混凝土在运输过程中的均匀性，避免产生分层离析、水泥浆流失、坍落度变化以及产生初凝现象。

表 5-15　混凝土从搅拌机卸出后到浇筑完毕的延续时间　　　　min

混凝土强度等级	气　　候	
	≤ 25℃	>25℃
≤ C30	120	90
> C30	90	60

注：(1) 掺用外加剂或采用快硬水泥拌制混凝土时，应按试验确定；

　　(2) 轻骨料混凝土的运输、浇筑延续时间应适当缩短。

2. 混凝土的运输方法及运输工具

混凝土运输分为水平运输和垂直运输两种情况。混凝土运输工具应不吸水、不漏浆、方便快捷。

1) 混凝土水平运输

混凝土地面运输工具分为间歇式运输机具和连续式运输机具。间歇式运输机具有手推车(见图 5-99、图 5-100)、机动翻斗车(见图 5-101、图 5-102)、自卸汽车、搅拌运输车(见图 5-103)；连续式运输机具有皮带运输机、混凝土输送泵等。

图 5-99　独轮手推车

图 5-100　双轮手推车

图 5-101　小型机动翻斗车

图 5-102　重载型液压翻斗车

图 5-103　混凝土搅拌运输车

手推车、机动翻斗车适用于运输距离短、运输工程量不大的混凝土；混凝土输送泵适用于水平距离在 1500 m 内、需连续进行的混凝土输送；混凝土搅拌运输车适用于建有混凝土集中搅拌站的城市内混凝土输送；自卸汽车适用于长距离的混凝土输送。

混凝土搅拌运输车是一种长距离输送混凝土的高效机械，容量一般为 6～12 m³。运输途中搅拌筒以 2～4 r/min 的转速搅动筒内混凝土拌合料，以保证混凝土在长途运输中不致离析。在远距离运输时可将混凝土干料装入筒内，在运输途中加水搅拌。

2) 混凝土垂直运输

混凝土垂直运输机具主要有各类井架、提升机、塔吊和混凝土输送泵等。采用塔式起重机时，可考虑将混凝土搅拌机布置在塔吊工作半径内，将混凝土直接卸入吊斗内，垂直提升后直接倾入混凝土浇筑点。

3) 混凝土泵运输

混凝土泵运输又称泵送混凝土，它是利用混凝土泵的压力将混凝土通过管道输送到浇筑地点，可一次完成水平及垂直输送，是一种高效的混凝土运输和浇筑机具。

泵送混凝土设备有混凝土输送泵、输送管及布料装置。

混凝土输送泵可分为拖式泵(固定式泵)和车载泵(移动式泵)二大类。混凝土拖式输送泵(见图 5-104)适合高层建(构)筑物的混凝土水平及垂直输送。车载式混凝土输送泵(见图 5-105)转场方便快捷，占地面积小，能有效减轻施工人员的劳动强度，提高生产效率，尤其适合设备租赁企业使用。

图 5-104　拖式混凝土输送泵

图 5-105　混凝土泵车

　　混凝土输送管有直管(见图 5-106)、弯管(见图 5-107)、锥形管和浇筑软管(见图 5-108)等,直管、弯管、锥形管可采用钢管,浇筑软管可采用橡胶与螺旋形弹性金属管,管的连接可采用管卡(见图 5-109)。管径的选择应根据混凝土骨料的最大粒径、输送距离、输送高度及其他施工条件决定,直管直径一般为 110 mm、125 mm、150 mm,标准管长 3 m,也有 2 m、1 m 的配管;弯管的角度有 90°、45°、30°、15° 等;锥形管长度一般为 1.0 m,用于两种不同管径输送管的连接;软管接在管道出口处,在不移动干管的情况下,可扩大布料范围。

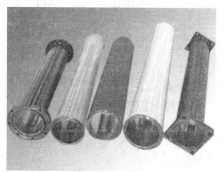

图 5-106　直管

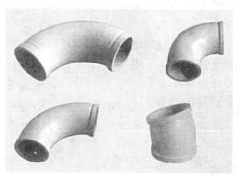

图 5-107　弯管

图 5-108　浇筑软管

图 5-109　输送管卡

　　混凝土泵连续输送的混凝土量很大,为使输送的混凝土直接浇筑到模板内,应设置具有输送和布料两种功能的布料装置,称之为布料杆。布料杆应根据工地的实际情况和条件来选择,并设置在合适位置。布料杆有固定式、内爬式(见图 5-110)、移动式、船用式、塔式(见图 5-111)等。

图 5-110　内爬式布料杆

图 5-111　塔式布料机

泵送混凝土时，应保证混凝土的供应能满足泵连续工作；输送管线宜直、转弯宜缓、接头要严密；泵送前先用适量的水泥砂浆润湿管道内壁，在泵送结束或预计泵送间隙时间超过 45 min 时，应及时把残留在混凝土缸体和输送管内混凝土清洗干净。

3. 混凝土运输的注意事项

尽可能使运输线路短直，道路平坦，车辆行驶平稳，减少运输时的振荡，避免运输的时间和距离过长、转运次数过多。

混凝土容器应平整光洁、不吸水、不漏浆，装料前应用水湿润，炎热气候或风雨天气时宜加盖，防止水分蒸发或进水，冬季要考虑保温措施。

运至浇筑地点的混凝土发现有离析或初凝现象时需二次搅拌均匀后方可入模，已凝结的混凝土应报废，不得用于工程中。

溜槽运输的坡度不宜大于 30°，混凝土移动速度不宜大于 1 m/s。如溜槽的坡度太小、混凝土移动太慢，可在溜槽底部加装小型振动器；当溜槽太斜或用皮带运输机运输，混凝土移动速度太快时，可在末端设置串筒或挡板，以保证垂直下落和落差高度。

5.3.4 混凝土浇筑与捣实

混凝土的浇筑与捣实是混凝土工程施工的关键工序，直接影响混凝土的质量和整体性。

1. 混凝土浇筑前的准备工作

检查模板的标高、位置及严密性和支架的强度、刚度、稳定性，清理模板内垃圾、泥土、积水和钢筋上的油污，高温天气模板宜浇水湿润。

检查钢筋的规格、数量、位置、接头和保护层厚度是否正确。

做好预留预埋管线的检查和验收，材料、机具的准备和检查等。

做好施工组织和技术、安全交底工作；填写隐蔽工程记录。

2. 混凝土浇筑的一般要求

混凝土浇筑前不应发生初凝和离析现象，如果已经发生，则应再进行一次强力搅拌方可入模。

混凝土浇筑时的自由倾落高度，对于素混凝土或少筋混凝土，由料斗、漏斗进行浇筑时，倾落高度不超过 2 m；对竖向结构(柱、墙)倾落高度不超过 3 m；对于配筋较密或不便于捣实的结构倾落高度不超过 600 mm。否则应采用串筒、溜槽和振动串筒下料，以防产生离析。

浇筑竖向结构混凝土前，底部应先浇入 50～100 mm 厚与混凝土成分相同的水泥砂浆，以避免产生蜂窝、麻面及烂根现象。

混凝土浇筑时的坍落度应满足表 5-16 的要求。

为了使混凝土振捣密实，混凝土必须分层浇筑，每层浇筑厚度与捣实方法、结构的配筋情况有关，应符合表 5-17 的规定。

混凝土浇筑应连续进行，由于技术或施工组织上的原因必须间歇时，其间歇时间应尽可能短，并在下层混凝土未凝结前，将上层混凝土浇筑完毕。混凝土运输、浇筑及间隙的全部不得超过表 5-18 的允许间歇时间，当超过时，应按留置施工缝处理。

混凝土在初凝后、终凝前应防止振动，当混凝土抗压强度达到 1.2 MPa 时才允许在上面继续进行施工活动。

表 5-16　混凝土浇筑时的坍落度　　　　　　　　　mm

项次	结 构 种 类	坍落度
1	基础或地面等的垫层、无配筋的厚大结构(挡土墙、基础或厚大的块体)或配筋稀疏的结构	10~30
2	板、梁及大、中型截面的柱子等	30~60
3	配筋密列的结构(薄壁、斗仓、筒仓、细柱等)	50~70
4	配筋特密的结构	70~90

表 5-17　混凝土浇筑层厚度

项次	捣实混凝土的方法		浇筑层的厚度
1	插入式振捣		振捣器作用部分长度的 1.25 倍
2	表面振动		200
3	人工捣固	在基础、无筋混凝土或配筋稀疏的结构中	250
		在梁、墙板、柱结构中	200
		在配筋密列的结构中	150
4	轻骨料混凝土	插入式振捣器	300
		表面振动(振动时需加荷)	200

表 5-18　混凝土浇筑最大间歇时间表　　　　　　　min

混凝土强度等级	气　温	
	≤25℃	>25℃
C30 及 C30 以下	210	180
C30 以上	180	150

3. 混凝土施工缝的留设

由于施工技术或施工组织的原因，不能连续将结构整体浇筑完成，预计间隙时间将超过规定时间时，应预先选定适当的部位留置施工缝。施工缝宜留在结构受剪力较小且便于施工的部位。

柱子应留水平缝，宜留在基础的顶面、梁或吊车梁牛腿的下面、吊车梁的上面和无梁楼板柱帽的下面，见图 5-112。

和板连成整体的大断面梁，施工缝应留在板底以下 20~30 mm 处；当板下有梁托时，留在梁托下面。

单向板的施工缝可留在平行于板的短边的任何位置。

有主次梁的楼板宜顺着次梁方向浇筑，施工缝应留在次梁跨度的中间 1/3 范围内，见图 5-113。

墙体的施工缝可留在门洞口过梁跨中 1/3 范围内，也可留在纵横墙的交接处。

双向受力楼板、大体积混凝土结构、拱、蓄水池、多层刚架的施工缝应按设计要求留置施工缝。

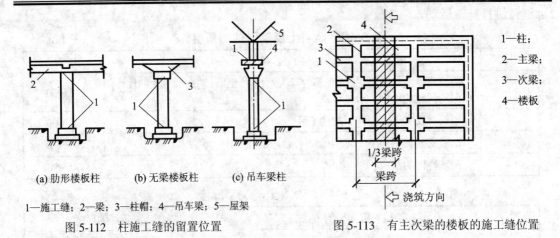

(a) 肋形楼板柱　　(b) 无梁楼板柱　　(c) 吊车梁柱

1—柱；
2—主梁；
3—次梁；
4—楼板

1—施工缝；2—梁；3—柱帽；4—吊车梁；5—屋架

图 5-112　柱施工缝的留置位置　　　　图 5-113　有主次梁的楼板的施工缝位置

4. 施工缝的处理

施工缝处继续浇筑混凝土时，应待混凝土的抗压强度不小于 1.2 MPa 方可进行。

施工缝浇筑混凝土之前，应除去施工缝表面的水泥薄膜、松动石子和软弱的混凝土层，并加以充分湿润和冲洗干净，不得有积水。

浇筑时，施工缝处宜先铺水泥浆(水泥：水 = 1：0.4)，或与混凝土成分相同的水泥砂浆一层，厚度为 30～50 mm，以保证接缝的质量。

浇筑过程中，施工缝应细致捣实，使其紧密结合。

5. 后浇带的施工

后浇带是防止因温度变化和混凝土收缩导致结构产生裂缝的有效措施。后浇带的间距由设计确定，一般为 30 m，宽度一般为 700～1000 mm。

后浇带的保留时间一般为 40 天，最少应为 28 天，施工时，后浇带处的钢筋不宜断开。

后浇带的接口形式有平接式、企口式、台阶式三种，见图 5-114。

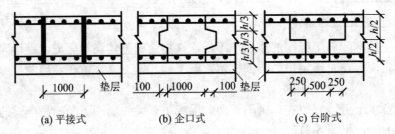

(a) 平接式　　　　　(b) 企口式　　　　　(c) 台阶式

图 5-114　后浇带的接口形式

6. 普通混凝土的浇筑方法

1) 台阶式柱基础混凝土的浇筑

浇筑单阶柱基时可按台阶分层一次浇筑完毕，不允许留设施工缝，每层混凝土应一次卸足，顺序是先边角后中间，务必使混凝土充满模板。

浇筑多阶柱基时为防止垂直交角处出现吊脚(上台阶与下口混凝土脱空)，可在第一级混凝土捣固下沉 20～30 mm 时暂不填平，在继续分层浇筑第二级混凝土时，沿第二级模板底圈将混凝土做成内外坡，外圈边坡的混凝土在第二级混凝土振捣过程中自动摊平，待第二级混凝土浇筑后，将第一级混凝土齐模板顶边拍实抹平，如图 5-115 所示。

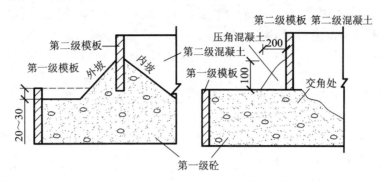

图 5-115　台阶式柱基础混凝土浇筑

2) 柱子混凝土的浇筑

柱子应分段浇筑，每段高度不大于 3.5 m。柱子高度不超过 3 m，可从柱顶直接下料浇筑，超过 3 m 时应采用串筒或在模板侧面开孔分段下料浇筑。

柱子混凝土应一次连续浇筑完毕，若柱与梁、板同时浇筑时，柱浇筑后应停歇 1～1.5 小时，待柱混凝土初步沉实再浇筑梁板混凝土。

浇筑整排柱子时，应由两端由外向里对称顺序浇筑，以防柱模板在横向推力下向一方倾斜。

3) 梁、板混凝土的浇筑

肋形楼板的梁、板应同时浇筑，浇筑方法应由一端开始用"赶浆法"，即先将梁根据梁高分层浇筑成阶梯形，当达到板底位置时再与板的混凝土一起浇筑，随着阶梯形不断延长，梁、板混凝土浇筑连续向前推进。

4) 剪力墙混凝土的浇筑

剪力墙应分段浇筑，每段高度不大于 3 m。门窗洞口应两侧对称下料浇筑，以防门窗洞口位移或变形。窗口位置应注意先浇窗台下部，后浇窗间墙，以防窗台位置出现蜂窝孔洞。

7. 大体积混凝土的浇筑方法

大体积混凝土浇筑后水化热量大，水化热积聚在内部不易散发，而混凝土表面又散热很快，会形成较大的内外温差，温差过大易在混凝土表面产生裂纹。在浇筑后期，混凝土内部又会因收缩产生拉应力，当拉应力超过混凝土当时龄期的极限抗拉强度时，就会产生裂缝，严重时会贯穿整个混凝土，因此浇筑大体积混凝土时应制订浇筑方案，见图 5-116。

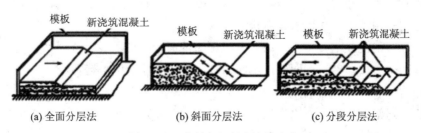

(a) 全面分层法　　　　(b) 斜面分层法　　　　(c) 分段分层法

图 5-116　大体积混凝土浇筑方案

1) 浇筑方案

大体积混凝土浇筑时，往往不允许留施工缝，要求一次连续浇筑。可根据混凝土结构大小、混凝土供应情况采用如下三种方式。

全面分层：即在第一层浇筑完毕后，在初凝前再回头浇筑第二层，施工时从短边开始，沿长边逐层进行。适用于平面尺寸不大的混凝土结构。

分段分层：混凝土从底层开始浇筑，进行 2～3 m 后再回头浇第二层，依次向前浇筑以上各层。适用于厚度不大而面积或长度较大的混凝土结构。

斜面分层：浇筑工作从浇筑层的下端开始，逐渐上移。要求斜坡坡度不大于 1/3，适用于结构长度超过厚度 3 倍的情况。

2) 大体积混凝土施工措施

大体积混凝土施工时，宜优先选用低水化热的水泥，如矿渣水泥、火山灰或粉煤灰水泥；掺缓凝剂或缓凝型减水剂，也可掺入适量粉煤灰等外掺料；采用中粗砂和大粒径、级配良好的石子，尽量减少它的用水量；降低混凝土入模温度，减少浇筑层厚度，降低混凝土浇筑速度，必要时在混凝土内部埋设冷却水管，用循环水来降低混凝土温度；加强混凝土的保湿、保温，在混凝土表面覆盖保温材料养护，以减少混凝土表面的热扩散。

8. 喷射混凝土的施工方法

喷射混凝土利用压缩空气把混凝土由喷射机的喷嘴以较高的速度喷射到结构的表面，

见图 5-117，在隧道、涵洞、竖井等地下建筑物的混凝土支护结构、薄壳结构、喷锚支护结构中有广泛的应用，具有不用模板、施工简单、劳动强度低、施工进度快等优点。

喷射混凝土施工工艺分为干式和湿式两种。混凝土在"微潮"(水灰比 0.1～0.2)状态下输送至喷嘴处加压喷出的为干式；水灰比为 0.45～0.50 时，为湿式。湿式相比于干式喷射混凝土施工，具有施工条件好、混凝土的回弹量小等优点，应用较为广泛。

图 5-117　喷射混凝土施工

1) 材料要求

水泥：应优先选用硅酸盐水泥和普通硅酸盐水泥，强度等级不得低于 32.5。

砂：宜采用质地坚硬、圆滑、洁净及颗粒级配良好的中、粗砂，细度模数为 2.5～3.0，含水量控制在 6%左右。

石子：宜采用坚硬密实、具有足够强度的卵石或碎石，粒径为 5～20 mm。

水：不得使用污水、酸性水、海水。

外加剂：喷射混凝土多掺加速凝剂，以缩短混凝土的初凝及终凝时间，同时为增加流动性，还掺加减水剂。外加剂应根据水泥品种和骨料质地经试验选定。

2) 施工操作要点

喷射机泵送混凝土前，应先将稠度为 100 mm 的白灰膏 40～80 L 泵入管内，以便湿润管路，减少管路磨损，提高工作效率。

管路应尽量缩短，避免弯曲。

当混凝土注满输料管并从枪口喷出时，再加速凝剂，不得提前启动速凝装置，避免污染作业环境。

喷射机在工作过程中，泵压力表的读数不应大于 2 MPa，如发现压力过大或挤压辊轮不转动，说明发生了管路堵塞现象，应立即停机疏通管道。

如果喷射机不能正常工作，并不能及时排堵，应采取压缩空气或其他搭配，将管道内的混凝土疏通清洗干净，严防混凝土在泵口和管道内初凝。

9. 钢管混凝土的施工

钢管混凝土是指将普通混凝土填入薄壁圆型钢管内而形成的组合结构，见图 5-118，可借助内填混凝土增加钢管壁的稳定性，又可借助钢管对核心混凝土的约束作用，使核心混凝土处于三向受压状态，从而使核心混凝土具有更高的抗压强度和抗变形能力，常被用于高层建筑施工中。

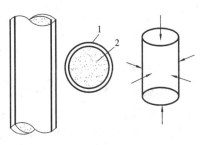

1—钢管；2—混凝土

图 5-118　钢管混凝土

钢管混凝土具有强度高、重量轻、塑性好、耐疲劳、耐冲击等优点，在施工方面它也有一些优点：钢管本身兼做模板，可省去支模和拆模的工作；钢管兼有钢筋和箍筋的作用，且制作钢管比制作钢筋骨架省工省时；钢管混凝土内部没有钢筋，便于混凝土的浇筑和捣实；施工不受混凝土养护时间的影响。

钢管可采用焊接钢管或无缝钢管等，直径不得小于 110 mm，壁厚不宜小于 4 mm，钢管内混凝土强度等级不宜低于 C30。

施工时，混凝土自钢管上口浇筑，见图 5-119，用振捣器振捣，若管径大于 350 mm，可采用附着式振捣器振捣。混凝土浇筑宜连续进行，需留施工缝时，应将管口封闭，以免杂物落入。当浇筑至钢管顶端时，可使混凝土稍微溢出，再将留有排气水的层间横隔板或封顶板紧压在管端，随即进行点焊。待混凝土达到设计强度的 50%时，再将层间横隔板或封顶板按设计要求进行补焊。有时也可将混凝土浇筑至稍低于钢管端部，待混凝土达到设计强度的 50%后，再用同强度等级砂浆填注管口，最后将层间横隔板或封顶板一次施焊到位。

管内混凝土的浇筑质量可用敲击钢管的方法进行初步检查，如有异常，可用超声脉冲技术检测。对不密实的部位，可用钻孔压浆法补强，然后将钻孔补焊封牢。

图 5-119　钢管混凝土柱的施工

10. 混凝土的密实成型

混凝土拌合物浇筑之后，需经密实成型才能赋予混凝土制品或结构一定的外形和内部结构。混凝土的强度、抗渗性、抗冻性、耐久性等都与混凝土的密实成型有关。

混凝土振动密实是通过振动机械将振动能量传递给混凝土拌合物，混凝土拌合物中所有的骨料颗粒都受到强迫振动，呈现出所谓的"重质液体状态"，因而混凝土拌合物中的骨料犹如悬浮在液体中，在其自重作用下向新的稳定位置沉落，排除存在于混凝土拌合物中的气体，消除孔隙，使骨料和水泥浆在模板中得到致密的排列。

振动机械按其工作方式分为内部振动器、表面振动器、外部振动器和振动台，见图5-120。

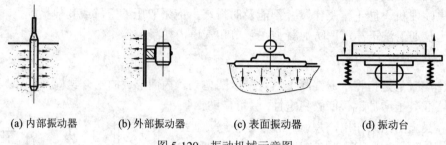

| (a) 内部振动器 | (b) 外部振动器 | (c) 表面振动器 | (d) 振动台 |

图 5-120　振动机械示意图

1) 内部振动器

内部振动器又叫插入式振动器，常用的有振捣棒。坍落度小、骨料粒径小的混凝土可采用高频振捣棒，坍落度大、骨料粒径大的混凝土可采用低频振捣棒。

振捣棒振捣时可采用垂直振捣及斜向振捣，见图5-121。垂直振捣容易掌握插点距离、控制插入深度(不超过振捣棒长度的1.25倍)，不易产生漏振，且不易触及模板、钢筋，混凝土振捣后能自然沉实、均匀密实。斜向振捣操作省力、效率高、出浆快，易于排出空气，不会产生严重的离析现象，振动棒拔出时不会形成孔洞。

2) 外部振动器

外部振动器又称附着式振动器，它通过螺栓或夹钳等固定在模板外部，通过模板将振动传给混凝土拌合物，因而模板应有足够的刚度，见图5-122。它适用于振捣断面小且钢筋密的构件，如薄腹梁、箱型桥面梁等及地下密封的结构，对于无法采用插入式振捣器的场合，其有效作用范围可通过实测确定。

图 5-121　振捣棒施工图　　　　　　　　图 5-122　附着式振动器施工图

3) 表面振动器

表面振动器又称平板振动器，它将一个带偏心块的电动振动器安装在钢板或木板上，将振动力通过平板传给混凝土。表面振动器的振动作用深度小，适用于振捣表面积大而厚度小的结构，如现浇楼板、地坪或预制板等。

表面振动器底板大小的确定，应以使振动器能浮在混凝土表面上为准。

表面振动器主要有平板振动器(见图5-123)、振动梁、混凝土整平机(见图5-124)等，平板振动器适用于楼板、地面及薄型水平构件的振捣，振动梁和混凝土整平机常用于混凝土道路的施工。

图5-123　平板振动器　　　　　　　　　　图5-124　混凝土整平机

4) 振动台

振动台是一个支承在弹性支座上的工作台。工作台框架由型钢焊成，台面为钢板。工作台下面装设振动机构，振动机构在转动时，即可带动工作平台强迫振动，使平台上的构件混凝土被振实，适用于振捣预制构件，见图5-125。

振动时应将模板牢固地固定在振动台上，否则模板的振幅和频率将小于振动台的振幅和频率，振幅沿模板分布也会不均匀，影响振动效果，振动时噪音也过大。

图5-125　振动台

5.3.5　混凝土的养护

混凝土浇筑捣实后，逐渐凝固硬化，这个过程主要由水泥的水化作用来实现，而水化作用必须在适当的温度和湿度条件下才能完成。因此，为了保证混凝土有适宜的硬化条件，使其强度不断增长，必须对混凝土进行养护。

混凝土养护方法分自然养护和蒸汽养护。

1. 自然养护

自然养护是指在平均气温高于5℃的自然条件下，采取覆盖浇水养护或塑料薄膜养护，使混凝土在一定的时间内在湿润状态下硬化。

1) 覆盖浇水养护

覆盖浇水养护是指在混凝土浇筑完毕后的3～12小时内，用保水材料将混凝土覆盖并浇水保持湿润，见图5-126、图5-127。

普通水泥、硅酸盐水泥和矿渣水泥拌制的混凝土养护时间不少于7天，掺用缓凝型外加剂和抗渗混凝土的养护时间不少于14天。

当气温在15℃以上时，在混凝土浇筑后的最初3天，白天至少每3小时浇水一次，夜间应浇水两次，以后每昼夜浇水三次左右。高温或干燥气候下应适当增加浇水次数。当日平均气温低于 5℃时，不得浇水。

图 5-126　地面覆盖养护

图 5-127　混凝土冬季保温养护

2) 塑料薄膜保湿养护

塑料薄膜保湿养护是以塑料薄膜为覆盖物，使混凝土与空气隔绝，水分不再蒸发，水泥靠混凝土中的水分完成水化作用而凝结硬化。它改善了施工条件，可以节省人工、节约用水，并能保证混凝土的养护质量。

保湿养护可分为塑料布养护和喷涂塑料薄膜养生液养护。塑料布养护适用于柱的养护，见图 5-128，塑料薄膜养生液养护适用于剪力墙的养护。

图 5-128　柱子塑料布养护

2．加热养护

加热养护是通过对混凝土加热来加速其强度的增长。加热养护的方法很多，常用的有蒸汽养护、热膜养护、太阳能养护等。

1) 蒸汽养护

蒸汽养护又称常压蒸养，它是先将浇筑的混凝土构件放在封闭的养护室内，如养护坑、窑等，然后通入蒸汽，使混凝土构件在较高的温、湿度条件下迅速硬化，以达到设计要求的强度。

蒸汽养护适用于预制构件厂生产的预制构件批量养护。

2) 热膜养护

热膜养护时蒸汽不与混凝土接触，而是喷射到模板后加热模板，热量通过模板传递给混凝土。此法加汽量少，加热均匀，可用于现浇框架结构柱、墙体或预制构件等的养护。

3) 太阳能养护

太阳能养护利用了太阳能养护混凝土制品，具有工艺简便、投资少、节约能源、技术经济效果好等优点，适用于中小型预制构件厂的制造和应用。

5.4　模板工程模拟实训

5.4.1　工程背景

本工程为某市汽车配件五金城工程，总建筑面积为 111 204.02 m²，地上四层，标准层层高均为 4.2 m。基础为独立柱钢筋混凝土基础和桩基础,主体均为全现浇钢筋混凝土框架结构。

5.4.2 施工方案

1．工程概况

略。

2．模板选型

1) 基础梁模板

基础梁模板采用新组合钢模板配制,模板竖向采用 60×100@300 mm 木方,水平采用双钢管 φ12@400 mm 穿墙螺栓燕形卡固定。支基础梁模板时应严格控制平面位置和支撑间距,保证不发生位移。

2) 框架柱模板

为加快施工进度,保证混凝土外观质量,框架柱采用定型模板,周转使用。根据设计要求按柱子的截面大小尺寸,用优质 12 mm 厚覆膜竹胶板制作成定型模板,外侧采用 120 mm×60 mm 木方竖向背楞,每隔 500 mm 加道钢管柱箍,并与满堂脚手架连成一体。

模板接缝处贴海绵条,保证拼缝严密,不漏浆,且尺寸准确。

柱子模板沿高度方向按@500 mm 间距设置 M14 对拉螺栓,宽度为 600 mm 的柱居中设置,宽度大于 600 mm 每隔 300 设置一道。

柱模施工时,先准确放线,同时放出柱的外轮廓线,在柱的主筋与最底下一个箍筋的交接处,四角用 φ8 弯成 90° 的小角钢筋焊成限位钢筋(按柱子大小放的外围线焊在其线之内),柱模四周靠上,挂垂直线验收校正再加以固定。对于通排柱子在一条轴线上大小一样的,必须拉通线按两头至中间的顺序先安装中间各柱模。

3) 现浇顶板和梁模板

矩形截面梁及板模采用优质 12 mm 厚覆膜竹胶板,该板表面光洁,硬度好,周转次数较多,混凝土成型质量较高。弧形梁模采用定型钢模板。

模板支撑体系采用满堂脚手架,钢管间距 1 m×1 m;顶板搁栅采用 60 mm×100 mm 木方,搁栅间距控制在 400 mm 以内。

满堂架搭设完毕,柱封模后,即可开始梁模的支设。梁模支设时,先铺梁的底模和一边模板,梁模深入柱模里口平,并按 1/1000～3/1000 起拱,梁模利用钢管做抱箍,抱箍间距 500 mm。

梁模支设完毕并加固后,即可开始板模的支设。板模支设时,先铺 60 mm×100 mm 搁栅,然后铺板模,并用钉子钉牢。板模严禁悬挑。

4) 楼梯模板

普通楼梯底模采用 12 mm 厚覆膜竹胶板配制,安装前应按实际层高放样。安装时应先安装平台梁模板,再安装楼梯底模,最后安装外帮侧模。

外帮侧模三角模应先按实样制作好,用套板画出踏步侧板位置线,钉好固定踏步位置的档木再钉侧板。

根据本工程的特点,在模板工程施工时,应严格按施工程序组织专业专项施工,做到操作人员固定，技术熟练，以保证施工进度要求和质量要求，这样就可以加快施工进度，确保施工质量，最终达到总体进度计划的要求。

3. 模板安全和技术要求

(1) 在模板安装前必须涂刷脱模剂，以便拆模及增加模板寿命。

(2) 拆模时注意不得硬碰、猛敲对拉螺杆，以免损伤混凝土墙体。

(3) 支模板的支撑、立杆应加设垫木，下面土应夯实，横拉杆必须钉牢。支撑、拉杆不得连接在门窗和脚手架上。在浇捣混凝土过程中要经常检查，如发现有变形、松动等，要及时修整。

(4) 模板支撑高度在 4 m 以内时，必须加水平撑，并将支撑之间搭牢。超过 4 m 时，除水平撑外，还须另加剪刀撑。通道处的剪刀撑，应设置在 1.8 m 高度以上，以免碰撞松动。

(5) 凡在 4 m 以上高处支模时，必须搭临时跳板，4 m 以下可使用高凳或梯子。禁止在铺好的梁底板或楼板搁栅上携带重物行走。

(6) 拆除模板前，须经施工人员检查，确认混凝土已达到一定强度后，方可拆除。并应自上而下顺次拆除，不得一次将顶撑全部拆除。

(7) 拆模板时，应采用长铁棒，操作人员应站在侧面，不允许在拆模的正下方行人或采取在同一垂直面下操作。拆下的模板，应随时清理运走，不能及时运走时，要集中堆放并将钉子扭弯打平，以防戳脚。

(8) 高处拆模板时，操作人员应戴好安全带，并禁止站在模板的横拉杆上操作。拆下的模板应尽量用绳索吊下，不准向下乱扔。如有施工孔洞，应随时盖好或加设围栏，以防踏空跌落。

【复习思考题】

一、填空题

1. 模板系统包括_____、_____两个部分。

2. 定型组合钢模板由_____和_____组成，配件包括_____和_____。

3. 柱模板须在底部留设清理孔，沿高度每_____开有混凝土浇筑孔和振捣孔。

4. 滑模组成包括_____、_____、_____三个系统。

5. 对于高大的梁的模板安装时，梁跨度_____时，底模应起拱，如设计无要求时，起拱高度宜为全跨长度的_____。

6. 钢筋连接的方法通常有_____、_____、_____。

7. 钢筋的冷拉控制方法有_____、_____两种方法。

8. 受力钢筋的接头宜设置在受力较_____处。在同一根钢筋上宜少接头，不宜设置两个或两个以上接头。接头末端至钢筋起点的距离不应小于钢筋直径的_____倍。

9. 常用混凝土搅拌机的形式有_____，对干硬性混凝土宜采用_____。

10. 混凝土施工缝留设的原则是_____。

11. 分层浇筑大体积混凝土时，第二层混凝土要在第一层混凝土_____浇筑完毕。

12. 混凝土振捣机械按其传动振动的方式分为_____、_____、_____、

_____。

二、单项选择题

1. 模板按( )分类，可分为现场拆装式模板、固定式模板和移动式模板。

A. 材料   B. 结构类型   C. 施工方法   D. 施工顺序

2. 按模板设计要求，所设计的模板必须满足( )。

A. 刚度要求   B. 强度要求

C. 刚度和强度要求   D. 变形协调要求

3. 拆装方便、通用性较强、周转率高的模板是( )。

A. 大模板   B. 组合钢模板   C. 滑升模板   D. 爬升模板

4. 当梁的跨度大于等于( )m 时，梁底模跨中要起拱，起拱高度为梁跨度的 1‰～3‰。

A. 3   B. 4   C. 5   D. 6

5. 某梁的跨度为 6 m，采用钢模板、钢支柱支模时，其跨中起拱高度可为( )。

A. 1 mm   B. 2 mm   C. 4 mm   D. 8 mm

6. 滑模的动力装置为( )。

A. 人工手拉葫芦   B. 液压千斤顶   C. 卷扬机   D. 龙门架

7. 大模板角部连接方案采用( )。

A. 小角模方案   B. 大角模方案   C. 木板镶缝   D. A+B

8. 下列不影响混凝土侧压力的因素是( )。

A. 混凝土浇筑速度   B. 混凝土浇筑时的温度

C. 混凝土的倾倒方式   D. 外加剂

9. 跨度为 6 m、混凝土强度为 C30 的现浇混凝土板，当混凝土强度至少应达到( )时方可拆除模板。

A. 15 N/mm^2 B. 21 N/mm^2 C. 22.5 N/mm^2 D. 30 N/mm^2

10. 悬挑长度为 1.5 m、混凝土强度为 C30 的现浇阳台板，当混凝土强度至少应达到( )时方可拆除底模。

A. 15 N/mm^2 B. 22.5 N/mm^2 C. 21 N/mm^2 D. 30 N/mm^2

11. 跨度为 6 米的梁，底模及支架拆除时的混凝土强度应达到设计的混凝土立方体抗压强度标准值的( )。

A. 50%   B. 70%   C. 75%   D. 100%

12. 钢筋冷拉时效的最终目的是( )。

A. 消除残余应力   B. 钢筋内部晶格完全变化

C. 提高弹性模量   D. 提高屈服强度

13. 钢筋冷拉时，若采用冷拉应力控制，当冷拉应力为 δ，冷拉率为 γ，下列哪种情况是合格的( )。

A. δ 达到控制值，γ 未达到控制值   B. δ 达到控制值，γ 超过规定值

C. δ 未达到控制值，γ 未达到控制值   D. δ 未达到控制值，γ 超过规定值

14. 冷拉后的 HPB235 钢筋不得用作( )。

A. 梁的箍筋   B. 预应力钢筋   C. 构件吊环   D. 柱的主筋

15. 钢筋冷拔的机理是( )。

A. 消除残余应力
B. 轴向拉伸
C. 径向压缩
D. 抗拉强度提高

16. 闪光对焊接头用于( )。

A. 钢筋网片的焊接
B. 竖向钢筋接头
C. 钢筋搭接焊接
D. 水平钢筋接头

17. 在钢筋焊接中,对于现浇钢筋混凝土框架结构中竖向钢筋的连接,最宜采用( )。

A. 电弧焊　　　 B. 闪光对焊　　　 C. 电渣压力焊　　　 D. 电阻点焊

18. 冷拔钢丝垂直焊接宜用( )。

A. 对焊　　　 B. 电弧焊　　　 C. 搭接焊　　　 D. 电阻点焊

19. 钢筋螺纹套管连接主要适用于( )。

A. 光圆钢筋　　　 B.变形钢筋　　　 C.螺纹钢筋　　　 D. 粗大钢筋

20. 6 根 ϕ10 钢筋代换成 ϕ6 钢筋应为( )。

A. 10ϕ6　　　 B. 13ϕ6　　　 C. 17ϕ6　　　 D. 21ϕ6

21. 已知某钢筋混凝土梁中的 1 号钢筋外包尺寸为 5980 mm,钢筋两端弯钩增长值共计 156 mm,钢筋中间部位弯折的量度差值为 36 mm,则 1 号钢筋下料长度为( )。

A. 6172 mm　　　 B. 6100 mm　　　 C. 6256 mm　　　 D. 6292 mm

22. 搅拌混凝土时,为了保证按配合比投料,要按砂、石实际( )进行修正,调整以后的配合比称为施工配合比。

A. 含泥量　　　 B. 称量误差　　　 C. 含水量　　　 D. 粒径

23. 可一次完成地面水平、垂直运输和楼面运输工作的是( )。

A. 施工电梯　　　 B. 井架　　　 C. 龙门架　　　 D. 泵送混凝土

24. 下列哪种搅拌机械宜搅拌轻骨料混凝土( )。

A. 鼓筒式　　　 B. 卧轴式　　　 C. 双锥式　　　 D. 自落式

25. 混凝土搅拌时间是指( )。

A. 原材料全部投入到全部卸出
B. 开始投料到开始卸料
C. 原材料全部投入到开始卸出
D. 开始投料到全部卸料

26. 混凝土搅拌时间与( )无关。

A. 坍落度　　　 B. 搅拌机容量　　　 C. 外加剂　　　 D. 搅拌机机型

27. 二次投料法混凝土搅拌工艺正确的投料顺序是( )。

A. 全部水泥→全部水→全部骨料
B. 全部骨料→70%水→全部水泥→30%水
C. 部分水泥→70%水→全部骨料→30%水
D. 全部骨料→全部水→全部水泥

28. 在浇筑与柱和墙连成整体的梁和板时,应在柱和墙浇筑完毕后停歇( ),使其获得初步沉实后,再继续浇筑梁和板。

A. 1～2 小时
B. 1～1.5 小时

C. 0.5~1 小时　　　　　　　　　　D. 1~2 小时

29. 浇筑柱子混凝土时，其根部应先浇(　　)。

A. 5~10 mm 厚水泥浆　　　　　　B. 5~10 mm 厚水泥砂浆

C. 50~100 mm 厚水泥砂浆　　　　D. 500 厚石子增加一倍的混凝土

30. 浇筑混凝土时，为了避免混凝土产生离析，自由倾落高度不应超过(　　)。

A. 1.5 m　　　　B. 2.0 m　　　　C. 2.5 m　　　　D. 3.0 m

31. 当竖向混凝土浇筑高度超过(　　)时，应采取串筒、溜槽或振动串筒下落。

A. 2 m　　　　B. 3 m　　　　C. 4 m　　　　D. 5 m

32. 某 C25 混凝土在 30℃时初凝时间为 210 min，若混凝土运输时间为 60 min，则混凝土浇筑和间歇的最长时间应是(　　)。

A. 120 min　　　B. 150 min　　　C. 180 min　　　D. 90 min

33. 泵送混凝土的碎石粗骨料最大粒径 d 与输送管内径 D 之比应(　　)。

A. <1/3　　　　B. >0.5　　　　C. ≤2.5　　　　D. ≤1/3

34. 在下坍落度数值中，适宜泵送混凝土的是(　　)。

A. 70 mm　　　　B. 80~100 mm　　　C. 200 mm　　　D. 250 mm

35. 大体积混凝土早期裂缝是因为(　　)。

A. 内热外冷　　　　　　　　　　B. 内冷外热

C. 混凝土与基底约束较大　　　　D. 混凝土与基底无约束

36. 当混凝土厚度不大而面积很大时，宜采用(　　)方法进行浇筑。

A. 全面分层　　　B. 分段分层　　　C. 斜面分层　　　D. 局部分层

37. 当沿着次梁方向浇筑混凝土时，施工缝留置次梁跨中的(　　)范围内。

A. 1/4　　　　　B. 1/3　　　　　C. 1/2　　　　　D. 均可

38. 施工缝宜留在(　　)。

A. 剪力较大的部位　　　　　　　B. 剪力较小的部位

C. 施工方便的部位　　　　　　　D. B+C

39. 内部振捣器振捣混凝土结束的标志是(　　)。

A. 有微量气泡冒出　　　　　　　B. 水变浑浊

C. 无气泡冒出且水变清　　　　　D. 混凝土大面积凹陷

40. 内部振捣器除了插点要求均匀布置外，还要求(　　)。

A. 快插快拔　　　B. 快插慢拔　　　C. 只插不拔　　　D. 慢插快拔

41. 断面小而钢筋密集的混凝土构件，振捣时宜采用(　　)。

A. 外部振捣器　　B. 表面振捣器　　C. 内部振捣器　　D. 人工振捣

42. 所谓混凝土的自然养护，是指在平均气温不低于(　　)条件下，在规定时间内使混凝土保持足够的湿润状态。

A. 0℃　　　　　B. 3℃　　　　　C. 5℃　　　　　D. 10℃

43. 混凝土的自然养护规范规定：混凝土浇筑完毕后，应在(　　)以内加以覆盖和浇水。

A. 初凝后　　　B. 终凝后　　　C. 12 小时　　　D. 24 小时

44. 抗渗混凝土养护时间(自然养护)至少为(　　)。

A. 7 天　　　　　B. 12 天　　　　C. 14 天　　　　D. 28 天

45. 防水混凝土应覆盖浇水养护，其养护时间不应少于(　　)。

A. 7 天　　　　　B. 10 天　　　　　C. 14 天　　　　　D. 21 天

46. 火山灰水泥拌制的大体积混凝土养护的时间不得少于(　　)。

A. 7 天　　　　　B. 14 天　　　　　C. 21 天　　　　　D. 28 天

三、问答题

1. 试述模板的作用和要求。

2. 基础、柱、梁、楼板结构的模板构造及安装要求有哪些？

3. 组合钢模板由哪些部件组成？如何进行组合钢模板的配板？

4. 模板在支撑设计时应考虑哪些荷载？

5. 模板拆除时有哪些规定？

6. 简要的说明现浇混凝土的拆模时间。

7. 什么叫钢筋的冷拉？冷拉的目的是什么？

8. 钢筋接头的连接方式有哪些？各有什么特点？

9. 钢筋代换有哪些原则？

10. 获得优质混凝土的基本条件有哪些？

11. 为什么要进行施工配合比换算？如何进行换算？

12. 对混凝土拌和物运输的基本要求是什么？

13. 混凝土浇筑基本要求有哪些？

14. 大体积混凝土施工应注意哪些问题？如何进行水下混凝土浇筑？

15. 试述泵送混凝土工艺对混凝土拌和物的基本要求。为防治管道阻塞，可采用哪些措施？

16. 什么叫施工缝？为什么要留施工缝？施工缝一般留在何部位？

17. 在施工缝处继续浇筑混凝土应如何处理？

18. 什么是混凝土的自然养护？自然养护有哪些方法？具体怎么做？

19. 混凝土的覆盖浇水养护有何要求？

四、计算题

1. 某混凝土实验室配合比为 1∶2.14∶4.35，水灰比为 0.61，每立方米混凝土水泥用量为 300 kg，实测现场砂含水率为 2%，石子含水率为 1%。

试求：(1) 施工配合比；(2) 当用 350 L(出料容量)搅拌机搅拌时，每拌一盘投料水泥、砂、石子、水各多少？

2. 某设备基础长 80 m，宽 30 m，厚 1.5 m，不允许留施工缝，现采用泵送混凝土施工，共用 2 台搅拌运输车供料，每台搅拌运输车的供料能力 33 m³/h，途中运输时间为 0.5 小时，混凝土初凝时间为 2 小时，并采用插入式振捣器振捣，已知振捣器作用长度为 250 mm。试确定混凝土的浇筑方案。

项目6　预应力混凝土工程

【**教学目标**】 掌握预应力混凝土的概念；掌握先张法施工预应力混凝土的方法；掌握后张法施工预应力混凝土的方法；掌握无粘结预应力施工技术；熟悉预应力混凝土施工所用的机械、机具的种类和适用范围。

预应力混凝土是在使用荷载作用前，预先建立内应力的混凝土。即在外荷载作用于构件之前，利用钢筋张拉后的弹性回缩，对构件受拉区的混凝土预先施加压力，产生预压应力，当构件在荷载作用下产生拉应力时，首先抵消预压应力，然后随着荷载不断增加，受拉区混凝土才受拉开裂，从而延迟了构件裂缝的出现和限制了裂缝的展开，提高了构件的抗裂度和刚度。

预应力混凝土构件与普通混凝土构件相比，除具有能提高构件的抗裂度和刚度外的优点，还能增加构件的耐久性、节约材料、减少自重等。但是在制作预应力混凝土构件时，增加了张拉工作，相应的增添了张拉机具和锚固装置，制作工艺也较复杂。

1. 预应力混凝土的分类

预应力混凝土的分类有多种方法，按施加预应力的方式，可以分为先张法和后张法两类；按施加预应力的手段，可以分为机械张拉和电热张拉两类；按预应力筋与混凝土的粘结状态，可以分为有粘结预应力混凝土和无粘结预应力混凝土两类；按施加预应力大小的程度，可以分为全预应力混凝土和部分预应力混凝土两类；按施工方法，可以分为预制预应力混凝土、现浇预应力混凝土及组合预应力混凝土三类。

2. 预应力混凝土的材料

预应力混凝土应采用高强度钢材，主要有钢丝、钢绞线、热处理钢筋等。其中，采用最多的是钢绞线与钢丝。预应力筋的发展趋势为高强度、低松弛、粗直径和耐腐蚀。

预应力混凝土应采用高强度等级混凝土，当采用冷拉 HRB335、HRB400 钢筋和冷轧带肋钢筋作预应力筋时，其混凝土强度等级不宜低于 C30；当采用消除应力钢丝、钢绞线、热处理钢筋作预应力筋时，混凝土强度等级不宜低于 C40。

6.1　先张法施工

在浇筑混凝土构件之前将预应力筋张拉到设计控制应力，用夹具将其临时固定在台座或钢模上，进行绑扎钢筋、安装铁件、支设模板，然后浇筑混凝土。待混凝土达到规定的强度，保证预应力筋与混凝土有足够的粘结力时，放松预应力筋，借助于它们之间的粘结力，在预应力筋弹性回缩时，使混凝土构件受拉区的混凝土获得预压应力，这种施工方法叫先张法，如图6-1所示。

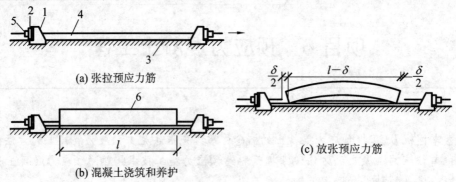

(a) 张拉预应力筋

(b) 混凝土浇筑和养护

(c) 放张预应力筋

1—台座；2—横梁；3—台面；4—预应力筋；5—夹具；6—构件

图 6-1 先张法施工示意图

先张法施工具有如下特点：

(1) 预应力筋在台座上或钢模上张拉，由于台座或钢模承载力有限，先张法一般只适用于生产中小型构件，如预应力屋面板、中小型预应力吊车梁等。

由于制造台座或钢模一次性投资大，先张法多用于预制厂批量生产构件，可多次反复利用台座或钢模。

(2) 预应力筋张拉后需要用夹具固定在台座上，当钢筋放松后，夹具可以回收利用，是一种工具锚。

(3) 预应力传递靠钢筋和混凝土之间的粘结力，因此对混凝土握裹力有严格要求，在混凝土构件制作、养护时要保证混凝土质量。

先张法生产时，可采用台座法和机组流水法。

采用台座法时，预应力筋的张拉、锚固，混凝土的浇筑、养护及预应力筋放松等均在台座上进行；预应力筋放松前，其拉力由台座承受。

采用机组流水法时，构件连同钢模通过固定的机组，按流水方式完成张拉、锚固、混凝土浇筑和养护等生产过程。预应力筋放松前，其拉力由钢模承受。

6.1.1 台座

台座是先张法施工张拉和临时固定预应力筋的支撑结构，它承受预应力筋的全部张拉力，因而要求台座必须具有足够的强度、刚度和稳定性，同时要满足生产工艺要求。

台座由台面、横梁和承力结构等组成，是先张法生产的主要设备。

台座按构造形式可分为墩式台座和槽式台座。

1. 墩式台座

墩式台座由传力墩、台面和横梁组成，见图6-2。

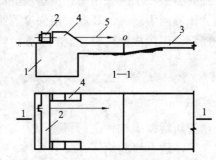

1—传力墩；2—横梁；3—台面；4—牛腿；5—预应力筋

图 6-2 墩式台座

墩式台座长度可达到 100～150 m，所以又称长线台座。

墩式台座张拉一次可生产多根预应力混凝土构件，减少了张拉和临时固定的工作，同时也减少了由于预应力筋滑移和横梁变形引起的预应力损失。

1) 传力墩

传力墩是墩式台座的主要受力结构，传力墩依靠其自重和土压力平衡张拉力产生倾覆力矩；依靠土的反力和摩阻力平衡张力产生水平位移。因此，传力墩结构造型大、埋设深度大、投资也较大。

为了改善传力墩的受力状况，提高台座承受张拉力的能力，可采用与台面共同工作的传力墩，从而可减小台墩自重和埋深。

2) 台面

台面是预应力混凝土构件成型的胎模，它是由素土夯实后铺碎砖垫层，再浇筑 50～80 mm 厚的 C15～C20 混凝土面层组成的。

台面要求平整、光滑，沿其纵向要留设 0.3% 的排水坡度，并每隔 10～20 m 设置宽 30～50 mm 的温度缝。

3) 横梁

横梁是锚固夹具临时固定预应力筋的支点，也是张拉机械张抗预应力筋的支座，常采用型钢或钢筋混凝土制作而成。

横梁挠度要求小于 2 mm，并不得产生翘曲。

2．槽式台座

槽式台座是由端柱、传力柱和上、下横梁以及砖墙组成的，见图 6-3。

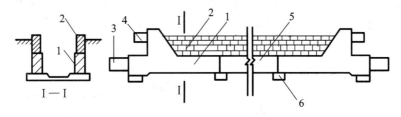

1—钢筋混凝土端柱；2—砖墙；3—下横梁；4—上横梁；5—传立柱；6—柱垫

图 6-3　槽式台座

端柱、传力柱又叫钢筋混凝土压杆，是槽式台座的主要受力结构，通常采用钢筋混凝土结构。为了便于装拆转移，端柱和传力柱常采用装配式结构，端柱长 5 m，传力柱每段长 6 m。

为了便于构件运输和蒸气养护，台面最好低于地面，一砖厚的砖墙既起挡土作用，同时又是蒸汽养护预应力混凝土构件的保温侧墙。

槽式台座长度一般为 45～76 m，45 m 长槽式台座一次可生产 6 根 6 m 长吊车梁，76 m 长槽式台座一次可生产 10 根 6 m 长吊车梁或 3 榀 24 m 长屋架。

槽式台座能够承受较为强大的张拉力，适于双向预应力混凝土构件的张拉，也适用于张拉吨位较高的大型构件，如屋架等，并易于进行蒸汽养护。

6.1.2 夹具

夹具是预应力筋进行张拉和临时固定的工具，夹具要求工作可靠、构造简单、施工方便、成本低。

根据夹具的工作特点可将其分为张拉夹具和锚固夹具。

1. 张拉夹具

张拉夹具是将预应力筋与张拉机械连接起来进行预应力张拉的工具。常用的张拉夹具有：

(1) 偏心式夹具。偏心式夹具可用作钢丝的张拉，它由一对带齿的月牙形偏心块组成，见图6-4。偏心块可用工具钢制作，其刻齿部分的硬度比所夹钢丝的硬度大。这种夹具构造简单，使用方便。

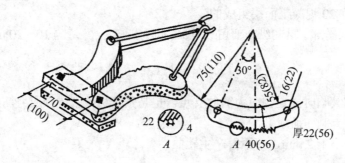

图 6-4　偏心式夹具

(2) 压销式夹具。压销式夹具可用作直径 12～16 mm 的 HPB235～RRB400 级钢筋的张拉夹具。它是由销片和楔形压销组成，见图6-5。销片有与钢筋直径相适应的半圆槽，槽内有齿纹用以夹紧钢筋。当楔紧或放松楔形压销时，便可夹紧或放松钢筋。

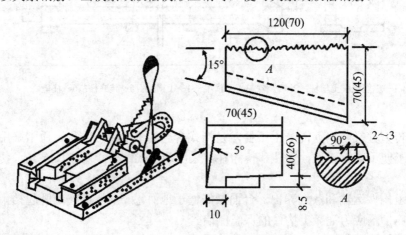

图 6-5　压销式夹具

2. 锚固夹具

锚固夹具是将预应力筋临时固定在台座横梁上的工具。常用的锚固夹具有：

(1) 钢质锥形夹具。圆锥齿板式夹具及圆锥形槽式夹具是常用的两种钢质锥形夹具，见图 6-6，适用于锚固单根直径 3～5 mm 的冷拔低碳钢丝，也适用于锚固单根直径 5 mm 的碳素(刻痕)钢丝。

这两种夹具均由套筒与销子组成。套筒为圆形，中开圆锥形孔。销子有两种形式：一种是在圆锥形销子上留有 1～3 个凹槽，在凹槽内刻有细齿，即为圆锥形槽式夹具；另一种是在圆锥形销子上切去一块，在切削面上刻有细齿，即为圆锥形齿板式夹具。

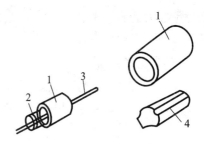

(a) 圆锥齿板式夹具　　(b) 圆锥形槽式夹具

1—套筒；2—齿板；3—钢丝；4—锥塞

图 6-6　钢质锥形夹具

锚固时，将销子凹槽对准钢丝，或将销子齿板面紧贴钢丝，然后将销子击入套筒内，销子小头应离套筒约 5～10 mm，靠销子挤压所产生的摩擦力锚紧钢丝，一次仅锚固一根钢丝。

(2) 圆套筒二片式夹具。圆套筒二片式夹具适用于夹持 12～16 mm 的单根冷拉 HRB335～RRB400 级钢筋，由圆形套筒和圆锥形夹片组成，见图 6-7。

圆形套筒内壁呈圆锥形，与夹片锥度吻合，圆锥形夹片为二个半圆片，半圆片的圆心部分开成半圆形凹槽，并刻有细齿，钢筋就夹紧在夹片中的凹槽内。套筒和夹片均用 45 号钢制作，套筒热处理后硬度为 HRC35～HRC40，夹片为 HRC40～HRC45。

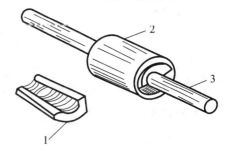

1—销片；2—套筒；3—预应力筋

图 6-7　圆套筒二片式夹具

当锚固螺纹钢筋时，不能将其锚固在纵肋上，否则易打滑。为了拆卸方便，可在套筒内壁及夹片外壁涂上润滑油。

(3) 圆套筒三片式夹具。圆套筒三片式夹具适用于夹持 12～14 mm 的单根冷拉 HRB335～RRB400 级钢筋，其构造基本与圆套筒二片式夹具相同，只不过夹片由三个组成，见图 6-8。

图 6-8　圆套筒三片式夹具

(4) 镦头夹具。镦头夹具属于自制的夹具，见图 6-9。钢筋的镦头是采用液压冷镦机进行的，钢筋直径小于 22 mm 时采用热镦方法，钢筋直径等于或大于 22 mm 时采用热锻成型方法。

(5) 楔形夹具。楔形夹具由锚板与楔块两部分组成，楔块的坡度约为 1/15～1/20，两侧面刻倒齿。锚板上留有楔形孔，楔块打入楔形孔中，钢丝就锚固于楔块的侧面，每个楔块可锚 1～2 根钢丝。

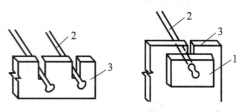

1—垫片；2—镦头预应力筋；3—承力板

图 6-9　镦头夹具

这种夹具适用于锚固直径 3～5 mm 的冷拔低碳钢丝及碳素钢丝。

6.1.3 张拉设备

张拉预应力筋的机械设备，要求其工作可靠、操作简单，能以稳定的速率加荷。

先张法施工中预应力筋可单根进行张拉或多根成组进行张拉。

1．电动卷扬张拉机

电动卷扬张拉机是把慢速电动卷扬机装在小车上制成。在长线台座上张拉钢筋时，由于千斤顶行程不能满足要求，小直径钢筋可采用卷扬机张拉。

该设备的优点是张拉行程大，张拉速度快，但仅用于先张法单根预应力筋的张拉。

为了使张拉力准确，张拉速度以 $1\sim2$ m/min 为宜。张拉机与弹簧测力计配合使用时，宜装行程开关进行控制，使其达到规定的张拉力时能自动停车。

2．电动螺杆张拉机

电动螺杆张拉机既可以张拉钢筋也可以张拉钢丝。它由张拉螺杆、电动机、变速箱、测力装置、拉力架、承力架和张拉夹具等组成。为了便于工作和转移，常将其装置在带轮的小车上。

电动螺杆张拉机是用工具螺旋推动原理制成的，即将螺母的位置固定，由电动机通过变速箱变速后，使设置在大齿轮或涡轮内的螺母旋转，迫使螺杆在水平方向产生移动，从而使与螺杆相连的预应力筋受到张拉。

3．普通液压千斤顶

先张法施工时常常会进行多根钢筋的同步张拉，当用钢台模以机组流水法或传送带法生产构件时，可用普通液压千斤顶进行张拉，其张拉装置多采用四横梁式。

普通液压千斤顶行程小，工效较低，但其一次张拉力大，其动力装置为高压电动油泵，见图6-10。

高压油泵是向液压千斤顶各个油缸供油，使其活塞按照一定速度伸出或回缩的主要设备，用千斤顶张拉预应力筋时，油压表的读数表示千斤顶张拉油缸活塞单位面积的油压力，可直接通过液压表的读数求得张拉应力值。

图 6-10　电动油泵

6.1.4 施工工艺

先张法施工时先对预应力筋进行张拉，并锚固到台座的横梁上，然后进行构件的制作。与预应力施工相关的工序有预应力筋的张拉、混凝土的浇筑、预应力筋的放张等三个步骤。

1．预应力筋的张拉

预应力筋的张拉应根据设计要求采用合适的张拉方法、张拉顺序及张拉程序进行，并应有可靠的质量保证措施和安全技术措施。

1）张拉控制应力的确定

张拉控制应力是指在张拉预应力筋时所达到的规定应力，应按设计规定采用。

《混凝土结构设计规范》(GB50010)规定：预应力钢筋张拉控制应力 σ_{con} 不宜超过表6-1规定的张拉控制应力的限值，以确保张拉力不超过其屈服强度，使预应力筋处于弹性工作状态，对混凝土建立有效的预压应力，但也不应小于 $0.4f_{ptk}$。

表6-1　张拉控制应力限值

钢　筋　种　类	张拉控制应力限值
钢丝、钢绞线	$0.75f_{ptk}$
预应力螺纹钢筋	$0.85f_{pyk}$

注：f_{ptk} 为预应力筋极限抗拉强度标准值，f_{pyk} 为预应力筋屈服强度标准值。

当符合下列条件之一时，上述张拉控制应力限值可相应提高 $0.05f_{ptk}$ 或 f_{pyk}：

① 要求提高构件在施工阶段的抗裂性能并在使用阶段受压区内设置的预应力筋；

② 要求部分抵消由于应力松弛、摩擦、钢筋分批张拉以及预应力筋与张拉台座之间的温差等因素产生的预应力损失。

2) 张拉程序

预应力的张拉程序有超张拉和一次张拉两种。

(1) 超张拉。超张拉是指张拉应力超过规范规定的控制应力。预应力筋进行超张拉主要是为了减少松弛引起的应力损失值。

所谓应力松弛是指钢材在常温、高应力作用下，由于塑性变形而使应力随时间延续而降低的现象。这种现象在张拉后的头几分钟内发展得特别快，往后则趋于缓慢。

采用超张拉时，可按 $0 \to 103\%\sigma_{con}$ 或 $0 \to 105\%\sigma_{con} \xrightarrow{持荷2min} \sigma_{con}$。

第一种超张拉程序中，超张拉3%，其目的是为了弥补预应力筋的松弛损失，这种张拉程序施工简单，一般情况下多采用这种张拉方法。

第二种超张拉程序中，超张拉5%并持荷2 min，其目的是为了在高应力状态下加速预应力松弛早期发展，以减少应力松弛引起的预应力损失。

以上两种张拉程序是等效的，可根据构件类型、预应力筋与锚具种类、张拉方法、施工速度等选用。

(2) 一次张拉。直接把张拉应力拉至控制应力，即 $0_{con} \to \sigma_{con}$。

3) 预应力值的校核

预应力钢筋的张拉力，一般用伸长值校核。

预应力筋理论伸长值 ΔL 按下式计算：

$$\Delta L = \frac{F_p L}{A_p E_s}$$

式中：F_p——预应力筋平均张拉力，单位为 kN；直线筋取张拉端拉力；两端张拉的曲线筋取张拉端的拉力与跨中扣除孔道摩阻损失后拉力的平均值；

　　　　L——预应力筋的长度，单位为 mm；

　　　　A_p——预应力筋的截面面积，单位为 mm^2；

E_s——预应力筋的弹性模量，单位为 kN/mm^2。

预应力筋的实际伸长值，宜在初应力约为 $10\%\sigma_{con}$ 时测量，并加上初应力以内的推算伸长值。

4) 预应力筋张拉注意事项

为避免台座承受过大的偏心力，应先张拉靠近台座截面重心处的预应力筋。

采用钢质锥形夹具锚固时，敲击锥塞或楔块应先轻后重，同时倒开张拉设备并放松预应力筋，两者应密切配合，既要减少钢丝滑移，又要防止锤击力过大导致钢丝在锚固夹具处断裂。

对重要结构构件(如吊车梁、屋架等)的预应力筋，用应力控制方法张拉时，应校核预应力筋的伸长值。

同时张拉多根预应力钢丝时，应预先调整初应力($10\%\sigma_{con}$)，使其相互之间的应力一致。

2. 混凝土的浇筑与养护

预应力筋张拉完毕后应立即浇筑混凝土，混凝土的浇筑应一次完成，不允许留设施工缝。

混凝土的用水量和水泥用量必须严格控制，以减少混凝土由于收缩和徐变而引起的预应力损失。

为了减少混凝土的收缩和徐变引起的预应力损失，在确定混凝土配合比时，应优先选用干缩性小的水泥，采用低水灰比，并控制水泥用量，对骨料采取良好的级配等。

预应力混凝土构件浇筑时必须振捣密实，特别是在构件的端部，以保证预应力筋和混凝土之间的粘结力。

构件制作时应避开台面的温度缝，当不可能避开时，在温度缝上可先铺薄钢板或垫油毡，然后再浇筑混凝土。

采用平卧迭浇法制作预应力混凝土构件时，其下层构件混凝土的强度需达到 5 MPa 后，方可浇筑上层构件混凝土并应有隔离措施。

混凝土可采用自然养护或蒸汽养护，其中自然养护不得少于 14 天。

当预应力混凝土采用蒸汽养护时，要尽量减少由于温度升高而引起的预应力损失。

在台座上用蒸汽养护时，温度升高后，预应力筋会膨胀而台座的长度并无变化，因而会引起预应力筋应力减小，这就是温差引起的预应力损失。为了减少这种温差应力损失，在保证混凝土达到一定强度之前，温差不能太大(一般不超过 20℃)，故在台座上采用蒸汽养护时，其最高允许温度应根据设计要求的允许温差(张拉钢筋时的温度与台座温度的差)经计算确定。

当混凝土强度养护至 7.5 MPa(配粗钢筋)或 10 MPa(钢丝、钢绞线配筋)以上时，则可不受设计要求的温差限制，按一般构件的蒸汽养护规定进行。这种养护方法又称为二次升温养护法。

在采用机组流水法用钢模制作、蒸汽养护时，由于钢模和预应力筋同样伸缩，所以不存在因温差而引起的预应力损失，可以采用一般加热养护制度。

3. 预应力筋放张

预应力筋放张过程是预应力的传递过程，是先张法构件能否获得良好质量的一个重要生产过程，应根据放张要求，确定合理的放张顺序、放张方法及相应的技术措施。

1) 放张要求

放张预应力筋时，混凝土强度必须符合设计要求。当设计无要求时，不得低于设计的混凝土强度标准值的 75%。

对于重叠生产的构件，要求最上一层构件的混凝土强度不低于设计强度标准值的 75% 时方可进行预应力筋的放张。过早放张预应力筋会引起较大的预应力损失或产生预应力筋滑动。

预应力混凝土构件在预应力筋放张前要对混凝土试块进行试压，以确定混凝土的实际强度。

2) 放张顺序

预应力筋的放张顺序，应符合设计要求。当设计无专门要求时，应符合下列规定：

(1) 对承受轴心预压力的构件(如压杆、桩等)，所有预应力筋应同时放张。

(2) 对承受偏心预压力的构件，应先同时放张预压力较小区域的预应力筋，再同时放张预压力较大区域的预应力筋。

(3) 长线台座生产的钢弦构件，剪断钢丝宜从台座中部开始；叠层生产的预应力构件，宜按自上而下的顺序进行放张；板类构件放张时，宜从两边逐渐向中心进行。

(4) 当不能按上述规定放张时，应分阶段、对称、相互交错地放张，以防止放张过程中构件发生翘曲、裂纹及预应力筋断裂等现象。

(5) 放张后预应力筋的切断顺序，宜由放张端开始，逐次切向另一端。

3) 放张方法

对于预应力钢丝混凝土构件，分两种情况放张：配筋不多的预应力钢丝放张采用剪切、割断和熔断的方法，自中间向两侧逐根进行，以减少回弹量，利于脱模；配筋较多的预应力钢丝放张采用同时放张的方法，以防止最后的预应力钢丝因应力突然增大而断裂或使构件端部开裂。

对于预应力钢筋混凝土构件，放张应缓慢进行。配筋不多的预应力钢筋，可采用剪切、割断或加热熔断逐根放张；配筋较多的预应力钢筋，所有钢筋应同时放张，可采用楔块或砂箱等装置进行缓慢放张，见图 6-11。

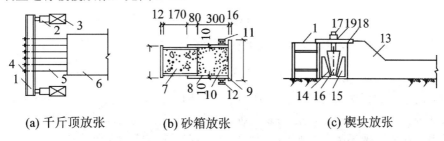

(a) 千斤顶放张　　　(b) 砂箱放张　　　(c) 楔块放张

1—横梁；2—千斤顶；3—承力架；4—夹具；5—钢丝；6—构件；7—活塞；
8—套箱；9—套箱底板；10—砂；11—进砂口；12—出砂口；13—台座；
14、15—钢固定楔块；16—钢滑动楔块；17—螺杆；18—承力板；19—螺母

图 6-11　预应力筋放张装置

(1) 楔块放张。楔块装置放置在台座与横梁之间，放张预应力筋时，旋转螺母使螺杆

向上运动，并带动楔块向上移动，钢块间距变小，横梁向台座方向移动，便可同时放松预应力筋。楔块放张，一般用于张拉力不大于 300 kN 的情况。

(2) 砂箱放张。砂箱装置放置在台座和横梁之间，由钢制的套箱和活塞组成，内装石英砂或铁砂。

预应力筋张拉时，砂箱中的砂被压实，并承受横梁的反力。预应力筋放张时，应将出砂口打开，使砂缓慢流出，从而使预应力筋缓慢地放张。

砂箱装置中的砂应采用干砂并选定适宜的级配，防止出现砂子压碎引起流不出的现象或者增加砂的空隙率，使预应力筋的预应力损失增加。

采用砂箱放张能控制放张速度，工作可靠，施工方便，可用于张拉力大于 1000 kN 的情况。

6.2　后张法施工

后张法施工是在浇筑混凝土构件时，先在放置预应力筋的位置处预留孔道，待混凝土达到一定强度(一般不低于设计强度标准值的 75%)后，将预应力筋穿入孔道中并进行张拉，然后用锚具将预应力筋锚固在构件上，最后进行孔道灌浆，如图 6-12 所示。

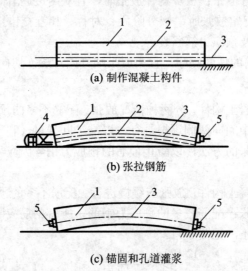

(a) 制作混凝土构件

(b) 张拉钢筋

(c) 锚固和孔道灌浆

1—混凝土构件；2—预留孔道；3—预应力筋；4—千斤顶；5—锚具

图 6-12　后张法施工示意图

预应力筋承受的张拉力通过锚具传递给混凝土构件，使混凝土产生预压应力。

后张法施工由于直接在混凝土构件上进行张拉，故不需要固定的台座设备，不受地点限制，适用于在施工现场生产大型预应力混凝土构件，特别是大跨度构件。

后张法施工工序较多，工艺复杂，锚具作为预应力筋的组成部分，将永远留置在预应力混凝土构件上，不能重复使用。

后张法施工具有如下特点：

(1) 预应力筋在构件上张拉，不需台座，不受场地限制，张拉力可达几百吨，所以，后张法适用于大型预应力混凝土构件制作。

(2) 锚具作为工作锚,可重复使用。预应力筋用锚具固定在构件上,不仅在张拉过程中起作用,而且在工作过程中也起作用,永远停留在构件上,成为构件的一部分。

(3) 预应力是依靠锚具传递给混凝土构件的。

6.2.1 锚具

在后张法中,预应力筋的锚具与张拉机械是配套使用的,对于不同类型的预应力筋形式,应采用不同的锚具及其连接器。

后张法构件中所使用的预应力筋常采用单根粗钢筋、钢筋束、钢丝束、钢绞线束等。

由于后张法构件预应力传递靠锚具,因此,锚具必须具有可靠的锚固性能、足够的刚度和强度储备,而且要求其构造简单、施工方便、预应力损失小、价格便宜。

锚具的常见体系分类如下:

(1) 支承式锚具:此类锚具分为螺母锚具和镦头锚具,螺丝端杆锚具常用于单根粗钢筋的锚具;精轧螺纹钢筋锚具常用于精轧螺纹钢筋的张拉锚具;DM 型镦头锚具体系常用于钢丝束的锚具。

(2) 夹片式锚具:此类锚具具有良好的锚固性能和放张自锚性能,分为单孔和多孔夹片锚具,常用作钢筋束和钢绞线束的张拉端锚具。多孔锚具是在一块多孔的锚板上,利用每个锥形孔装一副夹片夹持一根钢绞线,其优点是任何一根钢绞线束都不会引起整束锚固失效,并且每束钢绞线的根数不受限制。常用的有 JM 型锚具、XM 型锚具、QM 及 OVM 型锚具、BM 型锚具。

(3) 锥塞式锚具:此类锚具包括钢质锥形锚具、锥形螺杆锚具、KT-Z 型锚具等。钢质锥形锚具、锥形螺杆锚具常用作钢丝束的锚具,KT-Z 型锚具常用作钢绞线束的锚具。

(4) 握裹式锚具:此类锚具分为挤压锚具和压花锚具,这种锚具适用于构件端部设计应力大或端部空间受到限制的情况,使用时,按需要预埋在混凝土内,待混凝土凝固到设计强度后,再进行张拉。常用的有 YM 型固定端锚具,用作钢绞线的固定端锚具。

1. 单根粗钢筋的锚具

单根粗钢筋用作预应力筋时,张拉端常采用螺丝端杆锚具,固定端采用镦头锚具。

1) 螺丝端杆锚具

螺丝端杆锚具适用于直径为 18～36 mm 的冷拉 HRB335、HRB400 级钢筋,它由螺丝端杆、螺母和垫板组成,见图 6-13。

螺丝端杆的直径按预应力钢筋的直径对应选取,其长度一般为 320 mm。当预应力构件长度大于 24 m 时,可根据实际情况增加螺丝端杆的长度。

使用时,将螺丝端杆与预应力筋对焊连接成一整体,用张拉设备张拉螺丝端杆,用螺母固定预应力筋。

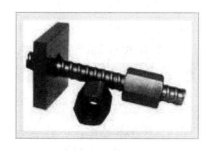

图 6-13 LM 型螺丝端杆锚具

2) 镦头锚具

镦头锚具由镦头和支承垫板组成，见图 6-14，其工作原理是将钢筋的端部镦粗，直接锚固在支承垫板上，张拉时通过支承垫板将预压力传到混凝土上。

用于单根粗钢筋的镦头锚具一般直接在预应力筋端部热镦、冷镦或锻打成型。

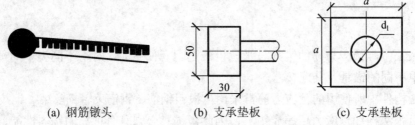

    (a) 钢筋镦头　　　　　(b) 支承垫板　　　　　(c) 支承垫板

图 6-14　单根粗钢筋镦头锚具

3) 精轧螺纹钢筋锚具

精轧螺纹钢筋锚具主要用于直径为 25 mm 或 32 mm 的精轧螺纹钢筋的张拉锚固，其工作原理同螺丝端杆锚具，见图 6-15。

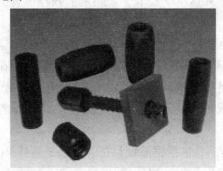

图 6-15　YGM 精轧螺纹钢筋锚具

2. 钢筋束、钢绞线束锚具

钢筋束或钢绞线束用作预应力筋时，常用的锚具有 JM 型锚具、XM 型锚具、QM 及 OVM 型锚具、BM 型锚具、KT-Z 型锚具等。

1) JM 型锚具

JM 型锚具是一种利用楔块原理锚固多根预应力筋的锚具，属于单孔夹片式锚具，见图 6-16，它既可做为张拉端的锚具，也可做为固定端的锚具，或做为重复使用的工具锚。

JM12 型锚具适用于锚固 3～6 根直径 12 mm 的钢筋束和 4～6 根直径 12 mm 的钢绞线束；JM15 型锚具适用于锚固直径 15 mm 的钢筋或钢绞线束；JM5-6、JM5-7 型适用于锚固 6～7 根直径 5 mm 的碳素钢丝束。

JM 型锚具是由锚环和夹片组成，夹片呈扇形，用两侧的半圆槽锚着预应力钢筋，为增加夹片与预应力钢筋之间的摩擦，在半圆槽内刻有截面为梯形的齿痕，夹片背面的坡度与锚环一致。

锚环分甲形和乙形，甲形锚环为一个具有锥形内孔的圆柱体，外形比较简单，使用时直接放置在构件端部的垫板上。乙形锚环在圆柱体外部增添正方形肋板，使用时直接放置在构件端部，不另设垫板，目前常使用甲形锚环，因为其加工和使用起来都比较方便。

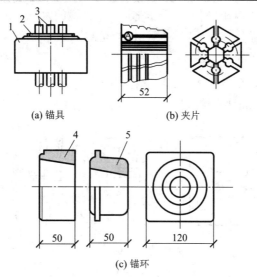

(a) 锚具　　　　　　　(b) 夹片

(c) 锚环

1—锚环；2—夹片；3—方锚环；4—圆锚环；5—预应力钢筋

图 6-16　JM 型锚具

JM 型锚具具有良好的锚固性能，锚固时，钢筋束或钢绞线束被单根夹紧，不受直径误差的影响，且钢筋是在直线状态下被张拉和锚固，受力性能好。

2）XM 型锚具

XM 型锚具是一种多孔夹片式锚具，由锚板与三片夹片组成，见图 6-17、图 6-18，它既适用于锚固钢绞线束，又适用于锚固钢丝束；既可锚固单根预应力筋，又可锚固多根预应力筋。当用于锚固多根预应力筋时，XM 型锚具既可单根张拉、逐根锚固，又可成组张拉、成组锚固。

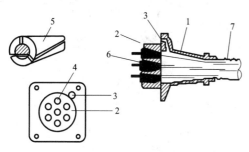

1—喇叭管；2—锚环；3—灌浆孔；4—圆锥孔；

　5—夹片；6—钢绞线束；7—波纹管

图 6-17　XM 型锚具　　　　　　　　　图 6-18　XM 型锚具

XM15 型锚具适用于锚固 3～37 根直径 15 mm 的钢绞线束或 3～12 根直径 15 mm 的钢丝束。

XM 型锚具的锚板上的锚孔沿圆周排列，间距不小于 36 mm，锚孔中心线的倾斜度为1：20。锚板顶面应垂直于钻孔中心线，以利夹片均匀塞入。夹片采用三片式，按 120° 均分开缝，沿轴向有倾斜偏转角，倾斜偏转角的方向与钢绞线的扭角相反，以确保夹片能夹紧钢绞线或钢丝束的每一根外围钢丝，形成可靠的锚固。

近年来随着预应力混凝土结构和无粘结预应力结构的发展，XM 型锚具已得到广泛应用。实践证明，XM 型锚具具有通用性强、性能可靠、施工方便、便于高空作业的特点。

3）QM 及 OVM 型锚具

QM 型锚具也属于多孔夹片式锚具，见图 6-19，适用于锚固 4～31 根直径 12 mm 的钢绞线或 3～9 根直径 15 mm 的钢绞线。

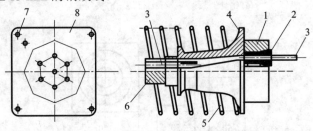

1—锚板；2—夹片；3—预应力筋；4—喇叭形铸铁垫板；5—螺旋筋；

6—预埋波纹管；7—灌浆孔；8—锚垫板

图 6-19　QM 型锚具

该锚具由锚板与夹片组成，配有专门的工具锚，以保证每次张拉后退锚方便，并能减少安装工具锚所花费的时间。

OVM 型锚具是在 QM 型锚具的基础上将夹片改为二片式，并在夹片背部上部锯有一条弹性槽，以提高锚固性能，见图 6-20。

OVM13 型锚具适用于锚固直径 13 mm 的钢绞线，OVM15 型锚具适用于锚固直径 15 mm 的钢绞线。

QM 型锚具与 XM 型锚具的区别见图 6-21。

图 6-20　OVM 型锚具

QM　　　　　XM

图 6-21　QM 型夹片与 XM 型夹片的区别

4）BM 型锚具

BM 型锚具是一种新型的夹片式扁形锚具，简称扁锚，它由扁锚头、扁形垫板、扁形喇叭管及扁形管道等组成，见图 6-22、图 6-23。

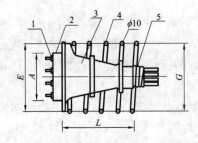

1—夹片；2—扁锚板；3—扁锚垫板；4—扁螺旋筋；5—扁波纹管

图 6-22　BM 型锚具结构图　　　　　　图 6-23　BM 型锚具

扁锚的优点是张拉槽口扁小，可减少混凝土板厚，便于梁的预应力筋按实际需要切断后锚固，有利于减少钢材；钢绞线单根张拉，施工方便。这种锚具特别适用于空心板、低高度箱梁以及桥面横向预应力等张拉。

5) YM 型固定端锚具

YM 型固定端锚具是一种握裹式锚具，它分为 P 型和 H 型。

P 型锚具(见图 6-24)是一种挤压型锚具，它利用液压压头机将套筒挤紧在钢绞线上，套筒内衬有硬钢丝螺旋圈，在挤压后硬钢丝全部脆断，一半嵌入外钢套，一半压入钢绞线，从而增强了套筒与钢绞线之间的摩阻力。锚具下设有垫板与螺旋筋。

H 型锚具是一种压花型锚具(见图 6-25)，它利用液压压花机将钢绞线端头压成梨形散花状头，多根钢绞线梨形头可按需要做成正方形、长方形等多种排列形式埋置在混凝土内。梨形自锚头用 CYH15 型压花机成形。为提高压花锚四周混凝土及散花头、根部混凝土的抗裂强度，在散花头的头部设置构造筋，并在散花头的根部设置螺旋筋。

图 6-24　YM 型固定端 P 型锚具

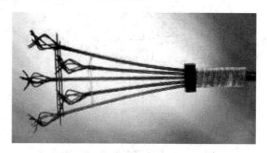

图 6-25　YM 型固定端 H 型锚具

6) KT-Z 型锚具

这是一种可锻铸铁锥形锚具，可用于锚固 3～6 根直径为 12 mm 的 HRB400 级钢筋，直径为 12 mm 的钢筋束以及 3～6 根直径 12 mm 的钢绞线束。

KT-Z 型锚具由锚塞和锚环组成，见图 6-26，均用可锻铸铁成型。该锚具为半埋式，使用时先将锚环小头嵌入承压钢板中，并用断续焊缝焊牢，然后共同预埋在构件端部。

使用该锚具时，预应力筋在锚环小口处形成弯折，产生摩擦损失。

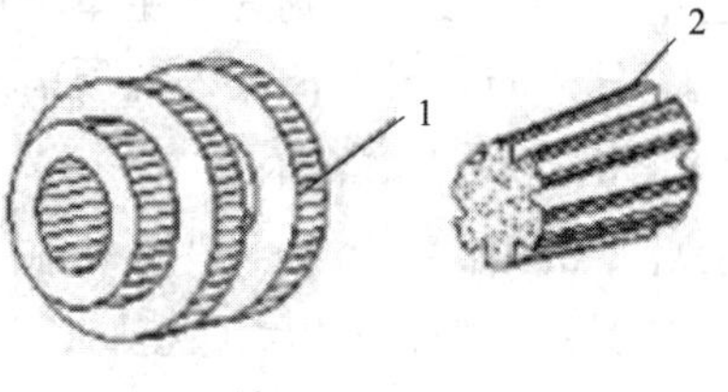

KT-Z 型锚具用于锚固螺纹钢筋束时，宜用
YZ 型双作用千斤顶张拉；用于锚固钢绞线束时，则宜用 YC-60 型双作用千斤顶张拉。

1—锚环；2—锚塞

图 6-26　KT-Z 型锚具

3. 钢丝束锚具

钢丝束所用的锚具常用的有锥形螺杆锚具、钢质锥形锚具、钢丝束镦头锚具等。

1) 锥形螺杆锚具

锥形螺杆锚具适用于锚固 14～28 根直径 5 mm 的碳素钢丝束，它由锥形螺杆、套筒、螺帽和垫板组成，套筒为中间带有圆锥孔的圆柱体，见图 6-27。

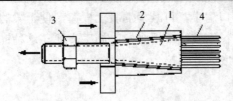

1—锥形螺杆；2—套筒；3—螺帽；4—预应力钢丝束

图 6-27 锥形螺杆锚具

锥形螺杆锚具与 YL-60、YL-90 拉杆式千斤顶配套使用，也可与 YC-60、YC-90 穿心式千斤顶配套应用。

2）钢质锥形锚具

钢质锥形锚具由锚环和锚塞组成，锚塞表面刻有细齿槽，以防止被夹紧的预应力钢丝滑动，见图 6-28、图 6-29。锚固时，将锚塞塞入锚环并顶紧，钢丝就夹紧在锚塞周围。

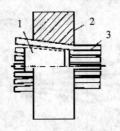

1—锥塞；2—锚环；3—钢丝束

图 6-28 钢质锥形锚具

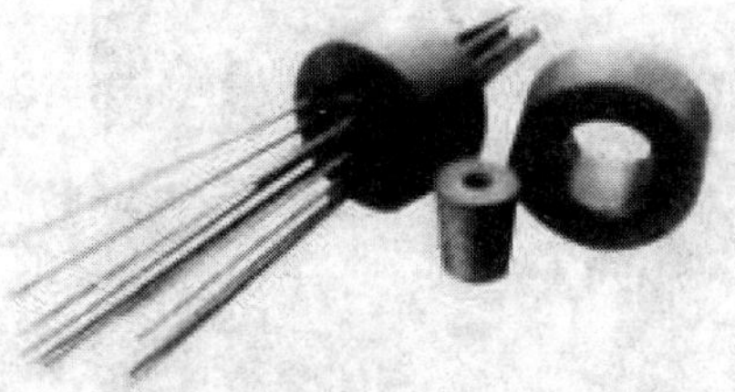

图 6-29 钢质锥形锚具

钢质锥形锚具适用于锚固以锥锚式双作用千斤顶张拉的钢丝束，每束由 12～24 根直径 5 mm 的碳素钢丝组成，也可锚固直径 4 mm 的碳素钢丝。

钢质锥形锚具工作时，由于钢丝锚固呈幅射状态，弯折处受力较大，易使钢丝被咬伤。若钢丝直径误差较大，则易产生单根钢丝滑动，引起无法补救的预应力损失，如用加大顶锚力的办法来防止滑丝，过大的顶锚力会容易使钢丝被咬伤。

3）DM 型镦头锚具体系

DM 型镦头锚具体系一般用以锚固 12～54 根直径 5 mm 或 7 mm 的碳素钢丝束，它包括四种锚具：A 型、B 型、C 型、K 型，见图 6-30、图 6-31。张拉端采用 A 型，由锚环和螺母组成，固定端采用 B 型，仅有一块锚板，中间部位的连接器采用 K 型连接锚杆和 C 型连接锚杯。

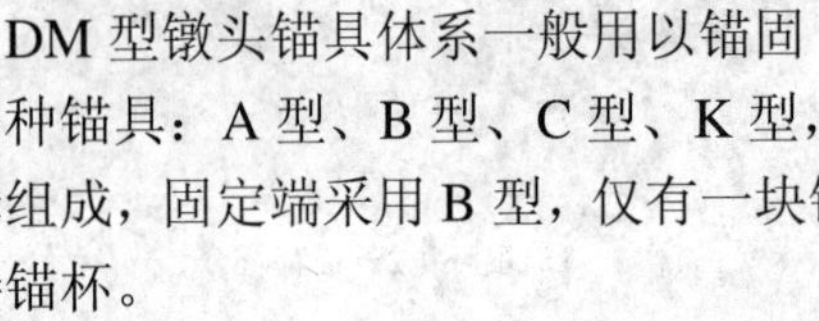

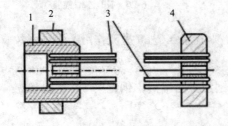

1—A 型锚环；2—螺帽；3—钢丝束；4—B 型锚板

图 6-30 DM 型钢丝束镦头锚具

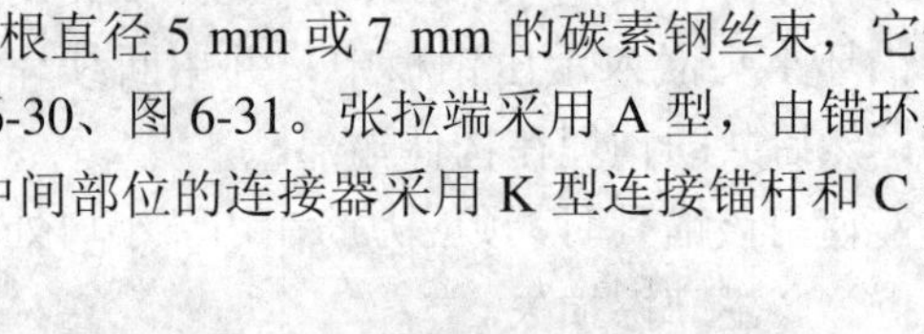

图 6-31 DM 型钢丝束镦头锚具

锚环的内外壁均有丝扣，内丝扣用于张拉螺杆，外丝扣用于拧紧螺母锚固钢丝束。锚环和锚板四周钻孔，用以固定镦头的钢丝，孔数及间距视锚固的钢丝根数而定。

当用锚杯时，锚杯底部则为钻孔的锚板，并在此板中部留一灌浆孔，便于从端部预留孔道灌浆。

钢丝可用液压冷镦器进行镦头，镦头器见图6-32，其配套张拉机采用 YC 系列穿心式千斤顶。

钢丝束的接长安装图见图6-33。

图 6-32　镦头器

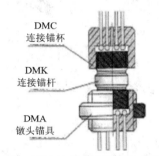

图 6-33　预应力钢丝束的接长安装图

6.2.2　连接器

连接器是用于连接预应力钢筋的装置，按形式可分为圆形连接器和扁形连接器，按使用部位可分为锚头连接器和接长连接器。

圆形连接器主要应用于混凝土连续结构中预应力束的接长连接。连接器有两种形式，一种为单根对接式，可用于单根预应力筋连接或成束预应力筋的逐根连接，也可用于先张法中工具式单根预应力筋的连接，见图6-34、图6-35；一种为周边悬挂挤压式，多用于各类连续梁结构。多孔周边悬挂挤压式连接器包括连接体、工作夹片、挤压锚具、锚垫板、约束圈、螺旋筋、保护罩等，见图6-36、图6-37。

扁形连接器是由扁形连接体、夹片、挤压头、扁形锚垫板、螺旋筋、扁形约束圈、扁形保护罩、扁形金属或塑料波纹管、预应力钢绞线组成，见图6-38，主要用于预应力混凝土连续梁中构件厚度较薄处的扁形预应力束的接长。

锚头连接器设置在构件端部，用于锚固前段预应力筋，并连接后段预应力筋；接长连接器设置在孔道的直线区段，用于接长预应力筋。

图 6-34　螺丝端杆锚具接长连接器

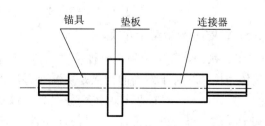

锚具　　垫板　　连接器

图 6-35　螺丝端杆锚具接长示意图

连接器配置图

图 6-36　XM 型锚具连接器　　　图 6-37　XM 型锚具接长连接器　　图 6-38　BM 型锚具接长连接器

安装示意图　　　　　　　　安装示意图

6.2.3　张拉设备

在后张法预应力混凝土施工中，预应力筋的张拉均采用液压张拉千斤顶，并配有电动油泵和外接油管，还需装有测力仪表。

液压张拉千斤顶按机型不同可分为拉杆式千斤顶(YL)、穿心式千斤顶(YC)、锥锚式千斤顶(YZ)；按使用功能不同可分为单作用千斤顶和双作用千斤顶；按张拉吨位大小可分为小吨位(≤250 kN)、中吨位(250～1000 kN)和大吨位(≥1000 kN)千斤顶。

由于拉杆式千斤顶是单作用千斤顶，且只能张拉吨位小于等于 600 kN 的支承式锚具，已逐步被多功能的穿心式千斤顶代替。

1) 穿心式千斤顶(YC)

穿心式千斤顶是一种利用双液缸张拉预应力筋、具有锚固和张拉双重作用的千斤顶，它主要由张拉设备、张拉油缸、顶压油缸、顶压活塞、回程弹簧等组成，张拉前需将预应力筋穿过千斤顶固定在其尾部的工具锚上。目前该系列产品有 YC-20D 型、YC-60 型和 YC-l20 型等。

YC-60 型穿心式千斤顶适用于张拉各种形式的预应力筋，是目前我国预应力混凝土构件施工中应用最为广泛的张拉机械。其适应性强，既适用于张拉需要顶压的夹片式锚具，配上撑脚与拉杆后，也可用于张拉螺丝端杆锚具和镦头锚具，在前端装上分束顶压器后还可张拉钢质锥形锚具，适用于大跨度结构、较长钢丝束等。

2) 锥锚式千斤顶(YZ)

锥锚式千斤顶是一种具有张拉、顶锚和退楔功能的三作用千斤顶，仅用于张拉采用钢质锥形锚具的钢丝束。锥锚式千斤顶由张拉油缸、顶压油缸、楔形卡环、楔块和退楔装置等组成。目前，该系列产品有 YZ-38 型、YZ-60 型、YZ-85 型和 YZ-l50 型千斤顶等。

3) YDC 系列新型千斤顶

YDC 系列新型千斤顶是一种将工具锚安装在千斤顶前部的穿心式千斤顶，主要用于群锚整体张拉。这种千斤顶的优点是可减小预应力筋的外伸长度，从而节约钢材，且其使用方便、操作简单、性能可靠、生产效率高。该系列产品有 YDCQ 型前卡式和 YDCN 型内卡式千斤顶，每一型号又有多种规格产品。

YDCQ 型前卡式千斤顶，是一种多用途的预应力张拉设备，见图 6-39，主要用于单孔张拉，也可用于多孔预紧、张拉和排障，并适用于多种规格的高强度钢丝束及钢绞线束。

4) 大孔径穿心式千斤顶

大孔径穿心式千斤顶又称群锚千斤顶，是一种具有一个大口径穿心孔，利用单液缸张拉预应力筋的单作用千斤顶。这种千斤顶广泛用于张拉大吨位钢绞线束，配上撑脚与拉杆后，也可作为拉杆式穿心千斤顶。目前该系列产品有 YCD 型、YCQ 型、YDCW、YCB 型千斤顶，每一型号又有多种规格产品。

YDCW600 型千斤顶是原 YDC600 型千斤顶的更新换代产品，见图 6-40，它具有穿心式千斤顶的功能，又具有拉杆式千斤顶的特点，是采用计算机优化设计生产的穿心式千斤顶。YDCW600 型千斤顶配备限位板可张拉 3 根以下直径 15 mm 的钢绞线束，适用于 Φ32、Φ28 等规格型号的螺纹钢筋张拉以及 JM、XM、QM、OVM 等各类夹片式锚具，配备拉杆和承脚可张拉 DM 型系列镦头锚具。

图 6-39　YDCQ 型前卡式千斤顶　　　　图 6-40　YDCW 型系列千斤顶

5) 智能张拉系统

预应力智能张拉系统通过计算机软件控制，实现预应力张拉全过程自动化，能杜绝人为因素干扰，并能有效确保预应力张拉施工质量，是目前国内预应力张拉领域最先进的工艺。

智能张拉系统由系统主机、油泵、千斤顶三大部分组成，以应力为控制指标，伸长量误差作为校对指标。系统通过传感技术采集每台张拉设备(千斤顶)的工作压力和钢绞线的伸长量(含回缩量)等数据，并实时将数据传输给系统主机进行分析判断，同时张拉设备(泵站)接收系统指令，实时调整变频电机工作参数，从而实现高精度实时调控油泵电机的转速，实现张拉力及加载速度的实时精确控制。系统还根据预设的程序，由主机发出指令，同步控制每台设备的每一个机械动作，自动完成整个张拉过程。如图 6-41、图 6-42 所示。

图 6-41　智能张拉控制系统图　　　　图 6-42　智能张拉系统操作施工图

智能张拉系统具有如下特点：

(1) 精确施加应力。

智能张拉系统能精确控制施工过程中施加的预应力值,将误差范围由传统张拉的±15%缩小到±1%。

(2) 时校核伸长量,实现"双控"。

系统传感器能实时采集钢绞线数据,反馈到计算机,并自动计算伸长量,及时校核伸长量误差是否在±6%以内,实现应力与伸长量"双控"。

(3) 对称同步张拉。

一台计算机能控制两台或多台千斤顶同时、同步对称张拉,实现"多顶同步张拉"工艺。

(4) 规范张拉过程,减少预应力损失。

实现了张拉程序智能控制,不受人为、环境因素影响;停顿点、加载速率、持荷时间等张拉过程要素完全符合设计和施工技术规范要求,避免或大幅减少了张拉过程中预应力的损失。

(5) 自动生成报表杜绝数据造假。

自动生成张拉记录表,杜绝人为造假的可能,可进行真实的施工过程还原。同时还省去了张拉力、伸长量等数据的计算、填写过程,提高了工作效率。

(6) 远程监控功能。

实现远程监控功能,方便质量管理,提高管理效率。统一业主、监理、施工、检测单位于同一互联网平台,能实时进行交互,突破了地域的限制,并能及时掌握预制梁场和桥梁预应力施工质量情况,实现"实时跟踪、智能控制、及时纠错"。

6.2.4 预应力筋的制作

预应力筋的制作与钢筋的直径、钢材的品种、锚具的类型、张拉设备和张拉工艺有关。目前常用的预应力筋有单根粗钢筋、钢筋束、钢绞线束及钢丝束。

1. 预应力单根粗钢筋的制作

预应力单根粗钢筋的制作,一般包括配料→对焊→冷拉等工序。

钢筋的下料长度应由计算确定,计算时应考虑锚具的特点、焊接接头或镦头的预留量、钢筋的冷拉率和弹性回缩率、构件的长度等因素。

为了保证预应力筋下料长度有一定的精确度,在配料时,应根据钢筋的品种作冷拉率测定,作为计算钢筋下料长度的依据。

单根预应力筋根据构件长度和张拉工艺要求,可以采用一端张拉或两端张拉。两端张拉时,预应力筋两端均采用螺丝端杆锚具(或精轧螺纹钢筋锚具);一端张拉一端固定时,张拉端采用螺丝端杆锚具(或精轧螺纹钢筋锚具),固定端采用镦头锚具。其下料长度计算如下:

(1) 两端均采用螺丝端杆锚具(或精轧螺纹钢筋锚具)。

预应力筋下料长度 L 可用公式(6-1)计算:

$$L = \frac{l - 2l_1 + 2l_2}{1 + \delta - \delta_1} + nl_0 \tag{6-1}$$

式中：l——构件孔道长度，单位 mm；

　　　l_1——螺丝端杆长度，一般取 320 mm；

　　　l_2——螺丝端杆外露长度，一般取 120～150 mm；

　　　δ——钢筋的试验冷拉率；

　　　δ_1——钢筋冷拉的弹性回缩率；

　　　n——钢筋与钢筋、钢筋与螺杆的对焊接头总数；

　　　l_0——每个对焊接头的压缩量，一般取 $l_0=d$。

(2) 一端采用螺丝端杆锚具(或精轧螺纹钢筋锚具)，另一端采用镦头锚具。

预应力筋下料长度 L 可用公式(6-2)计算：

$$L = \frac{l - l_1 + l_2 + l_3}{1 + \delta - \delta_1} + n l_0 \tag{6-2}$$

式中：l——构件孔道长度，单位 mm；

　　　l_1——螺丝端杆长度，一般取 320 mm；

　　　l_2——螺丝端杆外露长度，一般取 120～150 mm；

　　　l_3——镦头锚具长度，取值 2.25 倍钢筋直径加 15 mm(垫板厚度)；

　　　δ——钢筋的试验冷拉率；

　　　δ_1——钢筋冷拉的弹性回缩率；

　　　n——钢筋与钢筋、钢筋与螺杆的对焊接头总数；

　　　l_0——每个对焊接头的压缩量，一般取 $l_0=d$。

2．预应力钢筋束(或钢绞线束)制作

预应力钢筋束(或钢绞线束)所用预应力钢筋一般是圆盘状供应，长度较长，不需要对焊接长，其制作工艺一般是：开盘冷拉→下料→编束。

冷拉 RRB400 级钢筋束及钢绞线束在下料切断时，宜采用切断机或砂轮锯切断，不得采用电弧切割。钢绞线束切断前，在切口两侧 50 mm 处应用铅丝绑扎，以免钢绞线松散。

预应力钢筋束(或钢绞线束)的下料长度主要与构件长度、所选择的锚具和张拉机械有关，同一根预应力筋采用不同的张拉机械，其下料长度也不同。其下料长度计算如下：

(1) 两端同时张拉。

预应力筋下料长度 L 可用公式(6-3)计算：

$$L = l + 2a \tag{6-3}$$

式中：l—— 构件孔道长度，单位 mm；

　　　a—— 张拉端预留量，与锚具和张拉千斤顶尺寸有关，单位 mm。

(2) 一端张拉，一端锚固。

预应力筋下料长度 L 可用公式(6-4)计算：

$$L = l + a + b \tag{6-4}$$

式中：l—— 构件孔道长度，单位 mm；

　　　a—— 张拉端预留量，与锚具和张拉千斤顶尺寸有关，单位 mm；

　　　b—— 锚固端预留量，一般取 80 mm。

3．预应力钢丝束的制作

预应力钢丝束的制作工序一般为：调直→下料→编束→安装锚具等。

预应力钢丝束制作时，为了保证每根钢丝长度相等，以使预应力张拉时每根钢丝受力均匀一致，要求钢丝在应力状态下切断下料，称为应力下料。应力下料时控制应力取值 300 N/mm^2。预应力钢丝束采用锥形螺杆锚具和镦头锚具时，均应采用应力下料。

预应力钢丝束的编束是为了防止钢丝互相扭结，编束前对同一束钢丝直径要进行测量，直径的相对误差不得超过 0.1 mm，以保证成束钢丝与锚具的可靠连接。编束工作要在平整的场地把钢丝理顺放平，然后在全长每隔 1 m 用铁线将钢丝编成帘子状，最后，每隔 1 m 放置一个直径与螺杆直径相一致的钢丝弹簧圈做为衬圈，将编好的钢丝帘绕衬圈形成束，再用铁线绑扎牢固。

钢丝束的下料长度主要与所选择的锚具有关，当用钢质锥形锚具、XM 型锚具、QM 型锚具时，钢丝束的制作和下料长度计算基本上与预应力钢筋束相同；当采用镦头锚具、一端张拉时，其下料长度 L 可用公式(6-5)计算：

$$L = l + 2a + 2b - 0.5(H - H_1) - \Delta L - C \tag{6-5}$$

式中：l —— 构件孔道长度，单位 mm；

a —— 锚板厚度，单位 mm；

b —— 钢丝镦头预留量，取 2 倍钢丝直径，单位 mm；

H —— 锚杯高度，单位 mm；

H_1 —— 螺母高度，单位 mm；

ΔL —— 张拉时钢丝伸长值，单位 mm；

C —— 混凝土弹性压缩(若很小时可忽略不计)，单位 mm。

6.2.5 施工工艺

后张法施工步骤是先制作混凝土构件，预留孔道，待混凝土强度达到规定要求后，再在孔道内穿放预应力筋，并对预应力筋进行张拉及锚固，最后进行孔道灌浆。

后张法施工工艺与预应力施工有关的是孔道留设、预应力筋张拉和孔道灌浆三部分。

1．孔道留设

孔道留设是后张法预应力混凝土构件制作中的关键工序之一，留设孔道主要为穿预应力钢筋及张拉锚固后灌浆用。

根据预应力钢筋的形状不同，孔道的形状可分为直线、折线和曲线三种。

孔道留设的基本要求有：预留孔道的尺寸与位置应正确，孔道应平顺；端部的预埋垫板应垂直于孔道中心线并用螺栓或钉子固定在模板上，以防止浇筑混凝土时发生走动；孔道的直径一般应比预应力筋的外径 (包括钢筋对焊接头的外径或需穿入孔道的锚具外径) 大 10～15 mm，以利于预应力筋穿入。

孔道留设的方法有抽芯法和预埋波纹管法等。抽芯法是预先将钢管或胶管埋设在模板内预应力筋孔道位置上，然后浇筑混凝土，待混凝土初凝后至终凝之前，抽出钢管或胶管，在构件中形成孔道；预埋波纹管法是用钢筋井字架将波纹管固定在设计位置上，混凝土成型后不抽出的一种施工方法。

1) 钢管抽芯法

钢管抽芯法仅适用于留设直线孔道。

钢管抽芯法是预先将钢管敷设在模板的孔道位置上，在混凝土浇筑后每隔一定时间慢慢转动钢管，防止它与混凝土粘住，在混凝土初凝后、终凝前抽出钢管形成孔道。

选用的钢管要求平直、表面光滑，敷设位置准确；施工时，钢管用钢筋井字架固定，间距不宜大于 1.0 m；每根钢管的长度一般不超过 15 m，以便于转动和抽管；钢管两端应各伸出构件外 0.5 m 左右；较长的构件可采用两根钢管，中间用套管连接，见图 6-43。

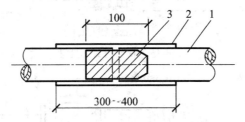

1—钢管；2—套管；3—硬木塞

图 6-43 钢管连接方式

采用钢管抽芯法预留孔道，准确地掌握抽管时间很重要，抽管时间与水泥品种、气温和养护条件有关。

抽管宜在混凝土初凝后、终凝前进行，以用手指按压混凝土表面不显指纹时为宜。抽管过早，会造成坍孔事故；抽管太晚，混凝土与钢管粘结牢固，会造成抽管困难，甚至抽不出来。常温下抽管时间约在混凝土浇筑后 3～5 小时。

抽管顺序宜先上后下进行。抽管方法可分为人工抽管或卷扬机抽管，抽管时必须速度均匀，边抽边转并始终与孔道保持在一条直线上。抽管后应及时检查孔道情况，并做好孔道清理工作，防止以后穿筋困难。

留设预留孔道的同时，还要在设计规定位置留设灌浆孔和排气孔。一般在构件两端和中间每隔 12 m 左右留设一个直径 20 mm 的灌浆孔，在构件两端各留一个排气孔。留设灌浆孔和排气孔的目的是方便构件孔道灌浆。留设时可采用木塞或白铁皮管，见图 6-44。

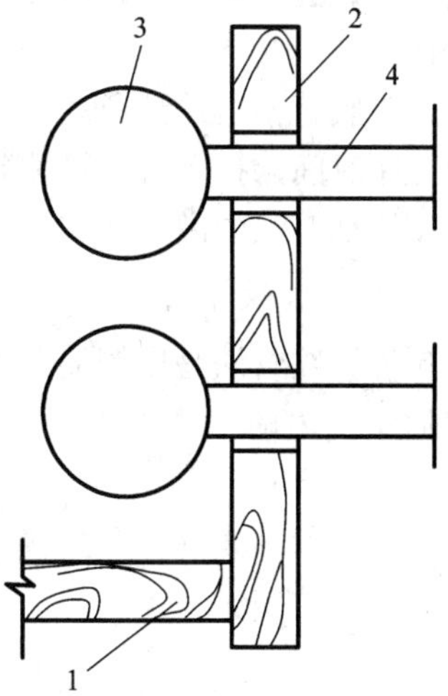

1—底模；2—侧模；3—钢管；4—木塞

图 6-44 用木塞留灌浆孔

2) 胶管抽芯法

胶管抽芯法不仅可以留设直线孔道，亦可留设曲线或折线孔道，因为胶管具有一定弹性，在拉力作用下，其断面能缩小，故在混凝土初凝后即可把胶管抽拔出来。

胶管抽芯法采用的胶管有 5～7 层的夹布胶管和钢丝网胶管。

夹布胶管质软，留设管道时必须预先在管内充入压缩空气或压力水，使管径增大 3 mm 左右，然后浇筑混凝土。待混凝土初凝后，放出压缩空气或压力水，使胶管孔径变小，并与混凝土脱离，随即抽出胶管，形成孔道。

夹布胶管内充入压缩空气或压力水前，胶管两端应有密封装置，见图 6-45。施工时应将它预先敷设在模板中的孔道位置上，胶管应在每间隔不大于 0.5 m 的距离处用钢筋井字架予以固定。胶管与阀门间的连接见图 6-46。

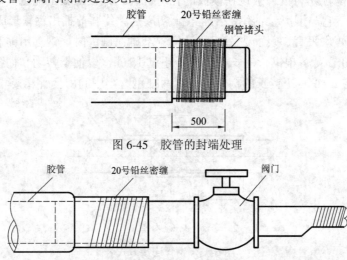

图 6-45　胶管的封端处理

图 6-46　胶管与阀门的连接

采用钢丝网胶管预留孔道时，预留孔道的方法和钢管相同。由于钢丝网胶管质地坚硬，并具有一定的弹性，抽管时在拉力作用下管径缩小，并与混凝土脱离，这时即可将钢丝网胶管抽出。

采用胶管抽芯法预留孔道，混凝土浇筑后不需要旋转胶管，抽管的时间一般以 200℃•h 作为控制时间，抽管时一般按先上后下、先曲后直的顺序将胶管抽出。

胶管抽芯法的灌浆孔和排气孔的留设方法同钢管抽芯法。

3) 预埋波纹管法

预埋波纹管法是用钢筋井字架将与孔道直径相同的波纹管固定在设计位置上，混凝土成型后不抽出的一种施工方法，适用于预应力筋密集或曲线预应力筋的孔道埋设，见图 6-47。

常用的预埋波纹管有金属波纹管(见图 6-48)和塑料波纹管(见图 6-49)。

图 6-47　波纹管的预埋　　　　图 6-48　金属波纹管　　　　图 6-49　塑料波纹管

金属波纹管是由镀锌薄钢带经波纹卷管机压波卷成，具有重量轻、刚度好、弯折方便、连接简单、摩阻系数小、与混凝土粘结较好等优点，可做成各种形状的孔道，是后张法施工预应力筋孔道成型用的理想材料。

波纹管的接长可采用大一号的同型波纹管，接头管长度应大于 200 mm，用密封胶带或塑料热塑管封口，见图 6-50。

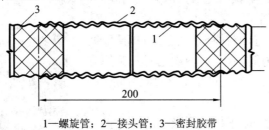

1—螺旋管；2—接头管；3—密封胶带

图 6-50　波纹管的连接

波纹管的固定采用钢筋井字架，间距不宜大于 0.8 m，曲线孔道时应加密，并用铁丝绑牢，预埋波纹管时应同时留设灌浆孔，见图 6-51。

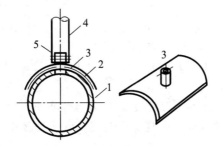

1—螺旋管；2—海绵垫；3—塑料弧形压板；4—塑料管；5—铁丝扎紧

图 6-51　波纹管上流灌浆孔

预埋波纹管法因省去抽管工序，且孔道留设的位置、形状也易保证，故目前应用较为普遍。

2．预应力筋的张拉

预应力筋张拉时构件或结构的混凝土强度应符合设计要求，当设计无具体要求时，不应低于设计强度标准值的 75%。对于拼装的预应力构件，其拼缝处混凝土或砂浆强度如设计无要求时，不宜低于块体混凝土设计强度等级的 40%，且不低于 15 MPa。

1）张拉控制应力

预应力筋的张拉控制应力按《混凝土结构设计规范》(GB50010)规定取值，参见先张法。

2）张拉顺序

预应力筋的张拉顺序，应使混凝土不产生超应力、构件不扭转与侧弯、结构不变位等，因此，对称张拉是一条重要原则。

对配有多根预应力筋的预应力混凝土构件，由于不可能同时一次张拉完预应力筋，应分批、对称的进行张拉。

分批张拉时，要考虑后批预应力筋张拉时对混凝土产生的弹性压缩而引起前批张拉的预应力筋应力值降低，所以对前批张拉的预应力筋的张拉应力应增加。

分批张拉的损失也可采用对先批预应力筋逐根复拉补足的办法处理。

对称张拉是为了避免张拉时构件截面呈现过大的偏心受压状态。

3）张拉方法

为了减少预应力筋与预留孔道摩擦引起的损失，对于抽芯成形孔道，曲线形预应力筋和长度大于 24 m 的直线形预应力筋，应采取两端同时张拉的方法；长度小于或等于 24 m 的直线形预应力筋，可采用一端张拉。

对于预埋波纹管孔道，曲线形预应力筋和长度大于 30 m 的直线形预应力筋，宜采取两端同时张拉的方法；对于长度小于或等于 30 m 的直线形预应力筋，可一端张拉。

同一截面中有多根一端张拉的预应力筋时，张拉端宜分别设置在构件的两端，见图 6-52。

图 6-52　张拉预应力钢筋

当两端同时张拉同一根预应力筋时，为减少预应力损失，施工时宜先张拉一端锚固后，再在另一端补足张拉力后进行锚固。

3. 孔道灌浆

预应力筋张拉锚固后，孔道应及时灌浆以防止预应力筋锈蚀，影响结构的整体性和耐久性。

孔道灌浆应采用标号不低于 425 号普通硅酸盐水泥或矿渣硅酸盐水泥配制的水泥浆，对空隙大的孔道可采用砂浆灌浆。灌浆用水泥浆及砂浆强度均不应低于 20 MPa，水泥浆的水灰比宜为 0.4 左右，搅拌后 3 小时泌水率宜控制在 0.2%，最大不超过 0.3%。纯水泥浆的收缩性较大，为了增加孔道灌浆的密实性，在水泥浆中可掺入水泥用量 0.2% 的木质素磺酸钙或其他减水剂，但不得掺入氯化物或其他对预应筋有腐蚀作用的外加剂。

灌浆前混凝土孔道应用压力水冲刷干净并润湿孔壁，灌浆顺序应先下后上，以避免上层孔道漏浆时把下层孔道堵塞。

孔道灌浆可采用电动灰浆泵(见图 6-53)，灌浆应缓慢均匀地进行，不得中断。灌满孔道并封闭排气孔后，宜再继续加压至 0.5～0.6 MPa 并稳压一定时间，以确保孔道灌浆的密实性。

对于不掺外加剂的水泥浆可采用二次灌浆法，以提高孔道灌浆的密实性。灌浆后孔道内水泥浆或砂浆强度达到 15 MPa 时，预应力混凝土构件即可进行起吊运输或安装。

图 6-53　灌浆机

最后把露在构件端部外面的预应力筋及锚具用封端混凝土保护起来。

6.2.6　无粘结预应力混凝土施工

在后张法预应力混凝土构件中，预应力分为有粘结预应力和无粘结预应力两种。

有粘结的预应力是后张法的常规做法，张拉后通过灌浆使预应力筋与混凝土粘结。

无粘结预应力是在预应力筋表面刷涂油脂并包护套后，如同普通钢筋一样先铺设在支好的模板内，再浇筑混凝土，待混凝土达到规定的强度后，进行预应力筋的张拉和锚固。

这种预应力工艺是借助两端的锚具传递预应力，无需留孔灌浆，施工简便，摩擦损失小，预应力筋易弯成多跨曲线形状等，但对锚具锚固能力要求较高。

无粘结预应力适用于大柱网整体现浇楼盖结构，尤其在双向连续平板和密肋楼板中使用最为合理经济。

1．无粘结预应力筋的组成

无粘结预应力筋由无粘结筋、涂料层和外包层三部分组成，见图 6-54。

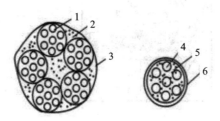

(a) 无粘结钢绞线束　　(b) 无粘结钢丝束

1—钢绞线；2—专用防腐油脂；3—塑料布外包层；4—钢丝；

5—专用防腐油脂；6—塑料管外包层

图 6-54　无粘结筋截面示意图

1) 无粘结筋

无粘结筋宜选用高强度低松弛的预应力钢绞线制作，要求钢绞线不应有死弯，当有死弯时应切断。

无粘结预应力筋中的每根钢丝应是通长的，可保留生产工艺拉拔前的焊接头。

2) 涂料层

涂料层的作用有使无粘结筋与混凝土隔离，减少张拉时的摩擦损失，防止无粘结筋腐蚀等，应采用专用防腐油脂制作。

3) 外包层

外包层的作用是使无粘结筋在运输、储存、铺设和浇筑混凝土等过程中不发生不可修复的破坏，应采用高密度聚乙烯塑料带或塑料管制作，严禁使用聚氯乙烯。

2．无粘结预应力筋的制作

单根无粘结预应力筋的制作应采用挤塑成型工艺，并由专业化工厂生产，涂料层的涂敷和护套的制作应连续一次完成，涂料层防腐油脂应完全填充预应力筋与护套之间的环形空间。

挤塑成型后的无粘结预应力筋应按工程所需的程度和锚固形式进行下料和组装，并应采取措施防止防腐油脂从预应力筋的端头溢出而沾污非预应力筋等。

3．无粘结预应力筋的锚具

无粘结预应力筋锚具的选用，应根据无粘结预应力筋的品种、张拉力值及工程应用的环境类别选用。

对常用的单根钢绞线无粘结预应力筋，其张拉端宜采用夹片式锚具，即圆套筒式或垫板连体式夹片锚具，埋入式固定端宜采用挤压锚具或经预紧的垫板连体式夹片锚具。

1) 张拉端夹片式锚具的做法

(1) 圆套筒锚具。

圆套筒锚具的构造由锚环、夹片、承压板、螺旋筋组成，见图 6-55，该锚具一般宜采用凹进混凝土表面布置。

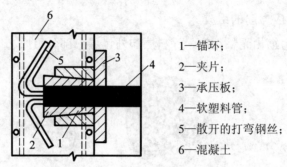

1—锚环；

2—夹片；

3—承压板；

4—软塑料管；

5—散开的打弯钢丝；

6—混凝土

图 6-55 无粘结预应力筋圆套筒夹片式锚具

(2) 垫板连体式夹片锚具。

采用垫板连体式夹片锚具凹进混凝土表面时，其构造由连体锚板、夹片、穴模、密封连接件及螺母、螺旋筋等组成，见图 6-56(a)。锚垫板构造见图 6-57。

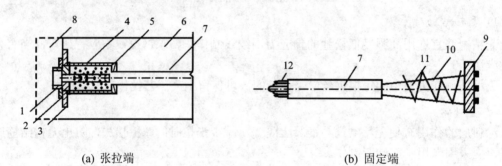

(a) 张拉端　　　　　　　　　　　　　(b) 固定端

1—锚环；2—螺母；3—预埋件；4—塑料套管；5—建筑油脂；6—构件；7—软塑料管；

8—C30 混凝土封头；9—连体锚板；10—钢丝；11—螺旋钢筋；12—预应力筋

图 6-56 无粘结预应力筋垫板连体式锚具

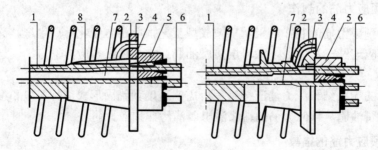

(a) 普通锚垫板　　　　　　　　　　　(b) 铸造锚垫板

1—波纹管；2—锚垫板；3—灌浆孔；4—对中止口；5—锚板；

6—钢绞线；7—钢绞线折角；8—对接喇叭口

图 6-57 锚垫板构造示意图

2) 固定端埋入式锚具的做法

(1) 挤压锚具。

挤压锚具的构造由挤压锚具、承压板和螺旋筋等构成。挤压锚具应将套筒等组装在钢绞线端部经专用设备挤压而成，挤压锚具与承压板的连接应牢固。

(2) 垫板连体式夹片锚具。

垫板连体式夹片锚具的构造由连体锚板、夹片与螺旋筋组成，见图6-56(b)，该锚具应预先用专用紧楔器以不低于75%预应力筋张拉力的顶紧力使夹片顶紧，并安装带螺母外盖。

4. 无粘结预应力混凝土的施工

无粘结预应力混凝土在施工中，主要问题是无粘结预应力筋的铺设、张拉和端部锚头的处理。

无粘结预应力筋在使用前应逐根检查外包层的完好程度，对有轻微破损处，可采用外包防水聚乙烯胶带进行修补，对破损严重者应予以报废。

1) 无粘结预应力筋的铺设

无粘结预应力筋可采用与普通钢筋相同的绑扎方法，铺放前应通过计算确定无粘结预应力筋的位置，其竖向高度宜采用支撑钢筋控制，亦可与其他钢筋绑扎。

铺设双向配筋的无粘结预应力筋时，应先铺设标高较低的无粘结预应力筋，再铺设标高较高的无粘结预应力筋，并应尽量避免两个方向的无粘结预应力筋相互穿插编结。

当采用集团束配置多根无粘结预应力筋时，各根预应力筋应保持平行走向，防止相互扭结。束之间的水平净间距不宜小于50 mm，束至构件边缘的净间距不宜小于40 mm。

当采用多跟无粘结预应力筋平行带状布束时，每束不宜超过5根无粘结预应力筋，并应采取可靠的支撑固定措施，保证同束中各根无粘结预应力筋具有相同的矢高。

无粘结预应力筋采取竖向、环向或螺旋形铺放时，应有定位支架或其他构造措施控制位置。

2) 无粘结预应力筋的张拉

无粘结预应力筋的张拉机具及仪表，应由专人使用和管理，并定期维护和校验。

(1) 张拉控制应力。

无粘结预应力筋的张拉控制应力不宜超过$0.75f_{ptk}$，并应符合设计要求。如需提高张拉控制应力值时，不应大于钢绞线抗拉强度标准值的80%。

(2) 张拉程序。

无粘结预应力筋的张拉可采用一次张拉或超张拉。

当采用超张拉时，可超张拉3%。

(3) 张拉顺序。

无粘结预应力筋的张拉顺序应符合设计要求，如设计无要求，可采用分批、分阶段对称张拉或一次张拉。无粘结筋的张拉顺序应与其铺设顺序一致，先铺设的先张拉，后铺设的后张拉。

当无粘结预应力筋采取逐根或逐束张拉时，应保证各阶段不出现对结构不利的应力状态，同时宜考虑后批张拉的无粘结预应力筋产生的结构构件的弹性压缩对先批张拉预应力筋的影响，确定张拉力。

(4) 张拉方法。

由于无粘结预应力筋一般为曲线配筋，故应两端同时张拉。

成束无粘结预应力筋正式张拉前，宜先用千斤顶往复抽动 1～2 次以降低张拉摩擦损失。

无粘结筋的张拉过程中，当有个别钢丝发生滑脱或断裂时，可相应降低张拉力，但滑脱或断裂的数量不应超过结构同一截面无粘结预应力筋总量的 2%。

3) 无粘结预应力筋的端部锚头处理

无粘结预应力筋端部锚头的防腐处理应予以特别重视，当无粘结预应力筋张拉完毕后，应及时对锚固区进行保护。

当锚具采用凹进混凝土表面布置时，宜先切除外露无粘结预应力筋多余长度，在夹片及无粘结预应力筋外露部分应涂专用防腐油脂或环氧树脂，并罩帽盖进行封闭，该防护帽与锚具应可靠连接，然后采用后浇微膨胀混凝土或专用密封砂浆进行封闭，见图 6-58。

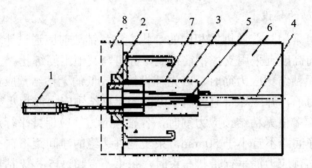

1—油枪；2—锚具；3—端部孔道；4—有涂层的无粘结预应力筋；
5—无涂层的端部钢丝；6—构件；7—注入孔道的油脂；8—混凝土封闭

图 6-58　锚头端部处理方法

锚固区也可用后浇的钢筋混凝土外包圈梁进行封闭，但外包圈梁不宜突出外墙面以外。当锚具凸出混凝土表面布置时，锚具的混凝土保护层厚度不应小于 50 mm。

外露预应力筋的混凝土保护层厚度要求处于一类室内正常环境时，不应小于 30 mm，处于二类、三类易受腐蚀环境时，不应小于 50 mm。

对不能使用混凝土或砂浆包裹层的部位，应对无粘结预应力筋的锚具全部涂以与无粘结预应力筋涂料层相同的防腐油脂，并用具有可靠防腐和防火性能的保护罩将锚具全部封闭。

6.3　无粘结预应力混凝土模拟实训

6.3.1　工程背景

某污水处理厂是日处理 50 000 m^3 污水的大中型环保工程，一期和二期工程中共有 3 个直径 38 m、高度 4.5 m 的二次沉淀池和两个直径 12 m 的曝气池，都采用无粘结预应力施工工艺进行施工。

6.3.2　施工方案

1. 工程概况

略。

2. 工艺原理

用于圆形构筑物池壁的无粘结预应力混凝土施工工艺，就是在绑扎构筑物池壁或筒身钢筋的同时，将预应力筋按设计要求逐环固定在模板内，然后浇筑混凝土。待混凝土达到设计强度后，利用无粘结预应力筋与混凝土不粘连、可滑动的特点，在两端头进行张拉，再利用工作锚具将钢绞线锁紧固定于端头的锚固板上，用混凝土封闭锚固端，从而达到对圆形构筑物产生预压应力的效果。

3. 材料要求

1) 无粘结预应力钢筋

无粘结预应力筋采用φ12.7 和φ15.2 单根钢绞线。

2) 锚具

本工程无粘结预应力筋采用两端同时张拉，对于常用直径为φ15.2 和φ12.7 的单根钢绞线环筋的无粘结预应力筋的锚具，选用单孔夹片式锚具，其构造由锚环、夹片、承压板、螺旋筋组成。

锚固采用锚具凸出混凝土表面的作法，张拉后，用工作锚具将其锚固，如图 6-59 所示。

锚具组装件的材料，应按设计图纸的规定采用，并应有机械性能证明书。无证明书时，应按国家标准进行质量检验，材料不得有夹渣、裂缝等缺陷。

3) 混凝土

池壁混凝土采用 C40 以上的大流动性混凝土，浇筑时不留施工缝，应一次连续浇灌完毕。拌制混凝土的水泥、砂、石应有出厂合格证，进场后应按规定抽样复验。

4) 池壁钢筋

池壁非预应力钢筋无特殊要求，但是由于布设预应力钢绞线的需要，因此，应在两排立筋中间隔 1000～1200 mm 设 1 个定位支架，以便控制主筋位置。

5) 封堵

本工程主筋锚固端的封堵，采用的是 2 mm 厚的白色塑料封端帽，略比锚具大一些。如图 6-60 所示。

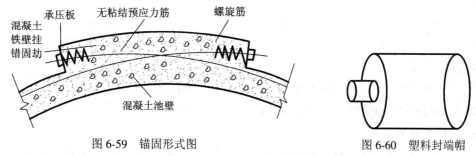

图 6-59　锚固形式图　　　　　　　　　图 6-60　塑料封端帽

4．机具设备

1) 张拉机具

根据张拉力值选用 YCN-25 型前置内卡式液压千斤顶和与之配套的油泵。

无粘结预应力筋张拉机具及仪表，应由专人使用和管理，并定期维护和校验。

2) 其他机具

便携式钢筋砂轮切割机 1 台(备砂轮片 3～5 片)，30 m 钢尺 1 把，150 mm 的钢板尺 4 把，指挥工具 1 套。

5．工艺流程及操作要点

该工法的工艺流程如下：施工准备→安设外侧模板→绑扎圆形构筑物池壁钢筋→架设固定无粘结预应力筋位置的支架→铺设、绑扎无粘结预应力钢筋→安放端头承压板及螺旋钢筋→隐蔽验收→安设内侧模板→浇筑混凝土→混凝土养护→安装锚具、张拉设备→预应力筋张拉→锚固封堵。

1) 无粘结预应力筋下料

钢绞线的下料长度，应按计算确定，综合考虑其曲率、张拉伸长值及混凝土压缩变形等因素，并应根据不同的张拉方法和锚固形式，适当增加预留长度 50～100 mm。

2) 端头承压板和螺旋筋的设置

端头承压板和螺旋筋的埋设位置应准确，可用螺栓固定于模板内表面，以确保承压板表面与浇筑混凝土表面平整，平整度允许偏差不宜大于 3 mm，且应保持张拉作用线与承压板面垂直。

无粘结预应力筋的外露长度应根据张拉机具所需的长度确定，曲线筋末端的切线应与承压板相垂直，曲线段的起始点至张拉锚固点应有不小于 300 mm 的直线段。

3) 无粘结预应力筋的铺设和固定

无粘结预应力筋的竖向及水平方向的位置应按设计要求进行绑扎和固定，其垂直高度可用特制的定位支架来控制主筋位置的准确性。

铺设钢绞线时，应从下部开始，每一固定点都要用铁丝绑牢。

无粘结预应力筋的位置应保持平顺，其安装偏差应符合标准要求。

4) 混凝土的浇筑和养护

无粘结预应力筋铺设完毕后，应进行隐蔽工程验收，当确认合格后方能浇筑混凝土。

混凝土宜采用大流动性的泵送混凝土施工，浇筑时严禁碰撞无粘结预应力筋、支架及端部预埋件。

混凝土应一次浇捣完毕，不得留有施工缝，端部混凝土必须振捣密实。浇筑完后，应按要求进行养护。

5) 张拉机具的检验

张拉设备的校验期限，正常使用不宜超过半年，新购置的设备和使用过程中发生异常情况的要及时进行配套校验，并出据校验报告。

6) 预应力筋的张拉

待结构混凝土强度达到设计或规范要求后，即可按设计给定的张拉顺序和张拉应力，依次进行张拉。

张拉前应在锚固肋处搭设操作平台，对锚固肋上锚固筋的埋件位置、数量以及锚固肋的混凝土质量进行检查，对承压板表面进行清理并涂刷防腐涂料。

(1) 张拉顺序如下：安装锚具→安装千斤顶→给油张拉→伸长值校核→持荷顶压→二次张拉→卸荷锚固→填写记录。

(2) 张拉应自下而上、逐环进行，为使池壁对称受力，应采用 4 台千斤顶对一环两根无粘结预应力筋同时张拉。

(3) 采用超张拉方法，其程序为：从零应力开始张拉到 1.03 倍预应力筋的张拉控制应力，即 $0 \sim 103\% \sigma_{con}$，持荷 2 min 后锚固。

(4) 无粘结预应力筋的张拉控制应力，应符合设计要求，如需提高张拉控制应力值时，不宜大于碳素钢丝、钢绞线强度标准值的 75%。

(5) 张拉力值的控制：采用应力控制方法张拉时，应校核无粘结预应力筋的伸长值，如实际伸长值大于计算伸长值 10%或小于计算伸长值 5%时，应暂停张拉，查明原因并采取措施予以调整后，方可继续张拉。

(6) 当千斤顶的额定伸长值满足不了要求时，只需将千斤顶反复张拉，即可满足任意伸长值的需要。

7) 封堵锚固端

首先，应用无齿切割机割掉夹具外多余的钢绞线，外露长度不宜小于 30 mm，然后内灌防腐油脂，套上塑料封端帽。

按图纸要求对封闭部分的混凝土池壁和混凝土锚固肋进行凿毛，涂刷粘结剂，再安设模板，由下往上逐层用 C40 细石膨胀混凝土封严端头。

6. 安全措施

为防止张拉时预应力筋发生断裂和油管崩裂伤人现象，操作现场周围 10 m 范围内不应有闲杂人员，以防不测。

搭设的操作平台应稳固，应能承受设备及操作人员的重量。

所选用的电缆线应完好无损，如有破损应及时用防水绝缘胶带缠裹严密，以防漏电伤人。

张拉时，拉伸机应与承压板垂直，高压油管不能出现死弯现象。

7. 质量要求

1) 对钢绞线的检验及要求

(1) 进场检查：对进场的预应力钢绞线，应检验其力学性能、检查预应力筋外包层材料和内灌油脂的质量。

(2) 铺设检查：检查预应力筋的下料长度及其摆放位置的准确性和牢固程度。铺设完后的两端头外露长度为 50 mm。

2) 对混凝土的质量要求及检查

检查混凝土同条件试块的抗压强度，确认其达到设计要求后，方可进行张拉。检查端头锚具承压板与混凝土表面的平整度，其平整度应不大于 3 mm。

3) 对锚具的质量检查

(1) 外观检查：从每批中抽取 10%锚具，但不少于 10 套，检查其外观与尺寸，如有一套表面有裂纹或超过产品标准及设计图纸规定尺寸的允许偏差，则另取双倍数量的锚具重做检查。如仍有一套不符合要求，则应逐套检查，合格者方可使用。

(2) 硬度检验：按每批抽取 5%的锚具做硬度试验，每个零件测试 3 点，其硬度应在设计要求的范围内。如果有 1 个零件不合格，则另取双倍数量的零件重做试验。如果仍有 1 个零件不合格，则应逐个检验，合格者方可使用。

(3) 静载锚固性能试验：对经过检验合格的锚具，取出 6 套，组装成 3 个预应力组装件，进行静载锚固性能试验。检查结果如有 1 组试件不符合要求，则应再取双倍数量的锚具重做试验。试验后如果仍有 1 个不符合要求，则判定该批锚具不合格。

4) 对张拉设备的检验

选用 YCN-25 型前置内卡式拉伸机和与之配套的油泵，技术参数分别为工作压力 50 MPa、额定压力 250 kN、工作行程 170 mm、重量 24 kg。

张拉设备的检验期限，正常使用不宜超过半年，对新购置的张拉设备和使用过程中发生异常情况的，要及时进行配套检验，并应有校验报告，要求压力表的精度不宜低于 1.5 级。

【复习思考题】

一、填空

1. 先张法预应力筋的张拉力，主要是由_____传递给混凝土，使混凝土产生预压应力；后张法预应力筋的张拉力，主要是靠_____传递给混凝土，使混凝土产生预压应力。

2. 预应力筋的锚具和连接器按锚具方式不同，可分为_____、_____、_____、_____。

3. 后张法生产预应力混凝土构件，孔道留设的方法有_____、_____、_____。

4. 无粘结预应力的组成包括_____、_____、_____。

5. 对于抽芯成形孔道，曲线形预应力筋和长度大于 24 m 的直线形预应力筋，应采取两端同时张拉的方法，长度小于或等于_____m 的直线形预应力筋，可一端张拉。对预埋波纹管孔道，曲线形预应力筋和长度大于_____m 的直线形预应力筋，宜采取两端同时张拉的方法。

二、选择

1. 预应力混凝土的主要目的是提高构件的( )。

A. 强度   B. 刚度   C. 抗裂度   D. B + C

2. 下列哪一个不属于预应力混凝土结构的特点( )。

A. 抗裂性好   B. 刚度大   C. 强度大   D. 耐久性好

3. 后张法中，混凝土强度一般应不低于混凝土标准强度的多少比例，方能张拉预应力筋( )。

A. 50%   B. 60%~70%   C. 75%   D. 100%

4. 下列哪一个不是墩式台座的组成构件( )。

A. 台面　　　　　B. 横梁　　　　　C. 预应力排桩　　D. 承力结构

5. 预应力混凝土是在结构或构件的( )预先施加压应力而成。

A. 受压区　　　　B. 受拉区　　　　C. 中心线处　　　D. 中性轴处

6. 预应力先张法施工适用于( )。

A. 现场大跨度结构施工　　　　　　　B. 构件厂生产大跨度构件

C. 构件厂生产中、小型构件　　　　　D. 现场构件的组拼

7. 张拉夹具需具备下列性能( )。

A. 自锁与自稳定　　　　　　　　　　B. 自锚与自销

C. 自锚与自锁　　　　　　　　　　　D. 自锁与自销

8. 预应力筋的超张拉程序为( )。

A. $0 \rightarrow 1.03\sigma_{con} \rightarrow$ 持荷 2 min $\rightarrow \sigma_{con}$　　　B. $0 \rightarrow 1.03\sigma_{con}$

C. $0 \rightarrow \sigma_{con} \rightarrow$ 持荷 2 min $\rightarrow 1.05\sigma_{con}$　　D. $0 \rightarrow \sigma_{con}$

9. 后张法施工较先张法施工的优点是( )。

A. 不需要台座、不受地点限制　　　　B. 工序少

C. 工艺简单　　　　　　　　　　　　D. 锚具可重复利用

10. 可锚固钢绞线束、钢丝束、单根粗钢筋和多根粗钢筋的锚具是( )。

A. KT-Z 型锚具　　　　　　　　　　B. JM 型锚具

C. XM 型锚具　　　　　　　　　　　D. 螺丝端杆锚具

11. 预应力筋为 6 根 12 mm 的钢筋束，张拉端锚具应选用( )。

A. 螺丝端杆锚具　　　　　　　　　　B. JM12 型锚具

C. 帮条锚具　　　　　　　　　　　　D. 镦头锚具

12. 后张法施工时，预应力筋超张拉是为了( )。

A. 减少预应力筋与孔道摩擦引起的损失

B. 减少预应力筋松弛引起的损失

C. 减少混凝土徐变引起的损失

D. 建立较大的预应力值

13. 钢管抽芯法，选用的钢管要求平直、表面光滑，敷设位置准确，钢管用钢筋井字架固定，间距不宜大于( )。

A. 0.5 m　　　　B. 0.8 m　　　　　C. 1.0 m　　　　D. 1.2 m

14. 在后张法施工中，预应力筋张拉时，在下面哪种情况下采用两端张拉( )。

A. 抽芯成形孔道中，长度小于 30 m 的直线预应力筋

B. 预埋波纹管孔道中，长度大于 24 m 的直线预应力筋

C. 抽芯成形孔道中，曲线预应力筋

D. 没有条件限制，可以随便选择是否两端张拉

15. 对配有多根预应力钢筋的构件，张拉时应注意( )。

A. 分批对称张拉　　　　　　　　　　B. 分批不对称张拉

C. 分段张拉　　　　　　　　　　　　D. 不分批对称张拉

16. 预应力后张法中，孔道灌浆的顺序是( )。

A. 先下后上　　　B. 先上后下　　　C. 同时进行　　　D. 不需考虑

17. 后张法孔道灌浆的目的主要是(　　)。

A. 保护预应力钢筋不锈蚀　　　　　　B. 提高构件的承载力

C. 提高构件的刚度　　　　　　　　　D. 减小构件的挠度

18. 无粘结预应力的特点是(　　)。

A. 需留孔道和灌浆　　　　　　　　　B. 张拉时摩擦阻力大

C. 易用于多跨连续梁板　　　　　　　D. 预应力筋沿长度方向受力不均

19. 无粘结预应力筋应(　　)铺设。

A. 在非预应力筋安装前　　　　　　　B. 与非预应力筋安装同时

C. 在非预应力筋安装完成后　　　　　D. 按照标高位置从上向下

20. 曲线铺设的预应力筋应(　　)。

A. 一端张拉　　　　　　　　　　　　B. 两端分别张拉

C. 一端张拉后另一端补强　　　　　　D. 两端同时张拉

21. 无粘结预应力筋张拉时，滑脱或断裂的数量不应超过结构同一截面预应力筋总量的(　　)。

A. 1%　　　　　　B. 2%　　　　　　C. 3%　　　　　　D. 5%

三、简答

1. 什么叫夹具？什么叫锚具？

2. 什么叫超张拉？预应力筋为什么要超张拉？

3. 什么叫先张法施工？什么叫后张法施工？各有何特点？各自的适用范围如何？

4. 预应力混凝土施工中可能产生哪些预应力损失？

5. 后张法是如何预留孔道的？

6. 后张法的张拉顺序是如何确定的？

7. 对配有多根预应力筋的预应力混凝土构件，预应力筋张拉时，为什么采用分批、对称张拉？

8. 孔道灌浆的作用是什么？预应力筋张拉锚固后，为什么要及时进行孔道灌浆？

四、计算题

1. 某预应力混凝土屋架，用机械张拉后张法施工，孔道长 29.8 m。预应力筋为冷拉 HRB400，直径 20 mm，每根钢筋长 8 m。两端均用螺丝端杆锚具，每个钢筋接头压缩量为预应力筋直径，螺丝端杆外露长度为 120 mm。求预应力筋下料长度。(冷拉伸长率 5%，弹性回缩率 0.5%，螺丝端杆锚具长 320 mm)

2. 后张法施工某预应力混凝土梁，孔道长 20 m，混凝土强度等级 C40。每根梁配有 7 束直径 15 mm 钢绞线，每束钢绞线截面面积为 139 mm^2。钢绞线 $f_{ptk} = 1860$ MPa，弹性模量 $E_s = 1.95 \times 10^5$ MPa。张拉控制应力 $\sigma_{con} = 0.70 f_{ptk}$，拟采用超张拉程序：$0 \rightarrow 1.05 \sigma_{con}$，设计规定混凝土达到 80% 设计的强度标准值时才能张拉。试：

(1) 计算同时张拉 7 束钢绞线所需的张拉力；

(2) 计算 $0 \rightarrow 1.0 \sigma_{con}$ 过程中，钢绞线的伸长值；

(3) 计算张拉时混凝土应达到的强度值。

项目 7 结构安装工程

【教学目标】 了解结构安装工程施工中常用的起重机械和索具设备的构造、性能、适用范围和使用要求；掌握装配式单层工业厂房的构件吊装工艺；掌握单层工业厂房结构吊装方案的编制。

结构安装工程是将房屋结构设计成各种单独的构件，分别在工厂或现场预制成型，然后在现场用起重设备将各种预制构件安装到设计位置的全部施工工程。用这种施工方法完成的结构，称为装配式结构。结构安装工程是装配式结构房屋的主导工种工程，它直接影响装配式结构房屋的工程进度、工程质量和工程成本。

7.1 起 重 机 具

7.1.1 索具设备

1. 钢丝绳

钢丝绳是吊装工作中的常用绳索，它具有强度高、韧性好、耐磨性好等优点。同时，钢丝绳在磨损后外表会产生毛刺，容易发现，便于预防事故的发生。

钢丝绳是先由直径相同的光面钢丝捻成钢丝股，再由六股钢丝股和一股绳芯搓捻而成。钢丝绳按每股钢丝的根数可分为三种规格：① $6\times19+1$，一般用作缆风绳；② $6\times37+1$，用于穿滑车组和作吊索；③ $6\times61+1$，用于重型起重机械。

钢丝绳按钢丝和钢丝股搓捻方向不同可分为顺捻绳和反捻绳两种，顺捻绳一般用于拖拉或牵引装置；反捻绳多用于吊装工作。

2. 吊具

在构件安装过程中，常要使用一些吊装工具，如吊索、卡环、钢丝绳卡扣、横吊梁等。

1) 吊索

主要用来绑扎构件以便起吊，可分为环状吊索(又称万能用索)和开式吊索(又称轻便吊索或 8 被头吊索)两种，见图 7-1。

2) 卡环

用于吊索与吊索或吊索与构件吊环之间的连接。它由弯环和销子两部分组成，按销子与弯环的连接形

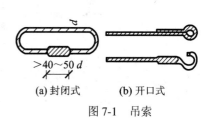

(a) 封闭式　　(b) 开口式

图 7-1 吊索

式分为卡环和柱绑扎，见图 7-2。

活络卡环的销子端头和弯环孔眼无螺纹，可直接抽出，常用于柱的吊装。它的优点是在柱就位后，在地面用系在销子尾部的绳子将销子拉出，解开吊索，避免了高空作业。

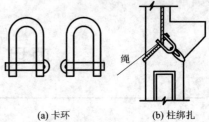

图 7-2　卡环及柱绑扎

3) 钢丝绳卡扣

钢丝绳卡扣用来连接两根钢丝绳，一般常用夹头固定法。通常用的钢丝绳夹头，有骑马式、压板式和拳握式三种，其中骑马式(见图 7-3)连接力最强，应用也最广，压板式其次，拳握式由于没有底座，容易损坏钢丝绳，连接力也差，因此，只用于次要的地方。

图 7-3　钢丝绳卡扣

4) 吊钩

吊钩有单钩和双钩两种。在吊装施工中常用的是单钩(见图 7-4)，双钩多用于桥式和塔式起重机上。

5) 横吊梁

横吊梁又称铁扁担，见图 7-5(a)。在吊装构件时，吊索与水平面的夹角越小，吊索受力越大。吊索受力越大，则其水平分力也就越大，对构件的轴向压力也

图 7-4　吊钩

就越大。当吊装水平长度大的构件时，为使构件的轴向压力不致过大，吊索与水平面的夹角应不小于 45°。但是吊索要占用较大的空间高度，增加了对起重设备起重高度的要求，降低了起重设备的使用价值。为了提高机械的利用程度，必须缩小吊索与水平面的夹角，因此而加大的轴向压力，由一金属支杆来代替构件承受，这一金属支杆就是所谓的横吊梁(又称铁扁担)。

横吊梁的作用有两个：一是减少吊索高度；二是减少吊索对构件的横向压力。

横吊梁常用形式有钢板横吊梁和钢管横吊梁。柱吊装采用直吊法时，常用钢板横吊梁，使柱保持垂直；吊屋架时，常用钢管横吊梁，可减小索具高度。

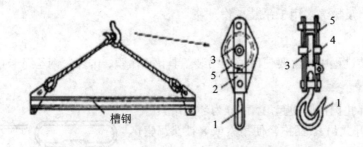

(a) 横吊梁　　　　　(b) 滑车

1—吊钩；2—拉杆；3—滑轮；4—轴；5—夹板

图 7-5　横吊梁和滑车

3．滑车和滑车组

滑车(见图 7-5(b))是由滑轮做成，滑车组是由一定数量的定滑轮和动滑轮及绕过它们的绳索(钢丝绳)组成的简单起重工具，它既省力又能改变力的方向，主要用在桅杆式起重机上，用卷扬机通过滑车吊装重大构件。

4．倒链

倒链又称手拉葫芦(见图 7-6)，可用来吊起较轻构件，如配合吊装时移动构件等，亦可用它拉紧桅杆的缆风绳，及运输中拉紧捆绑构件的绳索。其起重量一般常用 3 t 及 5 t，大的可达 10 t、20 t。现场使用时搭三脚架，在架中心下悬钢丝绳挂吊倒链，倒链的另一钩吊重物。

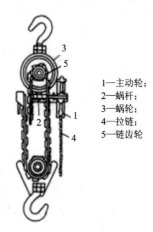

1—主动轮；
2—蜗杆；
3—蜗轮；
4—拉链；
5—链齿轮

图 7-6　倒链

5．卷扬机

卷扬机是配合桅杆吊的起重机具，在建筑施工中常用的电动卷扬机有快速和慢速两种。快速电动卷扬机(JJK 型)主要用于垂直、水平运输和打桩作业，慢速电动卷扬机(JJM 型)主要用于结构吊装、钢筋冷拉和预应力钢筋张拉作业。常用的电动卷扬机的牵引能力一般为 1～10 t (10～100 kN)。

使用卷扬机时一定要选好位置，在吊装过程中不能移动。因为它需要用地锚等锚固方法固定住，才能平衡起吊构件的重量，以防止在工作时产生滑移或倾覆。

6．地锚

地锚是拉住卷扬机、缆风绳等的一种固定物件的装置。简单的地锚将木桩、铁棍桩打入土中，拴住钢丝绳拖住物件，见图 7-7。还有水平地锚，几根圆木、钢管、型钢用钢丝绳捆绑后，横放在挖开的坑中，一根钢丝绳引出地面，坑用土及石子回填夯实。水平方向需用的圆木量，应根据固定物件需用多少拉力拉住而定。当需要很大拉力时，一般还应在水平方向圆木前，放置竖向圆木或钢管，以阻止圆木向前滑移，放置竖向圆木后可使土的接触面增大，从而加大横向抗拉能力。

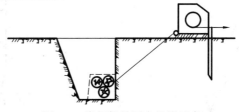

图 7-7　卷扬机的固定拉锚示意

7.1.2　起重机械

在结构安装工程中，常用的起重机械主要有桅杆式起重机、自行式起重机以及塔式起重机。

1. 桅杆式起重机

桅杆式起重机是由桅杆、转盘、底座、吊杆、起伏吊杆的滑车组、起重的滑车组和拉住桅杆的缆风钢丝绳组成。桅杆和吊杆起重量在 10 t 左右的，可用无缝钢管做成。大多用角钢组成的格构式截面作桅杆及吊杆，起重量最大的可达 60 t 左右。桅杆及吊杆高度可根据建筑物高度组装，最高的可达 80 m 左右。

在建筑工程中常用的桅杆式起重机有：独脚拔杆(见图 7-8)、悬臂拔杆(见图 7-9)、人字拔杆(见图 7-10)和牵缆式桅杆(见图 7-11)等。

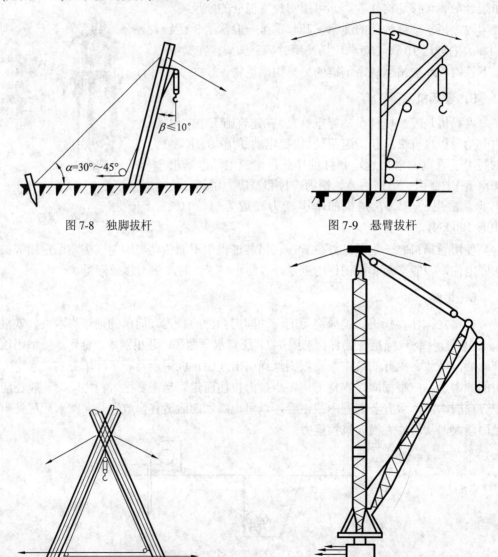

图 7-8　独脚拔杆　　　　　　　　　图 7-9　悬臂拔杆

图 7-10　人字拔杆　　　　　　　　　图 7-11　牵缆式拔杆

桅杆式起重机具有制作简单、装拆方便、起重量大的特点，搭设时需设较多的缆风绳，移动较困难，灵活性也较差，所以桅杆式起重机一般多用于缺乏其他起重机械或安装工程量比较集中而构件又较重的工程。一般情况下用电源作动力，无电源时，可用人工绞盘。

2．自行式起重机

自行式起重机是可以自己行走的起重机，按其行走方式不同可分为履带式起重机、汽车式起重机、轮胎式起重机。

1）履带式起重机

履带式起重机是由行走装置、回转机构、机身及起重臂等部分组成，见图 7-12。行走装置为链式履带，以减少对地面的压力。回转机构为装在底盘上的转盘，使机身可回转 360°。机身内部有动力装置、卷扬机及操纵系统。

图 7-12　履带式起重机

履带式起重机的特点是操纵灵活，本身能回转 360°，在平坦坚实的地面上能负荷行驶。由于履带的作用，不仅可在松软、泥泞的地面上作业，还可以在崎岖不平的场地行驶。目前，在装配式结构施工中，特别是单层工业厂房结构安装中，履带式起重机得到了广泛的应用。

履带式起重机的缺点是稳定性较差，不能超负荷吊装，行驶速度慢且履带易损坏路面。因此，其转移时多用平板拖车装运。

目前，在结构安装工程中常用的国产履带式起重机，主要有以下几种型号：W1-50、W1-100、W1-200、西北 78D 等。此外，还有一些进口机型。

W1-50 型的最大起重量为 100 kN，采用液压杠杆联合操纵，吊杆可接长到 18 m。这种起重机车身小、自重轻、速度快，可在较狭窄的场地工作，适用于吊装跨度在 18 m 以下、安装高度在 10 m 左右的小型厂房和做一些辅助工作，如装卸构件等。

W1-100 型的最大起重量为 150 kN，采用液压操纵。与 W1-50 型相比，这种起重机车身较大，速度较慢，但由于有较大的起重量和接长的起重臂，适用于吊装跨度在 18～24 m 的厂房。

W1-200 型的最大起重量为 500 kN，主要机构由液压操纵，辅助机械用杠杆和电气操纵，吊杆可接长到 40 m。这种起重机车身特别大，适用于大型工业厂房安装。

2）汽车式起重机

汽车式起重机是把起重机构安装在普通载重汽车或专用汽车底盘上的一种自行式起重机，见图 7-13。起重臂的构造形式有桁架臂和伸缩臂两种，其行驶的驾驶室与起重操纵室是分开的。

图 7-13　汽车式起重机

汽车式起重机的优点是行驶速度快、转移迅速、对路面破坏性小。因此，特别适用于流动性大、经常变换地点的作业。其缺点是安装作业时稳定性差。为增加其稳定性，设有可伸缩的支腿，起重时支腿落地。这种起重机不能负荷行驶，由于机身长，行驶时的转弯半径较大。

3) 轮胎式起重机

轮胎式起重机是把起重机构安装在加重型轮胎和轮轴组成的特制底盘上的一种全回转式起重机,其上部构造与履带式起重机基本相同, 见图 7-14。为了保证安装作业时机身的稳定性,起重机设有四个可伸缩的支腿,在平坦地面上可不用支腿进行小起重量吊装及吊物低速行驶。

与汽车式起重机相比,其优点有:轮距较宽、稳定性好、车身短、转弯半径小,可在 360° 范围内工作。

其缺点是:行驶时对路面要求较高,行驶速度较汽车式慢,不适于在松软泥泞的地面上工作。

图 7-14 轮胎式起重机

3. 塔式起重机

塔式起重机具有竖直的塔身,其起置臂安装在塔身顶部与塔身组成"Γ"形,使塔式起重机具有较大的工作空间,广泛应用于多层及高层建筑工程施工中。

塔式起重机种类繁多,常用的类型有附着式塔式起重机和爬升式塔式起重机。

1) 附着式塔式起重机

附着式塔式起重机是固定在建筑物近旁混凝土基础上的起重机械,它可借助顶升系统随着建筑施工进度而自行向上接高。为了减小塔身的计算长度,规定每隔 20 m 左右将塔身与建筑物用锚固装置联结起来。

这种塔式起重机宜用于高层建筑施工。

2) 爬升式塔式起重机

爬升式塔式起重机安装在高层建筑的结构部位,每吊装 1~2 层楼的构件后,向上爬升一次。这类起重机主要用于高层建筑结构安装。其特点是机身体积小、重量轻、安装简单,适于现场狭窄的高层建筑结构安装。

4. 起重机的参数

起重机主要技术性能包括三个参数:起重量 Q、起重半径 R 及起重高度 H。

其中,起重量 Q 指起重机安全工作所允许的最大起重重物的质量,起重半径 R 指起重机回转轴线至吊钩中心的水平距离,起重高度 H 指起重吊钩中心至停机地面的垂直距离。

起重量 Q、起重半径 R、起重高度 H 这三个参数之间存在相互制约的关系,其数值的变化取决于起重臂的长度及其仰角的大小变化。每一种型号的起重机都有几种臂长,当臂长 L 一定时,随起重臂仰角 α 的增大,起重量 Q 和起重高度 H 增大,而起重半径 R 减小。当起重臂仰角 α 一定时,随着起重臂长 L 增加,起重半径 R 及起重高度 H 增加,而起重量 Q 减小。

7.2 构件的吊装方法

装配式单层厂房的结构构件有:柱、吊车梁、连系梁、屋架、天窗架、屋面板等。

预制构件的吊装程序一般为绑扎、起吊、对位、临时固定、校正及最后固定等工序。

现场预制的构件有些还需要翻身扶正后，再进行吊装。

7.2.1　柱的吊装

单层工业厂房钢筋混凝土柱一般均为现场预制，其截面形式有矩形、工字形、双肢形等。当混凝土的强度达到 75%的混凝土强度标准值以上时方可吊装。

柱的吊装方法，按柱起吊后柱身是否垂直，可分为直吊法和斜吊法；按柱在吊升过程中柱身运动的特点，可分为旋转法和滑行法。

1．柱的绑扎

绑扎柱用的吊具有铁扁担、吊索、卡环等。为了在高空中脱钩方便，尽量采用活络式卡环。为避免起吊时吊索磨损构件表面，要在吊索与构件之间垫上麻袋或木板。

柱在现场预制时，一般用混凝土底模平卧(大面向上)生产。在支模、浇混凝土前，就要确定绑扎方法，在绑扎点预埋吊环、预留孔洞或底模悬空，以便绑扎时能穿钢丝绳。

柱的绑扎点数目和位置应视柱的外形、长度、配筋和起重机性能确定：中、小型柱(重13 t 以下)，可以绑扎一点；重型柱或配筋少而细长的柱(如抗风柱)，为防止起吊过程中柱身断裂，需绑扎两点。绑扎点位置应使两根吊索的合力作用线高于柱子中心，这样才能保证柱起吊后自行回转直立状态。

一点绑扎时，绑扎位置常选在牛腿下 100～200 mm 处。工字形截面和双肢柱，绑扎点应选在实心处(工字形柱的矩形截面处和双肢柱的平腹杆处)，否则，应在绑扎位置用方木垫平。

常用的绑扎方法有：

(1) 一点绑扎斜吊法。

当柱的宽面抗弯能力满足吊装要求时，可采用一点绑扎斜吊法，见图 7-15、图 7-16。

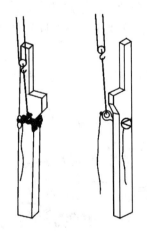

图 7-15　一点绑扎斜吊法

图 7-16　一点绑扎斜吊法施工图

这种方法的优点是：直接把柱在平卧的状态下从底模上吊起，不需翻身，也不用铁扁担；柱身起吊后呈倾斜状态，吊索在柱宽面的一侧，起重钩可低于柱顶。当柱身较长，起重杆长度不足时，可用此法绑扎。但因柱身倾斜，就位时对正比较困难。

(2) 一点绑扎直吊法。

当柱平放起吊的抗弯强度不足时，需将柱翻身，然后起吊，这种方法叫直吊法。采用这种方法，柱吊起后呈竖直状态，见图7-17。

其优点是：柱翻身后刚度大，抗弯能力强；起吊后柱与基础杯底垂直，容易对位。但采用这种绑扎起吊方法，柱要预先翻身。

直吊法一般应用横吊梁，起重机吊钩超过柱顶，需要的起重高度比斜吊法大，起重臂要比斜吊法长。

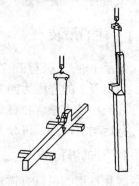

图 7-17　一点绑扎直吊法

2. 柱的起吊

柱的吊装方法，视柱重量、长度、起重机性能和现场施工条件而定。重型柱有时可采用两台起重机抬吊。采用单机吊装时，有单机吊装旋转法和单机吊装滑行法。

1) 单机吊装旋转法

起重机一边升钩，一边旋转，柱绕柱脚旋转而逐渐吊起的方法叫旋转法(见图7-18(a))。

其要点有二：一是保持柱脚位置不动，并使吊点、柱脚和杯口中心在同一圆弧上；二是圆弧半径即为起重机起重半径。

旋转法吊装柱时，柱的平面布置要做到绑扎点、柱脚中心与柱基础杯口中心三点同弧。

在以吊柱时起重半径 R 为半径的圆弧上，柱脚靠近基础。这样，起吊时起重半径不变，起重臂边升钩，边回转。柱在直立前，柱脚不动，柱顶随起重机回转及吊钩上升而逐渐上升，使柱在柱脚位置竖直。然后，把柱吊离地面约 20～30 cm，回转起重臂把柱吊至杯口上方，插入杯口。

采用旋转法吊装柱时，起重臂仰角不变，起重机位置也不变，仅一面旋转起重臂，一面上升吊钩，柱脚的位置在旋转过程中是不移动的，柱受振动小，生产效率高，同时对起重机的机动性要求较高，柱布置时占地面积较大。此种方法适用于中小型柱的吊装。

2) 单机吊装滑行法

起重机只升钩，不旋转，柱子沿地面滑行而逐渐吊起的方法叫滑行法(见图7-18(b))。

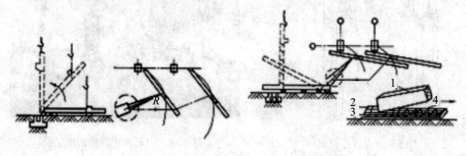

(a) 旋转法　　　　　　　　　(b) 滑行法

1—柱子；2—托木；3—滚筒；4—滑行道

图 7-18　柱子的滑移吊装

采用滑行法吊装柱时，柱的平面布置要做到绑扎点、基础杯口中心二点同弧。

在以起重半径 R 为半径的圆弧上，绑扎点靠近基础杯口。这样，在柱起吊时，起重臂不动，起重钩上升，柱顶上升，柱脚沿地面向基础滑行，直至柱竖直。然后，起重臂旋转，将柱吊至柱基础杯口上方，插入杯口。

滑行法吊装柱特点：在滑行过程中，柱受振动大，但对起重机的机动性要求较低(起重机只升钩，起重臂不旋转)。当采用独脚拔杆、人字拔杆吊装柱或不能采用旋转法时，常采用此法。这种起吊方法，因柱脚滑行时柱受振动，起吊前应对柱脚采取保护措施。为了减少滑行阻力，可在柱脚下面设置托木滚筒。

3．柱的对位与临时固定

柱插入杯口后，应使柱身大体垂直。在柱脚离杯底 30～50 mm 时，停止吊钩下降，开始对位。对位时，先在柱基础四边各放两块楔块(共八块)，并用撬棍拨动柱脚，使柱的吊装准线对准杯口顶面的吊装准线。

对位后，将 8 只楔块略加打紧，放松吊钩，让柱靠自重沉至杯底。观察吊装中心线对准的情况，若已符合要求，立即用大铁锤将楔块打紧，将柱临时固定。

柱临时固定后，起重机即可完全放钩，拆除绑扎索具，将其移去吊装下一根柱。临时固定的楔块，可用硬木制作，也可用钢板焊成。钢楔可以多次重复使用，且易拔出，一般做成两种规格，相互配合使用，如图 7-19 所示。

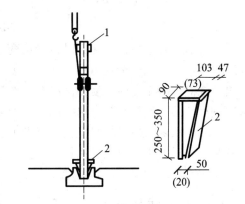

1—安装缆风绳或挂操作台的夹箍；2—钢楔

图 7-19 柱的对位与临时固定

当柱基础的杯口深度与柱长之比小于 1/20，或柱具有较大牛腿时，仅靠柱脚处的楔块不能保证临时固定的稳定，这时则应采取增设缆风绳或加斜撑等措施来加强柱临时固定的稳定，即可将柱稳定地临时固定在基础上。

4．柱的校正

柱吊装以后要做平面位置、标高及垂直度等三项内容的校正。但柱的平面位置在柱的对位时已校正好，而柱的标高在柱基础杯底抄平时已控制在允许范围内，故柱吊装后主要是校正垂直度。

柱垂直度的校正方法主要是用两台经纬仪从柱相邻两边检查柱吊装准线的垂直度。当柱垂直偏差较小时，可用打紧或放松楔块的方法或用钢钎来纠正；偏差较大时，可用螺旋千斤顶或平顶、钢管支撑斜顶等方法纠正，见图 7-20。

5．柱的最后固定

柱采用浇灌细石混凝土的方法最后固定，见图 7-21。

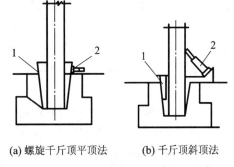

(a) 螺旋千斤顶平顶法　　(b) 千斤顶斜顶法

1—钢楔；2—千斤顶

图 7-20 柱的校正

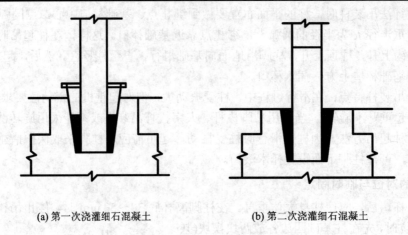

(a) 第一次浇灌细石混凝土　　　　　　　(b) 第二次浇灌细石混凝土

图 7-21　柱的最后固定

为防止柱在校正后被大风或楔块变形使柱产生新偏差,灌缝工作应在校正后立即进行。灌缝时,应将柱底杂物清理干净,并要洒水湿润。在浇灌混凝土和振捣时不得碰撞柱或楔块。浇灌混凝土之前,应先浇灌一层砂浆使其填满空隙,然后浇灌细石混凝土,但要分两次进行,第一次浇灌至楔块底部,待混凝土强度达到25%后,拔去楔块,再灌满混凝土。

第一次灌筑后,柱可能会出现新的偏差,其原因可能是振捣混凝土时碰动了楔块,或者两面相对的木楔块因受潮程度不同,膨胀变形不一产生的,故在第二次灌筑前,必须对柱的垂直度进行复查,如超过允许偏差,应予调整。

7.2.2　吊车梁的吊装

由于吊车梁的高度小、长度小,一般采用平吊法,即吊装时的状态与使用时工作状态一致。吊车梁、屋架吊装一般都是采用平吊法。不用进行吊车梁的临时固定,只需做校正和最后固定工作。

吊车梁的吊装必须在柱杯口二次灌注混凝土的强度达到70%设计强度后进行。

1. 吊车梁的绑扎、起吊、就位、临时固定

吊车梁吊起后应基本保持水平,因此其绑扎点应对称地设在梁的两侧,吊钩应对准梁的重心。在梁的两端应绑扎溜绳以控制梁的转动,避免悬空时碰撞柱。

吊车梁对位时应缓慢降钩,使吊车梁端与柱牛腿面的横轴线对准,见图 7-22。在对位过程中不宜用撬棍顺纵轴线方向撬动吊车梁,因为柱顺轴线方向的刚度较差,撬动后会使柱顶产生偏移。

在吊车梁安装过程中,应用经纬仪或线垂校正柱的垂直度,若产生了竖向偏移,应将吊车梁吊起重新进行对位,以消除柱的竖向偏移。

吊车梁本身的稳定性较好,一般对位后,无需采取临时固定措施,起重机即可松钩移走。当梁高与底宽之比大于 4 时,可用 8 号铁丝将梁捆在柱上,以防倾倒。

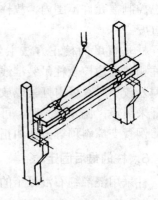

图 7-22　吊车梁的吊装

2. 吊车梁的校正、最后固定

吊车梁吊装后，需校正标高、平面位置和垂直度。吊车梁的标高在进行杯形基础杯底抄平时，已对牛腿面至柱脚的高度做过测量和调整，固此误差不会太大，如存在少许误差，也可待安装轨道时，在吊车梁面上抹一层砂浆找平层加以调整。

吊车梁的平面位置和垂直度可在屋盖吊装前校正，也可在屋盖吊装后校正。但较重的吊车梁，由于摘钩后校正困难，则可边吊边校。

吊车梁的校正可采用平移轴线法(见图 7-23)及通线法(见图 7-24)。吊车梁校正之后，应立即按设计图纸用电焊作最后固定，并在吊车梁与柱的空隙处，浇筑细石混凝土。

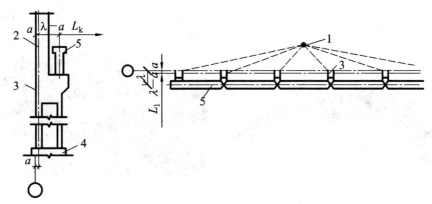

1—经纬仪；2—标志线；3—柱；4—柱基础；5—吊车梁

图 7-23 平移轴线法校正吊车梁

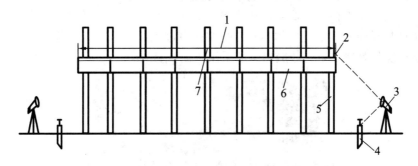

1—通线；2—支架；3—经纬仪；4—木桩；5—柱；6—吊车梁；7—圆钢

图 7-24 通线法校正吊车梁

7.2.3 屋架的吊装

中小型单层工业厂房屋架的跨度为 12～24 m，重量约 30～100 kN，钢筋混凝土屋架一般在施工现场平卧叠浇预制。

在屋架吊装前，先要将屋架扶直(或称翻身、起扳)，所谓扶直，就是把屋架由平卧状态变为直立状态，然后将屋架吊运到预定地点就位(排放)。

1. 屋架的扶直与就位

钢筋混凝土屋架的侧向刚度较差，扶直时由于自重影响，改变了杆件的重力性质，特别是上弦杆极易扭曲，造成屋架扭伤，因此，在屋架扶直时必须采取一定措施，严格遵守操作要求，才能保证安全施工。

1) 屋架扶直方法

屋架扶直时，由于起重机与屋架的相对位置不同，可分为正向扶直和反向扶直。

(1) 正向扶直。

起重机位于屋架下弦一边，首先以吊钩对准屋架中心，收紧吊钩，然后略略起臂使屋架脱模。接着起重机升钩并起臂，使屋架以下弦为轴，缓缓转为直立状态，见图 7-25、图 7-26。

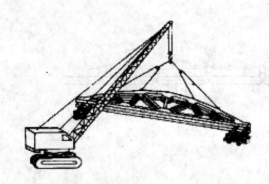

图 7-25　屋架正向扶直　　　　　　　　　图 7-26　屋架正向扶直

(2) 反向扶直。

起重机位于屋架上弦一边，首先以吊钩对准屋架中心，收紧吊钩。接着起重机升钩并降臂，使屋架以下弦为轴缓缓转为直立状态，见图 7-27。

正向扶直与反向扶直最主要的不同点是在扶直过程中，一个为升臂，一个为降臂。升臂比降臂易于操作且较安全，故应尽可能采用正向扶直。

图 7-27　屋架反向扶直

2) 屋架就位

屋架扶直后，应立即进行就位。

屋架就位的位置与屋架安装方法和起重机械性能有关。其原则是应少占场地、便于吊装，且应考虑到屋架的安装顺序、两端朝向等问题。一般靠柱边斜放或以 3～5 榀为一组，平行柱边就位，见图 7-28。

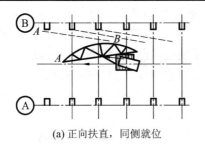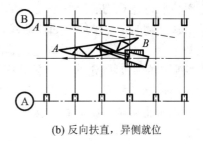

(a) 正向扶直，同侧就位　　　　　　　　(b) 反向扶直，异侧就位

图 7-28　屋架就位

屋架就位后，应用 8 号铁丝、支撑等与已安装的柱或已就位的屋架相互拉牢撑紧，以保持稳定。

2. 屋架的绑扎

屋架的绑扎点应选在上弦节点处或附近 500 mm 区域内，左右对称，并高于屋架重心，使屋架起吊后基本保持水平，不晃动、不倾翻(见图 7-29)。

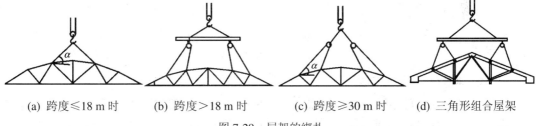

(a) 跨度≤18 m 时　　(b) 跨度＞18 m 时　　(c) 跨度≥30 m 时　　(d) 三角形组合屋架

图 7-29　屋架的绑扎

屋架吊点的数目及位置，与屋架的形式和跨度有关，一般由设计确定。绑扎时吊索与水平线的夹角不宜小于 45°，以免屋架承受过大的横向压力。当夹角小于 45° 时，为了减少屋架的起吊高度及所受的横向力，可采用横吊梁。

一般说来，屋架跨度小于或等于 18 m 时绑扎两点；当跨度大于 18 m 时需绑扎 4 点；当跨度大于 30 m 时，应考虑采用横吊梁，以减小绑扎高度。

对三角组合屋架等刚性较差的屋架，下弦不能承受压力，故绑扎时也应采用横吊梁。

3. 屋架的吊升、对位和临时固定

屋架吊升是先将屋架吊离地面约 300 mm，并将屋架转运至吊装位置下方，然后再起钩，将屋架提升超过柱顶约 300 mm，最后利用屋架端头的溜绳，将屋架调整对准柱头，并缓缓降至柱头，用撬棍配合进行对位，见图 7-30。

图 7-30　屋架的吊装

屋架对位应以建筑物的定位轴线为准，因此，在屋架吊装前，应当用经纬仪或其他工具在柱顶放出建筑物的定位轴线。如柱顶截面中线与定位轴线偏差过大时，可逐渐调整纠正。

屋架对位后，立即进行临时固定，临时固定稳妥后，起重机才可摘钩离去。

第一榀屋架的临时固定必须十分可靠，因为这时它只是单片结构，而且第二榀屋架的临时固定还要以第一榀屋架作支撑。第一榀屋架的临时固定通常是用 4 根缆风绳从两边将屋架拉牢，也可将屋架与抗风柱连接作为临时固定。

第二榀屋架的临时固定是用工具式支撑撑牢在第一榀屋架上，以后各榀屋架的临时固定，也都是用工具式支撑撑牢在前一榀屋架上，见图 7-31。

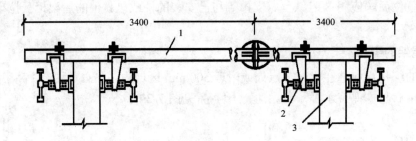

1—钢管；2—撑脚；3—屋架上弦

图 7-31　工具式支撑

4. 屋架的校正与最后固定

屋架的竖向偏差可用垂球或经纬仪检查，见图 7-32。屋架校正垂直后，立即用电焊固定。焊接时，先焊接屋架两端成对角线的两侧边，再焊另外两边，避免两端同侧施焊影响屋架的垂直度。

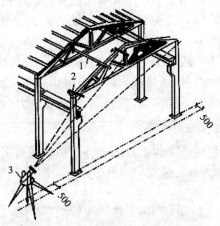

1—工具式支撑；2—卡尺；3—经纬仪

图 7-32　屋架的临时固定与校正

7.2.4　天窗架与屋面板的吊装

天窗架可以单独吊装，也可以在地面上先与屋架拼装成整体后同时吊装。后者虽然减少了高空作业，但对起重机的起重量及起重高度要求较高。天窗架单独吊装时，应在天窗架两侧的屋面板吊装后进行，其吊装过程与屋架基本相同，见图 7-33。

图 7-33　天窗架吊装

屋面板一般埋有吊环，用带钩的吊索钩住吊环即可吊装，根据屋面板平面的尺寸大小，吊环的数目为 4～6 个，见图 7-34、图 7-35。屋面板的吊装次序应自两边檐口左右对称地逐块吊向屋脊，避免屋架承受半边荷载。屋面板对位后，立即进行电焊固定，一般情况下每块屋面板可焊 3 点。

图 7-34　屋面板的吊装　　　　　　　　　　　　图 7-35　屋面板吊装

7.3　单层工业厂房吊装方案

单层工业厂房大多采用装配式钢筋混凝土结构 (重型厂房采用钢结构)，其主要承重构件除基础为现浇构件外，其他构件(柱、吊车梁、基础梁、屋架、天窗架、屋面板等)均为预制构件。根据构件尺寸和重量及运输构件的能力，预制构件中较大型的一般在施工现场就地制作；中小型的多集中在工厂制作，然后运送到现场安装。

单层工业房的构造组成见图 7-36。

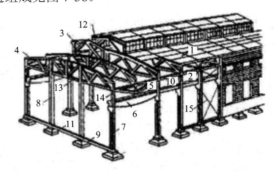

1—屋面板；2—天沟板；3—天窗架；4—屋架；5—托架；6—吊车梁；7—排架柱；
8—抗风柱；9—基础；10—连系梁；11—基础梁；12—天窗架垂直支撑；
13—屋架下弦横向水平支撑；14—屋架端部垂直支撑；15—柱间支撑

图 7-36　单层工业厂房构造组成

　　确定施工方案时应根据厂房的结构形式、跨度、构件的重量及安装高度、吊装工程量及工期要求，并考虑现有起重设备条件等因素综合研究决定。

　　在拟定结构吊装方案时，应着重解决起重机的选择、结构吊装方法、起重机开行路线与构件平面布置等问题。

7.3.1　起重机的选择

　　起重机的选择包括：选择起重机的类型、型号和数量。起重机的选择要根据施工现场的条件及现有起重设备条件，以及结构吊装方法确定。

1. 起重机类型的选择

　　起重机的类型主要根据厂房的结构特点、跨度、构件重量、吊装高度来确定。一般中小型厂房跨度不大，构件的重量及安装高度也不大，可采用履带式起重机、轮胎式起重机或汽车式起重机，其中以履带式起重机应用最普遍。缺乏上述起重设备时，可采用桅杆式起重机(独脚拔杆、人字拔杆等)。

　　重型厂房跨度大、构件重、安装高度大，根据结构特点可选用大型的履带式起重机、轮胎式起重机、重型汽车式起重机以及重型塔式起重机或其他起重机与之配合使用等。

2. 起重机型号及起重臂长度的选择

　　起重机的类型确定之后，还需要进一步选择起重机的型号及起重臂的长度。起重机的型号应根据吊装构件的尺寸、重量及吊装位置而定。在具体选用起重机型号时，应使所选起重机的三个工作参数：起重量 Q、起重高度 H 和起重半径 R 均满足结构吊装的要求。

1) 起重量

　　选择的起重机起重量，必须大于所安装构件的重量与索具重量之和，即：

$$Q \geqslant Q_1 + Q_2$$

式中：Q——起重机的起重量(kN)；

　　　　Q_1——构件的重量(kN)；

　　　　Q_2——索具的重量(kN)。

2) 起重高度

　　选择的起重机起重高度，必须满足所吊装的构件的安装高度要求，即：

$$H \geqslant h_1 + h_2 + h_3 + h_4$$

起重高度计算示意图见图 7-37。

　　式中：H——起重机的起重高度(m)，从停机面算起至吊钩中心；

　　h_1——安装支座表面高度(m)，从停机面算起；

　　h_2——安装间隙，视具体情况而定，但不小于 0.2 m；

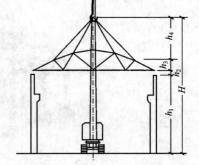

图 7-37　起重高度计算示意图

　　h_3——绑扎点至起吊后构件底面的距离(m)；

　　h_4——索具高度(m)，自绑扎点至吊钩中心的距离，视具体情况而定。

3) 起重半径

起重半径的确定一般有两种情况：第一种是起重机可以不受限制地开到吊装位置附近去吊装构件时，对起重半径 R 没有要求，根据计算的起重量 Q 及起重高度 H，来选择起重机的型号及起重臂长度 L，根据 Q、H 查得相应的起重半径 R，即为起吊该构件时的起重半径；第二种是起重机不能开到构件吊装位置附近去吊装构件时，就要根据实际情况确定起吊时的起重半径 R，并根据此时的起重量 Q、起重高度 H 及起重半径 R 来选择起重机型号及起重臂长度。

在吊装屋面板时，起重臂要跨越已吊装好的屋架上空去吊装，此时还要考虑起重臂是否会与已吊好的屋架相碰，以此来选择确定起吊装屋面板时的最小臂长及相应的起重半径，起重半径计算示意图见图 7-38。

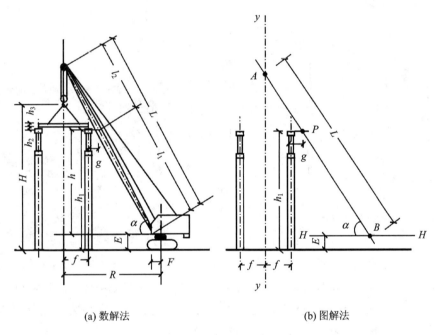

(a) 数解法　　　　　　　　　　　　(b) 图解法

图 7-38　起重半径计算示意图

最小臂长 L 可按下式计算：

$$L \geq l_1 + l_2 = \frac{h}{\sin\alpha} + \frac{f+g}{\cos\alpha}$$

式中：L ——起重臂最小臂长(m)；

　　　h ——起重臂底铰至构件吊装支座(屋架上弦顶面)的高度(m)；

　　　f ——起重钩需跨过已吊装结构的距离(m)；

　　　g ——起重臂轴线与已吊装屋架轴线间的水平距离(至少取 1 m)；

　　　α ——起重臂仰角，可按下式计算：

$$\alpha = \arctan \sqrt[3]{\frac{h}{f+g}}$$

则起重机的起重半径

$$R = F + L\cos\alpha$$

7.3.2 结构吊装方法

单层工业厂房结构吊装方法有分件吊装法和综合吊装法。

1. 分件吊装法

分件吊装法是在厂房结构吊装时，起重机每开行一次仅吊装一种或两种构件。

例如：第一次开行吊装柱，并进行校正和最后固定；第二次开行吊装吊车梁、连系梁及柱间支撑；第三次开行时以节间为单位吊装屋架、天窗架及屋面板等，见图7-39、图7-40。

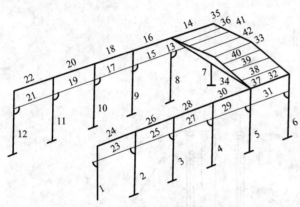

图中数字表示构件吊装顺序，其中1~12为柱，
13~32为单数是吊车梁，双数是连系梁；
33、34为屋架；35~42为屋面板

图7-39 分件吊装时的构件吊装顺序

图7-40 分件吊装法

采用分件吊装法，起重机每次开行基本上吊装一种或两种构件，起重机可根据构件的重量及安装高度来选择，能充分发挥起重机的工作性能。而且在吊装过程中索具更换次数少，工人操作熟练，吊装进度快，起重机工作效率高。

采用这种吊装方法还具有构件校正时间充分、构件供应及平面布置比较容易等特点。因此，分件吊装法是装配式单层工业厂房结构安装经常采用的方法。

2. 综合吊装法

综合吊装法是在厂房结构安装过程中，起重机只开行一次，以节间为单位安装所有的结构构件。

这种吊装方法具有起重机开行路线短、停机次数少的优点。但是由于综合吊装法要同时吊装各种类型的构件，起重机的性能不能充分发挥；索具更换频繁，影响生产率的提高；构件校正要配合构件吊装工作进行，校正时间短，给校正工作带来困难；构件的供应及平面布置也比较复杂。因此，在一般情况下，不宜采用这种吊装方法，只有在轻型车间 (结构构件重量相差不大)结构吊装，或采用移动困难的起重机(如桅杆式起重机)吊装，或工期紧张时才采用综合吊装法。

7.3.3 起重机开行路线及停机位置

起重机开行路线及构件的平面布置与结构的吊装方法、构件尺寸及重量、构件的供应方式等因素有关。

当单层工业厂房面积比较大，或具有多跨结构时，为加速工程进度，可将建筑物划分为若干区段，选用多台起重机同时进行施工。每台起重机可以独立作业，负责完成一个区段的全部吊装工作，也可以选用不同性能的起重机协同作业，有的专门吊装柱，有的专门吊装屋盖结构，组织大流水施工。

当建筑物具有多跨并列，且有纵横跨时，可先吊装各纵向跨，然后吊装横向跨，以保证在各纵向跨吊装时起重机械、运输车辆的畅通。当建筑物各纵向跨具有高低跨时，则应先吊装高跨，然后逐步向两边低跨吊装。

1. 吊装柱时起重机开行路线

吊装柱时，视厂房的跨度大小、柱的尺寸、柱的重量及起重机性能，可沿跨中开行或跨边开行，见图 7-41。

(1) 当柱布置在跨内时，有以下四种情况：

① 若 $R \geqslant L/2$ 时：

起重机可沿跨中开行，每个停机位置可吊装 2 根柱；

起重机可沿跨中开行，每个停机位置可吊装 4 根柱。

② 若 $R < L/2$ 时：

起重机可沿跨边开行，每个停机位置可吊装 1 根柱；

起重机可沿跨边开行，每个停机位置可吊装 2 根柱。

(2) 当柱布置在跨外时

起重机一般沿跨外开行，停机位置与跨边开行类似。

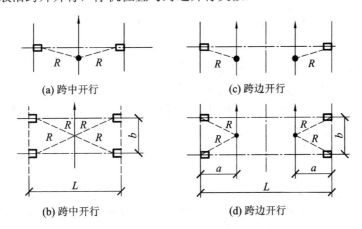

(a) 跨中开行   (c) 跨边开行

(b) 跨中开行   (d) 跨边开行

R—起重机的起重半径(m)；L—厂房的跨度(m)；

b—柱的间距(m)；a—起重机开行路线到跨边的距离(m)；

图 7-41 起重机吊装柱时的开行路线及停机位置

2. 吊装吊车梁时起重机开行路线

吊装吊车梁时，可在跨内沿跨边开行，每个停机位置可吊装一根吊车梁。

3. 屋架扶直就位及吊装屋盖系统时起重机开行路线

屋架扶直就位时，起重机可按跨中开行，也可以稍微偏离一点。吊装屋架及屋盖系统时，起重机应沿跨中开行。

7.3.4 构件平面布置与运输堆放

构件的平面布置除考虑上述因素外，现场预制构件还要考虑其预制位置。一般柱的预制位置即为吊装前就位的位置；屋架则要考虑预制阶段及吊装阶段(扶直就位)构件的平面布置；吊车梁、屋面板等构件，要按其供应方式，确定其堆放位置。

1. 预制阶段柱的平面布置

一般用旋转法吊柱时，柱斜向布置；用滑行法吊柱时，柱纵向布置。

1) 柱的斜向布置

柱如用旋转法起吊，可按三点共弧的作图法确定其斜向布置的位置，见图7-42。

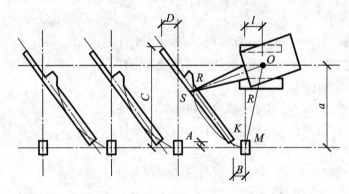

图 7-42　旋转法吊装柱斜向布置方法一(三点共弧)

其步骤如下：

(1) 确定起重机开行路线到柱基中线的距离 a。

起重机开行路线到柱基中线的距离 a 与基坑大小、起重机的性能、构件的尺寸和重量有关。a 的最大值不要超过起重机吊装该柱时的最大起重半径；a 的最小值也不要取的过小，以免起重机太近基坑边而致失稳。此外，还应注意检查当起重机回转时，其尾部不致与周围构件或建筑物相碰。综合考虑这些条件后，就可定出 a 值($R_{min} < a \leqslant R$)，并在图上画出起重机的开行路线。

(2) 确定起重机的停机位置。

确定起重机的停机位置是以所吊装柱的柱基中心 M 为圆心，以所选吊装该柱的起重半径 R 为半径，画弧交起重机开行路线于 O 点，则 O 点即为起重机的停机点位置。标定 O 点与横轴线的距离为 L。

(3) 确定柱在地面上的预制位置。

按旋转法吊装柱的平面布置要求，使柱吊点、柱脚和柱基三者都在以停机点 O 为圆心、

以起重机起重半径 R 为半径的圆弧上，且柱脚靠近基础。据此，以停机点 O 为圆心，以吊装该柱的起重半径 R 为半径画弧，在靠近基础杯口的弧上选一点 K 作为预制时柱脚的位置。又以 K 为圆心，以绑扎点至柱脚的距离为半径画弧，两弧相交于 S。再以 KS 为中心线画出柱的外形尺寸，此即为柱的预制位置图。标出柱顶、柱脚与柱列纵横轴线的距离(A、B、C、D)，以其外形尺寸作为预制柱的支模的依据。

布置柱时还需注意牛腿的朝向问题，要使柱吊装后，其牛腿的朝向符合设计要求。因此，当柱布置在跨内预制或就位时，牛腿应朝向起重机；若柱布置在跨外预制或就位时，则牛腿应背向起重机。

在布置柱时有时由于场地限制或柱过长，很难做到三点共弧，则可安排两点共弧，这又有两种做法：

一种是将柱脚与柱基安排在起重机起重半径 R 的圆弧上，将吊点放在起重机起重半径 R 之外，见图 7-43。吊装时先用较大的起重半径 R' 吊起柱子，并升起起重臂。当起重半径由 R' 变为 R 后，停升起重臂，再按旋转法吊装柱。

另一种是将吊点与柱基安排在起重半径 R 的同一圆弧上，而柱脚可斜向任意方向，见图 7-44。吊装时，柱可用旋转法吊升，也可用滑行法吊升。

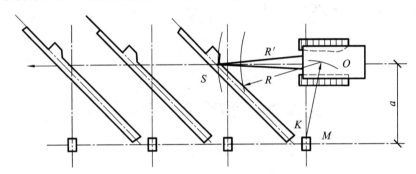

图 7-43　旋转法吊装柱斜向布置方法二(吊点与柱基两点共弧)

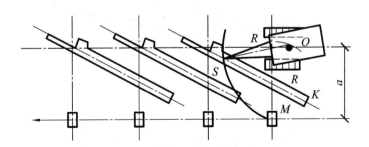

图 7-44　旋转法吊装柱斜向布置方法三(柱脚与柱基两点共弧)

2) 柱的纵向布置

当柱采用滑行法吊装时，可以纵向布置，见图 7-45。若柱长小于 12 m，为节约模板及施工场地，两柱可以叠浇，排成一行；若柱长大于 12 m，则需排成两行叠浇。起重机宜停在两柱基的中间，每停机一次可吊装 2 根柱子。柱的吊点应考虑安排在以起重半径 R 为半径的圆弧上。

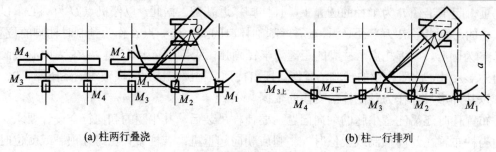

(a) 柱两行叠浇　　　　　　　　　　　　(b) 柱一行排列

图 7-45　柱纵向布置

柱叠浇时应注意采取隔离措施，防止两柱粘结。上层柱由于不能绑扎，预制时要加设吊环。

2. 预制阶段屋架的平面布置

为节省施工场地，屋架一般安排在跨内平卧叠浇预制，每叠 3～4 榀。

屋架的布置方式有三种：斜向布置、正反斜向布置及正反纵向布置，见图 7-46、图 7-47。

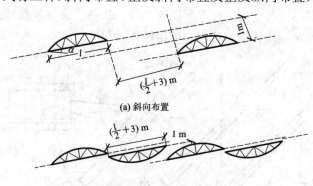

(a) 斜向布置

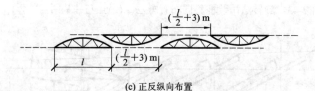

(b) 正反斜向布置

(c) 正反纵向布置

图 7-46　屋架布置方式

图 7-47　屋架的纵向布置

在上述三种布置形式中，应优先考虑采用斜向布置方式，因为它便于屋架的扶直就位。只有当场地受限制时，才考虑采用其他两种形式。

若为预应力混凝土屋架，在屋架一端或两端需留出抽管及穿筋所必需的长度。其预留长度：若屋架采用钢管抽芯法预留孔道，当一端抽管时需留出的长度为屋架全长另加抽管时所需工作场地 3 m；当两端抽管时需留出的长度为二分之一屋架长度另加抽管时所需工作场地 3 m；若屋架采用胶管抽芯法预留孔道，则屋架两端的预留长度可以适当减少。

每两垛屋架之间的间隙，可取 1 m 左右，以便支模板及浇筑混凝土用。屋架之间互相搭接的长度视场地大小及需要而定。

在布置屋架的预制位置时，还应考虑到屋架扶直就位要求及屋架扶直的先后次序，先扶直者放在上面(层)。对屋架两端间的朝向也要注意，要符合屋架吊装时对朝向的要求。对屋架上预埋铁件的位置也要特别注意，不要搞错，以免影响结构吊装工作。

3．预制阶段吊车梁的平面布置

当吊车梁安排在现场预制时，可靠近柱基顺纵向轴线或略作倾斜布置，也可插在柱子的空档中预制。如具有运输条件，也可另行在场外集中布置预制。

4．吊装阶段构件的就位布置及运输堆放

由于柱在预制阶段即已按吊装阶段的就位要求进行布置，当预制柱的混凝土强度达到吊装所需要求的强度后，即可先行吊装，以便空出场地供布置其他构件，故吊装阶段的就位布置一般是指柱已吊装完毕，其他构件如屋架的扶直就位、吊车梁和屋面板的运输就位等。

1) 屋架的扶直就位

屋架扶直后应立即进行就位。按就位的位置不同，可分为同侧就位和异侧就位两种。同侧就位时，屋架的预制位置与就位位置均在起重机开行路线的同一侧。异侧就位时，需将屋架由预制的一边转至起重机开行路线的另一边就位。此时，屋架两端的朝向已有变动。因此，在预制屋架时，对屋架就位的位置应事先加以考虑，以便确定屋架两端的朝向及预埋件的位置等问题。

常用的屋架就位的方式有两种：一种是靠柱边斜向就位，另一种是靠柱边成组纵向就位。

(1) 屋架的斜向就位。

屋架斜向就位在吊装时跑车不多，节省吊装时间，但屋架支点过多，支垫木、加固支撑也多。屋架靠柱边斜向就位可按下述作图方法确定其就位位置：

① 确定起重机吊装屋架时的开行路线及停机位置。

起重机吊装屋架时一般沿跨中开行，也可根据吊装需要稍偏于跨度的一边开行，在图上画出开行路线。然后以拟吊装的某轴线(例如②轴线)的屋架中点 M_2 为圆心，以所选择吊装屋架的起重半径 R 为半径画弧交于开行路线于 O_2，O_2 即为吊②轴线屋架的停机位置。

② 确定屋架就位的范围。

屋架一般靠柱边就位，但屋架离开柱边的净距不小于 200 mm，并可利用柱作为屋架的临时支撑，这样，可定出屋架就位的外边线 $P \sim P$。另外，起重机在吊装屋架及屋面板时需要回转，若起重机尾部至回转中心的距离为 A，则在距起重机开行路线 $A + 0.5$ m 的范围内也不宜布置屋架及其他构件，以此画出虚线 $Q \sim Q$，在 $P \sim P$ 及 $Q \sim Q$ 两虚线的范围内可布置屋架就位。但屋架就位宽度不一定需要这样大，应根据实际需要定出屋架就位的宽度 $P \sim Q$。

③ 确定屋架的就位位置。

当根据需要定出屋架实际就位宽度 $P \sim Q$ 后，在图上画出 $P \sim P$ 与 $Q \sim Q$ 的中线 $H \sim H$，屋架就位后之中点均应在此 $H \sim H$ 线上。因此，以吊②轴线屋架的停机点 O_2 为圆心，以吊屋架的起重半径 R 为半径，画弧交 $H \sim H$ 线于 G 点，则 G 点即为②轴线屋架就位之中点。再以 G 点为圆心，以屋架跨度的一半为半径，画弧交 P 及 Q 两虚线于 E、F 两点，连 E、F 即为②轴线屋架就位的位置。其他屋架的就位位置均平行此屋架，端点相距 6 m(即柱距)。①轴线屋架由于已安装了抗风柱，需要后退至②轴线屋架就位位置附近就位，如图 7-48 所示。

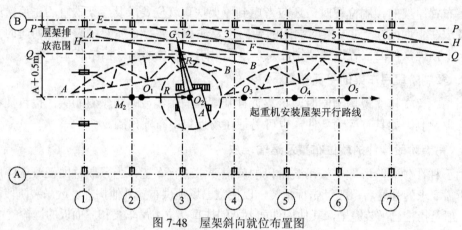

图 7-48　屋架斜向就位布置图

(2) 屋架的成组纵向就位。

纵向就位在就位时方便，支点用道木比斜向就位减少，但吊装时部分屋架要负荷行驶一段距离，故吊装费时，且要求道路平整。

屋架的成组纵向就位，一般以 4～5 榀为一组，靠柱边顺轴线纵向就位。屋架与柱之间、屋架与屋架之间的净距不小于 200 mm，相互之间用铁丝及支撑拉紧撑牢。每组屋架之间应留 3 m 左右的间距作为横向通道，应避免在已吊装好的屋架下面去绑扎吊装屋架，屋架起吊时应注意不要与已吊装的屋架相碰。因此，布置屋架时，每组屋架的就位中心线可大致安排在该组屋架倒数第二榀吊装轴线之后约 2 m 处，如图 7-49 所示。

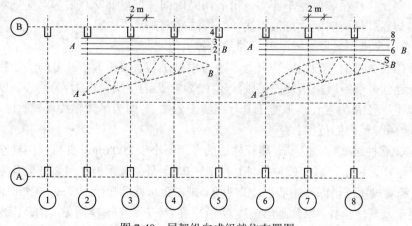

图 7-49　屋架纵向成组就位布置图

2) 吊车梁、连系梁、屋面板的运输、堆放与就位

单层工业厂房除了柱和屋架一般在施工现场制作外，其他构件，如吊车梁、连系梁、屋面板等，均在预制厂或附近的露天预制场所制作，然后运至工地吊装。

构件运至现场后，应按施工组织设计所规定的位置，按编号及构件吊装顺序进行就位或集中堆放。吊车梁、连系梁的就位位置，一般在其吊装位置的柱列附近，跨内跨外均可，有时也可不用就位，而从运输车辆上直接吊至牛腿上。

屋面板的就位位置可布置在跨内或跨外，主要根据起重机吊装屋面板时所需的起重半径而定。当屋面板在跨内就位时，大约应向后退 3～4 个节间开始堆放；当屋面板在跨外就位时，应向后退 1～2 个节间开始堆放。

若吊车梁、屋面板等构件在吊装时已集中堆放在吊装现场附近，也可不用就位，而采用随吊随运的办法。

7.4　单层工业厂房结构安装模拟实训

7.4.1　工程背景

某单层、单跨 18 m 的工业厂房车间，柱距 6 m，共 13 个节间。车间平面布置图见图 7-50，剖面图见图 7-51，柱尺寸图见图 7-52，吊车梁断面见图 7-53，屋架尺寸图见图 7-54，主要构件一览表见表 7-1。

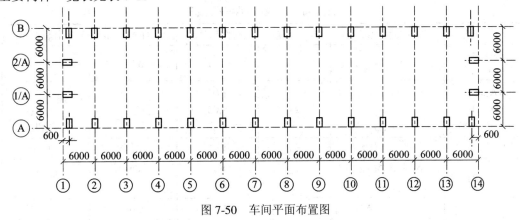

图 7-50　车间平面布置图

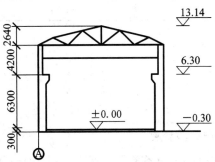

图 7-51　车间剖面图

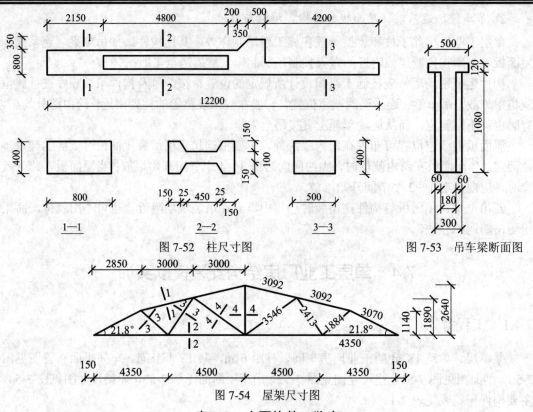

图 7-52 柱尺寸图

图 7-53 吊车梁断面图

图 7-54 屋架尺寸图

表 7-1 主要构件一览表

厂房轴线	构件名称及编号	构件数量	构件重量/t	构件长度/m	安装标高/m
(A).(B) (1).(14)	基础梁	32	1.51	5.95	
(A).(B)	柱 Z1	4	7.03	12.20	−1.70
(A).(B)	柱 Z2	24	7.03	12.20	−1.70
(1/A).(2/A)	柱 Z3	4	5.8	13.89	−1.20
(1)～(14)	屋架 YWJ18-1	14	4.95	17.70	+10.50
(A).(B)	吊车梁 DL-8Z	22	3.95	5.95	+6.30
	吊车梁 DL-8B	4	3.95	5.95	+6.30
	屋面板 YWB	156	1.30	5.97	+13.14
(A).(B)	天沟板 TGB	26	1.07	5.97	+11.10

7.4.2 施工方案

1. 工程概况

略。

2. 起重机的选择及工作参数计算

根据厂房基本概况及现有起重设备条件，初步选用 W1-100 型履带式起重机进行结构吊装。主要构件吊装的参数计算如下。

1) 柱

柱采用一点绑扎斜吊法吊装。

取索具重量为 0.2 t，则

柱 Z1、Z2 要求起重量：

$$Q = Q_1 + Q_2 = 7.03 + 0.2 = 7.23 \text{ t}$$

柱 Z3 要求起重量：

$$Q = Q_1 + Q_2 = 5.8 + 0.2 = 6.0 \text{ t}$$

取索具高度 2.0 m，则

柱 Z1、Z2 要求起升高度(计算简图见图 7-55)：

$$H = h_1 + h_2 + h_3 + h_4 = 0 + 0.3 + 7.05 + 2.0 = 9.35 \text{ m}$$

柱 Z3 要求起升高度：

$$H = h_1 + h_2 + h_3 + h_4 = 0 + 0.30 + 10.5 + 2.0 = 12.8 \text{ m}$$

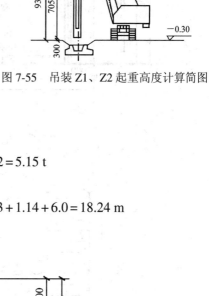

图 7-55　吊装 Z1、Z2 起重高度计算简图

2) 屋架

取索具重量为 0.2 t，则屋架要求起重量：

$$Q = Q_1 + Q_2 = 4.95 + 0.2 = 5.15 \text{ t}$$

屋架要求起升高度(计算简图见图 7-56)：

$$H = h_1 + h_2 + h_3 + h_4 = (10.5 + 0.3) + 0.3 + 1.14 + 6.0 = 18.24 \text{ m}$$

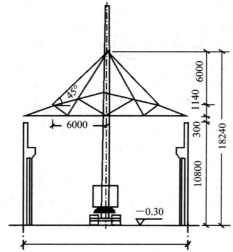

图 7-56　吊装屋架起重高度计算简图

3) 屋面板

按吊装跨中屋面板计算，计算简图见图 7-57、图 7-58。

取索具重量为 0.2 t，则屋面板要求起重量：

$$Q = Q_1 + Q_2 = 1.3 + 0.2 = 1.5 \text{ t}$$

屋面板要求起升高度：

$$H = h_1 + h_2 + h_3 + h_4 = (13.14 + 0.3) + 0.24 + 0.3 + 2.5 = 16.48 \text{ m}$$

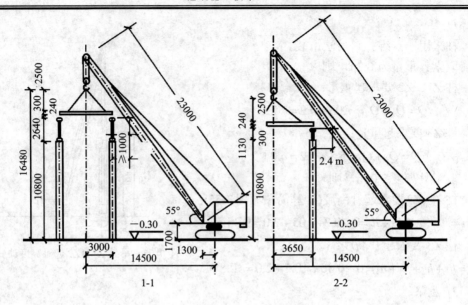

图 7-57　吊装屋面板起重半径计算简图

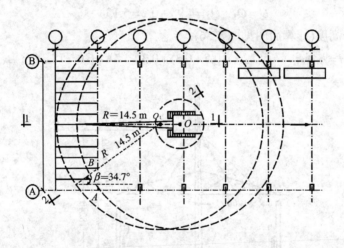

图 7-58　吊装屋面板起重机工作参数计算简图

起重机吊装跨中屋面板时，起重钩需伸过已吊装好的屋架上弦中线 f=3 m，且起重臂中心线与已安装好的屋架中心线至少保持 1 m 的水平距离，因此，起重机的最小起重臂长度及所需起重仰角 α 为：

$$\alpha = \arctan \sqrt[3]{\frac{h}{f+g}} = \arctan \sqrt[3]{\frac{10.8+2.64-1.7}{3+1}} = 55.7°$$

$$L = \frac{h}{\sin \alpha} + \frac{f+g}{\cos \alpha} = \frac{11.74}{\sin 55.7°} + \frac{4}{\cos 55.7°} = 21.34$$

根据上述计算，选 W1-100 型履带式起重机吊装屋面板，起重臂长 L 取 23 m，起重仰角 α=55°，则实际起重半径为：

$$R = F + L\cos a = 1.3 + 23 \times \cos 55° = 14.5 \text{ m}$$

查 W1-100 型 23 m 起重臂的性能曲线或性能表得知：$R = 14.5$ m 时，$Q = 2.3$ t > 1.5 t，$H = 17.3$ m > 16.48 m，所以选择 W1-100 型 23 m 起重臂符合吊装跨中屋面板的要求。

以选取的 $L = 23$ m，$\alpha = 55°$ 复核能否满足吊装跨边屋面板的要求。

起重臂吊装(A)轴线最边缘一块屋面板时起重臂与(A)轴线的夹角为 β，$\beta = 34.7°$，则屋架在(A)轴线处的端部 A 点与起重杆同屋架在平面图上的交点 B 之间的距离为

$$0.75 + 3\tan\beta = 0.75 + 3 \times \tan 34.7° = 2.83 \text{ m}$$

可得

$$f = \frac{3}{\cos\beta} = \frac{3}{\cos 34.7°} = 3.65 \text{ m}$$

由屋架的几何尺寸计算出 2—2 剖面屋架被截得的高度

$$h_{屋} = 2.83 \times \tan 21.8° = 1.13 \text{ m}$$

根据

$$L = \frac{h}{\sin\alpha} + \frac{f + g}{\cos\alpha} = \frac{10.8 + 1.13 - 1.7}{\sin 55°} + \frac{3.65 + g}{\cos 55°}$$

得 $g = 2.4$ m。

因为 $g = 2.4$ m > 1 m，所以满足吊装最边缘一块屋面板的要求。

也可以用做图法复核选择 W1-100 型履带式起重机在取 $L = 23$ m，$\alpha = 55°$ 时能否满足吊装最边缘一块屋面板的要求。

根据以上各种吊装工作参数的计算,列出车间主要构件吊装参数表(见表7-2),从 W1-100 型 $L = 23$ m 履带式起重机性能表可以看出, 所选起重机可以满足所有构件的吊装要求。

表 7-2　车间主要构件吊装参数

构件名称	柱 Z1、Z2			柱 Z3			屋架			屋面板		
吊装工作参数	Q (T)	H (m)	R (m)	Q (T)	H (m)	R (m)	Q (T)	H (m)	R (m)	Q (T)	H (m)	R (m)
计算所需工作参数	7.23	9.35		6.0	13.8		5.15	18.24		1.5	16.48	
23m 起重臂工作参数	8	20.5	6.5	6.9	20.3	7.26	6.9	20.3	7.26	2.3	17.5	14.5

3. 现场预制构件的平面布置与起重机的开行路线

根据本工程的特点及工期要求，采用分件吊装法进行结构安装。

1) (A)列柱预制

在场地平整及杯形基础浇筑后即可进行柱子预制。根据现场情况及起重半径 R，先确定起重机开行路线：吊装(A)列柱时，跨内、跨边开行，且起重机开行路线距(A)轴线的距离为 4.8 m。

以各杯口中心为圆心，以 $R = 6.5$ m 为半径画弧与开行线路相交，其交点即为吊装各柱的停机点，再以各停机点为圆心、以 $R = 6.5$ m 为半径画弧，该弧均通过各杯口中心，并在

杯口附近的圆弧上定出一点作为柱脚中心，然后以柱脚中心为圆心、以柱脚至绑扎点的距离 7.05 m 为半径作弧与以停机点为圆心、以 $R=6.5$ m 为半径的圆弧相交，此交点即柱的绑扎点。根据圆弧上的两点(柱脚中心及绑扎点)作出柱子的中心线，并根据柱子尺寸确定出柱的预制位置。

2) (B)列柱预制

根据施工现场情况确定(B)列柱跨外预制，由(B)轴线与起重机的开行路线的距离为 4.2 m，定出起重机吊装(B)列柱的开行路线，然后按上述同样的方法确定停机点及柱的布置位置。

3) 抗风柱的预制

抗风柱在(1)轴及(14)轴外跨外布置，其预制位置不能影响起重机的开行。

柱预制平面布置及起重机开行路线见图 7-59。

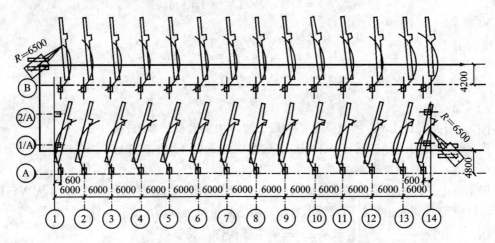

图 7-59　柱预制时平面布置及起重机开行路线

4) 屋架的预制

屋架的预制安排在跨内预制，以 3～4 榀为一叠进行叠浇。在确定屋架的预制位置之前，先定出各屋架排放的位置，据此安排屋架的预制位置，屋架预制平面布置见图 7-60。

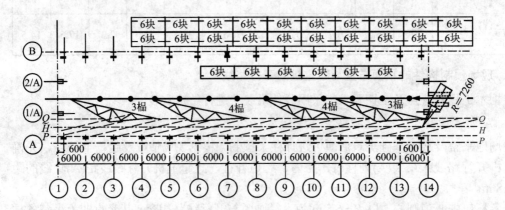

图 7-60　屋架预制阶段平面布置及屋架扶直、就位阶段起重机开行路线

5) 基础梁、吊车梁、屋面板、天沟板的预制

由于场地比较拥挤，基础梁、吊车梁在另外的预制场地进行预制，屋面板与天沟板采用委托加工厂加工的形式，吊装时，它们的排放位置可在场地内找空排放。

6) 起重机的开行路线

起重机的开行路线及构件的安装顺序如下：

起重机首先自(A)轴跨内进场，按⑭→①的顺序吊装(A)列柱；其次，转至(B)轴线跨外，按①→⑭的顺序吊装(A)列柱；第三，转至(A)轴线跨内，按⑭→①的顺序吊装(A)列柱的吊车梁、连系梁、柱间支撑；第四，转至(B)轴线跨内，按①→⑭的顺序吊装(B)列柱的吊车梁、连系梁、柱间支撑；第五，转至跨中，按⑭→①的顺序扶直屋架，使屋架、屋面板排放就位后，吊装①轴线的两根抗风柱；第六，按①→⑭的顺序吊装屋架、屋面支撑、大型屋面板、天沟板等；最后，吊装⑭轴线的两根抗风柱后退场。

【复习思考题】

一、填空

1. 柱子吊装时，其绑扎方法有_____和_____。

2. 单层工业厂房吊装方案有_____和_____。

3. 屋架预制位置的布置方式有_____、_____、_____等三种。

4. 起重机的基本参数有_____、_____、_____。

5. 柱子的吊装过程包括_____、_____、_____、_____、_____等。

6. 采用单机吊装时，柱的吊升方法有_____和_____。

7. 当柱采用旋转法吊装时，要求_____、_____、_____点共弧。

二、选择

1. 在单层厂房柱身吊装前弹(　　)。

A. 一面线　　　　B. 双面线　　　　　C. 三面线　　　　D. 五面线

2. 在吊装过程中，对屋面板的排放，当布置在跨内时，其开始位置应(　　)。

A. 退后 1～2 个开间　　　　　　　B. 后退 4～5 个开间

C. 后退 3～4 个开间　　　　　　　D. 与吊装车间平行

3. 履带式起重机的特点是(　　)。

A. 不能负荷行驶　　　　　　　　B. 作业时需使用支腿

C. 能回转 360°　　　　　　　　　D. 机动性强

4. 可负荷行驶的起重机是(　　)。

A. 汽车起重机　　　　　　　　　B. 附着式塔式起重机

C. 爬升式塔式起重机　　　　　　D. 履带式起重机

5. 屋架采用跨内平卧重叠预制，每叠(　　)榀。

A. 1～2　　　　　B. 2～3　　　　　C. 3～4　　　　　D. 2～4

三、简答

1. 常用的起重机的类型有哪几种？试述其各自的特点及适用范围。

2. 试述柱的直吊和斜吊绑扎法及其使用范围。

3. 单机吊装柱时，旋转法和滑行法各有什么特点？对柱的平面布置有什么要求？

4. 试述柱的最后固定方法。

5. 屋架扶直就位和吊装时，绑扎点如何确定？

6. 什么是屋架的正向扶直和反向扶直？各有什么特点？

7. 单层工业厂房结构安装方法有哪几种？各有什么特点？

8. 构件吊装前应弹出哪些线？

四、绘图说明

1. 绘图并说明牛腿柱的三点共弧斜向布置。

2. 绘图并说明屋架扶直排放中的斜向排放。

项 目 8 防 水 工 程

【教学目标】 熟悉防水工程的防水等级和设防要求；熟悉防水工程的材料种类、性能及质量要求；掌握屋面防水工程和室内防水工程的施工方法及施工要求；熟悉地下防水工程的施工方法及施工要求。

防水工程是土木工程的一个重要工程，它是关系到建筑物及构筑物的寿命、使用环境及卫生条件的一项重要内容。

防水工程按防水部位可分为屋面防水工程、地下防水工程、室内防水工程等；按构造做法可分为结构自防水、防水层防水；按材料的不同可分为柔性防水(如卷材、涂膜防水等)、刚性防水(如砂浆、细石混凝土防水等)。

结构自防水主要依靠建筑物构件材料自身的密实性及某些构造措施(如坡度、埋设止水带等)，使结构构件起到防水作用；防水层防水是在建筑物构件的迎水面或背水面以及接缝处，附加防水材料做成防水层，起到防水作用。

8.1 屋面防水工程

屋面防水工程是指为防止雨水或人为因素产生的水从屋面渗入建筑物所采取的一系列结构构造和建筑措施。

8.1.1 概述

1. 屋面防水等级

屋面防水工程根据建筑物的性质、重要程度、地域环境、使用功能要求以及防水层设计使用年限等，将屋面防水划分若干等级。

屋面防水等级是在防水层合理使用年限内，在保证屋面不发生渗漏的前提下，从屋面防水的功能要求出发，按渗漏可能造成的影响程度来划分的，不同的防水等级应有相应的防水层合理使用年限。

2. 材料要求

屋面工程所采用的防水和保温隔热材料应有产品质量合格证书和性能检测报告，所用材料的品种、规格、性能等应符合现行国家产品标准和设计要求。

材料进场后，应检查材料的品种、规格、包装等，并按要求进行抽样复验，不合格的材料不得在屋面工程中使用。

材料进场后应有专门的房间存放，应保证通风、干燥，防止日光直接照射，避免碰撞、受潮，远离火源，储存温度不应低于 0℃。当材料存放时间超过储存期时，应将材料重新进行检验，合格后方可用于屋面工程。

3．保温层施工

1) 保温材料的种类及技术要求

我国目前常用的屋面保温层主要有板状保温层、整体现浇保温层等。其中板状保温材料吸水率低、表观密度和导热系数小，并有一定强度，易于搬运、运输和保证施工质量，同时能减轻屋面重量，已被广泛采用。

保温层施工时，要求铺设的基层要平整、干燥、干净；保温材料含水率不得超过设计规定或规范规定，更不能在施工过程中被雨淋或浸水；如果保温层干燥有困难，应采取排汽措施。

干铺的保温层可在负温度下施工；用有机胶黏剂粘贴的板状材料保温层，在气温低于−10℃时不宜施工；用水泥砂浆粘贴的板状材料保温层，在气温低于5℃时不宜施工。

当遇到雨天、雪天和五级风及其以上的天气时不得施工；当施工中途下雨、下雪时应采取遮盖措施。

倒置式屋面一般在施工保温层后，应立即做保护层。保护层可以采用混凝土等块材、水泥砂浆或卵石等。如果采用卵石保护层，卵石保护层与保温层之间应干铺一层无纺聚酯纤维布做隔离层。

含有增塑剂的高分子卷材与泡沫保温材料之间应增设隔离层。

2) 板状保温层

板状保温材料常用的有硬质聚苯乙烯泡沫塑料保温板(见图8-1)(挤塑板 XPS、模塑板 EPS)、硬质聚氨酯泡沫保温板(见图8-2)、泡沫玻璃、膨胀混凝土类保温板、膨胀珍珠岩类保温板、硬质岩棉板、硬质矿渣棉板、硬质玻璃棉板等，其中聚苯板和聚氨酯板最为常用。

图 8-1　XPS 挤塑板

图 8-2　聚氨酯夹芯屋面保温板

板状保温材料应紧靠在需保温的基层表面上，板块铺设时要铺平垫稳以防压断，分层铺设的板块上下层应错缝，板间缝隙应用同类碎料嵌实。

板状保温材料均较轻，施工时除了要垫实外，还应黏结。黏结材料一般采用低标号水泥砂浆，在气温低于5℃时不宜施工。当采用与防水层材性相容的胶黏剂粘贴时，板状保温材料应贴严、粘牢。

3) 整体现浇保温层

整体现浇保温层目前主要有水泥膨胀蛭石、水泥膨胀珍珠岩、硬泡聚氨酯、泡沫混凝土等整体现浇保温层。

如果采用整体现浇保温层，因为干燥困难，应采取排汽措施。

(1) 水泥膨胀蛭石、水泥膨胀珍珠岩保温层。施工时，水泥膨胀蛭石和水泥膨胀珍珠岩宜采用人工搅拌，应拌和均匀、随拌随铺。虚铺厚度和压实厚度应经试验确定，表面要平整，压实程度要一致。保温层施工结束宜随即铺抹找平层。

(2) 硬泡聚氨酯保温层。喷涂硬泡聚氨酯时要求配比应准确计量，并使用专门喷涂设备。喷涂时，喷枪应与施工基面保持一定距离，以免泡沫飞散，并保持发泡厚度均匀一致。成活采用多遍喷涂完成，施工时要及时控制、调整喷涂层的厚度，减少收缩影响。施工后 20 min 内不能上人，以防止损坏保温层，并及时做找平层，如图 8-3 所示。

伸出屋面的管道应在硬质聚氨酯泡沫塑料施工前安装牢固。

图 8-3 硬泡聚氨酯保温层

施工时，环境温度宜为 15℃～30℃，相对湿度小于 85%，不宜在风力大于 3 级时施工。

(3) 泡沫混凝土保温层。泡沫混凝土是通过发泡机(见图 8-4)的发泡系统将发泡剂(见图 8-5)用机械方式充分发泡，并将泡沫与水泥浆均匀混合，然后经过发泡机的泵送系统进行现浇施工或模具成型，最后经自然养护所形成的一种含有大量封闭气孔的新型轻质保温材料，见图 8-6。

图 8-4 发泡机   图 8-5 发泡剂   图 8-6 泡沫混凝土保温层

泡沫混凝土具有轻质、保温、隔音、防水、抗震、防火、耐久等多种优异性能，并且施工简便、造价低，可以代替结构找坡，与混凝土屋面具有相同寿命，是一种新型建筑节能环保材料。

泡沫混凝土原材料主要是水泥(也有采用硅钙质材料、菱镁材料、石膏材料等胶凝材料的)、发泡剂和水。根据用途和性能要求，可以适当添加掺合料、外加剂等。

泡沫混凝土应根据设计要求通过试验确定配合比，并严格按配合比进行施工。

水泥：泡沫混凝土的强度主要来源和普通混凝土来源于中粗骨料的骨架体系不同，它来源于水泥等胶凝材料凝结后的强度提升，因此泡沫混凝土宜采用标号 42.5 以上的硅酸盐或普通硅酸盐水泥。

发泡剂：发泡剂是泡沫混凝土组成的一个核心材料，发泡剂性能的好坏直接决定了泡沫混凝土孔隙结构的合理性，从而决定了泡沫混凝土表观、强度、吸水、保温等多种性能的优异程度。

发泡剂的选择主要参考发泡剂的发泡倍数、泡沫浆料沉降距、发泡剂的起泡能力等几项指标。

掺合料：可选用粉煤灰、矿渣粉、砂、石粉、陶粒、浮石、膨胀珍珠岩等，其中粉煤灰和矿渣粉属废物利用，符合国家产业节能政策，最具应用开发价值。

掺和粉煤灰，可降低水泥的用量，提高泡沫混凝土的工作性，节约成本，掺量一般控制在30%以内。适当加入胶粉，可提高泡沫混凝土的工作性，防止泡沫混凝土硬化后收缩开裂。

外加剂：外加剂包括减水剂、稳定剂、促凝剂、早强剂、防水剂等，可根据泡沫混凝土的用途和施工条件进行添加。

添加减水剂可减少泡沫混凝土的用水量，在保证泡沫混凝土流动度的情况下降低水灰比，可提升泡沫混凝土的强度；添加促凝剂可缩短泡沫混凝土的凝结时间，减少再次施工的时间间隔，提高泡沫混凝土的施工效率；添加防水剂或憎水剂可减少泡沫混凝土的吸水率，提高泡沫混凝土的耐久性能。

发泡设备：采用自吸式发泡机，自动控制发泡剂的兑水量，可精确控制泡沫的兑水比，保证泡沫产生的稳定性；经过线性混料器将泡沫与水泥浆料充分混合，可保证泡沫混凝土的均质性。

4. 找平层施工

为了保证防水层不受变形的影响，找平层应有足够的刚度、强度和坚固性。

找平层施工常用的有 C20 细石混凝土、1：2.5～1：3 水泥砂浆等。找平层的厚度应按照设计要求，当设计无要求时，可按表 8-1 确定。

表 8-1　找平层的种类及技术要求

类　别	基层种类	厚度/mm	技　术　要　求
水泥砂浆找平层	整体现浇混凝土	10～20	1：2.5～1：3(水泥：砂)体积比，宜掺抗裂纤维
	整体或板状材料保温层	20～25	
	装配式混凝土板	20～30	
细石混凝土找平层	板状材料保温层	30～35	混凝土强度等级 C20
混凝土随浇随抹	整体现浇混凝土	—	原浆表面抹平、压光

1) 排水坡度

找平层的施工应注意排水坡度要满足设计要求，如设计无要求，当采用结构找坡时，排水坡度应不小于3%，采用材料找坡时应不小于2%。天沟、檐沟的纵向排水坡度应不小于1%，沟底水落差不得超过200 mm。

2) 分格缝

找平层因温差变形或材料干缩而开裂，有可能拉裂防水层使屋面漏水，因此应在找平层上预设分格缝，使找平层的变形集中于分格缝，减少其他部位开裂。

分格缝间距应不大于6 m，并宜设在板端缝上，分格缝的宽度宜为15～20 mm。

留设分隔缝时，可预先埋入木条或聚苯乙烯泡沫板条，待找平层初凝后，取出木条，泡沫条则可以不取出，也可以待找平层有一定强度后用切割机锯出分格缝。

待防水层施工时，可在分格缝中填弹性密封材料或在缝上采取增强或空铺方法，使防水层受拉区加大而避免防水层被拉裂。

3) 转角的规定

找平层的转角是指屋面的阴阳角，是屋面平面与立面应力集中、变形频繁的部位，最易发生裂缝，因此，找平层在此部位应做成圆弧或钝角。

不同性能的防水材料对转角处弧度的圆弧半径有不同的要求，高聚物改性沥青防水卷材为 50 mm，合成高分子防水卷材为 20 mm。

如果做成钝角形式，斜面长度可为 100～150 mm。

4) 养护

找平层在施工结束后 12 小时内应及时进行充分养护，养护时间一般应在 7 天以上。

根据具体环境条件，养护可采取浇水、洒水、覆盖塑料薄膜或喷养护液等方法。

5) 找平层的含水率

如果找平层(包括保温层)含水率过大，在防水层铺设施工后，受到太阳照射，气温升高，水分蒸发，体积急剧增大，但防水层气密性好，水蒸气无法外泄，于是就会使防水层鼓泡。如果发生累积，最后可能会使防水层拉薄破裂。因此，在进行防水层施工之前，应控制找平层的含水率。

一般来说，找平层含水率在 12% 以下铺设防水层是安全的。

5. 防水层施工

屋面防水工程的材料，常用的有卷材防水、涂膜防水、刚性防水和复合防水等。由于防水材料的不同，防水层的施工方法也不同。

屋面防水层施工应在找平层干燥后进行。检验找平层含水率是否合格时，可采用在找平层上铺放 $1 m^2$ 卷材(或塑料膜)，四周封严，在太阳照射下 3～4 小时后掀起卷材，如果找平层覆盖部位和卷材表面无水珠，即认为可以进行防水层施工。

对于伸出屋面的管道、设备或预埋件等，应在防水层施工前安设完毕；高低跨屋面的高跨建筑或屋面上设备间的结构、装修施工，要求在低跨防水层施工前完成。屋面防水层完工后，不得在其上凿孔打洞或重物冲击。

在施工中也常遇到屋面上一些设备安装必须在防水层完成后进行，此外防水层的刚性保护层施工、架空隔热板铺设等工作也必须在防水层完成后进行，这些情况下，必须采取有效的措施对已完成的防水层进行保护，如在防水层上铺垫脚手板或铺设保护层等措施。

屋面防水层施工结束后，应进行蓄、淋水试验检验防水质量。

6. 保护层施工

对于采用柔性防水材料的防水层，如果防水层暴露在外，大自然的雨水冲刷、紫外线、臭氧、酸雨的损害，温差变化的影响以及使用时外力的损坏都会对防水层造成损害，缩短防水层的使用寿命，因此柔性防水层上应设保护层。

保护层可采用浅色涂料、金属反射膜(如铝箔)、粒状材料(蛭石、云母粉、粒砂等)、块体材料和整体现浇(水泥砂浆、细石混凝土等)保护层。

架空屋面、倒置式屋面的柔性防水层上可不做保护层。

采用块体材料或整体现浇保护层时，应在防水层与保护层之间设置隔离层，隔离层可采用干铺塑料膜、土工布或卷材，也可采用铺抹低强度等级的砂浆。

刚性保护层与女儿墙之间应预留宽度为 30 mm 的缝隙，并用密封材料嵌填严密。

1) 浅色涂料保护层

浅色涂料保护层适用于非上人屋面。

采用浅色涂料做保护层时，应待防水层施工完成，并经检验合格、清扫干净后涂刷。涂刷面要求平整、干净、干燥；涂层应与防水层黏结牢固；涂刷时应均匀，不露底、不堆积，一般应涂刷二遍以上。

当涂料未完全固化、成膜时，应避免人员在上面行走和作业。

2) 金属反射膜保护层

金属反射膜一般在工厂生产时敷于热熔改性沥青卷材表面，也可以用黏结剂粘贴于涂膜防水层表面，适用于非上人屋面。

现场粘铺于涂膜表面时，应两人滚铺，从膜下排出空气立即辊压粘牢。

3) 粒状材料(蛭石、云母粉、粒砂)保护层

这些粒料如果用于热熔改性沥青卷材表面，系在工厂生产时粘附，在现场可粘铺于涂膜表面，适用于采用涂膜防水的非上人屋面。

施工时，在涂刷最后一遍涂料时，立即均匀撒铺粒料并轻轻地辊压一遍，待完全干燥固化后，将上面未粘牢的粒料扫去。

撒铺前，应先筛去粉料，撒铺时应均匀，不得露底，待溶剂基本挥发后，再将粒料清除。

4) 块体材料保护层

块体材料包括各式各样的混凝土制品，如方砖、六角形砖、多边形砖、预制混凝土板等，适用于上人屋面。

块体铺设前先铺贴一层隔离层，施工时采用座砂或座浆铺砌，应铺平垫稳，块体之间应留设缝隙，缝隙要均匀一致。

用块体材料做保护层时，宜留设分格缝，分格面积不宜大于 100 m²，分格缝宽度不宜小于 20 mm。

5) 整体保护层(砂浆、细石混凝土)保护层

这种整体现浇保护层适用于上人屋面。

采用水泥砂浆做保护层时，表面应抹平压光；采用细石混凝土做保护层时，混凝土应振捣密实，表面抹平压光。

这两种材料表面均应设分格缝，分格面积不宜大于 36 m²，分格缝宽度为 15～20 mm，缝内填塞弹性密封材料，分格缝的留设方法同找平层。

采用细石混凝土保护层时，也可以在浇筑硬化后用锯切割分格缝。

7. 隔汽层

隔汽层的功能并不是防水，而是防止室内水蒸汽通过板缝或孔隙进入保温层，降低保温层的保温效果。对于采用装配式楼板的结构，应在保温层下面设置隔汽层。

隔汽层常采用一般的防水卷材或涂料沿墙面向上铺设，并与屋面的防水层相连接，形成全封闭的整体。铺设时要求隔汽层高出保温层上表面不得小于 150 mm，以防水蒸汽在保

温层四周由于温差结露而导致水珠回落在屋面周边的保温层上。

采用卷材做隔汽层施工时可采用空铺法进行铺设,为了提高卷材搭接部位防水隔汽的可靠性,搭接缝应采用满粘法,搭接边不得小于 80 mm。

采用涂料作隔汽层时,涂刷应均匀,不能有皱折、流淌和露底现象。

对于不设隔汽层的排汽屋面,应设置排汽孔,排汽孔的数量按屋面面积每 36 m² 设置一个,排汽孔可设在檐口下或屋面排汽道交叉处(见图 8-7、图 8-8),并做防水处理。

找平层分格缝可兼做排汽屋面的排汽道,排汽道应纵横连通并与排汽孔相通。

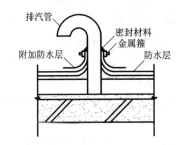

图 8-7　排气孔的做法　　　　　　　　　图 8-8　排气孔

8.1.2　卷材防水屋面

卷材防水屋面是用胶黏剂粘贴卷材形成一整片防水层的屋面。

卷材防水屋面属于柔性防水屋面,它具有自重轻、防水性能较好的优点,特别是防水层的柔韧性好,能适应结构一定程度的振动和胀缩变形。但其造价较高、易老化、易起鼓,且施工工序多、操作条件差、施工周期长、工效低,出现渗漏时修补比较困难。

1. 卷材的种类及其性能

卷材是以合成橡胶、树脂或高分子聚合物改性沥青经不同工序加工而成的可卷曲的片状防水材料,一般分为合成高分子防水卷材和高聚物改性沥青防水卷材两大类。新型的卷材防水材料还有光伏防水卷材,它是太阳能光伏薄膜电池与防水卷材的复合体。

1) 合成高分子卷材

合成高分子卷材是以合成橡胶、合成树脂或两者共混为基料,加入适量的助剂和填料,经混炼压延或挤出等工序加工而成的防水卷材。目前,合成高分子防水卷材主要有合成橡胶(硫化橡胶和非硫化橡胶)、合成树脂、纤维增强三大类。

合成橡胶类当前最具代表性的产品有三元乙丙橡胶防水卷材(EPDM),还有以氯丁橡胶、丁基橡胶等为原料生产的卷材;合成树脂类的主要品种是聚氯乙烯防水卷材(PVC),其他还有氯磺化聚乙烯防水卷材、高密度聚乙烯防水卷材等;此外还有多种橡塑共混防水卷材,其中氯化聚乙烯-橡胶共混卷材最具代表性,其性能指标接近三元乙丙橡胶防水卷材。

聚氯乙烯防水卷材(PVC)拉伸强度高,延伸率也大,对基层的伸缩和开裂变形适应性强,可焊性能好,施工时常采取焊接的方法。

三元乙丙橡胶防水卷材(EPDM)和氯化聚乙烯-橡胶共混卷材由于具有分子结构稳定、拉伸强度高、抗撕裂强度高、耐穿刺性好、耐热性能好、低温柔性好、耐腐蚀性好、耐候性特别优异的特点,因而得到了广泛适用,是公认的防水卷材的佼佼者,施工时采用冷黏法进行粘贴。

2) 高聚物改性沥青防水卷材

高聚物改性沥青防水卷材是以高分子聚合物改性石油沥青为涂盖层，聚酯毡、玻纤毡或聚酯玻纤复合为胎基，细砂、矿物粉料或塑料膜为隔离材料而制成的防水卷材，俗称改性沥青油毡，是防水材料中使用比例最高的一类，在防水材料中占有重要地位。

高聚物改性沥青防水卷材主要有弹性体改性沥青防水卷材(SBS)、塑性体改性沥青防水卷材(APP)、高聚物改性沥青聚乙烯胎防水卷材(PEE)、PVC改性焦油沥青防水卷材、再生胶改性沥青防水卷材、废橡胶粉改性沥青防水卷材等。其中以弹性体改性沥青防水卷材(SBS)和塑性体改性沥青防水卷材(APP)应用最为广泛。

SBS改性沥青防水卷材属于弹性体，具有弹性高、抗拉强度高、不易变形、塑性好、稳定性高、使用寿命长等优点，特别是具有冷不变脆、耐寒性高等优良性能，能在寒冷气候热熔搭接，故广泛应用于工业建筑和民用建筑，尤其适用于低温寒冷地区和结构变形频繁的建筑防水工程。

APP改性沥青防水卷材属于塑性体，具有良好的防水性能、耐高温性能和较好的柔韧性能，其耐老化性能优良，使用寿命长，适用于腐植质土下防水层、碎石下防水层和地下墙防水等，广泛用于工业与民用建筑的屋面和地下防水工程，尤其适用于较高气温环境和高湿地区建筑工程防水。

高聚物改性沥青防水卷材施工方便，可以采用冷粘法叠层施工。对于厚度大于 3 mm的高聚物改性沥青防水卷材还可以采用热熔法施工。

3) 自粘防水卷材

在高分子卷材和聚合物改性沥青卷材下敷一层自粘胶，高分子卷材和聚合物改性沥青卷材就成为自粘防水卷材，见图8-9。

高分子自粘胶主要成分由各种丁基橡胶加填料(一定量沥青)组成，低温柔性好，自粘力强，耐久；聚合物改性沥青自粘胶是以沥青为主，采用高分子聚合物橡胶进行改性，温感性大，低温粘结力和耐久性能较差。

自粘防水卷材施工方便，与基层粘结好，耐穿刺性强。当自粘胶较厚时，自愈能力也较强。施工时，常采用自粘法。

图8-9 自粘防水卷材的构造

2. 卷材的铺贴

1) 卷材的铺贴顺序

进行屋面防水层施工时，应先做好节点、附加层和屋面排水比较集中等部位的处理，然后由屋面最低标高处向上铺贴。

铺贴天沟、檐沟卷材时，应从沟底开始，宜顺着天沟、檐沟方向铺贴，以减少卷材的搭接。

2) 卷材的搭接宽度

铺贴卷材采用搭接法，卷材搭接宽度应根据长边、短边和不同的铺贴工艺以及不同的卷材类别综合考虑，目的是使接缝防水质量得到保证，不允许开裂渗漏，见表8-2。

表 8-2 卷材的搭接宽度

铺贴方法 卷材种类		短边搭接		长边搭接	
		满粘	空铺、点粘、条粘	满粘	空铺、点粘、条粘
高聚物改性沥青防水卷材		80	100	80	100
自粘聚合物改性沥青防水卷材		60	—	60	—
合成高分子防水卷材	胶黏剂	80	100	80	100
	胶黏带	50	60	50	60
	单缝焊	60，有效焊接宽度不小于 25			
	双缝焊	80，有效焊接宽度为 10×2 + 空腔宽			

3) 卷材的铺贴方向及搭接方向

卷材的铺贴方向应根据屋面坡度及屋面是否受到振动来确定，见表 8-3，卷材的搭接方向主要考虑卷材的接缝处不应受到侵害而导致接缝开裂，影响防水质量。

当卷材叠层铺设时，相邻上下层不得相互垂直铺贴，以免在搭接缝垂直交叉处形成挡水条。

卷材的铺贴要求见图 8-10、图 8-11。卷材接缝处附加层的做法见图 8-12。

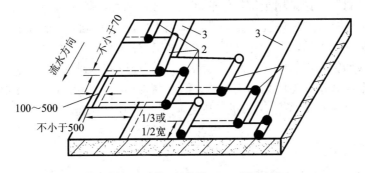

1—第一层卷材；2—第二层卷材；3—干铺卷材条；

图 8-10 卷材平行屋脊铺贴的搭接要求

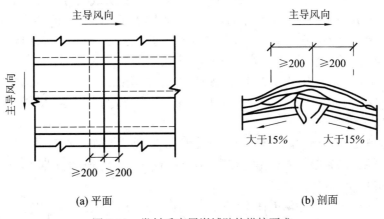

(a) 平面　　　　　　　　　　　(b) 剖面

图 8-11 卷材垂直屋脊铺贴的搭接要求

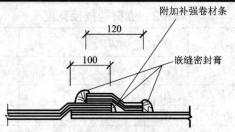

图 8-12 卷材接缝处附加层的做法

表 8-3 卷材的铺贴方向

屋面坡度	铺贴方向和要求	搭接方向
< 3%	平行屋脊方向，即顺平面长向为宜	顺流水方向
3%～15%	可平行或垂直屋脊方向	顺大风方向
> 15%或受振动	高聚物改性沥青卷材宜垂直屋脊；合成高分子卷材可平行或垂直屋脊	
>25%	应垂直屋脊，并应采取固定措施，固定点还应密封	

4) 卷材的铺贴方法

卷材的铺贴可以采用满粘法、条粘法、点粘法、空铺法及机械固定法施工。

满粘法指卷材与基层采用全部粘结的施工方法；条粘法指卷材与基层采用条状粘结的施工方法；点粘法指卷材或打孔卷材与基层采用点状粘结的施工方法；空铺法指卷材与基层在周边一定宽度内粘结，其余部分不粘结的施工方法。

立面或大坡面铺贴卷材时，应采用满粘法，并宜减少短边搭接；距屋面周边 800 mm 内以及叠层铺贴的各层卷材间采用满粘法；防水层上有重物覆盖或基层变形较大时，应优先采用空铺法、点粘法、条粘法或机械固定法。找平层分隔缝处宜空铺，空铺的宽度宜为 100 mm。

当屋面坡度大于 25%时，采用机械固定法施工。

3. 卷材防水屋面的施工工艺

1) 冷粘法

冷粘法施工是指在常温下采用胶粘剂(带)将卷材与基层或卷材之间粘结的施工方法。一般来说，合成高分子卷材采用胶黏剂、胶黏带粘贴施工，聚合物改性沥青采用胶黏剂粘贴施工。该工艺在常温下作业，不需要加热或明火，施工方便、安全，但要求基层干燥，胶黏剂的溶剂(或水分)充分挥发，否则不能保证粘结质量。

施工工艺流程：清理基层→涂刷基层处理剂→铺贴附加层卷材→涂刷基层胶粘剂→粘贴防水卷材→卷材接缝的粘接→卷材末端收头的处理→蓄水试验→保护层施工→质量验收。

(1) 涂刷基层处理剂。

基层处理剂是为了增强防水材料与基层之间的粘结力，在防水层施工前，预先涂刷在基层上的稀质涂料。它是与卷材配套使用的粘结材料，应与卷材的材性相容，以免与卷材发生腐蚀或粘结不良，如图 8-13 所示。

基层处理剂可采取喷涂法或涂刷法施工，喷、涂应均匀一致，不得有露底现象，待其干燥后应及时铺贴卷材，涂刷工具见图 8-14。

喷、涂基层处理剂前，应用毛刷对屋面节点、周边、转角等处先行涂刷。

图 8-13 涂刷胶黏剂

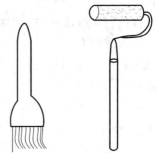
图 8-14 涂刷工具

(2) 涂刷基层胶粘剂。

待基层处理剂干燥后，应立即铺贴卷材。铺贴前，先在卷材表面涂刷胶黏剂。

涂刷胶黏剂可采用滚涂或刷涂法施工，胶黏剂应均匀涂刷在卷材的背面，不得涂刷得太薄而露底，也不能涂刷过多而产生聚胶。涂刷时，切忌在一处来回涂滚，以免将底胶"咬起"，形成凝胶而影响质量。

条粘法、点粘法应按规定的位置和面积涂刷胶黏剂。

要注意不得在搭接缝部位涂刷胶黏剂，留置宽度即卷材搭接宽度。

对于阴阳角、平立面转角处、卷材收头处、排水口、伸出屋面管道根部等节点部位，有增强层时应采用接缝胶黏剂，涂刷工具宜用油漆刷。

(3) 粘贴防水卷材。

各种胶黏剂的性能和施工环境不同，有的可以在涂刷后立即粘贴卷材，有的需待溶剂挥发一部分后才能粘贴卷材，尤以后者居多，因此要控制好胶黏剂涂刷与卷材铺贴的间隔时间。一般要求基层及卷材上涂刷的胶黏剂达到表干程度，通常为 10～30 min，施工时可凭经验确定，用指触不粘手时即可开始粘贴卷材，如图 8-15 所示。

影响卷材防水搭接缝粘接质量关键因素是搭接宽度和粘接密封性能。搭接缝平直、不扭曲，才能使搭接宽度有起码的保证；涂满胶黏剂、粘接牢固、溢出胶黏剂，才能保证粘接牢固、封闭严密。为保证搭接尺寸，一般在已铺卷材上以规定的搭接

图 8-15 粘贴卷材

宽度弹出粉线作为标准。卷材铺贴时应对准已弹好的粉线，并且在铺贴好的卷材上弹出搭接宽度线，以便第二幅卷材铺贴时，能以此为准进行铺贴。

叠层铺贴的各层卷材，在天沟与屋面的交接处，应采用叉接法搭接，搭接缝应错开。接缝宜留在屋面或天沟侧面，不宜留在沟底。在平面、立面交接处，先粘贴好平面，经过转角，由下向上粘贴卷材。

铺贴卷材时切勿紧拉，应轻轻压紧压实，同时排除卷材下面的空气，最后用手持压辊滚压密实，使卷材粘贴牢固。

卷材铺贴后，要求接缝口用宽 10 mm 的密封材料封严，以提高防水层的密封抗渗性能。

(4) 卷材接缝的粘接。

卷材接缝的粘接可采用胶粘剂或胶粘带。

胶黏剂：卷材铺好压粘后，应将搭接部位的接合面清除干净，可用棉纱蘸少量汽油擦洗，然后采用油漆刷均匀涂刷接缝胶黏剂，不得出现露底、堆积现象。

涂胶量可按产品说明控制，待胶黏剂表面干燥后(指触不粘)即可进行粘合。粘合时应从一端开始，边压合边驱除空气，不许有气泡和皱折现象，然后用手持压辊顺边认真仔细辊压一遍，便其粘结牢固。三层重叠处最不易压严，要用密封材料预先加以填封，否则将会成为渗水通道。

搭接缝全部粘贴后，缝口要用密封材料封严，密封时用刮刀沿缝刮涂，不能留有缺口，密封宽度不应小于 10 mm。

胶黏带：卷材搭接部位采用胶黏带粘结时，接合面应清理干净，再粘贴胶黏带(必要时可涂刷与卷材及胶黏带材性相容的基层处理剂)，撕去隔离纸后应及时粘合上层卷材并辊压粘牢。

低温施工时，宜采用热风机加热，使其粘结牢固、封闭严密。

(5) 卷材末端收头的处理。

卷材铺到天沟、檐口、泛水立面时端头应固定牢固，在卷材末端 800 mm 范围内均应满粘。尤其在泛水立面，在卷材末端处要用金属压条对卷材端头钉压固定，然后再用密封胶将其封严，并沿女儿墙用聚合物水泥砂浆抹压，以避免翘边、开口。

2) 热熔法

热熔法是指将热熔型防水卷材底层加热熔化后，进行卷材与基层或卷材之间粘结的施工方法。对于厚度超过 3 mm 的高聚物改性沥青热熔卷材常采用这种方法进行施工。

施工工艺流程：清理基层→涂刷基层处理剂→铺贴附加层卷材→加热卷材→粘贴卷材→卷材接缝的粘接→卷材末端收头的处理→蓄水试验→保护层施工→质量验收。

(1) 加热卷材。

热熔法施工的设备是火焰加热器。

操作时，火焰加热器的喷嘴距卷材面的距离应适中，一般保持 50～100 mm 距离。将火焰对准卷材与基层交接处，喷嘴与基层呈 30°～45°角来回摆动火焰，见图 8-16，保持幅宽内加热均匀，直到卷材表面熔融至光亮黑色且稍有微泡出现为止。

采用条粘法时，只需加热两侧边，加热宽度各为 150 mm 左右。端部加热时见图 8-17。

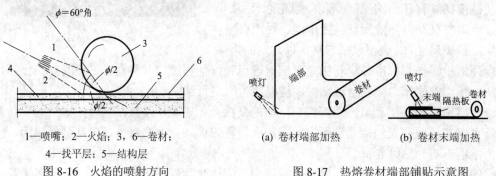

1—喷嘴；2—火焰；3，6—卷材；
4—找平层；5—结构层

图 8-16　火焰的喷射方向

(a) 卷材端部加热　　(b) 卷材末端加热

图 8-17　热熔卷材端部铺贴示意图

(2) 粘贴卷材。

滚铺法：采用满粘法铺贴卷材时常采取滚铺法施工。

将卷材置于起始位置，对好长、短方向搭接缝，滚展卷材 1000 mm 左右，掀开已展开的部分，开启喷枪点火。当卷材表面热熔后应立即滚铺卷材，边加热边滚推，并用刮板用力推刮排出卷材下的空气，使卷材铺平、不皱折、不起泡，与基层粘贴牢固。当起始端铺贴至剩下 300 mm 左右长度时，将其翻放在隔热板上，用火焰加热余下起始端基层后，再加热卷材起始端余下部分，然后将其粘贴于基层，如图 8-18 所示。

推刮或辊压时，以卷材两边接缝处溢出沥青热熔胶最为适宜，并将溢出的热熔胶回刮封边。溢出的改性沥青宽度以 2 mm 左右并均匀顺直为宜。

展铺法：如果采用条粘法铺贴卷材，可以采取展铺法施工。展铺法是先将卷材平铺于基层，再沿边掀起卷材予以加热粘贴。

施工时，先将卷材展铺在基层上，对好搭接缝，按滚铺法的要求先铺贴好起始端卷材。再拉直整幅卷材，使其无皱折、无波纹，能平坦地与基层相贴，并对准长边搭接缝，然后对末端作临时固定，防止卷材回缩。

由起始端开始熔贴卷材，掀起卷材边缘约 200 mm 高，将喷枪头伸入侧边卷材底下，加热卷材边宽约 200 mm 的底面热熔胶和基层，边加热边向后退，同时用棉纱团等由卷材中间向两边赶出气泡，抹压平整，持辊压实两侧边卷材，并用刮刀将溢出的热熔胶刮压平整。

当铺贴到距末端 1000 mm 左右长度时，撤去临时固定，按前述滚压法铺贴末端卷材。

(3) 卷材接缝的粘接。

热熔卷材表面一般有一层防粘隔离纸，因此在热熔粘结接缝之前，应先将下层卷材表面的隔离纸烧掉，以便搭接牢固严密。

操作时，由持枪人手持烫板(隔火板)柄，将烫板沿搭接粉线后退，喷枪火焰随烫板移动，喷枪应离开卷材 50～100 mm，贴近烫板。

移动速度要控制合适，以刚好熔去隔离纸为宜。烫板和喷枪要密切配合，以免烧损卷材。排气和辊压方法与前述相同。

当整个防水层熔贴完毕后，所有搭接缝应用密封材料涂封严密，见图 8-19。

图 8-18 滚铺法施工热熔卷材　　　　　　图 8-19 压边封口

3) 自粘法

自粘法是指采用带有自粘胶的防水卷材进行粘结的施工方法。

自粘型卷材在工厂生产时，在其底面涂有一层压敏胶，胶黏剂表面敷有一层隔离纸，施工时只要剥去隔离纸，即可直接铺贴。

施工工艺流程：清理基层→涂刷基层处理剂→铺贴附加层卷材→粘贴卷材→卷材接缝的粘接→卷材末端收头的处理→蓄水试验→保护层施工→质量验收。

(1) 粘贴卷材。

自粘型卷材施工一般可采用满粘法和条粘法进行铺贴。采用条粘法时，需与基层脱离的部位可在基层上刷一层石灰水或加铺一层撕下的隔离纸。

铺贴时，应按基线的位置缓缓剥开卷材背面的防粘隔离纸，将卷材直接粘贴于基层上，排除卷材下面的空气，并辊压粘结牢固。铺贴应边撕隔离纸边将卷材向前滚铺，如图 8-20、图 8-21 所示。

铺贴的卷材应平整顺直，搭接尺寸准确，不得扭曲、皱折。卷材搭接部位宜用热风枪加热，加热后粘贴牢固，溢出的自粘胶刮平封口。

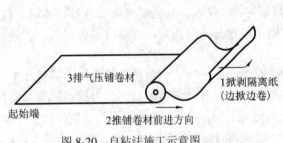

图 8-20　自粘法施工示意图　　　　　　　　图 8-21　自粘防水卷材施工

(2) 卷材接缝的粘接。

所有卷材接缝处应用密封膏封严，宽度不应小于 10 mm。

4) 热风焊接法

热风焊接法是指采用热风或热锲焊接进行热塑性卷材粘合搭接的施工方法，见图 8-22、图 8-23，主要适用于树脂型(塑料)卷材。

图 8-22　大面积 PVC 防水卷材采用自动　　　　图 8-23　局部 PVC 防水卷材采用手持式
　　　　　爬行焊机施工　　　　　　　　　　　　　　　热风焊枪施工

目前采用焊接工艺的材料有 PVC 卷材、高密度和低密度聚乙烯卷材。这类卷材热收缩值较高，强度大，耐穿刺好，焊接后整体性好。

施工工艺流程：清理基层→涂刷基层处理剂→铺贴附加层卷材→粘贴卷材→卷材接缝的焊接→卷材末端收头的处理→蓄水试验→保护层施工→质量验收。

卷材接缝的焊接：

热风焊接卷材的搭接缝宜采用单缝焊或双缝焊。

焊接前，卷材应铺放平整、顺直，搭接尺寸准确，焊接缝的接合面应清扫干净，不能有油污、泥浆等。

采取机械固定的，应先行用射钉固定；采用胶粘结的，也需要先行粘结，留准搭接宽度。

焊接时，应先焊长边搭接缝，后焊短边搭接缝；施工环境温度不宜低于 −10℃。

8.1.3　涂膜防水屋面

涂膜防水是在屋面或地下室外墙面等基层上涂刷防水涂料，经固化后形成一层有一定厚度和弹性的整体涂膜，从而达到防水目的的一种防水形式。

1．涂膜防水工程的优点

① 能在立面、阴阳角及各种复杂表面形成无接缝的、完整的防水层。

② 采用冷施工，改善施工条件，减少环境污染。

③ 自重小、适用于轻型防水屋面等防水。

④ 有较好的延伸性、耐久性和耐候性。

⑤ 既是防水层又是胶黏剂。

⑥ 操作简单，施工速度快，易于修补，且价格低廉。

2．防水涂料的种类及性能

用于屋面工程的防水涂料按其组成材料可分为高聚物改性沥青防水涂料和合成高分子防水涂料。

高聚物改性沥青防水涂料是以石油沥青为基料，用高分子聚合物进行改性所配制成的水乳型或溶剂型防水涂料，它具有较好的柔韧性、抗裂性、强度、耐高低温性能。

合成高分子防水涂料是以合成橡胶或合成树脂为主要成膜物质，配制成单组份或多组份的防水涂料。可根据成膜机理分为反应固化型、挥发固化型和聚合物水泥防水涂料三类。

聚合物水泥防水涂料是以丙烯酸酯等聚合物乳液和水泥为主要原料，加入其他外加剂制成的双组份水性建筑防水涂料。

由于合成高分子材料本身的优异性能，以此为原料制成的合成高分子防水涂料有较高的强度和延伸率，优良的柔韧性、耐高低温性能、耐久性和防水能力，因而得到了广泛的应用。常用的有单组份聚氨酯和丙烯酸酯防水涂料。

3．胎体增强材料

胎体增强材料是指用于涂膜防水层中的化纤无纺布、玻璃纤维网布等，可作为增强层的材料使用。它不具备防水功能，使用它是为了加强防水涂料层对基层开裂、房屋收缩变形和结构较小沉陷的抵抗能力。

4．涂膜防水的施工顺序

涂膜防水的施工与卷材防水层一样，也必须按照"先高后低、先远后近"的原则进行，即遇有高低跨屋面，一般先涂布高跨屋面，后涂布低跨屋面。

在相同高度的大面积屋面上，要合理划分施工段，施工段的交接处应尽量设在变形缝处，以便于操作和运输顺序的安排。

每段中要先涂布离上料点较远的部位，后涂布较近的部位；先涂布排水较集中的水落口、天沟、檐口，再往高处涂布至屋脊或天窗下；先作节点、附加层，然后再进行大面积涂布。

5. 涂膜防水屋面的施工工艺

1) 工艺流程

涂膜防水常规施工程序是：施工准备工作→基层施工→基层检查及处理→涂刷基层处理剂→节点和特殊部位附加增强处理→涂布防水涂料、铺贴胎体增强材料→防水层清理与检查整修→保护层施工。

其中基层施工及检查处理是保证涂膜防水施工质量的基础，防水涂料的涂布和胎体增强材料的铺设是最主要和最关键的工序，这道工序的施工方法取决于涂料的性质和设计方法。

2) 施工准备工作

涂布前，应根据屋面面积、涂膜固化时间和施工速度估算好一次涂布用量，确定配料的多少，应在固化干燥前用完，已固化的涂料不能与未固化的涂料混合使用。

涂布的遍数应按设计要求的厚度事先通过试验确定，以便控制每遍涂料的涂布厚度和总厚度。胎体增强材料上层的涂布不应少于两遍。

3) 涂刷基层处理剂

为增加基层与防水层间的粘结能力，需要在基层上涂刷基层处理剂，基层处理剂可采用稀释后的防水涂料。

基层处理剂应配比准确，充分搅拌、涂刷均匀、覆盖完全，干燥后方可涂膜施工。

4) 细部节点的附加增强处理

屋面细部节点，如天沟、檐沟、檐口、泛水、出屋面管道根部、阴阳角和防水层收头等部位均应加铺有胎体增强材料的附加层。找平层分格缝增设带有胎体增强材料的空铺附加层，其空铺宽度宜为 100 mm。

一般先涂刷 1~2 遍涂料，铺贴裁剪好的胎体增强材料，应使其贴实、平整，干燥后再涂刷一遍涂料。

5) 涂布防水涂料

(1) 涂布方法。

根据防水涂料种类的不同，防水涂料可以采用涂刷、刮涂或机械喷涂的方法涂布。

涂刷法是指采用滚刷或棕刷将涂料涂刷在基层上的施工方法；喷涂法是指采用带有一定压力的喷涂设备使从喷嘴中喷出的涂料产生一定的雾化作用，涂布在基层表面的施工方法。这两种方法一般用于固含量较低的水乳型或溶剂型涂料。刮涂法是指采用刮板将涂料涂布在基层上的施工方法，一般用于高固含量的双组分涂料的施工。

涂刷应采用蘸刷法，不得采用将涂料倒在屋面上，再用滚刷或棕刷涂刷的方法，以免涂料产生堆积现象。

刮涂法施工时，由于涂层较厚，可以先将涂料倒在屋面上，然后用刮板将涂料刮开。刮涂时应注意控制涂层厚薄的均匀程度，最好采用带齿的刮板进行刮涂，以齿的高度来控制涂层的厚度。

喷涂时应根据喷涂压力的大小，选用合适的喷嘴使喷出的涂料成雾状均匀喷出，喷涂时应控制好喷嘴移动速度，保持匀速前进，使喷涂的涂层厚薄均匀。

(2) 技术要求。

防水涂膜应分遍涂布，待先涂布的涂料干燥成膜后，方可涂布后一遍涂料，且前后两遍涂料涂布方向应相互垂直。

涂料涂布应分条或按顺序进行。分条进行时，每条的宽度应与胎体增强材料的宽度一致，以免操作人员踩踏刚涂好的涂层。每次涂布前应仔细检查前遍涂层是否有缺陷，如气泡、露底、漏刷、胎体增强材料皱折、翘边、杂物混入等现象，如发现上述问题，应先进行修补，再涂布下一遍涂层。

立面部位涂层应在平面涂布前进行，而且应采用多次薄层涂布，尤其是流平性好的涂料，否则会产生流坠现象，使上部涂层变薄，下部涂层增厚，影响防水性能。

涂布时应控制好每遍涂层的厚度，即要控制好每遍涂层的用量和厚薄均匀程度。

涂布方向应顺屋脊方向，如有胎体增强材料时，涂布方向应与胎体增强材料的铺贴方向一致。

涂层间加铺胎体增强材料时，宜边涂布边铺胎体。胎体应铺贴平整、排除气泡，并与涂料粘贴牢固。在胎体上涂布涂料时，应使涂料浸透胎体、覆盖完全，不得有胎体外露现象，面层厚度不应小于 1.0 mm。

6) 铺贴胎体增强材料

(1) 铺贴方向。胎体增强材料的铺设方向与屋面坡度有关，屋面坡度小于 15%时可平行屋脊铺设，屋面坡度大于 15%时应垂直屋脊铺设。

采用两层胎体增强材料时，因为胎体增强材料的纵向和横向延伸率不同，上下层胎体应同方向铺设，使两层胎体材料有一致的延伸性。

(2) 铺贴顺序。铺设时由屋面最低标高处开始向上操作，使胎体增强材料搭接顺流水方向，避免呛水。

(3) 搭接宽度。胎体增强材料搭接时，其长边搭接宽度不得小于 50 mm，短边搭接宽度不得小于 70 mm。

(4) 铺贴方法。胎体增强材料的铺设可采用湿铺法或干铺法施工。

当涂料的渗透性较差或胎体增强材料比较密实时，宜采用湿铺法施工，以便涂料可以很好地浸润胎体增强材料，见图 8-24。

图 8-24 湿铺法施工涂膜防水屋面

(5) 技术要求。铺贴叠层胎体增强材料时，相邻上下层的搭接缝应错开，其间距不得小于 1/3 幅宽，以避免产生重缝。

铺贴时切忌拉伸过紧、刮平时也不能用力过大。

铺设后应严格检查表面，不得有皱折、翘边、空鼓等缺陷，也不得有露白现象。

8.1.4 刚性防水屋面

刚性防水屋面采用普通细石混凝土、补偿收缩混凝土、钢纤维混凝土等材料作屋面防水层，依靠防水层自身的密实性并采取一定的构造措施，以达到防水的目的。与卷材和涂膜防水层相比，刚性防水层取材容易、价格便宜、耐久性好、维修方便，但对地基不均匀沉降、温度变化、结构振动等因素都非常敏感，因而容易产生变形开裂，易发生渗漏现象。

补偿收缩混凝土是在细石混凝土中掺入膨胀剂拌制而成的；钢纤维混凝土是在细石混凝土中掺入了钢纤维拌制而成的。

1．刚性防水层材料要求

1）水泥

水泥宜用普通硅酸盐水泥或硅酸盐水泥；当采用矿渣硅酸盐水泥时，应采取减小泌水性的措施；不得使用火山灰质水泥。

2）骨料

粗骨料的最大粒径不宜大于 15 mm，含泥量不应大于 1%；细骨料应采用中砂或粗砂，含泥量不应大于 3%。

3）水

水应采用自来水或可饮用的天然水。

4）外加剂

为满足一些功能要求，防水层中可掺入膨胀剂、减水剂、防水剂等外加剂。

外加剂应分类保管，不得混杂，并应存放于阴凉、通风、干燥处，运输时应避免雨淋、日晒和受潮。

2．刚性防水屋面一般规定

1）排水坡度

刚性防水屋面应采用结构找坡，坡度宜为 2%～3%。天沟、檐沟应用水泥砂浆找坡，找坡厚度大于 20 mm 时宜采用细石混凝土。

2）分格缝

刚性防水层应按设计要求设置分格缝，如设计无要求，则设在屋面板的支承端、屋面转折处、防水层与突出屋面结构的交接处，并应与板缝对齐，见图 8-25。

图 8-25　刚性防水层的分格缝

普通细石混凝土、补偿收缩混凝土分格缝的纵横间距不宜大于 6 m，钢纤维混凝土分格缝的间距不宜大于 10 m。分格缝的宽度宜为 5～30 mm，缝内应嵌填密封材料，并在上部设置宽度不小于 200 mm 的卷材满粘覆盖。

3）钢筋网片

防水层内应配置直径为 4～6 mm、间距为 100～200 mm 的双向钢筋网片，网片采用冷拔低碳钢丝。

4）隔离层

为了减小结构变形对防水层的不利影响，可将防水层和结构层完全脱离，在两者之间设置隔离层。隔离层可采用低强度等级砂浆、干铺卷材等材料。

5) 细部构造

防水层应与山墙、女儿墙、突出屋面结构的交接处，伸出屋面管道交接处和变形缝两侧墙体交接处留宽度为 30 mm 的缝隙，并应做柔性密封处理。泛水处应铺贴卷材或涂膜附加层。

6) 施工条件

刚性防水层施工环境气温宜为 5℃～35℃，应避免在负温度或烈日暴晒下施工。

3. 刚性防水屋面的施工工艺

(1) 工艺流程。

施工准备工作→基层处理→隔离层施工→安放分格条→铺设钢筋网片→浇筑防水层混凝土→抹面处理→养护。

(2) 基层处理。刚性防水屋面的基层宜为整体现浇的钢筋混凝土板，在施工防水层前，应保证屋面的洁净，并清除屋面上的杂物。当屋面结构采用装配式钢筋混凝土板时，应用强度等级不小于 C20 的细石混凝土灌缝，并宜掺入适量的膨胀剂。若板缝宽度大于 40 mm 或上窄下宽时，缝内应设置构造钢筋，板缝进行密封处理。

(3) 隔离层施工。

粘土砂浆隔离层施工：将石灰膏、砂、黏土按 1∶2.4∶3.6 的比例均匀拌和，在基层上铺抹厚度为 10～20 mm，并压平抹光，待砂浆基本干燥后进行防水层施工。

卷材隔离层施工：用 1∶3 水泥砂浆找平结构层，在干燥的找平层上铺一层干细砂后，再在其上铺一层卷材隔离层。

(4) 安放分格条。在施工防水层前，先在隔离层上定好分格缝的位置，然后安放分格条。分格条可采用木条，放前先浸水并涂刷隔离剂，再用砂浆固定。

(5) 铺设钢筋网片。防水层中的钢筋网片，施工时应放置在混凝土中的上部。钢筋网片在分格缝处应断开，其保护层厚度不应小于 10 mm。

(6) 浇筑防水层。防水层混凝土应用机械搅拌和机械振捣，搅拌时间应不少于 2 分钟。

钢纤维混凝土宜采用强制式搅拌机搅拌，搅拌时宜先将钢纤维、水泥、粗细骨料干拌1.5 分钟，再加入水湿拌，也可采用在混合料拌合过程中加入钢纤维拌合的方法，搅拌时间应比普通混凝土延长 1～2 分钟。钢纤维混凝土拌合物从搅拌机卸出到浇筑完毕的时间不宜超过 30 分钟。

每个分格板块的混凝土应一次浇筑完成，不得留施工缝。

(7) 抹面处理。抹压时不得在表面洒水、加水泥浆或撒干水泥，混凝土收水后应进行二次压光。

(8) 养护。混凝土浇筑后应进行养护，可采用覆盖保湿材料浇水养护的方法，养护时间不宜少于 14 天，养护初期屋面不得上人。

8.1.5 复合防水屋面

复合防水屋面主要是指涂料和卷材复合使用的一种施工方法。

涂料是无接缝的防水涂膜层，但它是在现场施工，并且均匀性不好，强度不大，而卷材在工厂生产，均匀性好，强度高，厚度完全可以保证，但接缝施工繁琐，工艺复杂。两者上下组合使用能形成复合防水层，这样可以弥补各自的不足，使防水层的设防更可靠，尤其在复杂部位，卷材剪裁接缝多，转角处有涂料配合，大大提高了施工质量。

随着防水材料的技术进步，复合防水层在我们实际工程中的运用越来越普遍，它体现了涂膜防水层和卷材防水层的互补优势。但并不是所有的高聚合物改性沥青防水涂料和高聚合物改性沥青防水卷材、合成高分子防水涂料和合成高分子防水卷材都可以复合使用。

常见的复合法有：热熔型或溶剂型改性沥青防水涂料和热熔型高聚物改性沥青防水卷材(热熔法铺贴)复合；合成高分子类防水涂料和自粘橡胶沥青防水卷材复合；聚合物水泥防水涂料和合成高分子防水卷材复合；聚合物水泥防水胶结材料与聚乙烯丙纶卷材复合。

1. 复合防水屋面一般规定

复合防水层选用的防水卷材应和防水涂料相容，要求两种材料能较好粘结，且相互间不得腐蚀。

复合防水层中涂膜防水层应设置在卷材防水层下面，因为涂膜防水层具有粘结强度高、防水层无接缝、整体性好的特点，而卷材防水层具有强度高、耐刺穿、厚薄均匀、使用寿命长等特点。

合成高分子卷材或合成高分子涂膜的上部，不得采用热熔法施工卷材或涂料。

挥发固化型防水涂料作为防水卷材胶黏剂使用时，应注意不能在涂层未实干时铺贴防水卷材。这类防水涂料实干时间应根据环境温度和通风条件而定，一般不小于 24 小时。

2. 复合防水屋面具体做法

目前常用做法有两种，一种采用无溶剂聚氨酯涂料或单组分聚氨酯涂料，上面复合合成高分子防水卷材，聚氨酯涂料既是涂膜层，又是可靠的粘结层；另一种是热熔 SBS 改性沥青涂料，上部粘贴合成高分子卷材，也可以粘贴改性沥青卷材(如 SBS 改性沥青热熔卷材)，这种方法得到了广泛的应用。

热熔改性沥青涂料的固体含量接近 100%，不含水分或挥发溶剂，对卷材不侵蚀，固化或冷却后与卷材能牢固地粘结。卷材的接缝既可以采用原来的连接方法，即冷粘、焊接、热熔等，也可以采用涂膜材料进行粘结。

施工时，热熔涂料应一次性按照每幅卷材宽度涂足厚度，并立即展开卷材进行滚铺。铺贴卷材时，应从一端开始粘牢，滚动平铺，及时将卷材下空气挤出。应注意在涂膜固化前不能来回行走踩踏，如需行走得用垫板，以免表面不平整。

待整个大面铺贴完毕，涂料固化后再进行粘结搭接缝。聚氨酯卷材一般应在第二天进行，热熔改性沥青卷材当温度下降后即可进行。

8.2 地下防水工程

地下防水工程是对工业与民用建筑的地下工程、防护工程、隧道及地下铁道等建筑物和构筑物，进行防水设计、防水施工和维护管理的工程，主要是防止地下水对地下构筑物或建筑物基础的长期浸透，确保地下构筑物和建筑物基础能正常发挥其使用功能。

地下防水工程按照防水内容可划分为地下工程混凝土结构主体防水、地下工程混凝土结构细部构造防水、地下工程排水等；按防水工程的做法可划分为防水混凝土结构自防水和设置附加防水层进行防水两类。

地下防水工程附加防水层可采用防水砂浆、卷材、防水涂料、塑料防水板、金属板和膨润土防水材料等。

其中最常用的是防水混凝土结构自防水和用防水卷材做附加外防水层。

8.2.1 防水混凝土的施工

防水混凝土是指通过采用调整混凝土配合比或掺外加剂等方法提高自身的密实性，具有一定防水能力的不透水性混凝土，它兼有承重、围护和抗渗功能。

规范规定，地下工程迎水面主体结构应采用防水混凝土，并应根据防水等级的要求采取其他防水措施。

1. 防水混凝土的原材料要求

1）水泥

水泥宜采用普通硅酸盐水泥或硅酸盐水泥，采用其他品种水泥应经试验确定。

2）砂

砂宜选用坚硬、抗风化性强、洁净的中粗砂，含泥量不应大于 3.0%，泥块含量不宜大于 1.0%。不宜使用海砂，在没有河砂的条件下，应对海砂进行处理后才能使用，且需控制氯离子含量不得大于 0.06%。

3）石子

石子宜选用坚固耐久、粒形良好的洁净石子，最大粒径不宜大于 40 mm，泵送时其最大粒径不应大于输送管径的 1/4，含泥量不应大于 3.0%，泥块含量不宜大于 0.5%，吸水率不应大于 1.5%，且不得使用碱活性骨料。石子的质量要求应符合国家现行标准的规定。

4）水

水应为洁净水，可采用饮用水，应符合现行行业标准的要求。

5）矿物掺合料

防水混凝土可适当添加矿物掺合料，掺合料包括粉煤灰、硅粉、粒化高炉矿渣粉等。粉煤灰可以有效地改善混凝土的抗化学腐蚀性，掺入硅粉可明显提高混凝土强度及化学腐蚀性。

掺合料的掺量应满足现行有关规范的要求。

6）外加剂

防水混凝土可根据工程需要掺入减水剂、膨胀剂、防水剂、密实剂、引气剂、复合型外加剂及水泥基渗透结晶型材料，其品种和用量应经试验确定，所用外加剂的技术性能应符合国家现行有关标准的质量要求。

严禁使用对人体产生危害、对环境产生污染的外加剂。

7) 纤维

防水混凝土可根据工程抗裂需要掺入合成纤维或钢纤维，纤维的品种及掺量应通过试验确定。

8) 碱含量及氯含量

防水混凝土中各类材料的总碱量(Na_2O 当量)不得大于 3 kg/m³，氯离子含量不应超过胶凝材料总量的 0.1%。

2. 防水混凝土的一般规定

1) 配合比

防水混凝土施工前必须经试验做出符合抗渗要求的配合比。防水混凝土的配合比应符合下列规定：

① 胶凝材料用量应根据混凝土的抗渗等级和强度等级等选用，其总用量不宜小于 320 kg/m³。当强度要求较高或地下水有腐蚀性时，胶凝材料用量可通过试验调整。

② 在满足混凝土抗渗等级、强度等级和耐久性条件下，水泥用量不宜小于 260 kg/m³。

③ 砂率宜为 35%～40%，泵送时可增至 45%。

④ 灰砂比宜为 1：1.50～1：2.5。

⑤ 水胶比不得大于 0.5，有侵蚀性介质时水胶比不宜大于 0.45。

2) 使用温度

防水混凝土的环境温度(使用温度)不得高于 80℃。处于侵蚀性介质中防水混凝上的耐侵蚀要求应根据介质的性质按有关标准执行。

3) 混凝土垫层

防水混凝土结构底板的混凝土垫层强度等级不应小于 C20，厚度不应小于 100 mm，在软弱土层中不应小于 150 mm。

4) 钢筋保护层厚度

钢筋保护层厚度迎水面不应小于 35 mm，直接处于侵蚀性介质中时，保护层厚度不小于 50 mm。

5) 初凝时间

防水混凝土一般采用预拌混凝土，初凝时间宜为 6～8 小时。

6) 材料计量

防水混凝土配料应按配合比准确称量，其计量允许偏差应符合表 8-4 的规定。

表 8-4 防水混凝土配料计量允许偏差

混凝土组成材料	每盘计量/(%)	累计计量/(%)
水泥、掺合料	±2	±1
粗、细骨料	±3	±2
水、外加剂	±2	±1

注：累计计量仅适用于微机控制计量的搅拌站。

7) 坍落度

防水混凝土采用预拌混凝土时，入泵坍落度宜控制在 120～140 mm，坍落度每小时损失值不应大于 20 mm，坍落度总损失值不应大于 40 mm。

3．防水混凝土的施工缝

防水混凝土应连续浇筑，宜少留施工缝。当留设施工缝时，应符合相关规定。

1) 墙体水平施工缝

墙体水平施工缝不应留在剪力最大处或底板与侧墙的交接处，应留在高出底板表面不小于 300 mm 的墙体上。拱(板)墙结合的水平施工缝，宜留在拱(板)墙接缝线以下 150～300 mm 处。墙体有顶留孔洞时，施工缝距孔洞边缘不应小于 300 mm。

2) 垂直施工缝

垂直施工缝应避开地下水和裂隙水较多的地段，并宜与变形缝相结合。

3) 施工缝处防水措施

施工缝的防水措施有很多种，如外贴止水带、外贴防水卷材、外涂防水涂料、中埋止水带、中埋腻子型遇水膨胀止水条或遇水膨胀橡胶止水条等。

中埋式止水带用于施工缝的防水效果比较好，中埋式止水带从材质上可分为钢板和橡胶两种，从防水角度上这两种材料均可使用，但从防水效果看，宜采用钢板止水带。止水钢板可采用 2 mm 厚、200 mm 宽的钢板，在浇筑混凝土前放置于施工缝处。

目前预埋注浆管用于施工缝的防水做法应用较多，防水效果明显，但采用此种方法时要注意注浆时机，一般在混凝土浇灌 28 天后、结构装饰施工前注浆或使用过程中施工缝出现漏水时注浆。

施工缝防水构造形式宜按图 8-26、图 8-27 选用，当采用两种以上构造措施时可进行有效组合。

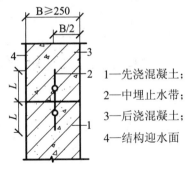

(钢板止水带 $L \geqslant 150$；橡胶止水带 $L \geqslant 200$；
钢板橡胶止水带 $L \geqslant 120$)

图 8-26　施工缝防水构造(1)

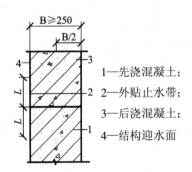

(外贴止水带 $L \geqslant 150$；外涂防水涂料 $L = 200$；
外抹防水砂浆 $L = 200$)

图 8-27　施工缝防水构造(2)

4) 施工缝的处理

(1) 水平施工缝。浇筑混凝土前，应将其表面的浮浆和杂物清除，然后铺设净浆或涂刷混凝土界面处理剂、水泥基渗透结晶型防水涂料等材料，再铺 30～50 mm 厚的 1∶1 水泥砂浆，并应及时浇筑混凝土。

(2) 垂直施工缝。浇筑混凝土前，应将其表面清理干净，再涂刷混凝土界面处理剂或水泥基渗透结晶型防水涂料，并应及时浇筑混凝土。

(3) 止水带。遇水膨胀止水条(胶)应与接缝表面密贴。采用中埋式止水带或预埋式注浆管时，应定位准确、固定牢靠。

4. 对拉螺栓的构造措施

用于固定模板的螺栓必须穿过混凝土结构时，可采用工具式螺栓或螺栓加堵头，螺栓上应加焊方形止水环，见图 8-28。拆模后应将留下的凹槽用密封材料封堵密实，并应用聚合物水泥砂浆抹平。

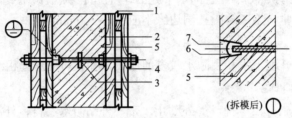

1—模板；2—结构混凝土；3—止水环；4—工具式螺栓；
5—固定模板用螺栓；6—密封材料；7—聚合物水泥砂浆

图 8-28 固定模板用螺栓的防水构造

8.2.2 卷材防水层的施工

卷材防水层宜用于经常处在地下水环境，且受侵蚀性介质作用或受振动作用的地下工程。

1. 卷材防水层的材料要求

防水卷材的品种、规格和层数应根据地下工程防水等级、地下水位高低及水压力作用状况、结构构造形式和施工工艺等因素确定。

卷材外观质量、品种规格应符合国家现行有关标准的规定，卷材及其胶黏剂应具有良好的耐水性、耐久性、耐刺穿性、耐腐蚀性和耐菌性。

弹性体(SBS)改性沥青防水卷材单层使用时，应选用聚酯毡胎，不宜选用玻纤胎；双层使用时，必须有一层聚酯毡胎。

聚乙烯丙纶复合防水卷材应采用聚合物水泥防水黏结材料。

高分子自黏胶膜防水卷材厚度宜采用 1.2 mm 的品种，在地下防水工程中应用时，一般采用单层铺设。

2. 卷材防水层的一般规定

1) 铺贴要求

防水卷材应铺贴在地下工程混凝土结构的迎水面，即外防水。

卷材防水层用于建筑物地下室时，卷材应从结构底板垫层连续铺设至外墙顶部防水设防高度(即高出室外地坪高程 500 mm 以上)的结构基面上；用于单建式的地下工程时，应从结构底板垫层铺设至顶板基面，并应在外围形成封闭的防水层。

基层阴阳角处应做圆弧或 45° 坡角，并增做卷材加强层，加强层宽度宜为 300～500 mm。

铺贴双层卷材时，上下两层和相邻两幅卷材的接缝应错开 1/3～1/2 幅宽，且两层卷材不得相互垂直铺贴。

卷材搭接处和接头部位应粘贴牢固，接缝口应封严或采用材性相容的密封材料封缝。

铺贴立面卷材防水层时，应采取防止卷材下滑的措施。

2) 搭接宽度

不同品种防水卷材的搭接宽度，应符合表 8-5 的要求。

表 8-5　防水卷材的搭接宽度

卷 材 品 种	搭接宽度/mm
弹性体改性沥青防水卷材	100
改性沥青聚乙烯胎防水卷材	100
自粘聚合物改性沥青防水卷材	80
三元乙丙橡胶防水卷材	100/60(胶黏剂/胶带)
聚氯乙烯防水卷材	60/80(单焊缝/双焊缝)
	100(胶黏剂)
聚乙烯丙纶复合防水卷材	100(黏结料)
高分子自粘胶膜防水卷材	70/80(自黏胶/胶黏带)

3) 铺贴方法

结构底板垫层混凝土部位的卷材可采用空铺法或点粘法施工，其粘结位置、点粘面积应按设计要求确定。

侧墙采用外防外贴法的卷材及顶板部位的卷材应采用满粘法施工。

聚乙烯丙纶复合防水卷材与基层粘贴应采用满粘法，粘结面积不应小于 90%。

4) 保护层

卷材防水层完工并经验收合格后应及时做保护层，顶板和底板保护层可采用细石混凝土，侧墙采用软质材料或铺抹 1∶2.5 水泥砂浆做保护层。软质保护材料可采用沥青基防水保护板、塑料排水板或聚苯乙烯泡沫板等材料。

顶板的细石混凝土保护层与防水层之间宜设置隔离层，保护层厚度机械回填时不宜小于 70 mm，人工回填时不宜小于 50 mm，底板的细石保护层厚度不应小于 50 mm。

卷材防水层采用预铺反粘法施工时可不作保护层。

5) 施工条件

铺贴卷材严禁在雨天、雪天、五级及以上大风中施工；冷粘法、自粘法施工的环境气温不宜低于 5℃；热熔法、焊接法施工的环境气温不宜低于 -10℃。

施工过程中下雨或下雪时，应做好已铺卷材的防护工作。

3.卷材防水层的施工工艺

1) 外防外贴法施工

在垫层上铺好底面防水层后，先进行底板和墙体结构的施工，再把底面防水层延伸铺贴在墙体结构的外侧表面上，最后在防水层外侧砌保护墙，这种施工方法叫外贴法。

(1) 施工程序。

工艺流程为：做混凝土垫层→砌筑永久性保护墙→砌筑临时保护墙→抹砂浆找平层→涂刷基层处理剂→分层铺贴卷材→做卷材保护层→施工底板和墙体→铺贴墙体卷材。

首先浇筑需防水结构的底面混凝土垫层，并在垫层上砌筑永久性保护墙，墙下干铺卷材一层，墙高不小于底板厚度另加 200～500 mm；在永久性保护墙上用石灰砂浆砌筑临时保护墙，墙高为 150 mm×(卷材层数+1)；在永久性保护墙上和垫层上抹 1∶3 水泥砂浆找平层，临时保护墙上用石灰砂浆找平；待找平层基本干燥后，即在其上满涂基层处理剂，然后分层铺贴立面和平面卷材防水层，将顶端临时固定，并在铺贴好的卷材表面做好保护层后，进行需防水结构的底板和墙体施工。底板和墙体施工结束后，将临时固定的接槎部位的各层卷材揭开并清理干净，再在该区段的外墙表面上补抹水泥砂浆找平层，将卷材分层错槎搭接向上铺贴在结构墙上。

(2) 施工要点。

外贴法施工应先铺平面，后铺立面，交接处应交叉搭接，见图 8-29。

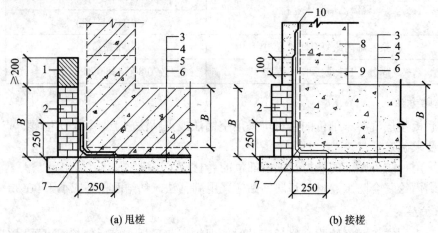

(a) 甩槎　　　　　　　　　　　(b) 接槎

1—临时性保护墙；2—永久性保护墙；3—细石混凝土保护层；4—卷材防水层；5—水泥砂浆找平层；

6—混凝土垫层；7—卷材加强；8—结构墙体；9—卷材加强层；10—卷材防水层；10—卷材保护层

图 8-29　外贴法施工卷材防水层甩槎、接槎构造

临时性保护墙宜采用石灰砂浆砌筑，内表面宜做找平层。

从底面折向立面的卷材与永久性保护墙的接触部位应采用空铺法施工；卷材与临时性保护墙或围护结构模板的接触部位应将卷材临时贴附在该墙上或模板上，并应将顶端临时固定。

当不设保护墙时，从底面折向立面的卷材接槎部位应采取可靠的保护措施。

混凝土结构完成，铺贴立面卷材时，应先将接槎部位的各层卷材揭开，并应将其表面清理干净，如卷材有局部损伤，应及时进行修补。

卷材接槎的搭接长度，采用高聚物改性沥青类卷材时应为 150 mm，合成高分子类卷材应为 100 mm。

2) 外防内贴法施工

在垫层边上先砌筑保护墙，卷材防水层一次铺贴在垫层和保护墙上，最后进行底板和

墙体结构的施工，这种施工方法叫内贴法。

(1) 施工程序。

工艺流程：做混凝土垫层→砌筑永久性保护墙→墙上抹砂浆找平层→涂刷基层处理剂→分层铺贴立面及平面卷材→做卷材保护层→施工底板和墙体。

首先浇筑需防水结构的底面混凝土垫层，在垫层上砌筑永久性保护墙，然后在垫层及保护墙上抹 1∶3 水泥砂浆找平层，待其基本干燥后满涂基层处理剂，沿保护墙与垫层铺贴防水层。卷材防水层铺贴完后，在立面防水层上涂刷最后一层黏接剂时，趁热粘上干净的热砂或散麻丝，待冷却后，随即抹一层厚度为 10～20 mm 的 1∶3 水泥砂浆保护层，在平面上铺设一层厚度为 30～50 mm 的 1∶3 水泥砂浆或细石混凝土保护层。最后进行需防水结构的底板和墙体的施工。

(2) 施工要点。

内贴法施工应先铺立面，然后铺平面。铺贴立面时，应先铺转角，再铺大面。

混凝土结构的保护墙内表面应抹厚度为 20 mm 的 1∶3 水泥砂浆找平层，然后铺贴卷材。

4. 高分子自黏胶膜防水卷材

高分子自黏胶膜防水卷材是以合成高分子片材为底膜，单面覆有高分子自黏胶膜层，用于预铺反粘法施工的防水卷材，见图 8-30。

其特点是具有较高的断裂拉伸强度和撕裂强度，胶膜的耐水性好，一、二级的防水工程单层使用时也能达到防水要求。采用预铺反粘法施工，由卷材表面的胶膜与结构混凝土发生粘结作用，其卷材的搭接缝和接头要采用配套的粘结材料。

预铺反粘法是指将覆有高分子自黏胶膜层的防水卷材空铺在基面上(见图 8-31)，然后浇筑结构混凝土(见图 8-32)，使混凝土浆料与卷材胶膜层紧密结合的施工方法，它是一种外防内贴法施工。

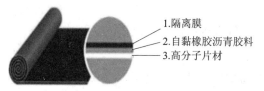

图 8-30 高分子自黏胶膜防水卷材

图 8-31 高分子自黏胶膜防水卷材的预铺

图 8-32 浇筑混凝土

采用预铺反粘法施工，卷材可不做保护层。

8.2.3　刚性防水层的施工

刚性防水层是将防水砂浆施工在整体的混凝土结构或结构的基层上，形成的水泥砂浆防水层，它具有以下的特点：

(1) 有较高的抗压、抗拉强度及一定的抗渗透能力。

(2) 抗冻和抗老化性能好，耐久性好。

(3) 施工简单，便于修补，造价便宜。

(4) 无毒、不燃、无味、具有透气性。

防水砂浆包括聚合物水泥防水砂浆、掺外加剂或掺合料的防水砂浆。聚合物水泥砂浆是指在水泥砂浆里掺入适量的聚合物以提高防水能力，满足防水要求。

在地下工程中常用的聚合物有乙烯-醋酸乙烯共聚物、聚丙烯酸酯、有机硅、丁苯胶乳、氯丁胶乳等。

水泥砂浆防水层可用于地下工程主体结构的迎水面或背水面，不应用于受持续振动或温度高于 80℃的地下工程防水。

1．防水砂浆的材料要求

用于水泥砂浆防水层的材料，应符合相关规定。

1) 水泥

水泥应使用硅酸盐水泥、普通硅酸盐水泥或特种水泥，不得使用过期或受潮结块的水泥。

2) 砂

砂宜采用中砂，含泥量不应大于 ±3%，硫化物和硫酸盐含量不应大于 1%。

3) 水

拌制水泥砂浆用水，应符合国家现行标准的有关规定。

4) 聚合物

聚合物乳液的外观应为均匀液体，无杂质、无沉淀、不分层。聚合物乳液的质量要求应符合国家现行标准的有关规定。

5) 外加剂

外加剂的技术性能应符合现行国家有关标准的质量要求。

2．防水砂浆的一般规定

1) 防水层的厚度

聚合物水泥防水砂浆厚度单层施工宜为 6～8 mm，双层施工宜为 10～12 mm；掺外加剂或掺合料的水泥防水砂浆厚度宜为 18～20 mm。

2) 施工缝

水泥砂浆防水层每层宜连续施工，尽量不留施工缝，必须留设施工缝时，应采用阶梯坡形槎，离阴阳角处的距离不得小于 200 mm，见图 8-33。

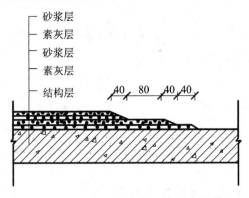

图 8-33 水泥砂浆防水层施工缝做法

3) 施工条件

水泥砂浆防水层不得在雨天、五级及以上大风中施工。冬期施工时,气温不应低于 5℃。夏季不宜在 30℃以上或烈日照射下施工。

4) 施工方法

水泥砂浆防水层采用多层抹面的施工方法,即利用素灰(稠度较小的水泥浆)和水泥砂浆分层交替抹压密实,构成一个多层防线的整体防水层。

3. 防水砂浆的施工工艺

1) 工艺流程

施工准备→基层处理→灰浆配置→分层抹压砂浆→养护。

2) 基层处理

基层处理是保证防水层与基层表面结合牢固、不空鼓、密实不透水的关键,它包括清理、浇水、找平等工序。

基层处理后必须浇水湿润。

3) 灰浆配置

① 素灰:用水泥和水拌和,水灰比宜为 0.37~0.4。

② 水泥浆:用水泥和水拌和,水灰比宜为 0.55~0.6。

③ 水泥砂浆:灰砂比宜为 1:2.5,水灰比宜为 0.6~0.65。

灰浆拌制以机械搅拌为宜,量少时可采用人工拌制。

4) 分层抹压砂浆

① 第一层:素灰层,厚 2 mm,分两次抹。

② 第二层:水泥砂浆层,厚 4~5 mm,在素灰层初凝时抹第二层。

③ 第三层:素灰层,厚 2 mm,在第二层水泥砂浆凝固并有一定强度后,适当浇水湿润,进行第三层施工。

④ 第四层:水泥砂浆层,厚 4~5 mm,按照第二层方法施工。

⑤ 第五层:水泥浆层,厚 1 mm。当防水层在迎水面时,需在第四层水泥砂浆抹压 2 遍后,用毛刷均匀地将水泥浆刷到第四层表面,随第四层抹实压光。

5) 养护

抹面完成后，要做好养护工作，养护温度不宜低于 5℃，养护时间不得低于 14 天。

4. 防水砂浆的施工要点

(1) 防水砂浆的配合比和施工方法应符合所掺材料的规定，其中聚合物水泥防水砂浆的用水量应包括乳液中的含水量。

(2) 水泥砂浆防水层分层铺抹时应压实、抹平，素灰层与砂浆层应在同一天施工完毕，最后一层表面应提浆压光。

(3) 素灰层要求薄而均匀，抹面后不宜干撒水泥粉。

(4) 聚合物水泥防水砂浆拌合后应在规定时间内用完，施工中不得任意加水，防水层未达到硬化状态时，不得浇水养护或直接受雨水冲刷，硬化后应采用干湿交替的养护方法。

(5) 采用抹压法施工时，先在基层涂刷一层 1：0.4 的水泥浆，随后分层铺抹防水砂浆。

(6) 采用扫浆法施工时，先在基层薄涂一层防水砂浆，然后分层铺刷防水砂浆，相邻两层防水砂浆铺刷方向互相垂直，最后将防水砂浆扫出条纹。

8.2.4 细部构造防水施工

1. 变形缝

设置变形缝的目的是为了适应地下工程由于温度、湿度作用及混凝土收缩、徐变而产生的水平变位以及地基不均匀沉降而产生的垂直变位，以保证工程结构的安全和满足密封防水的要求。

对于地下防水工程来说，变形缝是防水的薄弱环节，防水处理比较复杂，为此，在选用材料、做法及结构形式上，应考虑变形缝处的沉降、伸缩的可变性，并且还应保证其在形态中的密闭性。

1) 一般规定

用于伸缩的变形缝宜少设，可根据不同的工程结构类别、工程地质情况采用后浇带、加强带、诱导缝等替代措施。

变形缝的宽度宜为 20~30 mm，变形缝处混凝土结构的厚度不应小于 300 mm。

2) 止水措施

变形缝处的止水处理主要采用止水带和接缝密封材料。

止水带分为刚性(金属)止水带和柔性(橡胶或塑料)止水带两类。金属止水带一般可选择不锈钢、紫铜等材料制作，厚度宜为 2~3 mm；橡胶止水带以氯丁橡胶、三元乙丙橡胶为主。因为橡胶止水带质量稳定、适应能力强，国内外应用较普遍。

对于结构厚度大于和等于 300 mm 的变形缝，应采用中埋式橡胶止水带或采用 2 mm 厚的紫铜片或 3 mm 厚的不锈钢等中间呈圆弧形的金属止水带。

对于环境温度高于 50℃处的变形缝，宜采用 2 mm 厚的不锈钢片或紫铜片止水带。

重要的地下防水工程可选用钢边橡胶止水带。钢边橡胶止水带是在止水带的两边加有钢板，使用时可起到增加止水带的渗水长度和加强止水带与混凝土的锚固作用。

密封材料应采用混凝土接缝用密封胶，迎水面宜采用低模量的密封材料，背水面宜采用高模量的密封材料。

3) 构造形式

止水带的构造形式通常有嵌缝式、粘贴式、附贴式、埋入式等。

金属止水带通常采用中埋式，也可采用与其他材料复合使用的多种防水构造形式，见图 8-34～图 8-37。

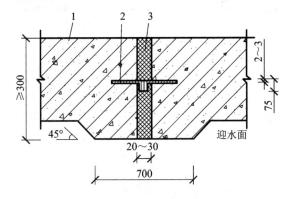

1—混凝土结构；
2—金属止水带；
3—填缝材料

图 8-34　中埋式金属止水带

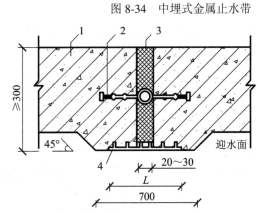

1—混凝土结构；
2—中埋式止水带；
3—填缝材料；
4—外贴止水带

(外贴式止水带 $L \geqslant 300$，外贴式防水卷材 $L \geqslant 400$，外涂防水涂层 $L \geqslant 400$)

图 8-35　中埋式止水带与外贴防水层复合使用

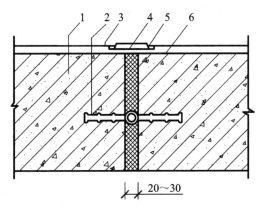

1—混凝土结构；
2—中埋式止水带；
3—防水层；
4—隔离层；
5—密封材料；
6—填缝材料

图 8-36　中埋式止水带与嵌缝材料复合使用

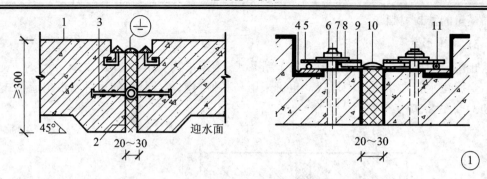

1—混凝土结构；2—填缝材料；3—中埋式止水带；4—预埋钢板；

5—紧固件压板；6—预埋螺栓；7—螺母；8—垫圈；

9—紧固件压块；10—Ω型止水带；11—紧固件圆钢

图 8-37　中埋式止水带与可卸式止水带复合使用

4）材料要求

不锈钢片或紫铜片止水带应是整条的，接缝应采用焊接方式，焊接应严密平整，并经检验合格后方可安装。

密封胶应具有一定弹性、粘结性、耐候性和位移能力。同时，由于密封胶是不定型的膏状体，因此还应具有一定的流动性和挤出性。

2. 后浇带

后浇带是在地下工程不允许留设变形缝而实际长度超过了伸缩缝的最大间距时所设置的一种刚性接缝。

1）一般规定

后浇带宜用于不允许留设变形缝的工程部位，在其两侧混凝土龄期达到 42 天后再施工。

后浇带应采用补偿收缩混凝土浇筑，其抗渗和抗压强度等级不应低于两侧混凝土。

补偿收缩混凝土是在混凝土中加入一定量的膨胀剂的混凝土。混凝土膨胀剂与水泥、水拌合后经水化反应生成钙矾石或氢氧化钙，可以使混凝土产生膨胀，混凝土中加入膨胀剂后，在有配筋的情况下，能够补偿混凝土的收缩，提高混凝土抗裂性和抗渗性。

2）材料要求

用于补偿收缩混凝土的水泥、砂、石、拌合水及外加剂、掺合料等应符合有关规定的要求。

混凝土膨胀剂的物理性能应符合要求，膨胀剂掺量应以胶凝材料总量的百分比表示，不宜大于 12%。

采用膨胀剂的补偿收缩混凝土，其性能指标应在不影响抗压强度条件下膨胀率要尽量增大且干缩落差要小。

3）构造形式

后浇带两侧的留缝形式，根据施工条件可做成平直缝或阶梯缝。其构造形式见图 8-38、图 8-39、图 8-40。

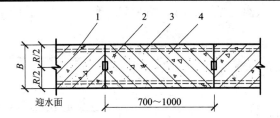

1—先浇混凝土；2—遇水膨胀止水条(胶)；

3—结构主筋；　4—后浇补偿收缩混凝土

图 8-38　后浇带防水构造(1)

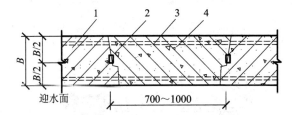

1—先浇混凝土；2—遇水膨胀止水条(胶)；

3—结构主筋；　4—后浇补偿收缩混凝土

图 8-39　后浇带防水构造(2)

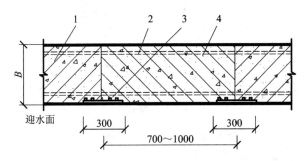

1—先浇混凝土；2—结构主筋；3—外贴式止水带；4—后浇补偿收缩混凝土

图 8-40　后浇带防水构造(3)

3．穿墙管(盒)

预先埋设穿墙管(盒)，主要是为了避免浇筑混凝土完成后再重新凿洞破坏防水层，以消除形成工程渗漏水的隐患。

1) 一般规定

穿墙管(盒)应在浇筑混凝土前预埋，与内墙角、凹凸部位的距离应大于 250 mm。

2) 构造形式

结构变形或管道伸缩量较小时，穿墙管可采用主管直接埋入混凝土内的固定式防水法，主管应加焊止水环或环绕遇水膨胀止水圈，并应在迎水面预留凹槽，槽内应采用密封材料嵌填密实。止水环的形状以方形为宜，以避免管道安装时所加外力引起穿墙管的转动。

结构变形或管道伸缩量较大后有更换要求时，应采用套管式防水法，套管应加焊止水环。

固定式穿墙套管防水构造见图 8-41、图 8-42；套管式穿墙管防水构造见图 8-43；穿墙群管防水构造见图 8-44。

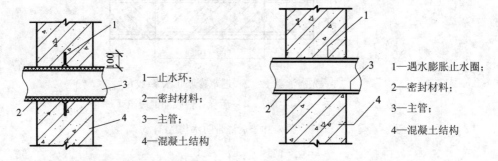

1—止水环；
2—密封材料；
3—主管；
4—混凝土结构

图 8-41　固定式穿墙管防水构造(1)

1—遇水膨胀止水圈；
2—密封材料；
3—主管；
4—混凝土结构

图 8-42　固定式穿墙管防水构造(2)

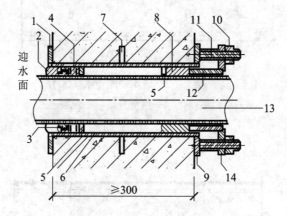

1—翼环；2—密封材料；3—背衬材料；4—充填材料；5—挡圈；6—套管；7—止水环；
8—橡胶圈；9—翼盘；10—螺母；11—双头螺栓；12—短管；13—主管；14—法兰盘

图 8-43　套管式穿墙管防水构造

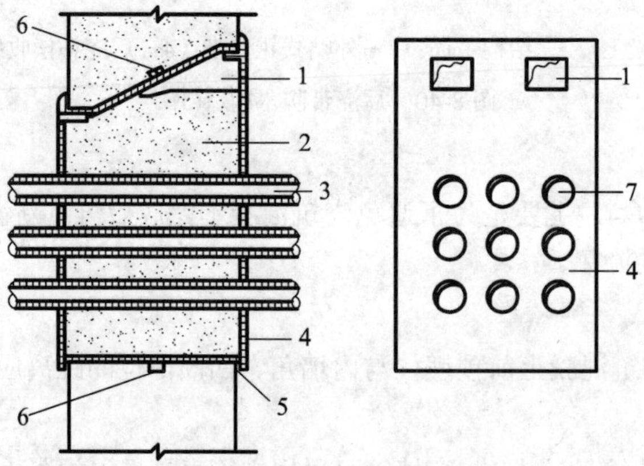

1—浇筑孔；2—柔性材料或细石混凝土；3—穿墙管；
4—封口钢板；5—固定角钢；6—遇水膨胀止水条；7—预留孔

图 8-44　穿墙群管防水构造

4. 埋设件

埋设件的预先埋设是为了避免破坏地下工程的防水层，如采用滑模式钢模施工确无预埋条件时，方可后埋，但必须采用有效的防水措施。

结构上的埋设件应采用预埋或预留孔(槽)等，见图8-45。

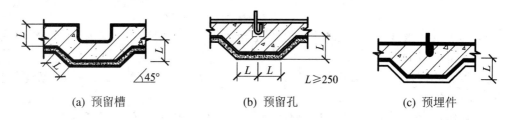

（a) 预留槽　　　　　　　（b) 预留孔　　　　　　　（c) 预埋件

图 8-45　预埋件或预留孔(槽)处理

埋设件端部或预留孔(槽)底部的混凝土厚度不得小于 250 mm，当厚度小于 250 mm 时，应采取局部加厚或其他防水措施。

预留孔(槽)内的防水层，宜与孔(槽)外的结构防水层保持连续。

8.3　室内防水工程

室内防水工程是指对室内有防水要求的部位施工防水层的措施，主要指卫生间、厨房等部位。室内防水工程的基本特征有以下几点：

(1) 与屋面、地下防水工程相比，不受自然气候的影响，且受温差变形及紫外线影响小，耐水压力小，因此，对防水材料的温度及厚度要求较小。

(2) 受水的浸蚀具有长久性或干湿交替性，要求防水材料的耐水性、耐久性优良，不易水解、霉烂。

(3) 室内防水工程较复杂，存在施工空间相对狭小、空气流通不畅、厕浴间和厨房等处穿楼板(墙)管道多、阴阳角多等不利因素，防水材料施工也不易操作，防水效果不易保证，选择防水材料应充分考虑可操作性。

(4) 从使用功能上考虑，室内防水工程选用的防水材料会直接或间接与人接触，故要求防水材料无毒、难燃、环保，并且满足施工和使用的安全要求。

8.3.1　概述

1. 材料的种类及要求

室内防水工程所用材料有刚性防水材料、防水涂料、防水卷材及密封材料等。

室内防水工程使用的防水材料应具有良好的耐水性、耐久性和可操作性，产品应无毒、难燃、环保，并符合施工和使用的安全要求。材料的品种、规格、性能应符合国家现行产品标准和设计要求，应有产品合格证书和出厂检验报告。

用于立面的防水涂料应具有良好的与基层粘结的性能；防水卷材及配套使用的胶黏剂应具有良好的耐水性、耐久性、耐穿刺性、耐腐蚀性和耐菌性；密封材料应具有优良的水密性、耐腐蚀性、防霉性以及符合接缝设计要求的位移能力。

进场的防水材料应按规定见证抽样检验,不合格的材料严禁使用。

1) 刚性防水材料

刚性防水材料主要指外加剂防水砂浆、聚合物水泥防水砂浆、刚性无机防水堵漏材料等。

(1) 外加剂防水砂浆。外加剂防水砂浆是指在防水砂浆中掺入防水剂、膨胀剂、减水剂等外加剂的防水砂浆。

(2) 聚合物防水砂浆。聚合物水泥防水砂浆是在防水砂浆中掺入适量的聚合物配制而成的防水砂浆。

配制用的聚合物有聚合物乳液和聚合物干粉。聚合物乳液通常有丙烯酸乳液、氯丁胶乳液、EVA 乳液等。聚合物干粉通常有丙烯酸乳液干粉、EVA 乳液干粉、丁苯胶乳液干粉、甲基纤维素(MV)等。

(3) 无机防水堵漏材料。无机防水堵漏材料是由铁铝酸盐与硫铝酸盐水泥为主体,添加多种无机材料和助剂制成的一种胶凝固体粉状的防水材料。

2) 防水涂料

目前防水涂料品种很多,适用于室内防水工程施工的防水涂料主要有聚氨酯防水涂料(单组分)、聚合物水泥防水涂料、聚合物乳液防水涂料和水泥基渗透结晶型防水涂料。

(1) 聚氨酯防水涂料(单组分)。聚氨酯防水涂料(单组分)是一种反应固化型合成高分子防水涂料,施工时成膜快、粘结强度高、延伸性能和抗渗性能好,在室内防水工程中得到了广泛的应用。

(2) 聚合物水泥防水涂料。聚合物水泥防水涂料以有机高分子聚合物为主要基料,并加入少量无机活性粉料(如水泥及石英砂等)。该涂料具有比一般有机涂料干燥快、弹性模量低、体积收缩小、抗渗性好等优点,也称为弹性水泥防水涂料。

(3) 聚合物乳液防水涂料。聚合物乳液防水涂料主要指丙烯酸防水涂料、硅橡胶防水涂料、氯丁胶乳沥青防水涂料等单组分合成高分子材料,是一种水溶性的涂料。

(4) 水泥基渗透结晶型防水涂料。水泥基渗透结晶型防水涂料是一种新型的刚性防水材料,它是以硅酸盐水泥或普通硅酸盐水泥、石英砂等为基材,掺入活性化学物质的粉状灰色单组分防水材料。它的防水机理是在水的作用下,防水材料中含有的活性物质以水为载体,向混凝土内部渗透,同时与氢氧化钙等化合形成了不溶于水的晶体,填满混凝土毛细孔,使其致密达到防水效果,并且结晶物多年后还能被水激活,所以能弥补二次裂缝的结症。

它的特点有:适宜在潮湿的基面上施工,也能在渗水的情况下施工;能长期抗渗及耐受强水压,属无机材料,不存在老化问题,与混凝土同寿命;具有超强的渗透能力,在混凝土内部渗透结晶,不易被破坏,具有超凡的自我修复能力,可修复小于 0.4 mm 的裂缝;防止冻融循环,抑制碱骨料反应,防止化学腐蚀对混凝土结构的破坏,对钢筋起保护作用但对混凝土无破坏膨胀作用。

水泥基渗透结晶型防水涂料施工时常采用喷涂的方法。

(5) 胎体增强材料。配合防水涂料使用的胎体增强材料品种较多，首选应为聚酯无纺布或聚丙烯无纺布，不宜采用玻纤布。

3) 防水卷材

目前室内防水工程中常用的防水卷材有高聚物改性沥青防水卷材、合成高分子防水卷材和自黏橡胶沥青防水卷材。

(1) 高聚物改性沥青防水卷材。主要品种有：按改性成分有弹性体(SBS)和塑性体(APP)改性防水卷材；按胎体材料区分主要有聚酯胎和聚乙烯胎改性沥青防水卷材等；按施工方法有冷粘法、热熔法和自粘法施工的防水卷材。

(2) 合成高分子卷材。适用于室内防水工程的主要品种有：三元乙丙橡胶防水卷材、聚乙烯丙纶防水卷材(一次成型)、氯化聚乙烯—橡胶共混防水卷材、氯化聚乙烯防水卷材、聚氯乙烯防水卷材等。其中聚乙烯丙纶防水卷材应用比较广泛，这种卷材施工时表面可直接进行砂浆粉刷或粘贴瓷砖。

(3) 自黏橡胶沥青防水卷材。自黏橡胶沥青防水卷材自身具有良好的粘结密封性和施工可操作性，在用于室内防水的卷材中具有一定的优越性。

4) 密封材料

室内防水工程常用的密封材料有聚氨酯建筑密封胶、硅酮密封胶、聚硫密封胶、遇水膨胀密封材料、自粘密封胶带等。

密封材料主要用于嵌缝密封。

2．卫生间、厨房防水构造

卫生间、厨房防水工程是最常见的室内防水工程。

1) 防水基层(找平层)

防水基层应采用配合比 1∶2.5 或 1∶3.0 水泥砂浆找平，厚度为 20 mm，抹平压光。

2) 墙面与顶板防水

墙面与顶板应做防水处理，墙体宜设置高出楼地面 150 mm 以上的现浇混凝土泛水，四周墙根防水层泛水高度不应小于 250 mm。

有淋浴设施的卫生间墙面，防水层高度不应小于 2.0 m，并与楼地面防水层交圈。

顶板防水处理由设计确定。

3) 地面与墙面阴角处理

地面四周与墙体连接处，防水层往墙面上返 200～300 mm 以上，阴角处先做附加层处理，再做四周立墙防水层。

4) 管根防水

在管道穿过楼板面四周，防水材料应向上铺涂，并超过套管的上口。

管根平面与管根周围立面转角处应做防水附加层。

二次埋置的套管，其周围混凝土强度等级应比原混凝土提高一级，并应掺膨胀剂；二次浇筑的混凝土结合面应清理干净后进行界面处理，混凝土应浇捣密实；加强防水层应覆盖施工缝，并超出边缘不小于 150 mm。

5) 地漏

地漏周围应增设防水附加层，做法应满足设计及规范要求。

3. 室内防水工程的技术要求

1) 基层处理

施工前应先对阴阳角、预埋件、穿墙(楼板)管等部位进行加强或密封处理。

采用卷材防水层时，水泥基胶黏剂的基层应先充分湿润，不得有明水。

2) 涂膜防水

涂膜防水层应多遍成活，后一遍涂料施工时应待前一遍涂层表干后再进行。涂层应均匀，不得漏涂、堆积。

铺贴胎体增强材料时应充分浸透防水涂料，不得漏胎及褶皱。胎体材料长短边搭接不应小于 50 mm，相邻短边接头应错开不小于 500 mm。

3) 卷材防水

以粘贴法施工的防水卷材，其与基层应采用满粘法粘贴，卷材接缝必须粘贴严密。接缝部位应进行密封处理，密封宽度不应小于 10 mm，卷材搭接缝位置距阴阳角应大于 300 mm。

卷材施工时，应先铺立面后铺平面。

4) 密封防水

密封防水施工前，应检查留槽接缝尺寸，符合设计要求后方可进行密封施工。

基层处理剂应配比准确、搅拌均匀，涂刷时应均匀，不得漏涂，待表干后，立即嵌填密封材料。

合成高分子密封防水施工时，单组分密封材料可直接使用，多组分密封材料应根据规定的比例准确计量，宜采用机械搅拌。要求拌和均匀，并严格控制拌合量、拌合时间和拌合温度。

多组分密封材料拌合后，应在规定时间内用完，未混合的多组分密封材料和未用完的单组分材料应密封存放。

密封材料宜分次嵌填，嵌填后，应在表干前用腻子刀进行修整，表干后应立即进行保护层施工。

5) 蓄水检验

防水层完成后，必须进行蓄水检验。

8.3.2 聚氨酯防水施工

聚氨酯防水涂料是一种高弹性防水涂料，有双组分及单组分之分，其中单组分无毒、无害，适用于室内防水工程。由于聚氨酯防水涂料能严密地包住管道与地面，并渗入缝隙，在干燥后不会收缩，因此更适合用于卫生间这种管道、缝隙较多的小面积房屋。

下面以单组分聚氨酯防水涂料为例说明聚氨酯防水涂料的施工。

1. 施工工艺流程

清理基层→细部附加层施工→第一遍涂膜防水层→第二遍涂膜防水层→第三遍涂膜防

水层→第一次蓄水试验→保护层、饰面层施工→第二次蓄水试验→工程质量验收。

2．施工操作要点

1) 清理基层

表面必须彻底清扫干净，不得有浮尘、杂物、明水等。

2) 细部附加层施工

厕浴间的地漏、管根、阴阳角等处应用单组分聚氨酯涂刮一遍做附加层处理。

3) 第一遍涂膜施工

把单组分聚氨酯涂料用橡胶刮板在基层表面均匀涂刮，厚度要一致，涂刮量以 0.6～0.8 kg/m² 为宜。

4) 第二遍涂膜施工

在第一遍涂膜固化后，再进行第二遍聚氨酯涂刮。对平面的涂刮方向应与第一遍刮涂方向相垂直，涂刮量与第一遍相同。

5) 第三遍涂膜和黏砂粒施工

第二遍涂膜固化后，进行第三遍聚氨酯涂刮，达到设计厚度。

在最后一遍涂膜施工完毕尚未固化时，在其表面均匀撒上少量干净的粗砂，以增加与即将覆盖的水泥砂浆保护层之间的粘结。

厨房、厕浴间防水层需经多遍涂刷，单组分聚氨酯涂膜总厚度应大于等于 1.5 mm。

6) 蓄水检验

防水层完工后，应做 24 小时蓄水试验，蓄水高度在最高处为 20～30 mm，确认无渗漏时再做保护层或饰面层。

设备与饰面层施工完毕还应在其上继续做第二次 24 小时蓄水试验，达到最终无渗漏和排水畅通合格后，再进行正式验收。

8.3.3　氯丁胶乳沥青防水涂料施工

氯丁胶乳沥青防水涂料是以氯丁橡胶和沥青为基料，经加工合成的一种单组分固化型水性防水涂料。它兼有橡胶和沥青的双重优点，属于弹塑性防水涂料，具有防水、抗渗、耐老化、不易燃、无毒、抗基层变形能力强等优点，并且施工方便。

1．基层及细部处理

首先应将基层清理干净，然后满刮一遍氯丁胶乳沥青水泥腻子，管根和转角处要厚刮并抹平整。

腻子的配制方法是将氯丁胶乳沥青防水涂料倒入水泥中，边倒边搅拌至稠浆状即可刮涂。腻子厚度一般为 2～3 mm。

待腻子干燥后，满刷一遍防水涂料，要求不得过厚、不得漏刷、表面均匀、不流淌、不堆积，立面应刷至设计标高。

在细部构造部位(如阴阳角、管道根部、地漏、大便器等部位)分别增设一布二油附加层，即将涂料用毛刷均匀涂刷在需要进行附加补强处理的部位，按形状要求把剪好的聚酯纤维无纺布粘贴好，然后涂刷氯丁胶乳沥青防水涂料，干燥后再进行大面施工。

2．大面防水涂料施工

当基层及细部处理的附加层干燥后，即可进行大面防水涂料的施工，其施工方法主要为"一布四油"。

第一步：在洁净的基层上均匀涂刷第一遍涂料，涂刷完成后静置 4 小时以上，待涂料表面干燥后，即可铺贴聚酯纤维无纺布。

第二步：接着涂刷第二遍涂料，静置 24 小时以上。

第三步：待第二遍涂料层干燥后，涂刷第三遍涂料，静置 4 小时以上。

第四步：待第三遍涂料层表面干燥后，涂刷第四遍涂料，静置 24 小时以上。

施工时可边铺聚酯纤维无纺布边涂刷涂料。铺布时应保证布的平整，彻底排除气泡，使涂料浸透布纹，不得有褶皱。

聚酯纤维无纺布的搭接宽度不应小于 70 mm，垂直面应贴高 250 mm 以上，要求必须粘贴牢固，封闭严密。

3．蓄水试验

最后一遍涂料涂刷完成后，静置 24 小时以上，待其完全干燥后，方可进行蓄水试验。

蓄水高度一般为 50～100 mm，蓄水时间为 24～48 小时，无渗漏合格后，方可按设计要求进行保护层施工。

8.3.4 卫生间防渗漏措施

从实际工程反映来看，卫生间等部位的渗漏极大部分发生在管根、墙根、排水口这些细部节点处，因此，在这些部位将防水做到位是整个室内防水工程的重要工作之一。

卫生间用水频繁，防水处理不好就会出现渗漏水，其主要现象有楼板管道滴(漏)水、地面积水、墙壁潮湿、渗水，甚至下层顶板和墙壁也出现潮湿滴水现象。

因渗漏而导致室内及下层天棚的潮湿、霉变、滴水，不仅会严重影响住户使用，还会侵蚀建筑物结构实体，缩短建筑物寿命，因此必须在施工前制订好预防措施，避免发生渗漏现象。

1．施工图设计不合理导致渗漏

1) 渗漏原因

卫生间坡度不合理，且有反坡；地漏位置靠近门口离浴缸或淋浴过远，造成积水；地面泛水坡度不够，导致室内地面积水，水沿混凝土蜂窝、裂缝或墙底空隙渗出。

2) 防治措施

施工图设计应详细标明统一坡向地漏的排水坡度不宜小于 1%，并标明地漏在水平与垂直方向上与墙体的准确位置关系，地漏位置应尽量靠近排水点。

卫生间四周墙体与楼地面交接处应设不小于 250 mm 高度且与墙体同宽的泛水带，并与楼板同时浇筑，以免形成施工缝。

设计图纸应注明管道穿楼板的详细位置和洞口详细尺寸，应有防水构造说明；卫生间楼面应有防水止漏要求；洞口直径应控制在比管道大 60 mm 左右，不可太大，也不要太小。

2. 施工质量差是卫生间渗漏主要原因

1) 渗漏原因

土建与水电安装施工未同步，土建施工员只看建筑、结构图纸，水电施工员只看水电图纸，当土建与设备图纸有矛盾时，引起事后管道接口的重新处理，导致渗水。

管道穿楼板洞口位置及尺寸未严格按图施工，洞口填缝马虎，往往用水泥纸袋等杂物代替支模。在浇筑管道周围混凝土前，未认真清理基层，新旧混凝土结合不良，导致水沿施工缝处渗漏。

穿过楼板面的塑料排水管未按规定设置套管和伸缩节，伸缩节定位环取得过早或不取，承插口黏结剂粘结不牢，排水管甩口高度不够，大便器排水高度过低，大便器出口插入排水管的深度不够，水会从连接处漏出，蹲位出口与排水管连接处有缝隙，蹲位上水进口连接胶皮碗与冲洗管连接方法不当。

2) 防治措施

结构层混凝土应严格按照规范要求进行施工，振捣应密实；模板拆除应符合施工规范规定的混凝土强度要求，施工中不得超载；泛水带应与楼板同时浇筑，以免形成施工缝。

卫生间楼地面、浴盆的侧面及地面的基层均应采用必要而有效的防水做法，防水层施工完毕后，不得在上面开槽打洞，面层施工前，应先按设计要求找好泛水高度，拉线做坡高控制点，重点做好地漏及出水点周围的坡度，使水能迅速排出。

管道穿楼板灌缝前应将预留洞口清洗干净，不应有浮灰、积砂和其他垃圾粘在洞口边缘。支模时应用铅丝将吊模固定好，封堵严密并洒水保湿，略干后刷上一道纯水泥砂浆结合层，马上浇筑比楼板混凝土强度高一个等级的细石混凝土，最后分两次用密实细石混凝土捣实。堵洞后应注意养护，时间为七昼夜，避免振动及碰撞。

穿过楼面的塑料排水管应在楼层处设置套管，套管必须在浇筑楼面混凝土时预埋，套管应高出楼面 50 mm，在套管周围做出高于楼面面层 20 mm 左右的水泥砂浆阻水圈。

伸缩节应按规范要求每层设置一个，伸缩节的定位环应在排水管安装完毕后及时取出，取得过早或过晚都会使伸缩节失去作用。

塑料排水管承插口应使用质量合格的黏结剂，按要求黏结牢固，安装完毕后，应按规范要求做灌水通水实验，发现漏水、堵塞现象要重新处理，直到不漏、畅通为止。

大便器排水管甩口高度应根据地面高度确定，使之上口高出地面 10～20 mm，安装蹲坑时，排水管甩口高度要选择内径较大，内口平整的承口或套袖，以保证蹲坑出口插入足够的深度。蹲坑出口与排水管连接处应认真填抹严密，防止污水外漏。

蹲位胶皮碗应使用 14 号铜丝两道错开绑扎拧紧，不得用铁丝代替铜丝，以免锈蚀断裂导致皮碗松动。冲洗管插入胶皮碗角度应合适，施工完毕应经过试水渗漏实验后，再做水泥抹面。

3. 选材不合理导致渗漏

1) 渗漏原因

卫生间墙体使用混合砂浆；管道安装完，洞口嵌填时不吊模，不用细石混凝土捣实，而用粉刷砂浆；所用防水材料质量不过关，个别下沉式卫生间埋地给水管材质量有问题，严重锈蚀、砂眼引起渗漏。

2) 防治措施

卫生间墙体应用抗渗性能好的水泥砂浆；管道安装完，洞口嵌填时应吊模，应用细石混凝土捣实；所用防水材料使用前应做检验，不能因量小而不做检验，防水材料质量应过关。

下沉式卫生间增大检查漏水的难度，并增加维修工作量，最好不采用，如采用，则给水管材应采用性能及质量过关的新型管材。下沉式卫生间楼地面应采用抗渗混凝土，卫生间管道穿楼板的接口周围应用聚合物砂浆填实，并指定合适的防水材料作为防水层。

8.4 屋面防水工程模拟实训

8.4.1 工程背景

某住宅小区建筑面积 109 271 m²，建筑物高度 1# 楼 65.70 m、2# 楼 63.30 m、3# 楼 61.40 m、幼儿园 11.8 m。

屋面防水等级为 Ⅱ 级，合理使用年限为 15 年，排水方式为明排和暗排相结合，屋面设计为上人屋面(主楼屋顶及裙房屋顶)和不上人屋面(出屋面机房、楼梯间屋顶)两种。

屋面保温层采用 50 mm 厚聚苯板，屋面防水层为聚脂胎 SBS 改性沥青防水卷材，采用热熔法施工。

防水保护层：上人屋面为彩色水泥砖，不上人屋面为银色着色剂涂料保护层。

8.4.2 施工方案

1. 工程概况

略。

2. 施工顺序及流程

施工顺序：一般情况下，由高处向低处施工(先施工高层次屋面，后施工低层次屋面、室外雨罩)。

施工流程：保温层施工→找平层施工→防水层施工→保护层施工。

3. 施工方法

1) 保温层施工

本工程保温层采用 50 mm 厚聚苯板。

(1) 工艺流程。

基层清理→管根固定→保温层铺设→加强层混凝土。

(2) 基层清理。

穿过屋面和墙面等结构层的管根部位，应用提高一强度等级的细石混凝土填塞密实，管根部位做密封处理，将管根固定。钢筋混凝土屋面板基层面的灰尘杂物和特殊高起的部位剔凿清理干净，保证板面平整干净。

(3) 保温层铺贴。

保温层应干燥，封闭式保温层的含水率应相当于该材料在当地自然风干状态下的含水率，且不大于 0.06%(体积比)。保温层干燥有困难时，应采用排气措施，可按间距 6 m 设置排气槽(槽宽 60 mm)，不大于 36 m² 设置一个排气孔，排气槽应与加强层、找平层、找坡层的分格缝相对应，排气槽宜纵横设置，并与大气连通的排气管相通，本工程排气槽直接与层面排气道(厨卫间)接通。

保温层采用 50 mm 厚聚苯板，保温板紧靠在基层表面铺平垫稳，不得有晃动现象，相邻接缝相互错开，板间缝隙严密，表面与相临两板的高度一致。聚苯板保温层采用 1∶3 水泥砂浆点粘法固定，砂浆点距 1 m。

(4) 加强层混凝土。

保温层铺贴完成后，在上面做 40 mm 厚的 C20 细石混凝土加强层，细石混凝土的坍落度控制在 50～70 mm，铺设应均匀、表面平整、压实，并留置分格缝，分格缝面积不应大于 36 m²，缝宽 20 mm，并与找平层、找坡层的分格缝相对应，缝内填松散材料。

雨季施工时，若遇下雨天不得进行保温层的施工，已施工的保温层应采用塑料布遮盖，干燥后再进行下道工序施工。

2) 找平层施工

找平层采用 20 mm 厚 1∶3 水泥砂浆。

施工时，应先按 1～2 m 的间距贴点标高(贴灰饼)，并设置分格缝。分格缝从女儿墙边开始留设，间距不大于 6 m(并与其他分格缝相适应)，缝宽 20 mm。分格条用木条制作，铺灰前用砂浆临时固定。

找平层应按分格块装灰、铺平，用刮杠按灰饼刮平，用木抹子搓平、铁抹子压光，压实后应注意浇水养护，缝内填密封材料。

找平层与突出屋面结构(女儿墙、机房结构、排风道、风机基础、正压送风道等)的交接处和找平层的转角处，应做成圆弧形，圆弧半径 50 mm；内部排水的水落口周围，应做成略低的凹坑。

雨季施工时应采用塑料布遮盖，防止找平层被雨水冲刷，保持表面光滑，干燥后再进行下道工序施工。

常温 24 小时后，浇水养护 7 天，干燥后即可进行防水施工。

3) 防水层施工

本工程防水层采用聚脂胎 SBS 改性沥青防水卷材，采用热熔法施工。

(1) 工艺流程。

基层干燥度检测→涂刷基层处理剂→附加层铺设→铺贴 SBS 防水卷材→质量检验。

(2) 基层干燥度检测。

为了保证防水层与基层粘结良好，避免卷材防水层发生鼓泡现象，基层必须干净、干燥，含水率不大于 8%。

找平层干燥程度的检验方法是：选取 1 m 左右的卷材平铺于基层上，静置 4 小时，掀开后卷材及基底均无水印即可。

(3) 涂刷卷材处理剂。

防水基层干燥后，在基层上均匀满刷一层基层处理剂。当基面干燥度不符合要求时应涂刷湿固化型胶黏剂。

基层处理剂的选择应与卷材的材性相容，基层处理剂应搅拌均匀不漏刷，喷、涂基层处理前，应用毛刷对层面节点、周边、转角等处先行涂刷，常温经过 4 小时后开始防水层施工。

(4) 附加层铺设。

铺贴大面积卷材前，应在突出屋面结构(女儿墙、机房结构、排风道、风机基础、正压送风道等)的交接处和基层的转角处，进行附加层的铺设工作，附加层宽度和高度均不小于300 mm。附加层甩头尺寸应准确，粘接牢固，无空鼓现象，经检查合格以后才能进行防水卷材的大面积施工操作。

(5) 铺贴 SBS 防水卷材。

根据屋面坡度要求，本工程卷材采用平行于屋脊方向铺贴，搭接尺寸(长边、短边)为：满粘时为 80 mm，空铺、点粘、条粘时为 100 mm。注意相邻上下层卷材不得垂直铺贴，相邻两条卷材的短边接头至少错开 1/3 幅宽。

铺贴时先将卷材开卷摆齐对正，薄膜面向下，检查长短边搭接长度无误后，重新由一端卷起 1～2 m，然后按原虚贴位置慢慢展开卷材，用喷枪烘烤卷材底面。喷枪距加热面50 mm 左右，往返均匀加热。当烘烤至薄膜熔化，卷材底有光泽、发黑，有一层薄的熔融层时，用手推压卷材，使底层压紧粘住。卷材定位后，再将另一端卷起，按上述方法继续进行铺贴。

封边的做法是用喷灯将卷材与卷材的搭接缝烤化，用小压子抹平，把缝封严。

烘烤时，应均匀加热，当加热面变成流态而产生一个小波浪时则证明加热已经足够，加热时应特别小心。烘烤时间不宜过长，以免烧损胎基。加热铺贴推压时，以卷材边缘溢出少许沥青热熔胶(宽度以 2 mm 左右并均匀顺直)为宜，随即刮封接口使接缝粘结严密。

第一层防水卷材铺设完成后，由质检人员进行检查，发现问题及时解决，验收合格后方可进行第二层防水卷材进行施工。

(6) 质量检验。

在防水层铺贴结束后，将雨水管出口堵塞，进行不小于 24 小时的蓄水试验，检验结果应不得存在渗漏水和存水现象。

经全部蓄水试验合格后，防水层应及时做好隐蔽工程验收工作。

4) 隔汽层施工

隔汽层仅用于雨罩板，采用 1.5 mm 厚聚合物水泥基复合防水涂料。

隔汽层施工前，基层(找平层)必须平整、牢固、干净、不起砂，含水率不大于 8%，凹凸不平及裂缝处须先找平，阴阳角等细部应先涂刷一遍涂料。

施工时，打开料桶，把涂料搅拌均匀，用刷子或滚子涂抹，根据涂层厚度要求(1.5 mm)，可涂数遍，直到满足设计要求厚度为止。注意上层涂料涂刷时，应待下层涂料干固后进行。

隔汽层涂刷至女儿墙(或其他屋面结构面)处应沿墙向上连续铺设，并与防水层相接，形成全封闭的整体。

防水涂料施工完毕，应及时检查，观察涂层是否有裂纹、翘边、鼓泡、分层等现象，若有应及时修复。

5) 保护层施工

本工程上人屋面保护层为彩色水泥砖，不上人屋面保护层为银色着色剂涂料保护层。

(1) 彩色水泥砖。

彩色水泥砖施工前先在防水层上抹一层 3 mm 厚的麻刀灰做隔离层。

工艺流程：做灰饼→找标高、拉线→铺砌屋面砖→灌缝。

① 找标高、拉线：按设计要求做屋面方砖的灰饼，按每两个平方一个，在隔离层上做灰饼。

② 选砖：采用 25 mm 厚彩色水泥砖。要求对进场的水泥方砖进行挑选，将有裂缝、掉角、翘曲和表面上有缺陷的板块剔除，强度和品种不同的板块不得混杂使用。铺砖前将砖板块放入半截水桶中浸水湿润，晾干后表面无明水时方可使用。

③ 铺砖：根据屋面面积大小可分段进行铺砌，先在每段的两端头各铺一排水泥砖，以此作为标准进行码砌。

铺砌前将隔离层清理干净后，铺一层 25 mm 厚、内掺胶料、1∶3 配合比的干硬性水泥砂浆结合层，随铺浆随砌，初凝前用完。

铺砌时，砖的背面朝上抹粘结砂浆，铺砌到结合层上，砖上楞略高出水平标高线；找正、找直、找方后，砖上面垫木板，用橡皮锤拍实，顺序从内退着往外铺砌，做到面砖砂浆饱满、相接紧密、坚实；与管道相接处，用砂轮锯将砖加工成与铁管相吻合的尺寸。方砖缝隙不宜大于 3 mm，要及时拉线检查缝格平直度，用靠尺检查方砖的平整度。

铺地砖时，最好一次铺一格，大面积施工时应采取分段、分部位铺砌。

④ 拨缝、修整：铺完 2 至 3 行，应随时拉线检查缝格的平直度，如超出规定应立即修整，将缝拨直，并用橡皮锤拍实，此项工作应在结合层凝结之前完成。

⑤ 灌缝：水泥方砖铺砌后 2 小时内，用砂进行灌缝，填实灌满后将面层清理干净，待结合层达到强度后，方可上人行走。

⑥ 养护：铺完砖 24 小时后，洒水养护，养护时间不少于 7 天。

(2) 银色保护剂。

屋面防水工程验收合格后，涂刷银色着色剂涂料保护层，保护层应与卷材粘贴牢固，厚薄均匀，不得漏涂。

6) 细部处理

(1) 屋顶女儿墙。

屋顶女儿墙高度分别为 1500 mm、600(500)mm，女儿墙结构朝屋面内出檐，压顶抹灰采用 1∶2.5 水泥砂浆内掺 5% 的防水粉，顶面向内泛水坡度控制在 5%～10%。

压顶抹灰分层施工，第一遍是在清理基面上打底，找出排水坡度，第二遍底层凝结后涂刷掺有界面剂的素水泥浆做为结合层，再抹面层灰。小檐下口抹成鹰咀，600(500)mm 高女儿墙防水收头交于压檐鹰咀处，1500 mm 高女儿墙防水收头交于内侧凹槽处。

当屋面防水保护层为银色着色剂涂料时，侧面防水保护层同屋面；当屋面防水保护层为彩色水泥砖时，侧面防水保护层为水泥砂浆(每 6 m 设置一条宽 10 mm 垂直伸缩缝)交于屋面彩色水泥砖。

所有防水卷材收头处均用带垫片的水泥钉固定，最大钉距应小于 900 mm，所有防水卷材收头处均用密封材料填嵌封严。

(2) 屋面排气管、道。

出屋面的排气管(厨卫间)根部用细石混凝土灌实，周边留 20 mm×20 mm 凹槽，用密封膏封严；找平层抹成半径为 50 mm 的圆弧；防水卷材增设附加层，宽度和高度均不应小于 300 mm；卷材出屋面面层不小于 250 mm，端部用密封材料封头。SBS 防水层在出屋面排气管外壁上冷粘后用管箍卡紧并打封闭胶。注意，在塑料管材上粘 SBS 时不可以热熔粘贴，防立管弯曲变形受热烧焦变脆损伤。

排气管根部直径应在 500 mm 范围内，找平层应抹出高度不小于 30 mm 的圆台，或在保护层上做圆台，周边留 20 mm×20 mm 的凹槽，用密封膏封严。

所有防水卷材收头处(管箍除外)均用带垫片的水泥钉固定，最大钉距应小于 900 mm，所有防水卷材收头处均用密封材料填嵌封严。

(3) 设备基础。

屋面正压送风设备基础高 300 mm，与结构层相连，基础四周找平层的做法、防水附加层的做法同屋面女儿墙，防水层应包裹在设施基础的上部，并在地脚螺栓周围做密封处理。

屋顶钢格构基础高 600 mm，与结构层相连，基础四周找平层的做法、防水附加层的做法同屋面女儿墙，防水层收头做法同 600 mm 高女儿墙。

(4) 变形缝。

2#、3# 主楼屋面(边单元与中单元)变形缝、主楼与裙房(二层)变形缝处采用成品金属防水盖板，墙面与层面处找平层的做法、防水附加层的做法、防水层收头等同屋面女儿墙。所有防水卷材收头处均用带垫片的水泥钉固定，最大钉距小于 900 mm，所有防水卷材收头处均用密封材料填嵌封严。

(5) 上人屋面出入口。

屋面楼梯间与上人屋面出入口台阶外侧面与层面处找平层的做法、防水附加层的做法、防水层收头等同屋面女儿墙。

2#、3# 楼 19 层平面(边楼)出露台台阶做法相同，台阶宽度为 250 mm。

所有防水卷材收头处均用带垫片的水泥钉固定，最大钉距小于 900 mm，所有防水卷材收头处均用密封材料填嵌封严。

(6) 水落口。

金属雨水口应先用钢丝刷刷掉锈斑，均匀刷防锈漆一道。雨水口安装前要找好标高，弹出雨水斗的中心线，用水泥砂浆卧稳，用细石混凝土嵌固，填塞密实。横式雨水口内下口与防水层附加层用密封材料嵌严，防水面层伸入落水口 200 mm 粘实，与墙面防水层交圈。直式落水周围直径 500 mm 范围内坡度不小于 5%。

雨水管采用 UPVC 塑料管与水落斗配套，安装时应先在雨水口处吊线，弹出雨水管沿墙的位置线，根据雨水管的长度量出固定卡子的位置，间距取 1 m。卧卡子用水泥砂浆固定于墙面孔中，管上下口各有一个卡子，中间挡间距分均。雨水管最下一节做成 45° 坡口形状，距离屋面面层 150～200 mm，将预制混凝土水簸箕用水泥砂浆卧在直对雨水管的下口屋面上。

主楼层面排水口(机房处)采用变形落水口，接到机房室内垂直排水管上。

【复习思考题】

一、填空

1. 屋面工程应根据建筑物的性质、重要程度、使用功能要求以及防水层耐用年限等,将屋面防水分为_____个等级。

2. 我国目前屋面保温层按形式可分为_____、_____。

3. 泛水即在屋面的转角处,做成半径不小于 100 mm 的圆角或斜边长度_____的钝角垫坡。

4. 卷材防水屋面施工时,平屋面的排水坡度:对于结构找坡宜为_____,材料找坡宜为_____。

二、选择

1. 刚性防水层施工时,为了提高细石混凝土防水层的抗裂度,采用直径为 4～6 mm、间距为(　　)的绑扎或焊接钢筋网片。

A. 100～200 mm   B. 150～200 mm

C. 200～300 mm   D. 100～250 mm

2. 卷材屋面油毡铺贴的方向当坡度为(　　),宜平行屋脊方向铺设。

A. ≤30%   B. ≤15%

C. ≤20%   D. ≤40%

3. 在屋面防水工程中,涂刷基层处理剂的目的是(　　)。

A. 增强油毡之间的黏结   B. 增强防水效果

C. 增强油毡与找平层之间的黏结   D. 增强找平层与基层之间的黏结

4. 卷材防水屋面工程在雨雾霜天施工会造成(　　)。

A. 沥青胶的流淌   B. 沥青胶老化

C. 卷材破裂   D. 卷材起鼓

5. 防水混凝土应自然养护,其养护时间不应少于(　　)。

A. 7 天   B. 10 天

C. 14 天   D. 21 天

6. 下列不是止水带的构造形式的是(　　)。

A. 埋入式   B. 可卸式

C. 涂膜式   D. 粘贴式

7. 当卷材平行屋脊铺贴时,短边搭接处不小于 150 mm,长边搭接不小于(　　)。

A. 50 mm   B. 60 mm

C. 70 mm   D. 100 mm

8. 高分子卷材正确的铺贴施工工序是(　　)。

A. 底胶→卷材上胶→滚铺→上胶→覆层卷材→着色剂

B. 底胶→滚铺→卷材上胶→上胶→覆层卷材→着色剂

C. 底胶→卷材上胶→滚铺→覆层卷材→上胶→着色剂

D. 底胶→卷材上胶→上胶→滚铺→覆层卷材→着色剂

9. 卷材防水施工时，在天沟与屋面的连接处采用交叉法搭接且接缝错开，其接缝不宜留设在(　　)。

A. 天沟侧面　　　　　　　　　　　B. 天沟底面

C. 屋面　　　　　　　　　　　　　D. 天沟外侧

三、简答

1. 找平层有哪些质量要求？

2. 怎样采用简单方法检查基层的干燥程度？

3. 屋面保护层的做法有哪些？各自的适用范围是什么？

4. 常用防水卷材有哪些种类？

5. 卷材防水层对基层有哪些要求？

6. 卷材防水屋面基层如何处理？为什么找平层要留分格缝？写出分格缝的做法。

7. 简述刚性防水屋面的特点。

8. 地下防水工程有哪几种防水方案？

9. 防水混凝土的配制要求有哪些？

10. 防水混凝土的施工缝有几种构造形式？再次浇筑前应如何处理？

11. 地下防水层的卷材铺贴方案有哪些？各具有什么特点？

12. 什么是外防外贴法？有何特点？

项目9 建筑装饰装修工程

【教学目标】掌握一般抹灰工程的施工操作工艺；掌握干挂法的施工工艺；掌握湿作业法的施工工艺；掌握釉面砖、外墙面砖的施工工艺；掌握建筑涂料的施工工艺；掌握外墙保温工程的施工工艺。

装饰装修是指为保护建筑物或构筑物的主体结构、完善其使用功能和使之达到美化效果，采用装饰装修材料或饰物对其内、外表面及空间进行的各种处理。

建筑装饰装修工程按用途可分为保护装饰、功能装饰、饰面装饰；按具体装饰装修的部位可分为室外和室内两大部分；根据施工工艺和建筑部位的不同，可分为抹灰工程、门窗工程、饰面工程、楼地面工程、涂料工程、墙体保温工程、吊顶工程、轻质隔墙工程等。

使用工厂化生产的成品、半成品材料，采用干作业代替湿作业，不断提高现场机械化施工程度以及逐步实现施工作业的专业化等是建筑装饰装修施工的发展方向。

9.1 抹 灰 工 程

将砂浆涂抹在建筑物表面的饰面工程称为抹灰工程。

抹灰工程按工种部位可分为室内抹灰和室外抹灰；按抹灰的材料和装饰效果可分为一般抹灰和装饰抹灰；按功能要求还有特种砂浆抹灰(采用保温砂浆、防水砂浆、耐酸砂浆等材料进行的有特殊要求的抹灰工程)。

9.1.1 一般抹灰工程

1. 一般抹灰的分级、组成和要求

1) 抹灰工程的组成

抹灰工程要求分层施工，一般由底层、中层和面层组成，当底层和中层并为一起操作时，可只分为底层和面层，见图9-1。

抹灰工程分层施工主要是为了保证抹灰质量，做到表面平整，避免裂缝，粘结牢固。

2) 抹灰工程的分级

一般抹灰按做法和质量要求分为普通抹灰、中级抹灰和高级抹灰三级。

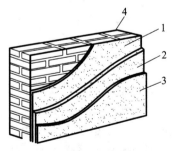

1—底层；2—中层；3—面层；4—墙体

图9-1 抹灰层的组成

普通抹灰由一底层、一面层构成，施工要求分层赶平、修整，表面压光。

中级抹灰由一底层、一中层、一面层构成，施工要求阳角找方，设置标筋，分层赶平、修整，表面压光。

高级抹灰由一底层、数层中层、一面层构成，施工要求阴、阳角找方，设置标筋，分层赶平、修整，表面压光。

3) 各层的作用及对材料的要求

(1) 底层。底层主要起抹面层与基体粘结和初步找平的作用，采用的材料与基层有关。

室内砖墙常用水泥石灰混合砂浆或水泥砂浆，室外砖墙常采用水泥砂浆。混凝土基层常采用素水泥浆、水泥石灰混合砂浆或水泥砂浆，硅酸盐砌块基层常采用水泥混合砂浆或聚合物水泥砂浆。

因基层吸水性强，故底层砂浆稠度应较小，一般为 100～200 mm。若有防潮、防水要求，则应采用水泥砂浆抹底层。

(2) 中层。中层主要起保护墙体和找平作用，采用的材料与底层相同，但稠度可大一些，一般为 70～80 mm。

(3) 面层。面层主要起装饰作用。室内墙面及顶棚抹灰可采用水泥石灰混合砂浆，室外抹灰可采用水泥砂浆、聚合物水泥砂浆或各种装饰砂浆，砂浆稠度为 100 mm 左右。

4) 抹灰层的总厚度要求

内墙抹灰：普通抹灰不得大于 18 mm，中级抹灰不得大于 20 mm，高级抹灰不得大于 25 mm。

外墙抹灰：墙面不得大于 20 mm，勒脚及突出墙面部分不得大于 25 mm。

顶棚抹灰：不得大于 15 mm，金属网顶棚抹灰不得大于 20 mm。

5) 抹灰层每层的厚度要求

每层的厚度不宜太大，底层一般为 5～9 mm，中层一般为 5～12 mm，面层一般为 2～5 mm。

各层厚度又与使用砂浆的品种有关，水泥砂浆每层宜为 5～7 mm，水泥石灰混合砂浆每层厚度宜为 7～9 mm。

2. 一般抹灰的材料和砂浆的配制

1) 抹灰砂浆的材料

(1) 胶凝材料。

在抹灰工程中，胶凝材料主要有水泥、石灰、石膏等。

常用的水泥有硅酸盐水泥、普通硅酸盐水泥和矿渣硅酸盐水泥等，标号在 32.5 级以上。不同品种的水泥不得混用，不得采用未做处理的受潮、结块水泥，出厂已超过 3 个月的水泥应经试验合格后方可使用。

抹灰用的石灰膏如果为块状生石灰经熟化陈伏后淋制成的石灰膏，为保证过火生石灰的充分熟化，避免后期熟化引起抹灰层的起鼓和开裂，生石灰的熟化时间一般应不少于 15 天，如用于拌制罩面灰，则不应少于 30 天；如果采用优质块状生石灰磨细而成的生石灰粉代替，可省去淋灰作业而直接使用，但为保证抹灰质量，其细度要求过筛选择。

(2) 砂。

一般抹灰砂浆可采用普通中砂与粗砂混合掺用。

抹灰用砂要求颗粒坚硬洁净，含黏土、淤泥不超过3%，在使用前需过筛，去除粗大颗粒及杂质，并应根据现场砂的含水率及时调整砂浆拌合用水量。

(3) 纤维材料。

为提高抹灰砂浆的抗裂能力和抗拉强度，同时增加抹灰层的弹性和耐久性，使其不易脱落，可在砂浆中掺加一定比例的纤维材料。

2) 抹灰砂浆的配制

一般抹灰砂浆拌和时通常采用质量配合比，材料应称量搅拌。配料的误差，水泥应控制在±2%以内，砂子、石灰膏应控制在±5%以内。

砂浆应搅拌均匀，一次搅拌量不宜过多，最好随拌随用。拌好的砂浆堆放时间不宜过久，应保证在水泥初凝前用完。

搅拌不同种类的砂浆应注意加料顺序的不同。

拌制水泥砂浆时应先将水与砂子共拌，然后按配合比加入水泥，继续搅拌至均匀、颜色一致、稠度达到要求为止。

拌和混合砂浆或石灰砂浆时，应先加入少量水及少量砂子和全部石灰膏，拌制均匀后，再加入适量的水和砂子继续拌和，待砂浆颜色一致、稠度合乎要求为止。搅拌时间一般不少于2 min。

聚合物水泥砂浆一般宜先将水泥砂浆搅拌好，然后按规定的配合比数量把聚乙烯醇缩甲醛胶(107胶)按1∶2的比例用水稀释后加入，继续搅拌至充分混合。

3) 抹灰工具

常用手工抹灰工具有以下几种：

(1) 抹子。抹子是将灰浆施于抹灰面上的主要工具，有铁抹子、钢皮抹子、压子、塑料抹子、木抹子、阴阳角抹子等，分别用于抹制底层灰、面层灰、压光、搓平压实、阴阳角压光等抹灰操作。

(2) 木制工具。木制工具主要有木杠、刮尺、靠尺、靠尺板、方尺、托线板等，分别用于抹灰层的找平、做墙面楞角、测阴阳角的方正和靠吊墙面的垂直度。

使用时将板的侧边靠紧墙面，根据中悬垂线偏离下端取中缺口的程度，即可确定墙面的垂直度及偏差。托线板也可用铝合金制作。

(3) 其他工具。其他工具有毛刷、钢丝刷、茅草把、喷壶、水壶、弹线墨斗等，分别用于抹灰面的洒水、清刷基层、木抹子搓平时洒水及墙面洒水、浇水。

3．一般抹灰的施工方法

1) 内墙一般抹灰

内墙一般抹灰操作的工艺流程为：基体表面处理→浇水润墙→设置标筋→阳角做护角→抹底层、中层灰→窗台板、踢脚板或墙裙→抹面层灰→清理。

(1) 基体表面处理。

为使抹灰砂浆与基体表面粘结牢固，防止抹灰层产生空鼓、脱落，抹灰前应对基体表面的灰尘、污垢、油渍、碱膜、跌落砂浆等进行清除，对墙面上的孔洞、剔槽等用水泥砂浆进行填嵌，并对门窗框与墙体交接处缝隙用水泥砂浆或混合砂浆分层嵌堵。

不同材质的基体表面应做相应处理，以增强其与抹灰砂浆之间的粘结强度，见图9-2。

若为混凝土基层，应在其表面用机械喷涂或用扫帚甩上一层 1∶1 稀粥状水泥砂浆(内掺 20%水重的 107 胶)，使之表面凝固，直到用手掰不动为止；加气混凝土砌块表面应清扫干净，并刷一道 107 胶的 1∶4 的水溶液或界面处理剂，以形成表面隔离层，缓解抹面砂浆的早期脱水，提高粘结强度；混凝土与砖墙连接处钉钢丝网(见图9-3)，钉钢丝网前应清除浮灰和其他杂质，钢丝网应平整并绷紧。

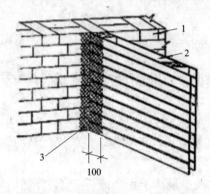

1—砖墙；2—板条墙；3—钢丝网

图 9-2　不同材料基体交接处的处理　　　　　　图 9-3　钢丝网

(2) 浇水润墙。一般在抹灰前一天，用软管、胶皮管或喷壶顺墙自上而下浇水湿润，每天宜浇两次。

(3) 设置标筋。

为有效地控制抹灰厚度，特别是保证墙面垂直度和整体平整度，在抹底、中层灰前应设置标筋作为抹灰的依据。设置标筋即找规矩，分为做灰饼和做标筋两个步骤，见图9-4、图9-5。

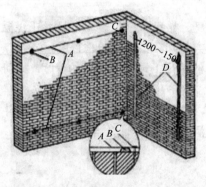

A—引线；B—灰饼(标志块)；C—钉子；D—标筋

图 9-4　挂线做标志块及标筋　　　　　　图 9-5　用托线板挂垂直做标志块

做灰饼前，应先确定灰饼的厚度。先用托线板和靠尺检查整个墙面的平整度和垂直度，根据检查结果确定灰饼的厚度，一般最薄处不应小于 7 mm。先在墙面距地 1.5 m 左右的高度、距两边阴角 100～200 mm 处，按所确定的灰饼厚度用抹灰基层砂浆各做一个 50 mm×50 mm 左右的矩形灰饼，然后用托线板或线锤在此灰饼面吊挂垂直，做对应上下的两个灰饼。

上方和下方的灰饼应距顶棚和地面 150～200 mm 左右，其中下方的灰饼应在踢脚板上口以上。随后在墙面上方和下方的左右两个对应灰饼之间用钉子钉在灰饼外侧的墙缝内，以灰饼为准，在钉子间拉水平横线，沿线每隔 1.2～1.5 m 补做灰饼。

标筋是以灰饼为准在灰饼间所做的灰埂，可作为抹灰平面的基准。具体做法是：先用与底层抹灰相同的砂浆在上下两个灰饼间先抹一层，再抹第二层，形成宽度为 100 mm 左右、厚度比灰饼高出 10 mm 左右的灰埂，然后用木杠紧贴灰饼搓动，直至把标筋搓得与灰饼齐平为止，最后要将标筋两边用刮尺修成斜面，以便与抹灰面接槎顺利。

标筋的另一种做法是采用横向水平标筋。此种做法与垂直标筋相同，同一墙面的上下水平标筋应在同一垂直面内，标筋通过阴角时，可用带垂球的阴角尺上下搓动，直至上下两条标筋形成相同且角顶在同一垂线上的阴角。阳角可用长阳角尺同样合在上下标筋的阳角处搓动，形成角顶在同一垂线上的标筋阳角。水平标筋的优点是可保证墙体在阴、阳转角处的交线顺直并垂直于地面，避免出现阴、阳交线扭曲不直的弊病。同时水平标筋通过门窗框有标筋控制，墙面与框面可接合平整。

(4) 阳角做护角。

为保护墙面转角处不易遭碰撞损坏，在室内抹面的门窗洞口及墙角、柱面的阳角处应做水泥砂浆护角。

护角高度一般不低于 2 m，每侧宽度不小于 100 mm。具体做法是先将阳角用方尺规方，靠门框一边以门框离墙的空隙为准，另一边以墙面灰饼厚度为依据，见图 9-6。

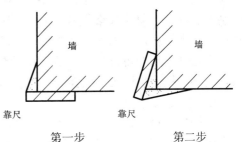

图 9-6　护角的做法

最好在地面上划好准线，按准线用砂浆粘好靠尺板，用托线板吊直，并用方尺找方。接着在靠尺板的另一边墙角分层抹 1∶2 水泥砂浆，与靠尺板的外口平齐。然后把靠尺板移动至已抹好护角的一边，用钢筋卡子卡住，用托线板吊直靠尺板，把护角的另一面分层抹好。取下靠尺板，待砂浆稍干时，用阳角抹子和水泥素浆捋出护角的小圆角，最后用靠尺板沿顺直方向留出预定宽度，将多余砂浆切出 40° 斜面，以便抹面时与护角接槎。

(5) 抹底层、中层灰。

待标筋有一定强度后，即可在两标筋间用力抹上底层灰，用木抹子压实搓毛。待底层灰收水后，即可抹中层灰，抹灰厚度应略高于标筋。中层抹灰后，随即用木杠沿标筋刮平，不平处补抹砂浆，然后再刮，直至墙面平直为止，见图 9-7。紧接着用木抹子搓压，使表面干整密实。

图 9-7　刮杠示意图

阴角处先用方尺上下核对方正(水平横向标筋可免去此步)，然后用阴角器上下抽动扯平，直到使室内四角方正为止。

(6) 抹面层灰。

待中层灰有 6～7 成干时，即可抹面层灰。操作一般从阴角或阳角处开始，自左向右进行。一人在前抹面灰，另一人其后找平整，并用铁抹子压实赶光。阴、阳角处用阴、阳角抹子抒光，并用毛刷蘸水将门窗圆角等处刷干净。

高级抹灰的阳角必须用拐尺找方。

2) 外墙一般抹灰

外墙一般抹灰的工艺流程为：基体表面处理→浇水润墙→设置标筋→抹底层、中层灰→弹分格线、嵌分格条→抹面层灰→起分格条→做滴水线→养护。

(1) 抹灰顺序。

外墙抹灰应先上部后下部，先檐口再墙面。

大面积的外墙可分块同时施工，高层建筑的外墙面可在垂直方向适当分段，如一次抹完有困难，可在阴、阳角交接处或分格线处间断施工。

(2) 嵌分格条，抹面层灰及分格条的拆除。

待中层灰6~7成干后，按要求弹分格线。分格条为梯形截面，浸水湿润后两侧用黏稠的素水泥浆与墙面抹成45°角粘接。嵌分格条时，应注意横平竖直、接头平直。如当天不抹面层灰，分格条两边的素水泥浆应与墙面抹成60°角。

面层灰应抹得比分格条略高一些，然后用刮杠刮平，紧接着用木抹子搓平，待稍干后再用刮杠刮一遍，用木抹子搓磨出平整、粗糙、均匀的表面。

面层抹好后即可拆除分格条，并用素水泥浆把分格缝勾平整。如果不是当即拆除分格条，则必须待面层达到适当强度后才可拆除。

(3) 做滴水线。

在檐口、窗台、窗楣、雨篷、阳台、压顶和突出墙面的凸线等上面应做流水坡度，下面应做滴水线(槽)，流水度及滴水线(槽)距外表面不小于40 mm，滴水线应保证其朝向正确。

3) 顶棚一般抹灰

顶棚抹灰一般不设置标筋，只需按抹灰层的厚度在墙面四周弹出水平线作为控制抹灰层厚度的基准线。

若基层为混凝土，则需在抹灰前在基层上用掺10%的107胶的水溶液或水灰比为0.4的素水泥浆刷一遍作为结合层。

抹底灰的方向应与楼板及木模板木纹方向垂直；抹中层灰后用木刮尺刮平，再用木抹子搓平；面层灰宜两遍成活，两道抹灰方向垂直，抹完后按同一方向抹压赶光。

9.1.2 机械喷涂抹灰

机械喷涂抹灰可提高工效，减轻劳动强度和保证工程质量，它是抹灰施工的发展方向。

机械喷涂抹灰的工作原理是利用灰浆泵和空气压缩机将灰浆及压缩空气送入喷枪，在喷嘴前形成灰浆射流将灰浆喷涂在基层上，见图9-8。喷嘴的口径一般为16 mm、19 mm、25 mm，喷嘴距墙面距离控制在100~300 mm范围内。喷射压力可控制在0.15~0.2 MPa，压力过大，射出速度快，会使砂子弹回；压

图9-8 机械喷涂

力过小，冲击力不足，会影响粘结力，造成砂浆流淌。

当喷涂干燥、吸水性强、冲筋较厚的墙面时，喷嘴离墙面为 100～150 mm 左右，并与墙面成 90°角，喷枪移动速度应稍慢，压缩空气量宜小些；对潮湿、吸水性差、冲筋较薄的墙面，喷嘴离墙面为 150～300 mm，并与墙面成 65°角，喷枪移动可较快些，空气量宜大些，这样喷射面大，灰层较薄，灰浆不易流淌。

喷涂抹灰所用砂浆稠度宜为 90～110 mm，其配合比可采用 1∶1∶4 的水泥石灰混合砂浆。

喷涂必须分层连续进行，喷涂前应先进行运转，疏通和清洗管路，然后压入石灰膏润滑管道以避免堵塞，每次喷涂完毕，应将石灰膏输入管道，把残留的砂浆带出，再压送清水冲洗，最后送入气压为 0.4 MPa 的压缩空气吹刷数分钟，以防砂浆在管路中结块而影响下次使用。

9.2　门　窗　工　程

门窗工程按材料可分为木门窗、钢门窗、铝合金门窗、塑料门窗等。

木门窗应用最早，但逐渐被其他材料的门窗所替代。

门窗大多在加工厂内制做，对于施工现场，门窗工程一般以框及扇的安装为主要施工内容。

9.2.1　钢门窗安装

在建筑工程中，应用较多的钢门窗主要有实腹钢门窗和薄壁空腹钢门窗，见图 9-9。钢门窗的优点有：节约木材；适合于工业化生产；透光系数大。

图 9-9　钢门窗

1. 施工准备

1) 基层处理

将钢门窗上浮土及灰浆等清扫干净，对已刷防锈漆但出现锈斑的钢门窗，用铲刀铲除底层防锈漆后，再用钢丝刷子和砂布彻底打磨干净，补刷一道防锈漆。

待漆膜干透后，将钢门窗的砂眼、凹坑、缺棱、拼缝等处用石膏腻子刮平整，待腻子干透后，用 1 号砂纸打磨，并用潮布将表面上的粉末擦干净。

2) 刮腻子

用开刀或橡皮刮板在钢门窗上满刮一遍石膏腻子,要刮薄、收的干净,均匀平整无飞刺。待腻子干透后,用砂纸打磨,注意不要损坏棱角,要达到表面光滑,线角平直,整齐一致。

3) 涂刷油漆

刷第一遍油漆:刷铅油→抹腻子→打砂纸→装玻璃。

刷第二遍油漆:刷铅油→擦玻璃→打砂纸。

刷油操作方法:调和漆涂刷时要做到多刷多理、刷油饱满、不流不坠、光亮均匀、色泽一致。在玻璃灰上刷油,应等油灰达到一定强度后方可进行,刷油动作要利落敏捷,涂刷要轻,油要均匀,不损伤油灰表面光滑。

刷完油漆后要仔细检查一遍,如发现有缺陷应及时修整。

2. 安装工艺

钢门窗安装应采用后塞口方法,每一钢门窗在其侧边框上都设有铁脚(也称燕尾铁脚),利用铁脚埋入侧壁预留洞内或与预埋铁件焊接,使门窗牢固固定在周围主体结构上。

1) 工艺流程

钢门窗安装的工艺流程:弹线→门窗就位、校正→钢门窗固定→安装五金零配件→安装纱门窗。

2) 施工方法

(1) 弹线。

门窗安装前,应在地、楼面 500 mm 高的墙面上弹出一条水平控制线,再按门窗安装标高、尺寸和开启方向在墙体预留洞口弹出门窗位置线。

双层钢窗之间的距离应符合设计或生产厂家的产品要求,若无其他具体要求,两窗扇之间的净距不小于 100 mm。

(2) 门窗就位、校正。

将钢门窗塞入预留洞口内摆正,用对技木楔在门窗框四周和框梃端部做临时固定,根据门窗边线、水平线、距外墙皮的尺寸校正其位置,同时用水平尺和线锤校验其水平度和垂直度。

待同一墙面相邻的门窗安装完后,再上下层窗框吊线找直,使钢门窗安装做到左右通平、上下层顺直。

(3) 钢门窗固定。

钢门窗铁脚与预埋铁件焊接应牢固可靠,铁脚插入预留洞口内,应用 1:2 水泥砂浆(或细石砼)堵塞严实,并浇水养护。待堵孔砂浆嵌实具有一定强度后,再用水泥砂浆嵌实门窗框四周缝隙。

砂浆凝固后取出木楔,填补水泥砂浆。水泥砂浆未凝固前,不得在钢门窗上进行任何作业。

钢门窗安装完毕,在进行楼地面施工或窗台抹灰时,砂浆不得掩埋门窗下框。

(4) 安装五金零配件。

五金零配件安装前应先检查门窗固定是否牢固,开启是否严密。如有缺陷须调整后方可安装零配件。

零配件在末道油漆完成后安装。

(5) 安装纱门窗扇。

高、宽大于 1400 mm 的纱窗，应在装纱前在纱扇中部用木条临时支撑，以防纱凹陷影响使用。裁纱时，其长、宽尺寸应比设计尺寸大 50 mm，以利压纱。绷纱时，先用压纱条将上、下边铁纱压紧，用螺丝固定再压两侧，并将露出纱头切割干净。铁纱装完后，对纱扇集中涂刷油漆。交工前再将纱门窗安装在钢门窗框上。

3. 施工注意事项

(1) 安装钢门窗过程中，坚决禁止将钢门窗铁脚用气焊烧去或将铁脚打弯勉强塞入预留洞孔内。

(2) 钢门窗安装时，一定要划线定位，按钢门窗的边线和水平线安装，使钢门窗上下顺直，左右标高一致。

(3) 钢门窗调整、找方或补焊、气割等必须认真仔细，焊药药皮必须砸掉，补焊处用钢挫平，并及时补刷防锈漆，以确保工程质量。

(4) 安装钢窗时，必须认真核对窗型号，符合设计要求后再安装。

(5) 钢门窗五金配件必须同时配套进场以满足使用，并应考虑合理的损耗率，一次加工定货备足，以保证门窗五金门窗配件齐全、配套。

(6) 钢门窗五金配件安装一般应在末道油漆完成后进行，但为保证钢门窗及玻璃安装的质量，可在玻璃装好后及时把门窗把手装上，以防止刮风损坏门窗玻璃。

9.2.2 铝合金门窗安装

铝合金表面经过氧化光洁闪亮，窗扇框架大，可镶较大面积的玻璃让室内光线充足明亮，不仅增强了室内外之间立面虚实对比，还让居室更富有层次。铝合金本身易于挤压，型材的横断面尺寸精确，加工精确度高。

随着电泳涂漆、粉末喷漆等加工工艺的应用，铝合金型材可供选择的色彩品种较多，可与室内各种色调的装饰相匹配，见图 9-10、图 9-11，彻底摆脱了普通铝材单一色调的束缚，营造高品位的色调个性空间。

图 9-10 铝合金门窗 　　　　　　　　　图 9-11 彩色铝合金门窗

1. 施工准备

1) 材料的要求

铝合金门窗的规格、型号应符合设计要求，且应有出厂合格证。

铝合金门窗所用的五金配件应与门窗型号相匹配，所用的零附件及固定件最好采用不锈钢件，若用其他材质，必须进行防腐处理。

防腐材料及保温材料均应符合图纸要求，且应有产品的出厂合格证。

与结构固定的连接铁脚和连接铁板，应按图纸要求的规格备好，并做好防腐处理。

焊条的规格、型号应与所焊的焊件相符，且应有出厂合格证。

嵌缝材料、密封膏的品种、型号应符合设计要求。

防锈漆、铁纱(或铝纱)、压纱条等均应符合设计要求，且有产品的出厂合格证。

密封条的规格、型号应符合设计要求，胶黏剂应与密封条的材质相匹配，且具有产品的出厂合格证。

2) 主要机具

铝合金安装主要机具有铝合金切割机、手电钻、圆锉刀、半圆锉刀、十字螺丝刀、划针、铁脚、圆规、钢尺、钢直尺、钢板尺、钻子、锤子、铁锹、抹子、水桶、水刷子、电焊机、焊把线、面罩、焊条等。

2．安装工艺

门窗框的安装采用后塞口，事先要检查预留门窗洞口的几何尺寸是否符合设计要求。

1) 工艺流程

划线定位→铝合金门窗披水安装→防腐处理→铝合金门窗的安装就位→铝合金窗固定→门窗框与墙体间隙的处理→门窗扇及门窗玻璃的安装→安装五金配件。

2) 施工方法

(1) 划线定位。

划线定位时应根据设计图纸中门窗的安装位置、尺寸和标高，依据门窗中线向两边量出门窗边线。若为多层或高层建筑时，以顶层门窗边线为准，用线坠或经纬仪将门窗边线下引，并在各层门窗口处划线标记，对个别不直的口边应剔凿处理。

门窗的水平位置应以楼层室内 +500 mm 的水平线为准向上反量出窗下皮标高，弹线找直。每一层必须保持窗下皮标高一致。

(2) 铝合金窗披水安装。

按施工图纸要求将披水固定在铝合金窗上，要保证位置正确、安装牢固。

(3) 防腐处理。

门窗框四周外表面的防腐处理设计有要求时，应按设计要求处理。如果设计没有要求时，可涂刷防腐涂料或粘贴塑料薄膜进行保护，以免水泥砂浆直接与铝合金门窗表面接触产生电化学反应，腐蚀铝合金门窗。

安装铝合金门窗时，如果采用连接铁件固定，则连接铁件、固定件等安装用的金属零件最好用不锈钢件，否则必须进行防腐处理，以免产生电化学反应，腐蚀铝合金门窗。

(4) 安装就位。

根据划好的门窗定位线安装铝合金门窗框，并及时调整好门窗框的水平、垂直及对角线长度等以符合质量标准，然后用木楔临时固定。

(5) 固定。

当墙体上预埋有铁件时，可直接把铝合金门窗的铁脚与墙体上的预埋铁件焊牢，焊接处需做防锈处理；当墙体上没有预埋铁件时，可用金属膨胀螺栓或塑料膨胀螺栓将铝合金门窗的铁脚固定到墙上。

当墙体上没有预埋铁件时，也可用电钻在墙上打 80 mm 深、直径为 6 mm 的孔，用 L 型 80 mm×50 mm 的直径为 6 mm 的钢筋在长的一端粘涂 108 胶水泥浆，然后打入孔中。待 108 胶水泥浆终凝后，再将铝合金门窗的铁脚与埋置的 6 mm 钢筋焊牢。

(6) 门窗框与墙体间缝隙的处理。

铝合金门窗安装固定后，应先进行隐蔽工程验收，合格后应及时按设计要求处理门窗框与墙体之间的缝隙。

如果设计未要求时，可采用弹性保温材料或玻璃棉毡条分层填塞缝隙，外表面留 5～8 mm 深槽口，填嵌嵌缝油膏或密封胶。

(7) 门窗扇及门窗玻璃的安装。

门窗扇和门窗玻璃应在洞口墙体表面装饰完工验收后安装。

推拉门窗在门窗框安装固定后应将配好玻璃的门窗扇整体安入框内滑槽，调整好与扇的缝隙即可。

平开门窗应在框与扇格架组装上墙、安装固定好后再安玻璃，即先调整好框与扇的缝隙，再将玻璃安入扇并调整好位置，最后镶嵌密封条及密封胶。

地弹簧门应在门框及地弹簧主机入地安装固定后再安门扇。先将玻璃嵌入门扇格架并一起入框就位，再调整好框扇缝隙，最后填嵌门扇玻璃的密封条及密封胶。

3. 施工要点

1) 施工准备

用大线坠或经纬仪找垂直线，引测门窗边线，在每层门窗口处画线标记，并逐层抄测门窗动口距门窗边线的实际距离，同时对门窗框四周外表面按设计要求进行防腐处理。

2) 安装铝合金门窗

铝合金门窗的安装就位应根据画好的定位线进行，及时进行调整，使门窗框的水平、垂直及对角线长度等符合质量要求，并及时用木契临时固定。

框体与墙体的固定一般采用连接件连接，连接件一般为 1.5 mm 厚的镀锌板条，地弹簧门因无下框，边框应直接固定于地面中，并用水泥浆固定牢固。

3) 铝合金门窗安装的操作技巧

(1) 门窗除用铁件与墙体连接外，还要将门窗框与墙体间的缝隙填嵌密实，以增加起稳固性并防止门窗边渗水。门窗框与墙体间缝隙的填嵌材料应符合设计要求。

(2) 安装门窗时除检查单个门窗洞口外，还应对能够通视的成排或成列的门窗洞口进行目测或拉通线检查。

(3) 防止推拉门窗脱落造成的危害，推拉门窗必须在内框上边加装防止脱落的装置。

(4) 窗框横向及竖向组合时，应采取套插方式，搭接形成曲面组合，搭接长度宜为 10 mm，并用密封膏密封。

(5) 安装密封条时应留一定的伸缩余量，一般比门窗的装配边长 20～30 mm。

(6) 为增加窗承受风荷载的能力，固定片厚度应大于或等于 1.5 mm，最小宽度应大于或等于 15 mm，材质应采用冷轧钢板，表面进行镀金处理。

4) 铝合金门窗的操作禁忌

(1) 在砖墙体上安装门窗禁忌用射钉固定，应采用预埋铁件或膨胀栓连接。

(2) 清洗铝合金门窗时禁止用酸性或碱性制剂，应采用中性洗涤剂清洗，再用抹布擦干。

(3) 铝合金门窗安装禁止采用边安装边砌口或先安装后砌口的方法施工，应采用预留洞口的方法施工。

(4) 铝合金门窗的滑撑铰链禁止使用铝合金材料，应采用不锈钢或硬质金属材料，防止变形。

9.2.3 塑料门窗安装

塑料门窗是以聚氯乙烯(PVC)与氯化聚乙烯共混树脂为主体，加上一定比例的添加剂，经挤压加工而成。为了增加型材的钢性，在塑料异型材内腔中填入增加抗拉弯作用的钢衬(加强筋)，然后通过切割、钻孔、熔接等方法，制成窗框，因而称为塑钢窗，见图 9-12、图 9-13。

图 9-12 塑钢窗

图 9-13 塑钢窗的断面结构

塑料门窗不仅具有塑料制品的特性，而且其物理、化学性能和防老化能力也大为提高，其装饰性可与铝合金窗媲美，并且具有保温、隔热的特性，能使居室更加舒适、清静，更具有现代风貌。另外，它还具有耐酸、耐碱、耐腐蚀、防尘、阻燃自熄、强度高、不变形、色调和等优点，无须涂防腐油漆，经久耐用，其气密性和水密性比一般同类门窗大 2～5 倍。

1. 施工准备

1) 材料要求

塑料门窗的规格、型号、尺寸均应符合设计要求，适用的负荷不超过 800 N/m²。

门窗小五金应按门窗规格、型号配套。

密封膏应按设计要求准备，并应有出厂证明及产品生产合格证。

嵌缝材料的品种应按设计要求选用。

2) 主要机具

塑料门窗安装的主要机具有线坠、粉线包、水平尺、托线板、手锤、扁铲、钢卷尺、螺丝刀、冲击电钻、射钉枪、锯、刨子、小平锹、小水桶、钻子等。

2. 安装工艺

塑料门窗的安装应采用后塞口的方法。

1) 工艺流程

弹线找规矩→门窗洞口处理→安装连接件的检查→塑料门窗外观检查→按图示要求运到安装地点→塑料门窗安装→门窗四周嵌缝→安装五金配件→清理。

2) 施工方法

(1) 门窗框安装。

门窗框连接件(铁脚)与洞口墙体的连接，一般采用机械冲孔膨胀螺栓固定或预埋木砖螺丝固定的方法，应根据需要备齐。

根据门窗安装的位置线，当门窗洞口边到门窗框边的尺寸大于 15 mm 时，应先用水泥砂浆抹面使洞口尺寸各边距门窗框边 15 mm，且表面粗糙。若抹面厚度大于 30 mm 时，应先用细石混凝土支模灌塞。

待基层有一定强度后，将门窗框装入洞口就位，再将木楔塞入框与四周墙体间的安装缝隙，调整好门窗框的水平、垂直、对角线长度等位置及形状偏差，同时，各个门窗框与墙面的距离应保持一致。

门窗框与墙体预埋件用连接铁件连接牢固，铁脚至窗角的距离不应大于 180 mm，铁脚间距应符合设计要求或不大于 600 mm。

安装固定后，应先进行隐蔽工程验收，检查合格后再用发泡剂进行门窗框与墙体安装缝的密封处理。发泡剂打塞时，应比门窗框表面凹进 10～20 mm。

(2) 门窗框与墙体间的缝隙填塞。

门窗框与墙体间用水泥砂浆一次填塞。水泥砂浆不能将门窗框咬边(覆盖门窗框的边)，且应将砂浆和门窗框交接处进行勾缝成圆弧形凹槽，使砂浆表面比门窗框表面凹进去 5 mm，下边圆弧半径为 20 mm，其余三边为 5 mm。凹槽用防水密封胶填嵌。

填塞窗框下口时，应注意不要将泻水孔堵塞。

(3) 门窗扇和玻璃安装。

门窗扇及玻璃的安装应在洞口墙体表面装饰工程完工后进行。

地弹簧门：应在门框及地弹簧主机入地安装固定好之后安装门窗，先将玻璃嵌入门窗构架并一起入框就位，调整好框扇缝隙，再将门扇上的玻璃嵌填密封胶。

平开门窗扇安装：把合页按要求位置固定在门窗框上，再将门窗嵌入框内临时固定，调整合适后最后将门窗扇固定在合页上，须保证上下两个转动部分在同一轴线上。

推拉门窗的安装：将配备好的门窗扇分为内扇和外扇，先将外扇装入上滑道外槽内，自然下落于下滑道的外滑道内，内扇的安装类似。导向轮应在门窗安装后调整，调节门窗扇在滑道上的高度，使门窗扇与边框平行。

(4) 玻璃密封与固定。

先把橡塑条压入凹槽挤紧玻璃，然后在胶条上注入密封胶。用 10 mm 长的橡胶块将玻璃挤住，最后在凹槽中注入密封胶进行密封。

玻璃应放在凹槽中间，内、外侧的间隙不应少于 2 mm，否则会造成密封困难；内、外侧的间隙也不宜大于 5 mm，否则胶条起不到挤紧固定玻璃的作用。

玻璃下端不能直接与金属表面接触，要用 3 mm 厚的氯丁橡胶垫块将玻璃垫起。

3. 施工要点

1) 施工准备

按图样尺寸弹好门窗位置线，并根据墙面 500 mm 或基准线确定门窗的安装标高，同时检查预留洞口尺寸、预埋件位置及质量是否符合设计要求。

2) 塑料门窗的安装

安装塑料门窗时先将镀锌钢板连接件与框体拧紧，然后将门窗框装入洞口，安装时上下框中线应与洞口中线对齐，同时校正门窗的平整度、垂直度、直角度，符合要求后用木契将门窗临时固定，最后用膨胀螺栓或预埋件固定门窗框，并对门窗框与洞口之间的缝隙进行密封处理。

3) 塑料门窗的安装技巧

(1) 塑料边框内采用的衬钢断面应符合要求，同时塑料窗框与洞口固定点间距不能大于 1 m，以免引起边框变形。

(2) 门框与墙体固定时应按对称顺序，先固定上下框，然后固定边框。

(3) 塑料门窗装入洞口应横平竖直，外框与洞口应弹性连接牢固。横向及竖向组合时，应采取套插方式，搭接形成曲面组合，搭接长度宜为 10 mm，并用密封膏密封。

(4) 安装密封条时应留有伸缩余量，一般应比门窗的装配边长 20~30 mm，在转角处应斜面断开，并采用胶粘牢，以免产生收缩缝。

(5) 塑料门窗宜在室内外抹灰工程完成后安装和抹口，待抹口的水泥浆强度达到 70%，方可将面膜撕下来。

4) 塑料门窗安装的操作禁忌

(1) 门窗安装时禁止有焊角开裂和型材断裂、下垂及翘曲变形的现象，以免影响开启功能。

(2) 门窗框的紧固件、五金件、增强型钢及金属衬板禁止未经处理直接使用，应进行表面防腐处理。

(3) 门窗框的连接件、五金件禁止直接锤击钉入，应先钻孔然后用自攻螺钉拧入。如门窗为明螺钉连接时，应用与门框颜色相同的密封材料将其掩埋密封。

(4) 清理门窗框图上的污物时，禁止用硬质材料刮铲表面，应用软质材料和湿布擦拭干净，以免损伤表面。

9.2.4　铝木复合门窗

铝木复合门窗是以木材为主结构，用科学合理的方法把铝合金镶嵌于木质门窗表面，见图 9-14、图 9-15。其框、扇外侧坎包有铝合金，用以抵御紫外线、酸雨的侵蚀，再嵌以中空玻璃，更能发挥窗的保温、降噪功能。内侧木结构与室内装饰风格和谐一致，充溢自然韵味，而外侧的铝合金保护使门窗坚固耐久，两者的结合，增强了铝包木门窗的防日晒、抗风雨等性能，创意独特，优雅别致，适合于各种天气条件和不同的建筑风格。

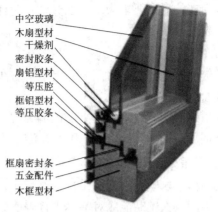

中空玻璃
木扇型材
干燥剂
密封胶条
扇铝型材
等压腔
框铝型材
等压胶条

框扇密封条
五金配件
木框型材

图 9-14 铝木复合门窗　　　　　图 9-15 铝木复合门窗断面结构

铝材与木材的连接采用导热系数低、强度高的非金属材料进行连接，使两种型材之间形成有效断热层，阻断通过门窗框散失热量的传递途径，从而达到高效节能的效果。

由于采用铝木结合的结构方式，铝木复合门窗具有更高的刚性、更大的采光通风面积，大大加强了其实用性和耐用性，同时也解决了材质不同、加工工艺不同的两种材料不易组合的难题，在炎热和寒冷地区使用尤其能显示它的优越性能。

在木材选材方面，对木材的树龄、生产环境、合框的三层板材取材方向、齿接点位置等都有严格要求。门窗室内面为木材天然纹理，室外铝合金型颜色可以根据用户要求及住宅外墙颜色确定，使整体搭配合理协调；铝材与木材之间、框与扇之间都有一定的间隙，可以消除变形而产生的影响，从而避免了由于温度、湿度变化而引起的质量问题；中空玻璃与框体之间使用专用玻璃垫进行垫接，还起到一定的减震作用；扇与框搭接处室外面用专用隔离胶条进行隔离，防止雨水直接渗入室内。

9.3 饰 面 工 程

饰面工程包括饰面板和饰面砖工程，按板面材料分类，主要有天然石板饰面、人造石板饰面、陶瓷面砖饰面和金属板饰面等。

9.3.1 饰面砖工程

饰面砖包括内墙陶瓷面砖(釉面砖)、外墙陶瓷面砖(墙地砖)等。

1. 材料及质量要求

1) 釉面砖

釉面砖是采用瓷土或优质陶土烧制而成的表面上釉、薄片状的精陶制品，有白色釉面砖、单色釉面砖、装饰釉面砖、图案釉面砖等多个品种。

釉面砖表面光滑，易于清洗，色泽多样，美观耐用，其坯体为白色，有一定的吸水率。由于釉面砖为多孔精陶，其坯体长期在空气中，特别是在潮湿环境中使用会产生吸湿膨胀，而釉面吸湿膨胀很小，如果将釉面砖用于室外有可能受干湿的作用而引起釉面开裂，以致剥落掉皮，因此釉面砖一般只用于室内而不用于室外。

釉面砖的质量要求为：表面光洁，色泽一致，边缘整齐，无脱釉、缺釉、凸凹扭曲、暗痕、裂纹等缺陷。

2) 外墙面砖

外墙面砖是以陶土为原料，用半干压法成型，经 1100℃左右高温煅烧而成的粗炻类制品，表面可上釉或不上釉。

其质地坚实，吸水率较小，色调美观，耐水抗浆冻，经久耐用。

外墙面砖的质量要求为：表面光洁，质地坚固，尺寸、色泽一致，不得有暗痕和裂纹。

2. 基层处理和准备工作

饰面砖应镶贴在湿润、干净的基层上，同时应保证基层的平整度、垂直度和阴、阳角方正，因此，在镶贴前应对基体进行表面处理。

对于砖墙、混凝土墙或加气混凝土墙可分别采用清扫湿润、刷聚合物水泥浆、喷甩水泥细砂浆或刷界面处理剂、铺钉金属网等方法对基体表面进行处理，然后贴灰饼，设置标筋，抹找平层灰，用木抹子搓平，隔天浇水养护。

找平层灰浆对于砖墙、混凝土墙采用 1∶3 水泥砂浆，对于加气混凝土墙应采用 1∶1∶6 的混合砂浆。

釉面砖和外墙面砖镶贴前应按其颜色的深浅(色差)进行挑选分类，并用自制套模对面砖的几何尺寸进行分选，以保证镶贴质量。

然后浸水润砖 4 小时以上，将其取出阴干至表面无水膜(以手摸无水感为宜)，最后备用。冬季施工，宜用掺入 2%盐的温水泡砖。

3. 施工方法

饰面砖的安装可采用直接粘贴法(镶贴法)施工。

1) 内墙釉面砖镶贴

镶贴前，应在水泥砂浆基层上弹线分格，弹出水平、垂直控制线。

在同一墙面上的横、竖排列中不宜有一行以上的非整砖，非整砖行应安排在次要部位或阴角处。

在镶贴釉面砖的基层上用废面砖按镶贴厚度上下左右做灰饼，并上下用托线板校正垂直，横向用线绳拉平，按 1500 mm 间距补做灰饼。阳角处做灰饼的面砖正面和侧边均应吊垂直，即所谓双面挂直。

镶贴用砂浆宜采用 1∶2 水泥砂浆，砂浆厚度 6～10 mm。为改善砂浆的和易性，可掺不大于水泥重量 15%的石灰膏。

釉面砖的镶贴也可采用专用胶黏剂或聚合物水泥浆，后者的配比(重量比)为水泥∶107胶∶水 = 10∶0.5∶2.6。采用聚合物水泥浆不但可提高其粘结强度，而且可使水泥浆缓凝，利于镶贴时的压平和调整操作。

釉面砖镶贴前先应湿润基层，然后以弹好的地面水平线为基准，从阳角开始逐一镶贴。

镶贴时，用铲刀在砖背面刮满粘贴砂浆，四边抹出坡口，再准确置于墙面，用铲刀木柄轻击面砖表面，使其落实贴牢，随即将挤出的砂浆刮净，见图 9-16。

镶贴过程中，随时用靠尺以灰饼为准检查平整度和垂直度，见图 9-17，如发现高出标准砖面，应立即压挤面砖；如低于标准砖面，应揭下重贴，严禁从砖侧边挤塞砂浆。

图 9-16 饰面砖背面涂抹砂浆

图 9-17 镶贴

接缝宽度应控制在 1～1.5 mm 范围内，并保持宽窄一致。

镶贴完毕后，应用棉纱净水及时擦净表面余浆，见图 9-18，并用薄皮刮缝，然后用同色水泥浆嵌缝。

镶贴釉面砖的基层表面遇到突出的管线、灯具、卫生设备的支承等，应用整砖套割吻合，不得用非整砖拼凑镶贴，见图 9-19。同时在墙裙、浴盆、水池的上口和阴、阳角处应使用配件砖，以便过渡圆滑、美观，同时不易碰损。

图 9-18 清理

图 9-19 开关处套割

2) 外墙面砖镶贴

外墙底、中层灰抹完后，养护 1～2 天即可镶贴施工。

镶贴前应在基层上弹基准线，方法是在外墙阳角处用线锤吊垂线并经经纬仪校核，用花蓝螺丝将钢丝绷紧作为基准线，见图 9-20。以基准线为准，按预排大样先弹出顶面水平线，然后每隔约 1000 mm 弹一垂线。

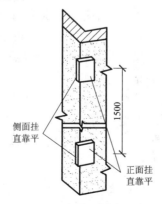

图 9-20 阳角双面挂直示意图

在层高范围内按预排实际尺寸和面砖块数弹出水平分缝、分层皮数线。一般要求外墙面砖的水平缝与窗台面在同一水平线上，阳角到窗口都是整砖，见图9-21。

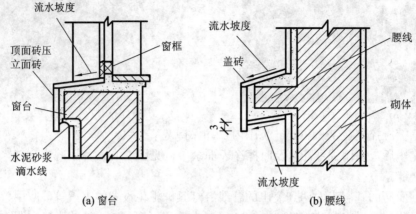

(a) 窗台　　　　　　　　　　　　(b) 腰线

图9-21　外窗台及腰线面砖镶贴示意图

外墙面砖一般都为离缝镶贴，可通过调整分格缝的尺寸(一个墙面分格缝尺寸应统一)来保证不出现非整砖，见图9-22。

图9-22　外墙砖错缝镶贴

在镶贴面砖前应做标志块灰饼并洒水润湿墙面。

镶贴外墙面砖的顺序是整体自上而下分层分段进行，每段仍应自下而上镶贴，先贴墙柱、腰线等墙面突出物，然后再贴大片外墙面。

镶贴时先在面砖的上沿垫平分缝条，用1：2的水泥砂浆抹在面砖背面，厚度约6～10 mm，自墙面阳角起顺着所弹水平线将面砖连续地镶贴在墙面找平层上。

镶贴时应"平上不平下"，保证上口一线齐。竖缝的宽度和垂直度除依弹出的垂线校正外，应经常用靠尺检查或目测控制，并随时吊垂直线检查。

一行贴完后，将砖面挤出的灰浆刮净并将第二根分缝条靠在第一行的下口作为第二行面砖的镶贴基准，然后依次镶贴。分缝条同时还起着防止上行面砖下滑的作用。分缝条可于当日或次日起出，起出后可刮净重复使用。

一面墙贴完并检查合格后，即可用1：1的水泥细砂浆勾缝，随即用砂头擦净砖面，必要时可用稀盐酸擦洗，然后用水冲洗干净。

4．瓷砖粘贴剂的应用

瓷砖粘贴剂是一种无毒、无刺激、符合环境保护要求，且具有优良的耐水、耐候、抗老化、抗冻融性，用于粘贴瓷砖、石板、石材的胶凝材料。

用这种胶凝材料粘贴的饰面砖粘结强度高、牢固可靠，不空鼓、不泛碱、抗垂滑、防渗防漏，且和易性好、操作简单、施工方便、工效高。

1) 适用范围

(1) 瓷砖、大理石及花岗岩板材的粘贴，见图 9-23、图 9-24。

图 9-23 内墙粘贴　　　　　　　　　　　　　图 9-24 外墙粘贴

(2) 建筑物的顶棚和墙壁面等基层抹灰前的涂刷界面处理。

(3) 聚苯乙烯泡沫板等保温层、铺贴玻璃布的粘贴。

(4) 可做建筑用界面处理剂。

(5) 适宜于室内外、地下室、海港、隧道、地热墙暖、池塘、壕沟和水利设施各种质量要求较高的工程抹面施工。

(6) 可做砂浆增效剂用，加少量于混凝土砂浆中，可改善砂浆的和易性。

2) 施工步骤

(1) 清理基层表面上的油污、灰尘等，必要时可用界面剂预处理粘贴面。

(2) 按比例在容器中加入清水和粘贴剂，使用机械搅拌器充分搅拌均匀，静置 5 min 后，再稍加搅拌即可施工。

(3) 将搅拌好的粘结剂浆料用齿状镘刀均匀涂抹在粘贴面上，并用齿形镘刀的齿面刮出凹凸槽，如图 9-25 所示。

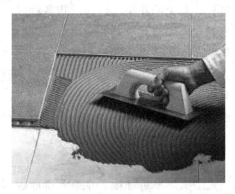

图 9-25 刮出凹凸槽

(4) 将瓷砖整齐粘贴在粘贴面上，应按平压实。

(5) 瓷砖粘贴完，待粘结剂凝固后，可使用填缝剂进行勾缝施工。

3) 注意事项

使用时应将粘贴剂搅拌均匀，使其高分子材料充分溶解方可使用。搅拌好的砂浆应防止暴晒、火烤，随用随搅，2 小时内用完。若砂浆变稠，搅拌一下即可使用。严禁在搅拌好的砂浆中再次加水或向墙面、工具上喷水。

施工基面灰浆要饱满，必须确保施工墙体表面及石材等粘贴面的清洁，不能存有尘土、石粉和油污。

粘贴完毕，30 分钟内可随意调整，30 分钟后严禁碰、撞、挪动，粘贴后不需淋水养护。

施工温度不低于 5℃，风力不能大于 5 级，严禁负温施工。雨天施工时，采取严格有效的防护措施，防止雨水淋湿尚未干燥的砂浆。

凡是将板材进行防污、防水处理过的(憎水剂处理过的)，严禁使用粘贴剂。

没用完的粘贴剂应及时用内衬袋密封。

9.3.2　石材饰面板工程

石材饰面板泛指天然大理石、花岗石饰面板和人造石饰面板，其施工工艺基本相同。

1. 材质要求

1) 天然大理石板材

建筑装饰工程上所指的大理石是广义的，除指大理岩外，还包括所有具有装饰功能的，可以磨平、抛光的各种碳酸盐类的沉积岩和与其有关的变质岩。

大理石属中硬石材，质地均匀，色彩多变，纹理美观，是良好的饰面材料。但大理石耐酸性差，在潮湿且含较多 CO_2 和 SO_2 的大气中易受侵蚀，从而使其表面失去光泽，甚至遭到破坏，故大理石饰面板除某些特殊品种(如汉白玉、艾叶青等)外，一般不宜用于室外或易受有害气体侵蚀的环境中。

对大理石板材的质量要求为：光洁度高，石质细密，色泽美观，棱角整齐，表面不得有隐伤、风化、腐蚀等缺陷。

2) 天然花岗石板材

装饰工程上所指的花岗石除常见的花岗岩外还泛指各种以石英、长石为主要组成矿物，含有少量云母和暗色矿物的火成岩和与其有关的变质岩。

天然花岗石板材材质坚硬、密实，强度高，耐酸性好，属硬石材。品质优良的花岗石结晶颗粒细而分布均匀，含云母少而石英多。其颜色有黑白、青麻、粉红、深青等，纹理呈斑点状，常用于室外墙地饰面，为高级饰面板材。

对花岗石饰面板的质量要求为：棱角方正，规格尺寸符合设计要求，不得有隐伤(裂纹、砂眼)、风化等缺陷。

3) 人造石饰面板材

人造石饰面板有聚酯型人造大理石饰面板、水磨石饰面板和水刷石饰面板等。

聚酯型人造石饰面板是以不饱和聚酯为胶凝材料，以石英砂、碎大理石、方解石为骨料，经搅拌、入模成型、固化而成的人造石材。其产品光泽度高，颜色可随意调配，耐腐蚀性强。其质量要求同天然大理石。

水磨石、水刷石饰面板材制作工艺与水磨石、水刷石基本相同，规格尺寸可按设计要求预制，板面尺寸较大。为增强其抗弯强度，板内常配有钢筋，同时板材背面设有挂钩，安装时可防止脱落。

水磨石饰面板材的质量要求为：棱角方正，表面平整，光滑洁净，石粒密实均匀，背面有粗糙面，几何尺寸准确。

水刷石饰面板材的质量要求为：石粒清晰，色泽一致，无掉粒缺陷，板背面有粗糙面，几何尺寸准确。

2．安装工艺

石材饰面板的安装工艺有传统湿作业法(灌浆法)、干挂法和直接粘贴法。

1) 传统湿作业法

传统湿作业法的施工工艺流程为：材料准备→基层处理，挂钢筋网→弹线定位→安装定位→灌浆→清理、擦缝。

(1) 材料准备。

饰面板材安装前，应分选检验并试拼，使板材的色调、花纹基本一致，试拼后按部位编号，以便施工时对号安装。

对已选好的饰面板材进行钻孔剔槽，用来系固铜丝或不锈钢丝。每块板材的上、下边钻孔数各不得少于 2 个，孔位宜在板宽两端 1/3～1/4 处，孔径 5 mm 左右，孔深 15～20 mm，直孔应钻在板厚度的中心位置，如图 9-26、图 9-27 所示。

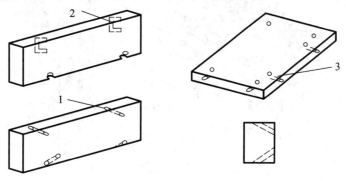

1—斜面钻孔；2—两面钻孔；3—三面钻孔

图 9-26　饰面板钻孔示意图

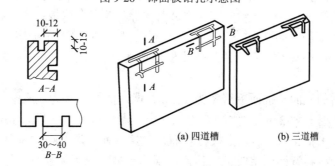

(a) 四道槽　　　(b) 三道槽

图 9-27　饰面板开槽示意图

为使金属丝绕过板材穿孔时不搁占板材水平接缝，应在金属丝绕过部位轻剔一槽，深约 5 mm。

(2) 基层处理，挂钢筋网。

把墙面清扫干净，剔除预埋件或预埋筋，也可在墙面钻孔固定金属膨胀螺栓。对于加气混凝土或陶粒混凝土等轻型砌块砌体，应在预埋件固定部位加砌实心砖或局部用细石混凝土填实。然后用 $\phi6$ 钢筋纵横绑扎成网片与预埋件焊牢，纵向钢筋间距 500～1000 mm，横向钢筋间距视板面尺寸而定。

第一道钢筋应高于第一层板的下口 100 mm，以后各道均应在每层板材的上口以下 10～20 mm 处设置。

(3) 弹线定位。

弹线分为板面外轮廓线和分块线。外轮廓线弹在地面，距墙面 50 mm 处(即板内面距墙 30 mm)，分块线弹在墙面上，由水平线和垂直线构成，它是每块板材的定位线。

(4) 安装定位。

根据预排编号的饰面板材，对号入座进行安装，见图 9-28。

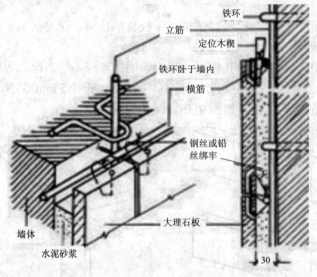

图 9-28　安装定位示意图

在安装前，石材应进行防碱背涂处理。

安装第一皮饰面板材时，先在墙面两端以外皮弹线为准固定两块板材，找平找直，然后挂上横线，再从中间或一端开始安装。安装时先穿好钢丝，将板材就位，上口略向后仰，将下口钢丝绑扎于横筋上(不宜过紧)，将上口钢丝扎紧，并用木楔垫稳，随后用水平尺检查水平，用靠尺检查平整度，用线锤或托线板检查板面垂直度，并用铅皮加垫调整板缝，使板缝均匀一致。

一般天然石材的光面、镜面板缝宽为 1 mm，凿琢面板缝宽为 5 mm。对于人造石饰面板的缝宽要求：水磨石为 2 mm，水刷石为 10 mm，聚酯型人造石材为 1 mm。

调整好垂直、平整、方正后，在板材表面横竖接缝处每隔 100～150 mm 用石膏浆板材碎块固定。为防止板材背面灌浆时板面移位，根据具体情况可加临时支撑，将板面撑牢。

(5) 灌浆。

灌注砂浆一般采用 1∶2.5 的水泥砂浆，稠度为 80～150 mm。

灌注前，应浇水将饰面板及基体表面润湿，然后用灌浆机将砂浆灌入板背面与基体间的缝隙。

灌浆应分层灌入，第一层浇灌高度不大于 150 mm，并应不大于 1/3 板高。第一层浇灌完 1～2 小时后，再浇灌第二层砂浆，高度为 100 mm 左右，即板高的 1/2 左右。第三层灌浆应低于板材上口 50 mm 处，作为施工缝，以保证与上层板材灌浆的整体性。

浇灌时应随灌随插捣密实，并及时注意不得漏灌，板材不得外移。当块材为浅色大理石或其他浅色板材时，应采用白水泥、白石屑浆，以防透底，影响饰面效果。

(6) 清理、擦缝。

一层面板灌浆完毕，待砂浆凝固后，清理上口余浆，隔日拔除上口木楔和有碍上层安装板材的石膏饼，然后按上述方法安装上一层板材，直至安装完毕。

全部板材安装完毕后，洁净表面。室内光面、镜面板接缝应干接，接缝处用与板材同颜色水泥浆嵌擦接缝，缝隙嵌浆应密实，颜色要一致。

室外光面或镜面饰面板接缝可干接或在水平缝中垫硬塑料板条，待灌浆砂浆硬化后将板条剔出，用水泥细砂浆勾缝。

干接应用与光面板相同的彩色水泥浆嵌缝。粗磨面、麻面、条纹面的天然石饰面板应用水泥砂浆接缝和勾缝，勾缝深度应符合设计要求。

2) 干挂法

饰面板的传统湿作业法工序多，操作较复杂，而且易造成粘接不牢、表面接茬不平等弊病，同时仅适用于墙面高度不大于 10 m 的多、高层建筑外墙首层或内墙面的装饰，因此饰面板的安装多采用干挂法施工。

干挂法安装也称为直接挂板法，它是用不锈钢角钢将板块支托固定在墙上，使上下两层角钢的间距等于板块的高度，再用不锈钢销插入板块上下边打好的孔内并用螺栓安装固定在角钢上，使板材与墙面间形成 50～80 mm 宽的空气层，最后进行勾缝处理，如图 9-29、图 9-30 所示。

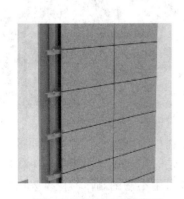

图 9-29　墙面干挂花岗石

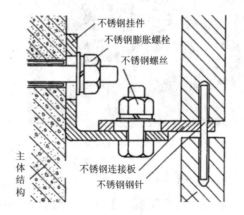

图 9-30　干挂工艺构造示意图

这一方法可省去湿作业，并可有效地防止板面回潮、返碱、返花等，一般用于 30 m 以下的钢筋混凝土墙面，不适用于砖墙和加气混凝土墙面。

干挂法根据板材的加工形式分为普通干挂法和复合墙板干挂法(也称 GPC 法)。

普通干挂法：普通干挂法是直接在饰面板厚度面和反面开槽或孔，然后用不锈钢连接器与安装在钢筋混凝土墙体内的膨胀金属螺栓或钢骨架相连接。饰面板的板缝间填塞泡沫塑料阻水条，外用防水密封胶做嵌缝处理。该种方法多用于 30 mm 以下的建筑外墙饰面。

各种干挂连接件见图 9-31～图 9-35。圆柱面干挂石材见图 9-36。

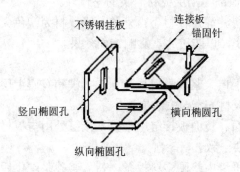

图 9-31　可三向调节的干挂件

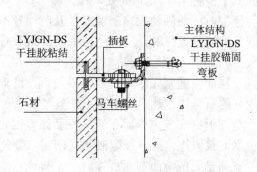

图 9-32　T 型挂件

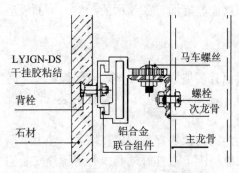

图 9-33　背栓式挂件

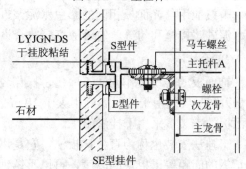

图 9-34　SE 型挂件

图 9-35　柱面干挂石材连接件

图 9-36　圆柱面干挂石材

复合墙板干挂法：复合墙板是以钢筋细石混凝土做衬板、磨光石材薄板做面板，连接成一体的饰面复合板。此种板在浇筑前放入预埋件，安装时用连接器将板材与主体结构的钢架相连接，复合墙板与主体结构间保持空腔。连接件可用不锈钢制作，也有采用涂刷防腐、防锈涂料后进行高温固化处理(400℃)的碳素钢连接件，效果良好。

复合墙板可根据使用要求加工成不同的规格，常做成一开间一块的大型板材。加工时，石材面板通过不锈钢连接环与钢筋混凝土衬板结牢，形成一个整体。

为防止雨水的渗漏，上下板材的接缝处设两道密封防水层，第一道在上、下石材面板间，第二道在上、下钢筋混凝土衬板间。

该种做法的特点是施工方便、效率高、节约石材，但对连接件质量要求较高，适用于高层建筑的外墙饰面，高度不受限制。

复合墙板施工见图 9-37～图 9-40。

图 9-37　钢筋混凝土衬板

图 9-38　安装钢架

图 9-39　安装 T 型螺栓

图 9-40　挂板

(1) 施工工艺流程。

干挂法施工工艺流程为：排样→挑选板材→加工、编号→钢架制作、钢架验收→外墙面基层处理→墙面分格放线→钢架固定→检查平整度和牢固性→板材固定→清理表面及嵌缝→填嵌密封条及密封胶→清理→验收。

(2) 板材准备。

首先对板材的颜色进行挑选分类，尽量使安装在同一面上的板材的颜色保持一致，并根据设计尺寸和图纸的要求，将专用模具固定在台钻上，对板材进行打孔，随后在板材背面刷不饱和树脂胶。

板材在刷第一遍胶前，先把编号写在板材上，并将板材上的浮灰及杂污清除干净。

(3) 墙面分格放线及安装骨架。

首先清理干挂板材部位的结构表面，然后将骨架(见图 9-41)的位置弹线到主体结构上，放线工作根据轴线及标高点进行。用经纬仪控制垂直度，用水准仪测定水平线，并将其标注到墙上。一般先弹出竖向杆件的位置，确定竖向杆件的锚固点，待竖向杆件布置完毕，再将横向杆件位置弹在竖向杆件上。

图 9-41　钢骨架

骨架施工的重点为主龙骨与墙体预埋件的焊接质量、焊接形变，及无预埋件部位的施工方法。

(4) 安装饰面板。

钻孔开槽，固定锚固件：先在板材的两端开槽钻孔，孔中心距板端 80~100 mm，孔深 20~25 mm，见图 9-42，然后在相对于板材的墙面相应位置钻直径 8~10 mm 的孔，将不锈钢膨胀螺栓一端插入孔中固定好，另一端挂好锚固件。

图 9-42　石材开槽

安装底层板材：根据固定在墙上的不锈钢锚固件位置，安装底层板材。将板材孔槽和锚固件固定销对位安置好，然后利用锚固件上的螺栓孔调节板材的平整、垂直度及缝隙，再用锚固件将板材固定牢固，并且用嵌固胶将锚固件填堵固定，见图 9-43。

安装上行板：先往下一行板的插销孔内注入嵌固胶，擦净残余胶液后，将上一行板材按照安装底层板的方法就位。检查安装质量，符合设计及规范要求以后进行固定，见图 9-44。

图 9-43　安装石材

图 9-44　石材安装完毕

密封胶填缝：板材挂贴施工完毕后，进行表面清洁并清除缝隙中的灰尘。先用直径

8～10 mm 的泡沫塑料条填实板内侧，留 5～6 mm 深的缝，在缝两侧的板材上，靠缝粘贴 10～15 mm 宽的塑料胶带，以防止打胶嵌缝时污染板面，然后用打胶枪填满密封胶，见图 9-45、图 9-46。

如果发现密封胶污染板面，必须立即擦净。

图 9-45　缝隙处理

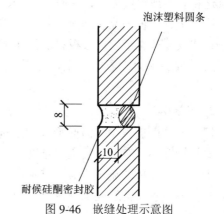

图 9-46　嵌缝处理示意图

(5) 墙体的防水、防雷接地。

工程防水处理的好坏也是体现工程质量优劣的重要因素，它表现在：在窗洞位置，采用设置流水坡和留滴水线、槽的方法控制；在板缝之间，先沿板材的缝塞泡沫棒，然后选择品质优良的密封胶进行打胶，胶缝深 15 mm，最后用 Φ10 的塑料棍压出凹圆。

施工完毕后，采用对墙体洒水的方法测试墙体的防水性能，如无渗漏现象，则墙体符合要求。

3) 直接粘贴法

直接粘贴法适用于厚度在 10～12 mm 以下的石材薄板和碎大理石板的铺设。

贴结剂可采用不低于 32.5 级的普通硅酸盐水泥砂浆或白水泥白石屑浆，也可采用专用的石材粘结剂。

对于薄型石材的水泥砂浆粘贴施工，主要应注意在粘贴第一皮时应沿水平基准线放一长板作为托底板，防止石板粘贴后下滑。粘贴顺序为由下至上逐层粘贴。

粘贴初步定位后，应用橡皮锤轻敲表面，以取得板面的平整和与水泥砂浆接合的牢固。每层用水平尺靠平，每贴三层应在垂直方向用靠尺靠平。

使用粘结剂粘贴饰面板时，特别要注意检查板材的厚度是否一致，如果厚度不一致，应在施工前分类，粘贴时分不同墙面分贴不同厚度的板材。

9.3.3　金属饰面板工程

金属饰面板作为建筑物特别是高层建筑物的外墙饰面，具有典雅庄重、质感丰富、线条挺拔以及坚固、质轻、耐久等特点。

金属饰面板有铝合金板、不锈钢板等单一材质板，也有夹芯铝合金板、涂层钢板、烤漆钢板等复合材质板。

按板面或截面形式，金属饰面板可分为光面平板、纹面平板、压型板、波纹板、立体盒板等。

1. 铝合金饰面板的施工

1) 材料和质量要求

铝合金饰面板是以铝合金为原料经冷压或冷轧加工成型的饰面金属板材，其表面经阳极氧化和着色或涂层处理，具有质量轻、强度高、经久耐用、便于加工等特点。

铝合金饰面板的品种和规格繁多，按其表面装饰效果和断面形式可分为花纹板、浅花纹板、波纹板和压形板；按板材的结构形式可分为单层板、夹芯板和蜂窝空心板等。

其质量要求为：表面平整、光滑，无裂缝和折皱，颜色一致，边角整齐，涂层厚度均匀。

2) 安装工艺

铝合金饰面板根据其断面形式和结构特点，一般由生产厂家设计有配套的安装工艺，但其安装精度高，有一定的施工难度。

铝合金饰面板的施工安装工艺流程一般为：弹线定位→安装固定连接件→安装骨架→饰面板安装→收口构造处理→板缝处理。

(1) 弹线定位。

弹线定位是决定铝合金饰面板安装精度的重要环节。弹线应以建筑物的轴线为基准，根据设计要求将骨架的位置弹到结构主体上。首先弹竖向杆件(或连接件)的位置，然后再弹水平线，再将骨架安装位置按设计要求标定出来，为骨架安装提供依据。

弹线定位前应对结构主体进行测量检查，使结构基层平面的垂直度、平整度满足骨架的垂直度和平整度的要求。

(2) 固定连接件。

连接件起连接骨架与结构主体的作用，其要求位置精确，连接牢固。

通常连接件用型钢制作并与结构预埋铁件焊接，也可不做预埋件，直接将连接件用金属膨胀螺栓固定在弹线确定的主体结构的确定位置上。

(3) 安装固定骨架。

骨架的横、竖杆件可采用铝合金型材或型钢。若采用型钢，安装前必须做防锈处理；如采用铝合金型材，则与连接件接触部分必须做防腐处理，避免产生电化学腐蚀。

骨架要严格按定位线安装，安装顺序一般是先安装竖向杆件再安装横档，杆件与连接件间一般采用螺栓连接，便于进行位置调整。

安装过程中应及时校正垂直度和平整度，特别是对于较高外墙饰面的竖杆，应用经纬仪校正，较低的可用线锤校正。

骨架杆件的连接要保证顺直，同时安装中要做好变截面、沉降缝和变形缝的细部处理，以便饰面板的顺利安装。

(4) 饰面板安装。

铝合金饰面板根据板材构造和建筑物立面造型的不同有不同的固定方法，操作顺序也不尽相同。一般安装有如下两种方法：一是直接将板材用螺栓固定在骨架型材上；二是利用板材预先压制好的各种异形边口压卡在特制的带有卡口的金属龙骨上。前者耐久性好，连接牢固，常用于外墙饰面工程。后者施工方便，连接简单，适宜受力不大的室内墙面或吊顶饰面工程。

铝合金扣板的安装：安装时采用后条扣压前条的方法，使前块板条安装固定的螺丝被后块板条扣压遮盖，从而达到螺钉全部暗装的效果。该种饰面板的骨架间距一般为：主龙骨 900 mm，次龙骨不大于 500 mm。如板条竖向安装，可只设横向次龙骨骨架；如横向安装也可只设竖向次龙骨骨架。骨架可用型钢制作，也可用方木制作。铝合金扣板通过自攻螺钉直接拧固于骨架之上。板条嵌扣时，可留 5～6 mm 的空隙形成凹缝，增加板面的凹凸效果。对板的四周收口时，可用角铝或不锈钢角板进行封口处理。

铝合金饰面板的压卡法施工：压卡法主要适用于高度不大、风压较小的建筑外墙、室内墙面和顶面的铝合金饰面板的安装。其主要特点是饰面板的边缘弯折成异型边口，然后将由镀锌钢板冲压成型的带有嵌插卡口的专用龙骨固定后，再将铝合金饰面板压卡在龙骨上，形成平整、顺直的板面。

蜂窝型铝合金复合饰面板的施工：蜂窝型铝合金饰面板是高级外墙装饰材料，该种复合板采用蜂窝中空结构，可保持其平整度经久不变，并具有良好的隔音、防震、保温隔热性能，同时质量轻，刚度大，转角平滑规整，接缝顺直。其表面用各种优质面层涂料涂饰，具有优良的耐腐蚀性能和耐气候性，可有效地抵抗城市空气中尘污、酸雨及阳光、风沙的侵蚀。该种铝合金复合板的内外表面为 0.3～0.7 mm 的铝合金薄板，中心层用铝合金或玻纤布、纤维纸制成蜂窝结构。在表面的涂层外覆有可剥离的保护膜，以保护其在加工、运输和安装时不致受损。该种铝合金复合板可用于外墙、立柱、天花板、电梯、内墙等部位的饰面。

2．彩色压型钢板的施工

彩色压型钢板是先采用冷轧钢板、镀锌薄钢板经辊压、冷弯成截面呈 V 型、U 型或梯形等波形的板材，再经表面涂层处理而成的金属饰面板。彩色压型钢板也可采用彩色涂层钢板直接制作。

该种金属板材具有重量轻、波纹平直坚挺、色彩鲜艳丰富、造型美观大方、耐久性强、抗震性好、加工简单、施工方便等特点，并可与保温材料复合制成夹芯复合板材，广泛用于工业与民用建筑及公共建筑的墙面、屋面、吊顶等饰面。

1）安装顺序

采用压型钢板的安装顺序为：预埋连接件→安装龙骨→安装压型钢板→板缝处理。

2）预埋连接件

连接件的作用是连接龙骨与结构基体。在砖基体中可埋入带有螺栓的预制混凝土块或木砖；在混凝土基体中可埋入 $\phi 8 \sim \phi 10$ 的钢筋套扣螺栓，也可埋入带锚筋的铁板。

如没有将连接件预埋在结构基体中，也可用金属膨胀螺栓将连接件钉固于基体之上。

3）安装龙骨

龙骨一般采用角钢或槽钢，预先应做防腐或防火处理。

龙骨固定前要拉水平线和垂直线，并确定连接件的位置，龙骨与连接件间可采用螺栓连接或焊接。

竖向龙骨的间距一般为 900 mm，横向龙骨间距一般为 500 mm。根据排板的方向也可只设横向或竖向龙骨，但间距都应不大于 500 mm。

安装时要保证龙骨与连接件连接牢固，在墙角、窗口等处必须设置龙骨，以免端部板架空。

4) 安装压型钢板

安装压型钢板要按构造详图进行，安装前要检查龙骨位置，计算好板材及缝隙宽度，同时检查墙板尺寸、规格是否齐全，颜色是否一致，并进行预排、划线定位。

墙板与龙骨间可用螺钉或卡条连接，安装顺序可按节点的连接接口方式确定，顺一个方向连接。

彩色压型钢板的板缝要根据设计要求处理好，一般可压入填充物，再填防水材料，特别是边角部位要处理好，否则会使板材防水功能受到影响。

9.4 楼地面工程

建筑楼地面工程是建筑物室内底层地面与楼层地面(楼面)工程的总称。

建筑楼地面工程主要由面层和基层两大基本构造层组成。面层部分即地面与楼面的表面层，按不同的使用要求可以做成整体面层、板块面层和木竹面层等；基层部分包括结构层和垫层，底层地面的结构层是基土，楼层地面的结构是楼板。

9.4.1 整体面层施工

整体面层是指一次性连续铺筑而成的面层，按材料不同可分为水泥砂浆楼地面、细石混凝土楼地面、现浇水磨石楼地面等。它的特点是施工方便，造价较低。

1. 水泥砂浆楼地面

水泥砂浆楼地面是传统地面中应用最广泛的一种，其面层是采用水泥砂浆，在找平层或楼板上整体铺抹而成。其优点是造价低廉、施工简便，缺点是若施工质量不好，会引起起灰、起砂、裂缝等质量问题。

1) 材料要求

水泥：32.5 级以上硅酸盐水泥。

砂：应采用中砂或粗砂，过 8 mm 孔径筛子，含泥量不应大于 3%。

2) 主要机具

整体面施工的主要机具有搅拌机、手推车、木刮社、木抹子、铁抹子、劈缝溜子、喷壶、铁锹、小水桶、长把刷子、扫帚、钢丝刷、粉线包、錾子、锤子等。

3) 工艺流程

基层处理→找标高、弹线→洒水湿润→抹灰饼和标筋→搅拌砂浆→刷水泥浆结合层→铺水泥浆面层→木抹子搓平。

4) 施工方法

(1) 基层处理。

先将基层上的灰尘扫掉，用钢丝刷和錾子刷净、剔掉灰浆皮和灰渣层，并用清水冲洗干净。

(2) 找标高弹线。

根据墙上的 +500 mm 水平线，往下量测出面层标高，并弹在墙上。

(3) 洒水湿润。

用喷壶将地面基层均匀洒水一遍。

(4) 抹灰饼和标筋(或称冲筋)。

根据房间内四周墙上弹的面层标高水平线，确定面层抹灰厚度(不应小于 20 mm)，然后拉水平线开始抹灰饼(50 mm×50 mm)，横竖间距为 1.5～2.00 m，灰饼上平面即为地面面层标高。

如果房间较大，为保证整体面层平整度，还须抹标筋(或称冲筋)，将水泥砂浆铺在灰饼之间，宽度与灰饼宽相同，用木抹子拍抹成与灰饼上表面相平一致。

铺抹灰饼和标筋的砂浆材料配合比均与抹地面的砂浆相同。

(5) 搅拌砂浆。

水泥砂浆的体积比为 1∶2(水泥∶砂)，其稠度不应大于 35 mm，强度等级不应小于 M15。为了控制加水量，应使用搅拌机搅拌均匀，颜色一致。

(6) 刷水泥浆结合层。

在铺设水泥砂浆之前，应涂刷水泥浆一层，其水灰比为 0.4～0.5。涂刷之前要将抹灰饼余灰清扫干净，再洒水湿润，不要涂刷面积过大，随刷随铺面层砂浆。

(7) 铺水泥砂浆面层。

涂刷水泥浆之后紧接着铺水泥砂浆，在灰饼之间(或标筋之间)将砂浆铺均匀，然后用木刮杠按灰饼(或标筋)高度刮平。铺砂浆时如果灰饼(或标筋)已硬化，木刮杠刮平后，同时将利用过的灰饼(或标筋)敲掉，并用砂浆填平。

(8) 木抹子搓平。

木刮杠刮平后，立即用木抹子搓平，从内向外退着操作，并随时用 2 m 靠尺检查其平整度。

2．现浇水磨石楼地面

现浇水磨石楼地面是将具有鲜艳色彩的石子和水泥混合铺设，再采用水磨工艺使之平整光滑的一种地面，见图 9-47。它具有色彩丰富、图案组合多种多样的饰面效果，且面层平整光滑，坚固耐磨，整体性好，防水、耐腐蚀，易于清洁，常用于公共建筑中人流较多的门厅等楼地面。缺点是施工工艺复杂，施工时间较长，且用水较多，对环境会造成一定污染。

1) 材料要求

水泥：原色水磨石面层宜用 42.5 级以上硅酸盐水泥、普通硅酸盐水泥；彩色水磨石应采用白色或彩色水泥。同一单位工程宜采用同批号的水泥。

图 9-47　水磨石地面

砂：宜采用中砂，通过 0.63 mm 孔径的筛，含泥量不得大于 3%。

石子(石米)：应采用洁净无杂物的大理石粒，其粒径除特殊要求外，一般用 4～12 mm，或将大、中、小石料按一定比例混合使用。同一单位工程宜采用同批产地的石子，颜色规格不同的石子应分类堆放。

玻璃条：由设计确定或用普通 3 mm 厚平板玻璃裁制成宽 10 mm 左右(视石子粒径定)的玻璃条，长度由分块尺寸决定。

铜条：宜采用不小于 3 mm 厚的铜板，宽 10 mm 左右(视石子粒径定)，长度由分块尺寸决定。铜条须经调直才能使用，铜条下部 1/3 处每米钻四个孔，孔径取 2 mm，穿铁丝备用。

颜料：采用耐光、耐碱的矿物颜料，其掺入量不大于水泥重量的 12%，不得使用酸性颜料。如采用彩色水泥，可直接与石子拌合使用。

其他：草酸、地板蜡、$\phi 0.5 \sim 1.0$ mm 直径的铅丝。

2) 作业条件

除参照水泥砂浆面层的作业条件外，还须注意下面几点：

(1) 石子料径及颜色须由设计者确认后才能进货。

(2) 彩色水磨石如用白色水泥掺色粉拌制时，应事先按不同的配合比做样板，由设计者确认。一般彩色水磨石色粉掺量为水泥量的 3%～6%，深色则不超过 12%。

(3) 水泥砂浆找平层施工完毕至少 24 小时，最好养护 2～3 天再进行下道工序施工。

(4) 石子(石米)应分别过筛，并尽可能用水洗净晾干使用。

3) 工艺流程

处理、润湿基层→打灰饼、做冲筋→抹找平层→养护→嵌镶分格条→铺水泥石子浆→养护试磨→磨第一遍并补浆→磨第二遍并补浆→磨第三遍并养护→过草酸上蜡抛光。

(1) 找平层。

找平层用 1∶3 干硬性水泥砂浆，先将砂浆摊平，再用压尺按冲筋刮平，随即用木抹子磨平压实，要求表面平整密实、保持粗糙，找平层抹好后，第二天应浇水养护至少 1 天。

(2) 分格条镶嵌。

找平层养护 1 天后，先在找平层上按设计要求弹出纵横两向的图案墨线，然后按墨线截裁分格条。

用纯水泥浆在分格条下部抹成八字角，通长座嵌牢固(与找平层约成 30 度角)，铜条穿的铁丝要埋好，涂抹高度比分格条低 3～5 mm，见图 9-48、图 9-49。

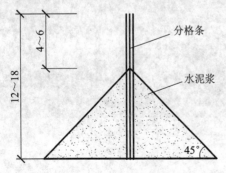

图 9-48　分格条粘贴剖面

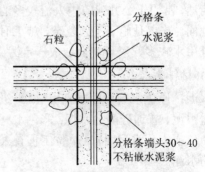

图 9-49　分格条十字交叉处平面

分格条应镶嵌牢固，接头严密，顶面在同一平面上，并通线检查其平整度及顺直情况。

分格条镶嵌完毕，12 小时后再开始浇水养护，最少应养护 2 天。

(3) 抹石子浆面层。

水泥石子浆必须严格按照配合比计量，彩色水磨石应先按配合比将白水泥和颜料反复干拌均匀，拌完后密筛多次，使颜料均匀混合在白水泥中，并调足供补浆之用的备用量，最后按配合比与石米搅拌均匀，并加水搅拌。

铺水泥石子浆前一天，洒水湿润基层。将分格条内的积水和浮砂清除干净，并涂一遍素刷水泥浆，水泥品种与石子浆的水泥品种应一致，随即将水泥石子浆先铺在分格条旁边，将分格条边约 100 mm 内的水泥石子浆(石子浆配合比一般为 1∶1.25 或 1∶1.50)轻轻抹平压实以保护分格条，然后再整格铺抹，用木磨板子或铁抹子抹平压实，注意不应用压尺平刮。

面层应比分格条高 5 mm 左右，如局部石子浆过厚，应用铁抹子挖去，再将周围的石子浆刮平压实，对局部水泥浆较厚处，应适当补撒一些石子，并压平压实，表面要达到平整，石子分布要均匀。

同一平面上有几种颜色图案时，应先做深色，后做浅色。待前一种色浆凝固后，再抹后一种色浆。两种颜色的色浆不应同时铺抹，避免串色。间隔时间不宜过长，一般可隔日铺抹。

石子浆铺抹完成后，次日起应进行浇水养护，并应设警戒线严防人行践踏。

(4) 磨光。

大面积施工宜用机械磨石机研磨；小面积、边角处可使用小型手提式磨机研磨；对局部无法使用机械研磨时，可用手工研磨。开磨前应试磨，若试磨后石粒不松动，即可开磨。

磨光作业应采用"二浆三磨"方法进行，即整个磨光过程分三遍磨光，补浆二次。

用 60～80 号粗石磨第一遍，随磨随用清水冲洗，并将磨出的浆液及时扫除，见图 9-50。整个水磨面要磨匀、磨平、磨透，使石粒面及全部分格条顶面外露。

磨完后要及时将泥浆水冲洗干净，稍干后，涂刷一层同颜色水泥浆(即补浆)用以填补砂眼和凹痕，对个别脱石部位要填补好，不同颜色上浆时，要按先深后浅的顺序进行。

补浆后需养护 3～4 天，再用 100～150 号磨石进行第二遍研磨，方法同第一遍。要求磨至表面平滑、无模糊不清的地方为止。

经磨完清洗干净后，再涂刷一层同色水泥浆，继续养护 3～4 天后，用 180～240 号细磨石进行第三遍研磨，要求磨至石子粒粒显露，表面平整光滑，无砂眼细孔为止，见图 9-51，最后用清水将其冲洗干净并养护。

图 9-50　粗磨

图 9-51　细磨

(5) 过草酸出光。

对研磨完成的水磨石面层，经检查达到平整度、光滑度要求后即可进行擦草酸打磨出光。操作时可涂刷10%～15%的草酸溶液或直接在水磨石面层上浇适量水及撒草酸粉，随后用280～320号细油石细磨，磨至出白浆、表面光滑为止，最后用布擦去白浆，并用清水冲洗干净并晾干。

图9-52　打蜡

(6) 上蜡抛光。

按蜡：煤油=1：4的比例将其热熔化，并掺入适量松香水后调成稀糊状，用布将蜡薄薄地均匀涂刷在水磨石面上。待蜡干后，用包有麻布的木块代替油石装在磨石机的磨盘上进行磨光，直到水磨石表面光滑亮洁为止，见图9-52。

9.4.2　板块面层施工

板块地面是将各种块材铺贴在基层或楼板上，其面层材料有天然石地面(花岗石、大理石地面等)、水泥板块地面(水磨石板地面、水泥板地面和混凝土板块地面等)、陶瓷砖地面、木板地面、金属板地面等。

1. 大理石楼地面

大理石楼地面是将天然大理石板材用水泥砂浆粘贴在基层上，它是一种高级的具有装饰性的楼地面工程。

1) 特点

大理石楼地面强度高，耐磨性强，光滑明亮，柔和典雅，纹理清晰，色泽美观，材源丰富，操作简便，施工进度快，工期比较短，适用于高级公共建筑，如会堂、展览厅、通廊和宾馆等。

2) 材料要求

水泥：32.5级以上普通硅酸盐水泥，并备适量擦缝用的白水泥。

砂：宜采用中砂，含泥量不大于3%，用前要过筛除去杂质。

大理石板：由大理石厂加工的成品，其品种、规格、质量应符合设计要求。进场后要存放室内，不得受雨淋，不得长期日晒。采取光面相对侧立码放，板块底面应支垫木条，木条下垫木方。发现石板有裂纹、缺棱掉角等严重缺陷时，要另行堆放。有隐伤、风化等缺陷的石板不得使用。

颜料：擦缝用，选用耐光、耐碱的颜料，其品种按饰面板的色彩和设计要求选定。

其他材料：草酸、蜡等。

3) 常用机具

大理石楼地面施工常用机具有砂浆搅拌机、手推车、铁锹、靠尺、浆壶、水桶、喷壶、铁抹子、木抹子、硬木垫板、橡皮锤、铁水平尺、钢錾子、合金钢扁錾子、台钻、砂轮锯、磨石机、扫帚等。

4) 作业条件

设立大理石加工棚，安装好砂轮锯，接通电源水源，将需要切割的板块在铺设前加工好。

内墙面、顶棚抹灰、门窗安装及水、电、煤气、通风管道安装均已完成。

基层施工完毕并具有一定强度，且墙面、柱面上已弹好 +500 mm 或 +1000 mm 标准水平线。

根据楼地面的实际尺寸和进场板块的具体尺寸，按照图案设计要求，编制绘制施工大样图，并提出需要切割的板块数量和尺寸。

5) 施工工艺

大理石镶贴的施工流程为：选板→试拼→弹线→试排→基层处理→铺砂浆→铺大理石板→擦缝→贴踢脚线→打蜡→成品保护。

(1) 选板。

对大理石板逐块认真挑选，将有翘曲、拱背、宽窄不一、不方正的石板挑出来，用在适当位置。选用的石板背面应清扫干净，用水浸湿，擦干或晾干后备用。

(2) 试拼。

在正式铺设前，每间应按图案、颜色、纹理进行试拼，板块间缝隙一般不大于 1 mm，试拼后按其位置进行编号，然后按编号放整齐。试拼工作应在地面平整的房间或操作棚内进行。

(3) 弹线。

将找平层的标高弹在四周墙上，以便拉线控制铺灰厚度和平整度，按施工大样图弹线，将线弹在垫层上并引至墙面底部用来控制板块位置。

(4) 试排。

在房间内两个垂直的方向铺两条干砂，其宽度要大于板块，厚度不小于 30 mm，根据施工大样图把石板排好，以便检查板块之间的缝隙，核对板块与墙面、柱面等的相对位置。

(5) 基层处理。

将基层表面清扫干净，不允许有松动颗粒，洒水润湿不得出现积水现象。刷一道水灰比为 0.5 左右的素水泥浆，要求均匀不得有漏刷。刷水泥浆要与下道工序铺砂浆先后连续操作，以防止素浆干硬。

基层若为隔离层，除了要将表面清扫干净外，还应注意保护隔离层，防止其损坏。操作人员要穿软底鞋，手推车腿下要有包胶皮等保护措施。

如遇到基层标高过低的情况，应抹水泥砂浆或用细石混凝土找平，防止下道工序砂浆铺得过厚难以砸实而引起空鼓缺陷。

(6) 铺砂浆。

根据墙面上的弹线定出找平层(又称结合层)的厚度。拉十字线控制铺灰厚度和平整度。砂浆一般采用 1∶3～1∶4(体积比)的干硬性水泥砂浆，干硬程度以手捏成团不松散但落地即松散为宜。

铺砂浆的顺序应从里往门口处摊铺，用大杠找平，用木抹子拍实，其厚度宜高出实铺厚度2~3 mm。大面积地段应设找平墩，间距取2 m，分段铺设水泥砂浆找平层，用杠尺刮平，铺完一段后要及时铺石板，以防砂浆结硬。

(7) 铺大理石板。

铺石板顺序：一般房间先从里开始往外进行铺设，即先从远离门口的一边开始，按照试拼编号依次铺砌，逐步退至门口；当墙边、柱脚处有镶边时，先铺镶边部分；当大厅有独立柱时，宜先铺柱子与柱子之间部分，然后往两边展开，如图9-53所示。

图9-53 大理石铺贴

在铺好的干硬性水泥砂浆上先试铺，合适后再翻开石板，在水泥砂浆上浇一道水灰比为0.5左右的素水泥浆，然后正式铺贴。

安放石板时注意四角应同时下落，用橡皮锤或木锤轻击木垫板。木垫板的长度不得超过单块石板的长度，不得将木垫板搭在另一块已铺好的石板上，以免引起空鼓。锤击时不要砸边角，以防石板产生裂缝。经过敲实，对照拉线用铁水平尺找平，若发现有空鼓、过高或过低情况，应将石板掀起，调整砂浆厚度，但严禁塞砖头、石块垫平。铺完一两块石板后，再向两侧和后退方向顺序铺设。

大理石板块之间接缝要严密，缝宽不应大于1 mm，纵横缝隙要直顺。

(8) 擦缝。

在石块铺砌24小时后，应洒水养护1~2次，然后进行灌浆擦缝。事先将地面清扫干净，根据大理石颜色选择颜料和水泥拌合均匀，调成稀水泥浆，稀水泥浆干燥后的颜色应与石板颜色相似。用浆壶徐徐灌入石板间的缝隙内，使缝隙、边角空隙填满水泥浆，经过1~2小时后，再用棉丝团或软布蘸原稀水泥浆擦缝，以使缝隙密实，与板面擦平，同时将板面上的水泥浆擦净。如接缝宽度较大，应先用1∶1水泥细砂浆填嵌，再用水泥色浆擦缝至密实、平整、光滑为止。

(9) 贴踢脚板。

贴大理石踢脚板分灌浆法与粘贴法两种。两种方法都要试排，使踢脚板的缝隙与地面大理石板接缝相对应为宜。墙面和附墙柱的阳角处应采取正面板盖侧面板，或者切割成45°斜面碰角连接。

灌浆法：在墙下脚两端先各镶贴一块踢脚板，其上楞高度应在同一水平线上，出墙厚度应一致，一般为8~10 mm，然后沿二块踢脚板上楞拉通线，逐块依顺序安装，随安装随检查踢脚板的上口平直和立面垂直。把相邻两块板之间及踢脚板与地面、墙面之间用石膏稳牢，灌1∶2水泥砂浆，用钎插捣以防空鼓，还要防止石板松动和位移，溢出的砂浆随时擦净,待砂浆终凝后,再把石膏铲掉,并清理干净。

粘贴法:根据踢脚板出墙厚度,用 1∶2～1∶3 水泥砂浆抹墙面底灰,抹平找垂直并划毛。待底灰干硬后,在湿润阴干的踢脚石板的背面刮抹 2～3 mm 厚的素水泥浆(宜加 10% 左右 107 胶)后往底灰上粘贴,按控制线上口找齐,用橡皮锤或木锤敲平,使其密实。粘结材料也可选用粘结剂或 1∶2 的水泥砂浆等。

采用灌浆法或粘贴法时,踢脚板的擦缝均应用板面颜色相同的色浆揉擦,并将余浆擦净。

(10) 打蜡。

当板块接头有明显高低差时,待砂浆强度达到 70% 后,用油石分遍浇水磨光,最后用 5% 浓度草酸清洗,再打蜡。

打蜡应在大理石地面和踢脚板均做完,其他工序也完工,且不再上人准备交用时进行,从而使其光滑明亮。

6) 施工要点

大理石面层施工,一般应在顶棚、立墙抹灰后进行,应先铺面层后安装踢脚板。

大理石板材在铺砌前应按设计要求和实际尺寸在施工现场进行切割。为保证尺寸准确,宜采用板块切割机切割,将划好尺寸的板材放在带有滑轮的平板上,推动平板来切割板材。板材经切割后,为使其边角光滑、细洁,宜采用手提式磨光机打磨边角。

大理石板材在铺砌前应先对色、拼花并编号。按设计要求(或设计图纸)的排列顺序对铺贴板材的部位以工程实际情况进行试拼,核对楼、地面平面尺寸是否符合要求,并对大理石的自然花纹和色调进行挑选排列。试拼中将色板好的排放在显眼部位,花色和规格较差的铺砌在较隐蔽处,应尽可能使楼、地面的整体图面与色调和谐统一,体现出大理石饰面建筑的高级艺术效果。

面层铺砌前进行弹线找中找方时,应将相连房间的分格线连接起来,并弹出楼、地面标高线,以控制面层表面平整度。

放线后,应先铺若干条干线作为基准,起标筋作用。一般先由房间中部向两侧采取退步法铺砌,大厅有柱子时,宜先铺砌柱子与柱子中间的部分,然后向两边展开。

板材在铺砌前应先浸水湿润,阴干后或擦干备用。结合层与板材应分段同时铺砌,铺砌前要先进行试铺,待合适后,将板材揭起,在结合层上均匀撒布一层干水泥并淋一遍水,也可采用水泥浆做粘结,同时在板材背面洒水,再正式铺砌。

铺砌时板材四周要同时下落,并用木锤或皮锤敲击平实,注意随时找平找直,要做到四角平整,纵横间隙缝对齐。

铺砌的板材应平整,线路顺直,镶嵌正确。板材间与结合层以及在墙角、镶边和靠墙、柱处均应紧密砌合,不得有空隙。

大理石面层的表面应洁净、平整、坚实,板材间的缝隙宽度不应大于 1 mm 或按设计要求。

面层铺砌后,应对其表面加以保护,待结合层的水泥砂浆强度达到要求后,方可进行打蜡到光滑亮洁。

大理石板材如有破裂时,可采用环氧树脂或 502 胶粘结修补。

为保持大理石板材面层清晰绚丽的光洁度，对铺砌好的表面应进行整修处理。采用湿纱布清洗表面，若有污染，可用较硬的羊毡块包氧化铝粉进行干擦磨光，或用砂蜡擦光。

对由于在施工中表面污染严重，或由于加工和施工造成的表面不平及边角不直，或由于规格不全和裁边表面不齐，或由于板材经粘结修补等，其表面均应进行磨平磨光，也可用 400 号或 500 号水砂纸加肥皂水进行擦磨。应先进行粗磨，一直到磨平磨光为止。

2. 地砖楼地面

1) 施工准备

(1) 地面处理。

铺贴地面瓷砖通常是在混凝土楼面或地面上施工。如基层表面较光滑，应进行凿毛处理，凿毛厚度为 5～10 mm，凿毛痕的间距为 30 mm 左右。

对地面基体表面进行清理，表面残留的浆砂、尘土和油渍等用钢丝刷刷洗干净，并用水冲洗地面。

(2) 瓷砖湿润备用。

地砖、花岗岩浸水湿润，见图 9-54，以保证铺贴后不至因吸走灰浆中水分而粘贴不牢。浸水后的地砖阴干备用，阴干的时间视气温和环境温度而定，一般为 3～5 小时，即以地砖表面有潮湿感但手按无水迹为准。

图 9-54　浸水

(3) 地面弹线、分格、定位。

地面铺贴常有两种方式，一种是瓷砖接缝与墙面成 45°角，称为对角定位法；另一种是接缝与墙面平行，称为直角定位法。

弹线时以房间中心为中心，弹出相互垂直的两条定位线，在定位线上按瓷砖的尺寸进行分格，如整个房间可排偶数块瓷砖，则中心线就是瓷砖的对接缝；如排奇数块，则中心线在瓷砖的中心位置上。

分格、定位时，距墙边留 200～300 mm 作为调整区间。

若房间内外的铺地材料不同，其交接线设在门板下的中间位置，同时，地面铺贴的收边位置不在门口处，也就是不要使门口处出现不完整的瓷砖块，地面铺贴的收边位置应安排在不显眼的墙边。

(4) 预排瓷砖。

预排瓷砖时要注意同一地面的横竖排列，不得有一行以上的非整砖，非整砖排在次要部位或阴角处，方法是：对有间隔缝的铺贴，用间隔缝的宽度来调整；对缝铺贴的瓷砖，主要靠次要部位的宽度来调整。

2) 施工工艺

工艺流程为：基层处理→找标高、弹线→铺找平层→弹铺砖控制线→铺砖→抹缝→养护→踢脚板安装。

(1) 找标高、弹线。

用尼龙线或棉线绳在墙面标高点上拉出地面标高线以及垂直交叉的定位线，按定位线的位置铺贴。

(2) 铺砖。

瓷砖的铺贴程序，对于小房间来说(面积小于 40 m^2)，通常是做 T 字形标准高度面；对于房间面积较大时，通常按在房间中心十字形做出标准高度面，这样可便于多人同时施工。

铺贴时，将水泥浆饱满的抹于瓷砖背面，再将瓷砖与地面铺贴，并用橡皮锤敲击瓷砖面，使其与地面压实，并且高度与地面标高线吻合。

铺贴 8 块以上时，用水平尺检查平整度，对高的部分用橡皮锤敲平，低的部分起出瓷砖后用水泥垫高，并用干净抹布清理瓷砖，见图 9-55。

图 9-55　地砖铺贴

(3) 抹缝。

整幅地面铺贴完毕，养护 2 天后再进行抹缝施工。

抹缝时，将白水泥调成干性团，在缝隙上擦抹，使瓷砖的对缝内填满白水泥，再将瓷砖表面擦净。

9.5　涂　料　工　程

涂料是指涂覆于基层表面，在一定条件下可形成与基体牢固结合的连续、完整固体膜层的材料。

涂料涂饰是建筑物内外最简便、经济、易于维修更新的一种装饰方法，它色彩丰富、质感多变、耐久性好、施工效率高。

建筑涂料主要具有装饰、保护和改善使用环境的功能，其功能的正常发挥与涂料的技术性能、基层的情况、施工技术和环境条件都有密切的关系。

9.5.1　涂料的分类

涂料的品种繁多，分类方法各异，一般有以下分类方法。

1. 按成膜物质分类

按涂料的成膜物质，可将涂料分为有机涂料、无机涂料和有机-无机复合涂料。

1) 有机涂料

有机涂料根据成膜物质的特点可分为溶剂型、水溶型、乳液型。

溶剂型涂料是以合成树脂为成膜物质，以有机溶剂为稀释剂，加入适量的颜料、填料、助剂，经研磨、分散而制成的涂料。传统的油漆也可归入这一类涂料。

水溶性涂料是以水溶性合成树脂为成膜物质，加入水、颜料、填料、助剂，经研磨、分散而制成的涂料。

乳液型涂料又称乳胶漆，是以合成树脂乳液为成膜物质，加入颜料、填料、助剂等辅助材料，经研磨、分散成的涂料。

水溶型涂料和乳液型涂料又称为水性涂料。

2) 无机涂料

无机建筑涂料是以碱金属硅酸盐或硅溶胶为成膜物质，加入相应的固化剂或有机合成乳液及辅助材料所制成的涂料，它是一种水性涂料。

其耐热性、表面硬度、耐老化性方面优于有机涂料，但柔性、光泽度和耐水性方面不及有机涂料。

3) 复合涂料

有机-无机复合型涂料是既含有机高分子成膜物质，又有无机高分子成膜物质的一种复合型涂料，兼有有机涂料和无机涂料的特点。

常用的品种有聚乙烯醇水玻璃内墙涂料和多彩内墙涂料等，聚合物改性水泥厚浆涂料也可归于此类。

2．按使用部位分类

根据在建筑物上使用部位的不同，建筑涂料可分为外墙涂料、内墙涂料、地面涂料等。

3．按涂料膜层厚度、形状与质感分类

按涂料膜层厚度可分为薄质涂料和厚质涂料，前者厚度为50～100 mm，后者厚度为1～6 mm。

按膜层的形状和质感可分为平壁状涂层涂料、砂壁状涂层涂料、凹凸立体花纹涂料等。

4．按涂料的特殊使用功能分类

按涂料的特殊功能可分为防火涂料、防水涂料、防腐涂料、弹性涂料等。

实际上，上述分类方法只是从某一角度出发，强调某一方面的特点。具体应用时，往往是各种分类方法混合在一起，如薄涂料包括合成树脂乳液薄涂料、水溶型薄涂料、溶剂型薄涂料、无机薄涂料等，而厚涂料包括合成树脂乳液厚涂料、合成树脂乳液砂壁状厚涂料等。

9.5.2 涂料的施工

1．基层处理

要保证涂料工程的施工质量，使其经久耐用，对基层的表面处理是关键，基层处理的好坏直接影响涂料的附着力、使用寿命和装饰效果。

不同的基体材料，表面处理的要求和方法也有所不同。

1) 混凝土及抹灰基层处理

对混凝土及抹灰基层的要求是：抹灰平面应坚固结实，阴、阳角密实；基层的 PH 值应在 10 以下；含水率对于使用溶剂型涂料的基层应不大于 8%，对使用水溶型涂料的基层应不大于 10%。

施工前，基层表面的油污、灰尘、溅沫及砂浆流痕等杂物应彻底清除干净。灰尘和其他附着物可用扫帚、毛刷等扫除；砂浆溅物、流痕及其他杂物可用铲刀、钢丝刷、錾子等工具清除；表面泛碱可用 3% 的草酸水溶液进行中和，再用清水冲洗干净；空鼓、酥裂、起皮、起砂应用铲刀、钢丝刷等清理后，应用清水冲洗干净，再进行修补；旧浆皮可刷清水以溶解旧浆料，然后用铲刀刮去旧浆皮。

2) 木质基层的处理

对于木质基层的要求是：含水率不大于 12%；表面应平整，无尘土、油污等脏物；基层表面的缝隙、毛刺、脂囊应进行处理，然后用腻子刮平、打光。

油脂和胶渍可用温水、肥皂水、碱水等清洗，也可用酒精、汽油或其他溶剂擦拭掉，然后用清水洗刷干净；树脂可用丙酮、酒精、苯类或四氯化碳等去除，或用 4%～5% 的 NaOH 水溶液洗去。

为防止木材内的树脂继续渗出，宜在清除树脂后的部位用一层虫胶漆封闭。

3) 金属基层处理

对金属基层表面的基本要求是：表面平整，无尘土、油污、锈面、鳞皮、焊渣、毛刺和旧涂层。

对于金属表面的锈层可用人工打磨、机械喷砂、喷丸(直径 0.2～1 mm 的铁丸或钢丸)或化学除锈法清除；对于焊渣和毛刺可用砂轮机去除。

2．施工方法

涂料的基本施涂方法有刷涂、滚涂、喷涂、弹涂等。

1) 刷涂

刷涂是用毛刷、排笔在基层表面人工进行涂料覆涂施工的一种方法，见图 9-56。这种方法简单易学，适用性广，工具设备简单。除少数流平性差或干燥太快的涂料不宜采用刷涂外，大部分薄质涂料和厚质涂料均可采用。

刷涂的顺序是先左后右、先上后下、先难后易、先边后面。一般是二道成活，高中级装饰可增加 1～2 道刷涂。

刷涂的质量要求是：薄厚均匀，颜色一致，无漏刷、流淌和刷纹，涂层丰富。

图 9-56　刷涂

2) 滚涂

滚涂是利用软毛辊(羊毛或人造毛)、花样辊进行施工，见图 9-57。该种方法具有设备简单、操作方便、工效高、涂饰效果好等优点。

滚涂的顺序基本与刷涂相同，先将蘸有涂料的毛辊按倒 W 形滚动，把涂料大致滚在墙面上，接着将毛辊在墙的上下左右平稳来回滚动，使涂料均匀滚开，最后再用毛辊按一定的方向滚动一遍。

阴角及上、下口一般需事先用刷子刷涂。

滚花时，花样辊应从左至右、从下向上进行操作。不够一个辊长的应留在最后处理，待滚好的墙面花纹干后，再用纸遮盖进行补滚。

滚涂的质量要求是：涂膜厚薄均匀、平整光滑、不流挂、不漏底；花纹图案完整清晰、匀称一致、颜色协调。

图 9-57　滚涂

3) 喷涂

喷涂是利用喷枪(或喷斗)将涂料喷于基层上的机械施涂方法，见图 9-58。其特点是外观质量好，工效高，适于大面积施工，可通过调整涂料的粘度、喷嘴口径大小及喷涂压力获得平壁状、颗粒状或凹凸花纹状的涂层。

喷涂的压力一般控制在 0.3～0.8 MPa，喷涂时出料口应与被喷涂面保持垂直，喷枪移动速度应均匀一致，喷枪嘴与被喷涂面的距离应控制在 400～600 mm 左右，见图 9-59。

图 9-58　喷涂

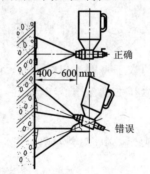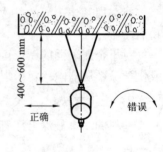

图 9-59　喷涂墙面示意图

喷涂行走路线可视施工条件，按横向、竖向或 S 型往返进行。

喷涂时应先喷门、窗口等附近，后喷大面，一般二道成活，但喷涂复层涂料的主涂料时应一道成活。

喷涂面的搭接宽度应控制在喷涂宽度的 1/3 左右。

喷涂的质量要求为：厚度均匀，平整光滑，不出现露底、皱纹、流挂、针孔、气泡和失光现象。

4) 弹涂

弹涂是借助专用的电动或手动的弹涂器(见图 9-60)将各种颜色的涂料弹到饰面基层上，形成直径 2～8 mm、大小近似、颜色不同、互相交错的圆粒状色点或深浅色点相间的彩色涂层。需要压平或轧花的，可待色点两成干后轧压，然后罩面处理。

弹涂饰面层粘结能力强，可用于各种基层获得牢固、美观、

图 9-60　弹涂枪

立体感强的涂饰面层。

弹涂首先要进行封底处理，可采用丙烯酸无光涂料刷涂，面干后弹涂色点浆。

色点浆采用外墙厚质涂料，也可用外墙涂料和颜料现场调制。弹色点可进行 1～3 道，特别是第二、三道色点直接关系到饰面的立体质感效果，色点的重叠度以不超过 60% 为宜。

弹涂器内的涂料量不宜超过料斗容积的 1/3。

弹涂方向为自上而下呈圆环状进行，不得出现接槎现象。

弹涂器与墙面的距离一般为 250～350 mm，主要视料斗内涂料的多少而定，距离随涂料的减少而渐近，应使色点大小保持均匀一致。

9.6　墙体保温工程

为了改善室内热环境，满足建筑节能的要求，对新建建筑或改造建筑，可采用对外墙保温的做法达到降低能源消耗、提高居住建筑舒适度的目的。

外墙保温体系有三种。

1) 外墙内保温体系

这个体系的施工做法是在建筑围护墙体施工完毕后，在外墙的里面做保温层。

这种保温体系的缺点有：由于材料、构造、施工等原因，饰面层易出现开裂；不便于用户二次装修和吊挂饰物；容易引起热桥，热损失较大；占用室内使用空间；对既有建筑进行节能改造时，对居民的日常生活干扰较大等。

2) 外墙中间保温体系

这种建筑体系的围护外墙由内、外两叶墙体构成，中间为保温层。外叶墙和内叶墙的结构均属自承重体系，两片墙体是分离的，中间用拉接筋拉接，从而增加了建筑物围护结构的稳定性，中间保温体系可填入保温材料。

这种保温体系的缺点有：此类墙体与传统墙体相比，在设计尺寸上偏厚；由于两叶墙体之间需有连接件连接，构造较传统墙体复杂，且在抗震设防区建筑中，由于有圈梁和构造柱的设置，还有热桥存在；保温材料的效率得不到充分的发挥。

3) 外墙外保温体系

这种体系是将保温层设计在建筑外墙的外层的保温方式，类似给外墙穿上了一层棉衣。

这种保温体系的缺点有：墙面易开裂剥落、保温失效、墙体透水、保温层不防火、外墙装饰寿命低等。

外墙外保温体系是我国建筑领域普遍采用的一种墙体保温体系，它的施工过程主要有以下步骤：① 完成建筑围护结构承重或填充墙体的施工；② 墙体外面做保温层；③ 表面再做装饰。

9.6.1　墙体保温材料

目前墙体节能保温材料包括：有机类，如苯板、聚苯板、挤塑板(XPS 板)、聚苯乙烯泡沫板(EPS 板)、硬质泡沫聚氨酯(PU)、聚碳酸酯及酚醛等；无机类，如珍珠岩水泥板、泡沫水泥板、复合硅酸盐、岩棉、胶粉 EPS 颗粒保温浆料等；复合材料类，如金属夹芯板、

EPS 钢丝网架板、金属压花面复合保温板等。

1) XPS 板

XPS 板是指以聚苯乙烯树脂或其共聚物为主要成分，添加少量添加剂，通过加热挤塑成型而制得的，具有闭孔结构的硬质泡沫塑料板材，通常称为挤塑聚苯板，见图 9-61。XPS 板是一种硬质绝热材料，具有极低的导热系数，还有抗压、抗老化、轻质高强等特点，更具有优越的抗湿性能。XPS 所特有的微细闭孔蜂窝状结构能够使其不吸水，因此具有极佳的抗水性。

图 9-61　XPS 挤塑板

2) EPS 板

EPS 板是指由可发性聚苯乙烯珠粒经加热预发泡后，在模具中加热成型而制得的，具有闭孔结构的聚苯乙烯泡沫塑料板材，通常称为模塑聚苯板，见图 9-62。EPS 板由内腔充满空气的封闭的小球状体相互围绕组成，具有较好的保温性能。

EPS 钢丝网架板是指由 EPS 板内插腹丝，外侧焊接钢丝网构成的三维空间网架芯板，见图 9-63。

图 9-62　EPS 模塑板

图 9-63　EPS 钢丝网架板

3) PU

PU 是指以异氰酸酯、多元醇(组合聚醚或聚酯)为主要原料，加入添加剂组成的双组份，按一定比例混合发泡成型的，闭孔率不低于 92%的硬质泡沫塑料，通常称为硬泡聚氨酯。PU 板是指以 PU 为芯材、两面覆以防护面层的板材，通常称为硬泡聚氨酯板，见图 9-64。

图 9-64　聚氨酯板

4) 胶粉 EPS 颗粒保温浆料

胶粉 EPS 颗粒保温浆料是指由胶粉料和 EPS 颗粒(见图 9-65)集料组成，并且 EPS 颗粒体积比不小于 80%的保温砂浆。

保温浆料的配置：先将 25～30 kg 的水倒入砂浆搅拌机中，然后倒入一袋 25 kg 的胶粉料，搅拌 3～5 分钟后，再倒入一袋 130 L 的聚苯颗粒继续搅拌 3 min，搅拌均匀后倒出。

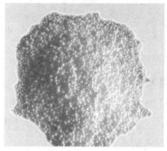

图 9-65　EPS 颗粒

5) 金属压花面复合保温板

金属压花面复合保温板由外表面的金属压花板和保温绝热材料复合(或浇筑发泡)而成，见图 9-66。外层采用铝合金板、镀铝锌钢板等金属面板，根据需要表面涂装各种不同颜色的涂料，经特定的设备轧制成不同样式的花纹，或再经过二次涂装，涂装成多种颜色，形成如砖纹、弹涂纹、水波纹、木纹、砾石、细石等纹样及色彩，满足建筑造型和色彩的外观要求，达到一定的艺术效果，如图 9-67 所示。

图 9-66　金属压花面复合保温板

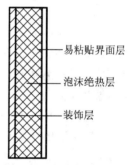

易粘贴界面层

泡沫绝热层

装饰层

图 9-67　复合保温板构造

其保温绝热材料采用聚苯乙烯泡沫(XPS、EPS)、聚氨酯泡沫(PU)、酚醛泡沫、岩棉、玻璃棉毡等多种材料。

板与板之间以及与主体结构之间采用整套的连接件、配件，既能满足安装强度要求，也避免了冷(热)桥的产生。

金属压花面复合保温板不但具有保温、隔热、装饰、环保、耐侯、防雨、防冻、隔音、抗震、质量轻等优点，还具有良好的构造和连接方式，无冷(热)桥、不渗漏、有效避免了脱落、开裂现象，它施工简捷、不受季节限制，可适用于所有地区，既可用于新建建筑外墙保温装饰、建筑的保温节能改造，也可用于室内装饰装修、吊顶等，还可用于室内的消音、隔音屏等。

9.6.2　外墙外保温系统构造

外墙外保温系统构造主要有：粘贴泡沫塑料保温板外保温系统、胶粉 EPS 颗粒保温浆料外保温系统、EPS 板现浇混凝土外保温系统、EPS 钢丝网架板现浇混凝土外保温系统、胶粉 EPS 颗粒浆料贴砌保温板外保温系统、现场喷涂硬泡聚氨酯外保温系统、保温装饰板外保温系统等。

1. 粘贴泡沫塑料保温板外保温系统

1) 构造

粘贴泡沫塑料保温板外保温系统由粘结层、保温层、抹面层和饰面层构成，见图 9-68。

粘结层材料为胶黏剂，保温层材料可为 EPS 板、PU 板和 XPS 板，抹面层材料可为抹面胶浆(抹面胶浆中满铺增强网)，饰面层材料可为涂料或饰面砂浆。

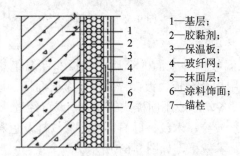

1—基层；
2—胶黏剂；
3—保温板；
4—玻纤网；
5—抹面层；
6—涂料饰面；
7—锚栓

图 9-68　粘贴保温板涂料饰面系统图

2) 技术要求

保温板主要依靠胶黏剂固定在基层上，必要时可使用锚栓(见图 9-69)辅助固定，保温板与基层墙体的粘贴面积不得小于保温板面积的 40%。

当以 EPS 板为保温层做面砖饰面时，抹面层中应满铺耐碱玻纤网，并用锚栓与基层形成可靠固定，其构造见图 9-70。保温板与基层墙体的粘贴面积不得小于保温板面积的 50%，每平方米宜设置 4 个锚栓，单个锚栓锚固力应不小于 0.30 kN。

当饰面材料为涂料时，其构造组成见图 9-71。

图 9-69　锚栓

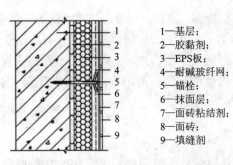

1—基层；
2—胶黏剂；
3—EPS板；
4—耐碱玻纤网；
5—锚栓；
6—抹面层；
7—面砖粘结剂；
8—面砖；
9—填缝剂

图 9-70　EPS 板面砖饰面系统

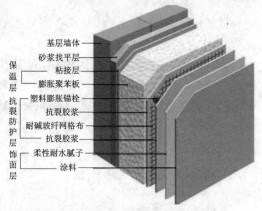

保温层—基层墙体
　　　—砂浆找平层
　　　—粘接层
　　　—膨胀聚苯板
抗裂防护层—塑料膨胀锚栓
　　　—抗裂胶浆
　　　—耐碱玻纤网格布
　　　—抗裂胶浆
饰面层—柔性耐水腻子
　　　—涂料

图 9-71　涂料做面层的 EPS 板外保温构造

XPS 板两面需使用界面剂时，宜使用水泥基界面剂。

建筑物高度在 20 m 以上时，在受负风压作用较大的部位宜采用锚栓辅助固定。

保温板宽度不宜大于 1200 mm，高度不宜大于 600 mm，必要时应设置抗裂分隔缝。

粘贴保温板系统的基层表面应清洁，无油污、脱模剂等妨碍粘结的附着物；凸起、空鼓和疏松部位应剔除并找平；找平层应与墙体粘结牢固，不得有脱层、空鼓、裂缝；面层不得有粉化、起皮、爆灰等现象。

保温板应按顺砌方式粘贴，竖缝应逐行错缝，并应粘贴牢固，不得有松动和空鼓，见图 9-72～图 9-74。

墙角处保温板应交错互锁，门窗洞口四角处保温板不得拼接，应采用整块保温板切割成形，保温板接缝应离开角部至少 200 mm。

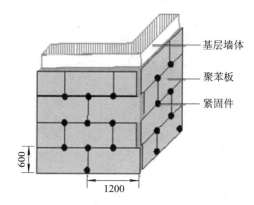

图 9-72　EPS 板排列图

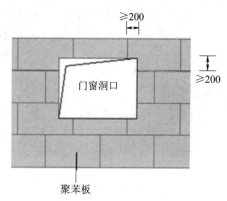

图 9-73　门窗洞口保温板排列

图 9-74　XPS 板粘贴

3) 施工工艺

施工工艺流程为：基层处理→测量放线→粘贴保温板板→保温板打磨→安装锚栓→涂抹面胶浆→铺压耐碱玻纤网格布→涂抹面胶浆→填嵌缝膏→涂面层腻子→做饰面层→验收。各流程分别如图 9-75～图 9-82 所示。

图 9-75　吊线

图 9-76　找平

图 9-77　粘贴苯板

图 9-78　打磨

图 9-79　安固定件

图 9-80　抹面、嵌网格布、找平

图 9-81　饰面刷外墙涂料

图 9-82　饰面粘外墙瓷砖

2. 胶粉 EPS 颗粒保温浆料外保温系统

1) 构造

胶粉 EPS 颗粒保温浆料外保温系统由界面层、保温层、抹面层和饰面层构成,见图 9-83、图 9-84。

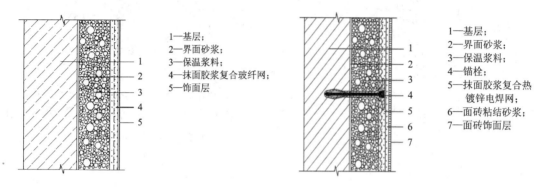

1—基层;
2—界面砂浆;
3—保温浆料;
4—抹面胶浆复合玻纤网;
5—饰面层

1—基层;
2—界面砂浆;
3—保温浆料;
4—锚栓;
5—抹面胶浆复合热镀锌电焊网;
6—面砖粘结砂浆;
7—面砖饰面层

图 9-83　涂料饰面保温浆料系统　　　　　图 9-84　面砖饰面保温浆料系统

界面层材料为界面砂浆,保温层材料为胶粉 EPS 颗粒保温浆料,经现场拌和后抹或喷涂在基层上,抹面层材料为抹面胶浆,抹面胶浆中应满铺增强网,饰面层可为涂料和面砖。

2) 技术要求

热镀锌电焊网和锚栓性能应符合现行行业标准 JG158 的相关规定。

当采用涂料饰面时,抹面层中应满铺玻纤网;当采用面砖饰面时,抹面层中应满铺热镀锌电焊网,并用锚栓与基层形成可靠固定。

保温浆料保温层设计厚度不宜超过 100 mm,必要时应设置抗裂分隔缝。

基层表面应清洁,无油污和脱模剂等妨碍粘结的附着物,空鼓、疏松部位应剔除。

保温浆料宜分遍抹灰,每遍间隔时间应在 24 小时以上,每遍厚度不宜超过 20 mm。第一遍抹灰应压实,最后一遍应找平,并用大杠搓平。

3) 施工工艺

工艺流程为:墙体基层表面处理→吊垂直、弹控制基准线→制作灰饼、冲筋→抹胶粉聚苯颗粒保温浆料→抗裂砂浆层和饰面层的施工→镶贴面砖→面砖勾缝。

3. EPS 板现浇混凝土外保温系统

1) 构造

EPS 板现浇混凝土外保温系统是以现浇混凝土外墙做为基层,EPS 板为保温层,分为无网现浇体系和有网现浇体系,见图 9-85、图 9-86。

EPS 板内表面(与现浇混凝土接触的表面)开有矩形齿槽,内、外表面均满涂界面砂浆。在施工时将 EPS 板置于外模板内侧,并安装锚栓作为辅助固定件,浇灌混凝土后,墙体与 EPS 板以及锚栓结合为一体。

EPS 板表面做抹面胶浆薄抹面层,抹面层中应满铺玻纤网,外表以涂料或饰面砂浆为饰面层。

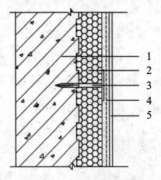

1—现浇混凝土外墙；2—EPS 板；3—锚栓；
4—抗裂砂浆薄抹面层；5—饰面层

图 9-85　无网现浇系统

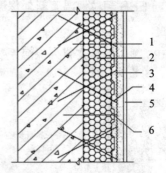

1—现浇混凝土墙；2—EPS 单面钢丝网架板；
3—掺外加剂的水泥砂浆厚抹面层；4—钢丝网架；
5—面砖饰面层；6—$\phi 6$ 钢筋或尼龙锚栓

图 9-86　有网现浇体系

2) 技术要求

EPS 板两面必须预喷刷界面砂浆。

EPS 板宽度宜为 1.2 m，高度宜为建筑物层高，厚度根据当地建筑节能要求等因素经计算确定，锚栓每平米宜设 2 至 3 个。

水平分隔缝宜按楼层设置，垂直分隔缝宜按墙面面积设置，在板式建筑中不宜大于 30 m²，在塔式建筑中可视具体情况而定，宜留在阴角部位。

宜采用钢制大模板施工。

混凝土一次浇筑高度不宜大于 1 m，混凝土需振捣密实均匀，墙面及接茬处应光滑、平整。

混凝土浇筑后，保温层中的穿墙螺栓孔洞应使用保温材料填塞，EPS 板缺损或表面不平整处宜使用胶粉 EPS 颗粒保温浆料加以修补。

3) 施工工艺

工艺流程为：墙体钢筋绑扎→外侧苯板就位并临时固定→内侧模板就位固定→安装穿墙螺栓及套管→安装外墙组合模板→浇筑混凝土→拆除模板→清理苯板表面污物→吊垂直、套方、弹控制线、做饼、冲筋→抹胶粉聚苯颗粒保温浆料→抹聚合物水泥砂浆、铺压玻纤网格布→刮柔性布耐水腻子→做饰面层。

4．EPS 钢丝网架板现浇混凝土外保温系统

1) 构造

EPS 钢丝网架板现浇混凝土外保温系统是以现浇混凝土外墙做为基层，EPS 单面钢丝网架板为保温层。

钢丝网架板中的 EPS 板外侧开有凹凸槽，施工时将钢丝网架板置于外墙外模板内侧，并在 EPS 板上穿插$\phi 6$ L 形钢筋或尼龙锚栓作为辅助固定件。浇灌混凝土后，钢丝网架板腹丝和辅助固定件与混凝土结合为一体，钢丝网架板表面抹掺外加剂的水泥砂浆厚抹面层，外表做面砖饰面层。

2) 技术要求

EPS 单面钢丝网架板每平米斜插腹丝不得超过 200 根,钢丝均应采用低碳热镀锌钢丝,板两面应预喷刷界面砂浆。

板长 3000 mm 范围内 EPS 板对接不得多于两处,且对接处需用胶黏剂粘牢。

抹面层厚度应均匀、平整,厚度宜不大于 25 mm(从凹槽底算起),钢丝网应完全包裹于找平层中,并应采取可靠措施确保抹面层不开裂。

L 形 ϕ6 钢筋每平方米应设 4 根,锚固深度不得小于 100 mm,如用锚栓每平方米应设 4 个,锚固深度不得小于 50 mm。

在每层层间宜留水平分格缝,分格缝宽度为 15～20 mm。分格缝处的钢丝网和 EPS 板应全部去除,抹灰前嵌入塑料分隔条或泡沫塑料棒,外表用建筑密封膏嵌缝。垂直分格缝宜按墙面面积设置,在板式建筑中不宜大于 30 m^2,在塔式建筑中可视具体情况而定,宜留在阴角部位。

宜采用钢制大模板施工,并应采取可靠措施保证 EPS 钢丝网架板和辅助固定件安装位置准确。

EPS 钢丝网架板接缝处应附加钢丝网片,阳角及门窗洞口等处应附加钢丝角网,附加网片应与原钢丝网架绑扎牢固。

混凝土一次浇筑高度不宜大于 1 m,混凝土需振捣密实均匀,墙面及接茬处应光滑、平整。

混凝土浇筑后,保温层中的穿墙螺栓孔洞应使用保温材料填塞,EPS 板缺损或表面不平整处宜使用胶粉 EPS 颗粒保温浆料加以修补。

3) 施工工艺

工艺流程为:墙体钢筋绑扎→现场安装、拼接 EPS 钢丝网架板→安装锚栓或钢筋→搭接缝表面处理→安装外侧模板→安装内侧模板→浇筑混凝土→模板拆除→清理 EPS 钢丝网架板→附加钢丝网安装→砂浆挂浆→划分格条、滴水槽等→抹底层砂浆→抹底层罩面灰→饰面层施工。

5. 胶粉 EPS 颗粒浆料贴砌保温板外保温系统

1) 构造

胶粉 EPS 颗粒浆料贴砌保温板外保温系统是由界面砂浆层、胶粉 EPS 颗粒粘结浆料层、保温板、胶粉 EPS 颗粒找平浆料层、抹面层和涂料饰面层构成,抹面层中应满铺玻纤网,见图 9-87。

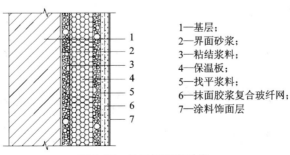

1—基层;
2—界面砂浆;
3—粘结浆料;
4—保温板;
5—找平浆料;
6—抹面胶浆复合玻纤网;
7—涂料饰面层

图 9-87　保温板贴砌系统

2) 技术要求

保温板两面必须预喷刷界面砂浆。

单块保温板面积不宜大于 $0.3 \, \text{m}^2$，保温板上宜开设垂直于板面、直径为 $50 \, \text{mm}$ 的通孔两个，并宜在与基层的粘贴面上开设凹槽，其保温板在门窗洞口处排列见图 9-88，在转角处排列见图 9-89。

胶粉 EPS 颗粒粘结浆料、找平浆料性能应符合规定。

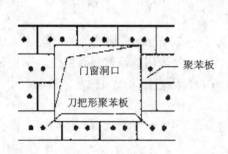

图 9-88　保温板排板示意图

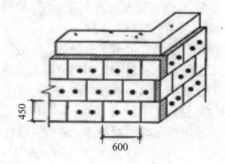

图 9-89　大角排布图

3) 施工工艺

饰面层为涂料时，工艺流程为：基层处理→喷刷基层界面砂浆→放样弹线→做饼冲筋→抹胶粉 EPS 颗粒保温浆料，每遍 20 mm 厚→贴砌 EPS 板→抹抹面胶浆同时铺贴耐碱玻璃纤维网格布→涂刷弹性涂料底漆→刮柔性耐水腻子→涂刷弹性涂料面漆。

饰面层为镶贴面砖时，工艺流程为：基层处理→喷刷基层界面砂浆→放样弹线→做饼冲筋→抹胶粉 EPS 颗粒保温浆料，每遍 20 mm 厚→粘贴单面钢丝网架 EPS 板→分层抹水泥抗裂砂浆→镶贴外墙面砖→面砖勾缝→清理面层。

4) 贴砌 EPS 板施工要点

(1) 基层处理。

基层应满涂基层界面砂浆，用喷枪或滚刷均匀喷刷。

(2) 吊垂直、弹控制线。

吊垂直钢丝线，弹厚度控制线，在建筑外墙大角及其他必要处挂垂直基准钢丝线。

(3) 贴砌 EPS 板。

EPS 板在工厂预制好并涂刷界面砂浆。

在墙角或门窗口处贴标准厚度的 EPS 板，遇到洞口时，使用整板现场裁切。

在墙面抹与 EPS 板面积相当的胶粉 EPS 颗粒保温找平浆料，EPS 板贴砌面也抹满浆料，EPS 板开槽面向墙内。

贴砌 EPS 板时应均匀挤压 EPS 板，使 EPS 板靠墙面和两洞处挤满浆料，随时用 2 m 靠尺和托线板检查平整度和垂直度。

胶粉 EPS 颗粒保温浆料粘结层厚度约 15 mm，EPS 板间预留约 10 mm 的板缝用浆料砌筑。

排板时应按水平顺序排列，上下错缝粘贴，墙角处排板应交错互锁，窗口处的板应裁成刀把形。

(4) 喷刷 EPS 板界面砂浆。

EPS 板贴砌 24 小时后喷涂或滚刷 EPS 板界面砂浆，24 小时后施工抹面胶浆，做法同薄抹灰系统。

6. 现场喷涂硬泡聚氨酯外保温系统

1) 构造

喷涂硬泡聚氨酯外保温系统由现场聚氨酯硬泡喷涂的主体保温层和胶粉聚苯颗粒保温浆料找平保温层、抗裂防护层、饰面层构成，见图 9-90。饰面可采取涂料、粘贴面砖做法。

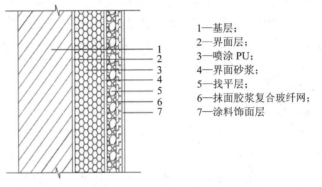

1—基层；
2—界面层；
3—喷涂 PU；
4—界面砂浆；
5—找平层；
6—抹面胶浆复合玻纤网；
7—涂料饰面层

图 9-90　PU 喷涂系统

2) 技术要求

聚氨酯硬泡喷涂时，环境温度宜为 10℃～40℃，风速不应大于 5 m/s(三级风)，相对湿度应小于 80%，雨天与雪天不得施工。

基层墙体应坚实平整，并应符合现行国家标准《钢筋混凝土结构工程施工质量验收规范》GB50204 或《砌体工程施工质量验收规范》GB50203 的要求。

喷涂时应采取遮挡措施，避免建筑物的其他部位和环境受污染。

阴阳角及与其他材料交接等不便于喷涂的部位，宜用相应厚度的聚氨酯硬泡预制型材粘贴，如图 9-91 所示。

图 9-91　喷涂硬泡聚氨酯

喷涂聚氨酯硬泡时,每遍厚度不宜大于 15 mm,当日的施工作业面必须当日连续喷涂完毕,并应及时抽样检验聚氨酯硬泡保温层的密度、厚度和导热系数。

聚氨酯硬泡喷涂完工至少 48 小时后,才可进行保温浆料找平层施工。

聚氨酯硬泡喷涂抹面层沿纵向宜每楼层高处留水平分隔缝,横向宜不大于 10 m,设垂直分隔缝。

3) 施工工艺

饰面为涂料的施工工艺为:基层处理→喷刷基层界面砂浆→放样弹线→粘贴硬泡 PU 预制块→配防潮底漆→喷涂硬泡 PU→抹胶粉 EPS 颗粒保温浆料→抹抹面胶浆同时铺贴耐碱玻璃纤维网格布→涂刷弹性涂料底漆→刮柔性耐水腻子→涂刷弹性涂料面漆。

饰面为镶贴面砖的施工工艺为:基层处理→喷刷基层界面砂浆→放样弹线→粘贴硬泡 PU 预制块→配防潮底漆→喷涂硬泡 PU→抹胶粉 EPS 颗粒保温浆料→钉热镀锌电焊网→分层抹水泥抗裂砂浆→镶贴外墙面砖。

7. 保温装饰板外保温系统

1) 构造

保温装饰板外保温系统是由防水找平层、粘结层、保温装饰板和嵌缝材料构成,见图 9-92。施工时,先在基层墙体上做防水找平层,采用胶黏剂和锚栓将保温装饰板固定在基层上,并用嵌缝材料封填板缝。

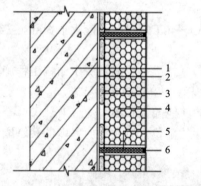

1—基层;
2—防水找平层;
3—胶黏剂;
4—保温装饰板;
5—嵌缝条;
6—硅酮密封胶或柔性勾缝腻子

图 9-92 保温装饰板系统

保温装饰板由饰面层、衬板、保温层和底衬组成。保温层材料可采用 EPS 板、XPS 板或 PU 板;饰面层可采用涂料饰面或金属饰面;底衬宜为玻纤网增强聚合物砂浆,单板面积不宜超过 1 m²。

2) 技术要求

保温装饰板应同时采用胶黏剂和锚固件固定,装饰板与基层墙体的粘贴面积不得小于装饰板面积的 40%,拉伸粘结强度不得小于 0.4 MPa。每块装饰板锚固件不得少于 4 个,且每平米不得少于 8 个,单个锚固件的锚固力应不小于 0.30 kN。

保温装饰板安装缝应使用弹性背衬材料填充,并用硅酮密封胶或柔性勾缝腻子嵌缝。

3) 施工工艺

工艺流程为:基层处理→测量放线→挂基准线→配胶黏剂→粘贴保温板→设置防火隔

离带→做增强层→板缝处理→板面清理。

9.6.3　施工要点

除 EPS 板现浇混凝土外保温系统和 EPS 钢丝网架板现浇混凝土外保温系统外，外保温工程的施工应在基层施工质量验收合格后进行；外门窗洞口应通过验收，洞口尺寸、位置应符合设计要求和质量要求，门窗框或辅框应安装完毕；伸出墙面的消防梯、水落管、各种进户管线和空调器等的预埋件、联结件应安装完毕，并按外保温系统厚度留出间隙。

外保温工程的施工应具备施工技术标准或施工方案，施工人员应经过培训并经考核合格，施工现场应按有关规定，采取可靠的防火安全措施。

外保温工程施工期间以及完工后 24 小时内，基层及环境空气温度应不低于 5℃，夏季应避免阳光曝晒，在 5 级以上大风天气和雨天不得施工。

保温层施工前，应对基层进行处理，基层应坚实、平整。

外保温工程应做好系统在檐口、勒脚处的包边处理；装饰缝、门窗四角和阴阳角等处应做好局部加强网施工；基层墙体变形缝处应做好防水和保温构造处理。

对于采用粘贴固定的系统，施工前应做基层与胶黏剂的拉伸粘结强度检验，粘结强度应不低于 0.3 MPa，并且粘结界面脱开面积应不大于 50%。

9.7　墙体保温工程模拟实训

9.7.1　工程背景

某学院 8#、9# 住宅楼工程位于某市团结路 78 号某学院院内，工程总建筑面积 6349.98 m²。

本工程外墙采用聚苯乙烯泡沫板为主要保温隔热材料，以粘、钉结合方式与墙身固定，以抗裂砂浆复合耐碱玻纤网格布为保护增强层，采用涂料饰面。

9.7.2　施工方案

1．工程概况

略。

2．施工准备

1）材料

(1) 聚苯乙烯泡沫板。

规格为 1200 mm×600 mm×60 mm，平头式，阻燃型，表观密度 25～32 kg/m³，尺寸收缩率小于 1.5%，吸水率小于 1.5%。

(2) 专用聚合物粘结、面层砂浆。

厂家已配制好，现场施工时加水，用手持式电动搅拌机搅拌，水重量与聚合物砂浆重量的比值为 1：5，可操作时间不小于 2 小时。

(3) 固定件。

采用自攻螺栓配合工程塑料膨胀钉固定挤塑聚苯乙烯泡沫板，要求单个固定件的抗拉承载力标准值不小于 0.6 kN。

(4) 耐碱玻纤网格布。

用于增强保护层抗裂及整体性，孔径为 4 mm×4 mm，宽度为 1000 mm，每卷长度为 100 m。

(5) 聚乙烯泡沫塑料棒。

用于填塞膨胀缝，作为密封膏的隔离背衬材料，其直径按照缝宽的 1.4 倍选用。

2) 施工工具

施工工具有电热丝切割器或壁纸刀(裁聚苯板及网格布用)、电锤(拧胀钉螺钉及打膨胀锚固件孔用)、根部带切割刀片的冲击钻钻头(为放固定件打眼用，切割刀片的大小、切入深度与膨胀钉头一致)、手持式电动搅拌器(搅拌砂浆用)、木锉或粗砂纸(打磨用)和其他抹灰专用工具。

3. 施工工艺

工艺流程为：基层清理→配专用聚合物粘结砂浆→刷专用界面剂→预粘板边翻包网格布→粘贴聚苯板→钻孔，安装固定件→聚苯板打磨、找平、清洁→刷一遍专用界面剂→抹第一遍面层聚合物砂浆→粘贴网格布→抹面层聚合物抗裂砂浆→分格缝内填塞内衬、封密封胶→验收。

1) 基层清理

清理混凝土墙面上残留的浮灰、脱模剂油污等杂物及抹灰空鼓部位等。

剔除剪力墙接槎处劈裂的混凝土块、夹杂物、空鼓等，并重新进行修补。窗台挑檐按照 2%用水泥砂浆找坡，外墙各种洞口填塞密实。

要求粘贴聚苯板表面平整度偏差不超过 4 mm，超差时对突出墙面处进行打磨，对凹进部位进行找补(需找补厚度超过 6 mm 时用 1:2.5 水泥砂浆抹灰，需找补厚度小于 6 mm 时由保温施工单位用聚合物粘结砂浆实施找补)，阴阳角方正、上下通顺。

2) 配制砂浆

施工使用的砂浆分为专用粘结砂浆及面层聚合物抗裂砂浆。

施工时用手持式电动搅拌机搅拌，拌制的粘结砂浆重量比为水:砂浆=1:5，边加水边搅拌，搅拌时间不少于 5 min，搅拌必须充分、均匀，稠度适中，并有一定黏度。

砂浆调制完毕后，需静置 5 min，使用前再次进行搅拌，拌制好的砂浆应在 1 小时内用完。

3) 刷专用界面剂一道

为增强聚苯板与粘结砂浆的结合力，在粘贴聚苯板前，应在聚苯板粘贴面薄薄涂刷一道专用界面剂，待界面剂晾干后方可涂抹聚合物粘结砂浆进行墙面粘贴施工。

4) 预粘板端翻包网格布

在飘窗板、挑檐、阳台、伸缩缝等位置预先粘贴板边翻包网格布，将不小于 220 mm 宽的网格布中的 80 mm 宽用专用粘结砂浆牢固粘贴在基面上(粘结砂浆厚度不得超过 2 mm)，后期粘贴聚苯板时再将剩余网格布翻包过来。

5) 粘贴聚苯板

施工前，根据整个楼外墙立面的设计尺寸编制聚苯板的排板图，以达到节约材料、提高施工速度的目的。聚苯板以长向水平铺贴，保证连续结合，上下两排板须竖向错缝 1/2 板长，局部最小错缝不得小于 200 mm。

聚苯板的粘贴应从细部节点(如飘窗、阳台、挑檐)及阴、阳角部位开始向中间进行。施工时，要求在建筑物外墙所有阴阳角部位沿全高挂通线控制其顺直度(注意保温施工时控制阴阳角的顺直度而非垂直度)，并要求事先用墨斗弹好底边水平线及 100 mm 控制线，以确保水平铺贴。在区段内的铺贴由下向上进行。

粘贴聚苯板时，板缝应挤紧，相邻板应齐平，施工时控制板间缝隙不得大于 2 mm，板间高差不得大于 1.5 mm。当板间缝隙大于 2 mm 时，需用聚苯板条将缝塞满，板条不得用砂浆或胶黏剂粘结。板间平整度高差大于 1.5 mm 的部位应在施工面层前用木锉、粗砂纸或砂轮打磨平整。

按照事先排好的尺寸切割聚苯板(用电热丝切割器)，从拐角处垂直错缝连接，要求拐角处沿建筑物全高顺直、完整。

用抹子在每块聚苯板周边涂 50 mm 宽专用聚合物粘结砂浆，要求从边缘向中间逐渐加厚，最厚处达 10 mm。注意在聚苯板的下侧留设 50 mm 宽的槽口，以利于贴板时将封闭在板与墙体间的空气溢出，然后再在聚苯板上抹 8 个厚 10 mm、ϕ100 的圆形聚合物粘结砂浆灰饼。

粘贴时不允许采用使板左右、上下错动的方式调整预粘贴板与已贴板间的平整度，应采用橡胶锤敲击调整，目的是防止由于聚苯板左右错动而导致聚合物粘结砂浆溢进板与板间的缝隙内。

聚苯板按照上述要求贴墙后，用 2 m 靠尺反复压平，保证其平整度及粘结牢固。板与板间要挤紧，不得有缝，板缝间不得有粘结砂浆，否则该部位则形成冷桥。

每贴完一块，要及时清除板四周挤出的聚合物砂浆，若因聚苯板切割不直形成缝隙，要用木锉锉直后再张贴。

聚苯板与基层粘结砂浆在铺贴压实后，砂浆的覆盖面积应约占板面的 30%～50%，以保证聚苯板与墙体粘结牢固。

从拐角处开始粘贴大块聚苯板后，遇到阳台、窗洞口、挑檐等部位需进行耐碱玻纤网格布翻包，即在基层墙体上用聚合物粘结砂浆预贴网格布，翻包部分在基层上粘结宽度不小于 80 mm，且翻包网格布本身不得出现搭接(目的是避免面层大面施工时在此部位出现三层网格布搭接导致面层施工后露网)。

门窗洞口部位的聚苯板不允许用碎板拼凑，需用整幅板切割，其切割边缘必须顺直、平整、尺寸方正，其他接缝距洞口四边应大于 200 mm。

为防止外窗漏水，本工程施工中要在窗洞口四周侧壁聚苯板与钢副框间留通槽，在外窗主框安装完成并验收后由外窗施工单位在槽内打发泡剂、塞聚乙烯泡沫塑料棒及打耐侯密封胶，通槽尺寸为 22.2 mm。为防止保温面层施工时槽内挤入面层聚合物砂浆，要求在槽内放置与槽相同宽度的聚苯板条，槽内打胶时再取出，同时注意聚苯板表面与钢副框边线平行，槽宽均匀一致。

在窗洞口位置的板块之间搭接留缝要考虑防水问题，在窗台部位要求水平粘贴板压立面板避免迎水面出现竖缝，但在窗户上口，要求立面板压住横板。

在遇到脚手架连墙件等突出墙面且以后拆除的部位，按照整幅板预留，最后随拆除随进行收尾施工。

6) 安装固定件

聚苯板粘结牢固后，在 8～24 小时内安装固定件，按照方案要求的位置用冲击钻钻孔，要求钻孔深度进入基层墙体内 50 mm(有抹灰层时，不包括抹灰层厚度)。

固定件个数按横向位置居中、竖向位置均分放置，任何面积大于 0.1 m² 的单块板必须加固定件，且每块板添加数量不少于 4 个。

操作时，自攻螺栓需拧紧，使用根部带切割刀片的冲击钻，切割刀片的大小、切入深度与钉帽相一致，将工程塑料膨胀钉的钉帽比聚苯板边表面略拧紧一些，如此才可保证聚苯板表面平整，利于面层施工，同时方可确保膨胀钉尾部膨胀部分因受力回拧膨胀使之与基体充分挤紧。

固定件加密：阳角、孔洞边缘及窗四周在水平、垂直方向 2 m 范围内需加密，间距不大于 300 mm，距基层边缘为 60 mm。

7) 打底

聚苯板接缝处表面不平时，需用衬有木方的粗砂纸打底。打磨动作要求为：呈圆周方向轻柔旋转，不允许沿着与聚苯板接缝平行方向打磨，打磨后用刷子清除聚苯板表面的泡沫碎屑。

8) 滴水槽

在所有外窗洞口侧壁的上口用墨斗弹出滴水槽位置，并依据钢副框进行校核。

按照弹好的墨线在聚苯板上安好定位靠尺，使用开槽机将聚苯板切成凹槽，成品滴水槽尺寸为 10 mm×10 mm，考虑到面层砂浆厚度为 5～7 mm，为保证凹槽内塞入成品滴水槽后，成品滴水槽与面层砂浆高度要一致，故切凹槽尺寸为 8 mm×13 mm，差值尺寸是为粘结砂浆预留空间，成品滴水槽塑料条应在抹面层砂浆时粘贴。

9) 涂刷专用界面剂

聚苯板粘贴及胀钉施工完毕经质检员、监理验收合格后，在膨胀钉帽及周圈 50 mm 范围内用毛刷均匀的涂刷一遍专用界面剂。待界面剂晾干后，用面层聚合物砂浆对钉帽部位进行找平。要求塑料胀钉钉帽位置用聚合物砂浆找平后的表面与大面聚苯板平整。(注意这样做的目的是为了避免顶帽位置由于面层聚合物粘结砂浆过厚，将来在成活后的面层出现流坠、干缩痕迹)。

待塑料胀钉钉帽位置聚合物砂浆干燥后，用辊子在聚苯板板面均匀的涂一遍专用界面剂。

10) 抹第一遍面层聚合物抗裂砂浆

在确定聚苯板表面界面剂晾干后进行第一遍面层聚合物砂浆施工。用抹子将聚合物砂浆均匀的抹在聚苯板上，厚度控制在 1～2 mm 之间，不得漏抹。

第一遍面层聚合物砂浆在滴水槽凹槽处抹至滴水槽槽口边即可，槽内暂不抹聚合物砂浆。

伸缩缝内聚苯板端部及窗口聚苯板通槽侧壁位置要抹聚合物砂浆,以粘贴翻包网格布。

11) 埋贴网格布

埋贴网格布用抹子由中间开始水平预先抹出一段距离,然后向上向下将网格布抹平,使其紧贴底层聚合物砂浆。

门窗洞口内侧周边及洞口四角均加一层网格布进行加强,洞口四周网格布尺寸为300 mm×200 mm,大墙面粘贴的网格布搭接在门窗口周边的加强网格布之上,一同埋贴在底层聚合物砂浆内。

将大面网格布沿长度、水平方向绷直绷平。注意将网格布弯曲的一面朝里放置,开始大面积的埋贴,网格布左右搭接宽度 100 mm,上下搭接宽度 80 mm,不得使网格布褶皱、空鼓、翘边。要求砂浆饱满度 100%,严禁出现干搭接。

在墙身阴、阳角处必须从两边墙身埋贴的网格布双向绕角且相互搭接,各面搭接宽度为不小于 200 mm。

12) 抹面层聚合物抗裂砂浆

抹完底层聚合物砂浆并压入网格布后,待砂浆凝固至表面基本干燥、不粘手时,开始抹面层聚合物砂浆。抹面厚度以盖住网格布且不出现网格布痕迹为准,同时控制面层聚合物抗裂砂浆总厚度在 3～5 mm 之间。

滴水槽做法:先将网格布压入槽内,随即在槽内抹数量足够的聚合物砂浆,然后将塑料成品滴水槽压入聚苯板槽内。塑料成品滴水槽塞入深度应考虑到面层砂浆厚度为 5～7 mm,切凹槽尺寸为 8 mm×13 mm,这样才能保证成品滴水槽与面层聚合物抗裂砂浆高度一致,确保观感质量。聚苯板槽内砂浆必须填塞密实并确保安装滴水槽时槽内聚合物粘结砂浆沿槽均匀溢出。

在滴水槽凹槽处,须沿凹槽将网格布埋入底层聚合物砂浆内,若网格布在此处断开,必须搭接,搭接宽度不小于 65 mm。注意,滴水槽凹槽处需附加一层网格布,网格布搭接宽度为 80 mm。

所有阳角部位,面层聚合物抗裂砂浆均应作成尖角,不得做成圆弧。

面层砂浆施工应在施工时及施工后 24 小时没有雨的天气下进行,以避免雨水冲刷造成返工。

在预留孔洞位置处要将网格布断开,此处面层砂浆的留槎位置应考虑后补网格布与原大面网格布搭接长度要求而预留一定长度,面层聚合物抗裂砂浆应留成直槎。

13) 细部及特殊部位做法

(1) 预留孔洞位置(破损处)处理。

在进行大面积聚苯板粘贴过程中,遇到外脚手架的连墙杆时,聚苯板只能进行甩槎处理,在外墙保温施工完毕后拆除脚手架过程中,应对此部位进行处理。

用掺 10%UEA 的 1:1 干硬性水泥砂浆将脚手眼填塞紧密,表面抹平,按照预留孔洞尺寸裁截一块尺寸相同的聚苯板并打磨其边缘部分,使其能严密封填于孔洞处。

将上述预裁好的聚苯板背面涂上粘结砂浆,将其镶入孔内,涂抹底层聚合物抗裂砂浆,再切一块网格布(其面积大小应能与周边已施工好的网格布搭接 80 mm),埋入网格布,并涂抹面层聚合物抗裂砂浆与周边平整。

(2) 弧形阳台处做法。

对设有弧形观景阳台的建筑,因为聚苯板的柔韧度很小,用大幅板张贴无法与弧形立面靠紧,为确保此位置聚苯板的粘贴、固定质量及成活后的观感质量,要求按下述方法施工。

将聚苯板裁切成宽 200 mm,高为上下层弧形窗间结构立面高度的小块,然后将板并列粘贴在基体上。

将此部位膨胀钉、钉帽改为 120 mm 长加长型(普通位置膨胀钉、钉帽长度为 95 mm)。水平方向要求每块板在中心线有一个固定件,板与板搭接位置一个,高度方向固定件数量与前同。

为加强板间连接,需在此部位面层内整体增设一道加强网格布,且要求此位置网格布不允许出现搭接,防止局部出现 3~4 层网格布重叠导致面层聚合物砂浆不得不增厚的现象出现。

在此弧形部位做滴水槽时,应将成品塑料滴水槽在热水中浸泡,并参考钢副框的弧度进行煨弯,此部位需精心施工。

(3) 女儿墙做法。

本工程女儿墙高 1200 mm,由于外墙采用吊篮施工,为方便施工应考虑只在女儿墙外立面做保温。

【复习思考题】

一、填空

1. 一般抹灰按做法和质量要求分为:_____、_____、_____。
2. 釉面砖和外墙面砖镶贴前,应将砖面清扫干净,放入净水中_____以上。
3. 涂料工程中,水性涂料涂饰施工的环境温度应在_____℃之间。
4. 墙体保温做法有_____、_____、_____。

二、选择

1. 抹灰组成中,中层灰的作用是( )。

A. 粘法   B. 找平   C. 装饰   D. 粘法与找平

2. 外墙抹灰的总厚度一般不大于( )。

A. 15 mm   B. 20 mm   C. 25 mm   D. 30 mm

3. 湿作业法石材墙面饰面板灌浆施工的技术要求是( )。

A. 宜采用 1:4 水泥砂浆灌浆

B. 每层灌浆高度宜为 150~200 mm,且不超过板高的 1/3

C. 下层砂浆终凝前不得灌注上层砂浆

D. 每块饰面板应一次灌浆到顶

4. 地面水泥砂浆整体面层施工后,养护时间最少不应小于( )天。

A. 3   B. 7   C. 14   D. 28

5. 某工程外墙采用聚苯板保温,项目经理部质检员对锚固件的锚固深度进行了抽查,下列符合规范规定的有(　　)mm。

 A. 24　　　　　　B. 25　　　　　　C. 26　　　　　　D. 27

6. 大理石在装饰工程应用中的特性是(　　)。

 A. 适于制作应用烧毛板　　　　　　　B. 属酸性岩石，不适用于室外

 C. 易加工，开光性好

7. 饰面砖粘贴工程常用的施工工艺是(　　)。

 A. 满粘法　　　　　B. 点粘法　　　　　C. 挂粘法

8. 墙面砖粘贴每面墙不宜有两列以上非整砖，非整砖宽度不宜小于整砖(　　)倍。

 A. 1/3　　　　　B. 1/2　　　　　　C. 2/3

9. 抹灰层的总厚度应满足要求，对于厚度大于或等于(　　)就必须做加固处理。

 A. 35 mm　　　　B. 40 mm　　　　C. 50 mm　　　　D. 60 mm

三、简答

1. 一般抹灰的各抹灰层厚度如何确定？为什么不宜过厚？

2. 一般抹灰分几级？具体有哪些要求？

3. 简述水磨石地面的做法。

4. 简述铝合金门窗安装的固定方法。

5. 简述大理石饰面板的安装方法。

6. 涂饰工程对基层处理有哪些要求？如何对基层进行清理、修补？

7. 墙体保温材料有哪些？

8. 外墙外保温构造系统有哪些？

项目 10　冬 期 施 工

【教学目标】掌握建筑地基与基础工程、砌体工程、钢筋混凝土工程、保温工程、屋面防水工程、建筑装饰装修工程、混凝土构件安装工程的冬期施工要求及施工方法。

根据当地多年气象资料统计，当室外日平均气温连续 5 天稳定低于 5℃即进入冬期施工；当室外日平均气温连续 5 天高于 5℃即解除冬期施工。

当未进入冬期施工前，突遇寒流侵袭使气温骤降至 0℃以下时，应按冬期施工方案对工程采取应急防护措施。

10.1　建筑地基与基础工程的冬期施工

冬期施工的地基与基础工程包括土方工程、地基处理、桩基础施工、基坑支护等。

冬期施工的地基与基础工程，除应有建筑场地的工程地质勘查资料外，还应根据需要提出地基土的主要冻土性能指标。

建筑场地宜在冻结前清除地上和地下障碍物、地表积水，并应平整场地与道路。冬期应及时清除积雪，春融期应做好排水。

对建筑物、构筑物的施工控制坐标点、水准点及轴线定位点的埋设，应采取防止土壤冻胀、融沉变位和施工振动影响的措施，并应定期复测校正。

在冻土上进行桩基础和强夯施工时所产生的振动，对周围建筑物及各种设施有影响时，应采取隔振措施。

在靠近建筑物、构筑物基础的地下基坑施工时，应采取防止地基基土遭冻的措施。

为了防止造成先期完成的基底土二次遭受冻结，同一建筑物基槽(坑)开挖应同时进行，基底不得留冻土层。基础施工中，应防止地基土被融化的雪水和冰水浸泡。

10.1.1　土方工程

土方工程冬期施工时造价高、工效低，一般宜在冬前施工完成。必须冬期施工时，应根据本地区气候、土质和冻结情况以及施工条件、技术经济效果等进行综合比较，然后选择合理的施工方法。

土方工程的冬期施工内容包括土壤的防冻与保温、冻土融化、冻土开挖与土方回填等。

1. 土壤的防冻与保温

土壤的防冻与保温可采用松土防冻法、覆雪防冻法、覆盖保温材料防冻法等。

松土防冻法是在土壤冻结之前，将预先确定的冬季土方作业地段上的表土翻松耙平，利用松土中的孔隙来降低土壤中的导热性，达到防冻的目的。在初冬降雪量较大的土方工程施工地区，可采用雪覆盖法。这两种方法浪费人工、能源和材料，现阶段基本不采用了。

对于开挖面积较小的槽(坑)，可采用保温材料覆盖法，保温材料可用炉渣、稻草、草帘、膨胀珍珠岩等，再加盖一层塑料布。保温材料的铺设宽度为待挖基槽(坑)宽度的 2 倍和基槽(坑)底宽之和。

对于面积较小的基槽(坑)的保温与防冻，可采用暖棚保温法。在已挖好的基槽(坑)上，宜搭好骨架铺上基层，覆盖保温材料，也可搭塑料大棚，在棚内采取供暖措施。

对于挖掘完毕的基槽(坑)应采取防止基底部受冻的措施，因故未能及时进行下道工序施工时，应在基槽(坑)底标高以上预留土层，并应覆盖保温材料。

2. 冻土融化

冻土的融化方法应视其工程量大小、冻结深度和现场条件等因素而定，可选择烟火烘烤、蒸汽融化、电热融化等方法，并应确定施工顺序。

工程量小的工程可采用烟火烘烤法，其燃料可选用刨花、锯末、谷壳、树枝皮及其他可燃废料。施工时，在拟开挖的冻土上将铺好的燃料点燃，并用铁板覆盖，火焰不宜过高，应采取可靠的防火措施。

当热源充足、工程量较小时，可采用蒸汽融化法；在电源比较充足地区，工程量又不大，可用电热法融化冻土。这两种方法需耗费大量的能源和资源，而且与当前国家有关节能政策不相符，因此在工程实践中也基本不采用了。

3. 冻土开挖

冻土挖掘应根据冻土层的厚度和施工条件，采用机械、人工或爆破等方法进行，并应符合下列规定：

① 人工挖掘冻土可采用锤击铁楔子劈冻土的方法分层进行，铁楔子长度应根据冻土层厚度确定，且宜在 300～600 mm 之间取值。

② 机械挖掘冻土可根据冻土层厚度按表 10-1 选用设备。

③ 爆破法挖掘冻土应选择具有专业爆破资质的队伍，爆破施工应按国家有关规定进行。

④ 在挖方上边弃置冻土时，其弃土堆坡脚至挖方边缘的距离应为常温下规定的距离加上弃土堆的高度。

表 10-1　机械挖掘冻土设备选择表

冻土厚度/mm	挖掘设备
< 500	铲运机、挖掘机
500～1000	松土机、挖掘机
1000～1500	重锤或重球

4. 土方回填

冬期回填土应尽量选用未受冻的、不冻胀的土进行回填施工。

土方回填时，每层铺土厚度应比常温施工时减少 20%～25%，预留沉陷量应比常温施工时增加。

对于大面积回填土和有路面的路基及其人行道范围内的平整场地填方，可采用含有冻土层的土回填，但冻土块的粒径不得大于 150 mm，其含量不得超过 30%，铺填时冻土块应分散开，并应逐层夯实。

冬期施工应在填方前清除基底上的冰雪和保温材料，填方上层部位应采用未冻的或透水性好的土方回填，其厚度应符合设计要求。填方边坡的表层 1 m 以内，不得采用含有冻土块的土填筑。

室外的基槽(坑)或管沟可采用冻土块的土回填，冻土块粒径不得大于 150 mm，含量不得超过 15%，且应均匀分布。管沟底以上 500 mm 范围内不得用含有冻土块的土回填。

室内的基槽(坑)或管沟不得采用含有冻土块的土回填，施工应连续进行并应夯实。当采用人工夯实时，每层铺土厚度不得超过 200 mm，夯实厚度宜为 100～150 mm。

冻结期间暂不使用的管道及其场地回填时，冻土块的含量和粒径可不受限制，但融化后应做适当处理。

室内地面垫层下回填的土方，填料中不得含有冻土块，并应及时夯实。填方完成后至地面施工前，应采取防冻措施。

永久性的挖、填方和排水沟的边坡加固修整，宜在解冻后进行。

10.1.2　地基处理

在季节性冻土地区，初冬时期日平均气温不低于 −10℃、冻土厚度不超过 500 mm 时，可进行强夯施工。

强夯施工技术参数应根据加固要求与地质条件在场地内经试夯确定，试夯应按现行行业标准《建筑地基处理技术规范》JGJ79 的规定进行。

强夯施工时，不应将冻结基土或回填的冻土块夯入地基的持力层，回填土的质量应符合有关规定。

黏性土或粉土地基的强夯，宜在被夯土层表面铺设粗颗粒材料，并应及时清除粘结于锤底的土料。

强夯加固后的地基应进行越冬维护。

10.1.3　桩基础

冻土地基可采用干作业钻孔桩、挖孔灌注桩或沉管灌注桩、预制桩等施工。

桩基施工时，当冻土层厚度超过 500 mm 时，冻土层宜采用钻孔机引孔，引孔直径不宜大于桩径 20 mm。

钻孔机的钻头宜选用锥形钻头并镶焊合金刀片，钻进冻土时应加大钻杆对土层的压力，并应防止摆动和偏位，钻成的桩孔应及时覆盖保护。

采用振动沉管成孔时，应制定保证相邻混凝土质量的施工顺序。拔管时，应及时清除管壁上的水泥浆和泥土。当成孔施工有间歇时，宜将桩管埋入桩孔中进行保温。

桩基静荷载试验前，应将试桩周围的冻土融化或挖除。试验期间，应对试桩周围地表土和锚桩横梁支座进行保温。

1．灌注桩的混凝土施工

混凝土材料的加热、搅拌、运输、浇筑应按混凝土冬期施工的规定进行；混凝土浇筑温度应根据热工计算确定，且不得低于 5℃。

地基土冻结范围内的和露出地面的桩身混凝土养护，应按混凝土冬期施工的规定进行。

在冻胀性地基土上施工时，应采取防止或减少桩身与冻土之间产生切向冻胀力的防护措施。

2．预制桩施工

施工前，桩表面应保持干燥与清洁，钢丝绳索与桩机的夹具应采取防滑措施。

沉桩施工应连续进行，施工完成后应采用保温材料覆盖于桩头上进行保温，防止桩孔进入冷空气，导致地基土冻。

接桩可采用焊接或机械连接，焊接和防腐要求应符合规定。

10.1.4 基坑支护

基坑支护冬期施工宜选用排桩和土钉墙的方法。

对于采用液压高频锤法施工的型钢或钢管排桩基坑支护工程，应考虑对周边建筑物、构筑物和地下管道的振动影响；当在冻土上施工时，应采用钻机在冻土层内引孔，引孔的直径应大于型钢或钢管的最大边缘尺寸。

1．钢筋混凝土灌注桩的排桩施工

基坑土方开挖应待桩身混凝土达到设计强度时方可进行，开挖时，排桩上部自由端外侧的基土应进行保温，可采用在排桩外侧用袋装保温材料立起一道保温墙，用脚手架做支护架。

桩身混凝土可掺入防冻剂，采用负温养护法进行施工。防冻剂可选用包含氯盐防冻剂在内的任何防冻剂。

2．锚杆施工

锚杆注浆的水泥浆配制宜掺入适量的防冻剂，预应力锚杆张拉应待锚杆水泥浆体达到设计强度后方可进行。

3．严寒地区土钉墙混凝土面板施工

为防止地基土表面受冻，面板下宜铺设 60～100 mm 厚聚苯乙烯泡沫板，浇筑后的混凝土应按冬期施工混凝土的相关规定立即进行保温养护。

10.2 砌体工程的冬期施工

砌体工程的冬期施工最突出的一个问题是砂浆遭受冻结。砂浆遭受冻结后，会产生如下危害：硬化暂时停止，并且不再产生强度，失去胶结作用；塑性降低，灰缝的紧密度减弱；解冻后的砂浆在上层砌体的压力下，可能引起不均匀沉降等。

因此，砌体工程的冬期施工措施就是要解决避免砂浆遭受冻结或者使砂浆在负温下也能增长强度的问题。

10.2.1　一般规定

1．材料要求

砖、砌块在砌筑前，应清除表面污物、冰雪等，不得使用遭水浸或受冻后表面结冰、污染的砖或砌块。

砌筑砂浆宜采用普通硅酸盐水泥配制，不得使用无水泥拌制的砂浆。

现场拌制所用砂中不得含有直径大于 10 mm 的冻结块或冰块。

石灰膏、电石渣膏等材料应有保温措施，遭冻结时应经融化后放壳使用。

砂浆拌合水温不宜超过 80℃，砂加热温度不宜超过 40℃，且水泥不得与 80℃以上热水直接接触；砂浆稠度宜较常温适当增大，且不得二次加水调整砂浆和易性。

2．技术要求

砌筑间歇期间，宜及时在砌体表面进行保护性覆盖，砌体面层不得留有砂浆，继续砌筑前，应将砌体表面清理干净。

施工日记中应记录大气温度、暖棚内温度、砌筑时砂浆温度、外加剂掺量等有关资料。

砂浆试块的留置，除应按常温规定要求外，还应增设一组与砌体同条件养护的试块，用于检验转入常温 28 天的强度。如有特殊需要，可另外增加相应龄期的同条件试块。

严格按照"三一"砌筑法，平铺压榨，保证良好粘接，砖缝控制在 8～12 mm 之间，禁止用灌浆法砌筑。

10.2.2　施工方法

砌体工程的冬期施工方法有外加剂法、暖棚法等。由于掺外加剂的砂浆在负温条件下强度可以持续增长，且砌体不会发生沉降变形，施工工艺简单，因此砌体工程的冬期施工，应以外加剂法为主。对地下工程或急需使用的工程，可采用暖棚法。

1．外加剂法

采用外加剂法配制砂浆时，可采用氯盐或亚硝酸盐等外加剂。氯盐应以氯化钠为主，当气温低于 −15℃时，可与氯化钙复合使用。氯盐掺量可按表 10-2 选用。

砌筑施工时，砂浆温度不应低于 5℃。当设计无要求，且最低温度等于或低于 −15℃时，砌体砂浆强度等级应较常温施工提高一级。

氯盐砂浆中复掺引气型外加剂时，应在氯盐砂浆搅拌的后期掺入。

采用氯盐砂浆时，应对砌体中配置的钢筋及钢预埋件进行防腐处理。

砌体采用氯盐砂浆施工，每日砌筑高度不宜超过 1.2 m，墙体留置的洞口，距交接墙处不应小于 500 mm。

下列情况不得采用掺氯盐的砂浆砌筑砌体：

① 对装饰工程有特殊要求的建筑物。

② 使用环境湿度大于 80% 的建筑物。

③ 配筋、钢埋件无可靠防腐处理措施的砌体。

④ 接近高压电线的建筑物(如变电所、发电站等)。

⑤ 经常处于地下水变化范围内，以及在地下未设防水层的结构。

表 10-2　氯盐外加剂掺量

氯盐及砌体材料种类		日最低气温/℃			
		≥−10	−11～−15	−16～−20	−21～−25
单掺氯化钠/%	砖、砌块	3	5	7	—
	石材	4	7	10	—
复掺/%	氯化钠	—	—	5	7
	氯化钙	—	—	2	3

注：氯盐以无水盐计，掺量为占拌合水质量百分比。

2．暖棚法

暖棚法适用于地下工程、基础工程以及工期紧迫的砌体结构。

当采用暖棚法施工时，暖棚内的最低温度不应低于 5℃。

砌体在暖棚内的养护时间应根据暖棚内的温度确定，并应符合表 10-3 的规定。

表 10-3　暖棚法施工时的砌体养护时间

暖棚内温度/℃	5	10	15	20
养护时间/d	≥6	≥5	≥4	≥3

10.3　钢筋混凝土工程的冬期施工

钢筋混凝土工程的冬期施工，主要包括钢筋工程和混凝土工程的冬期施工。

10.3.1　钢筋工程

1．一般规定

钢筋调直冷拉温度不宜低于 −20℃，预应力钢筋张拉温度不宜小于 15℃。

钢筋负温焊接时，可采用闪光对焊、电弧焊、电渣压力焊等方法。当采用细晶粒热轧钢筋时，其焊接工艺应经试验确定。当环境温度低于 −20℃时，不宜进行焊接。

负温条件下使用的钢筋，在施工过程中应加强管理和检验，钢筋在运输和加工过程中应防止撞击和刻痕。

钢筋张拉与冷拉设备、仪表和液压工作系统油液应根据环境温度选用，并应在使用温度下进行配套校验。

当环境温度低于 −20℃时，不得对 HRB335、HRB400 钢筋进行冷弯加工。

2．钢筋负温焊接

雪天或施焊现场风速超过三级风焊接时，应采取遮蔽措施，焊接后未冷却的接头应避免碰到冰雪。

热轧钢筋负温闪光对焊，宜采用预热——闪光焊或闪光——预热——闪光焊工艺。钢筋端面比较平整时，宜采用闪光——预热——闪光焊。

钢筋负温闪光对焊工艺应控制热影响区长度，焊接参数应根据当地气温按常温参数调整。

采用较低变压器级数时，宜增加调整长度、预热留量、预热次数、预热间歇时间和热接触压力，并宜减慢烧化过程的中期速度。

钢筋负温电弧焊采取分层控温施焊，热轧钢筋焊接的层间温度控制在 150℃～350℃ 之间。

钢筋负温电弧焊可根据钢筋牌号、直径、接头形式和焊接位置选择焊条和焊接电流，焊接时应采取防止产生过热、烧伤、咬肉和裂缝等的措施。

HRB335 和 HRB400 钢筋多层施焊时，焊后可采用回火焊道施焊，其回火焊道的长度应比前一层焊道的两端缩短 4～6 mm。

1) 钢筋负温帮条焊或搭接焊

帮条与主筋之间应采用四点定位焊固定，搭接焊时应采用两点固定。定位焊缝与帮条或搭接端部的距离不应小于 20 mm。

帮条焊的引弧应在帮条钢筋的一端开始，受弧应在帮条钢筋端头上，弧坑应填满。

焊接时，第一层焊缝应具有足够的焊深，主焊缝或定位焊缝应融合良好。平焊时，第一层焊缝应先从中间引弧，再向两端运弧；立焊时，应先从中间向上方运弧，再从下端向中间运弧。在以后各层焊缝焊接时，应采用分层控温施焊。

帮条接头或搭接接头的焊缝厚度不应小于钢筋直径的 30%，焊缝宽度不应小于钢筋直径的 70%。

2) 钢筋负温坡口焊

焊缝根部、坡口端面以及钢筋与钢垫板之间均应熔合，焊接过程中应经常除渣。

焊接时，宜采用几个接头轮流施焊。

加强焊缝的宽度应超出 V 形坡口边缘 3 mm，高度应超出 V 形坡口上下边缘 3 mm，并应平缓过渡至钢筋表面。

加强焊缝的焊接，应分两层控温施焊。

3) 钢筋负温电渣压力焊

电渣压力焊宜采用 HRB335、HRB400 热轧带肋钢筋。电渣压力焊机容量应根据所焊钢筋直径选定。

焊剂应存放于干燥库房内，在使用前经 250℃～300℃ 烘焙 2 小时以上。

焊接前，应进行现场负温条件下的焊接工艺试验，经检验满足要求后方可正式作业。

电渣压力焊焊接参数壳按表 10-4 选用。

焊接完毕，应停歇 20 s 以上方可卸下夹具回收焊剂，回收的焊剂内不得混入冰雪，接头渣壳待冷却后清理。

表 10-4 钢筋负温电渣压力焊焊接参数

钢筋直径/mm	焊接温度/℃	焊接电流/A	焊接电压/V		焊接通电时间/s	
			电弧过程	电渣过程	电弧过程	电渣过程
14~18	−10	300~350			20~25	6~8
	−20	350~400				
20	−10	350~400	35~45	18~22		
	−20	400~450				
22	−10	400~450			25~30	8~10
	−20	500~550				
25	−10	450~500				
	−20	550~600				

注：本表系采用常用 HJ431 焊剂和半自动焊机的参数。

10.3.2 混凝土工程

冬期施工时，由于气温低，水泥水化作用减弱，新浇混凝土强度增长明显延缓，当温度降至 0℃以下时，水泥水化作用基本停止，混凝土强度亦停止增长。特别是温度降至混凝土冰点温度以下时，混凝土中的游离水开始结冰，结冰后体积膨胀，在混凝土内部产生冰胀应力，使强度尚低的混凝土结构内部产生微裂隙，同时降低了水泥与砂石和钢筋的粘结力，导致结构强度降低。受冻的混凝土在解冻后，其强度虽能继续增长，但已不能达到先前设计的强度等级。因此，混凝土工程冬期施工的主要问题是混凝土在受冻前是否达到受冻临界强度。

在冬期施工中，新浇筑的混凝土在受冻以前必须达到的最低强度就是混凝土受冻临界强度。

1. 混凝土受冻临界强度的规定

冬期浇筑的混凝土，其受冻临界强度应符合下列规定：

(1) 采用蓄热法、暖棚法、加热法等施工的普通混凝土，用硅酸盐水泥、普通硅酸盐水泥配制时，其受冻临界强度不应小于设计混凝土强度等级值的 30%；用矿渣硅酸盐水泥、粉煤灰硅酸盐水泥、火山灰质硅酸盐水泥、复合硅酸盐水泥时，不应小于设计混凝土强度等级值的 40%。

(2) 当室外最低气温不低于 −15℃时，采用综合蓄热法、负温养护法施工的混凝土受冻临界强度不应小于 4.0 MPa；当室外最低温度不低于 −30℃时，采用负温养护法施工的混凝土受冻临界强度不应小于 5.0 MPa。

(3) 对强度等级等于或高于 C50 的混凝土，不宜小于设计混凝土强度等级值的 30%。

(4) 对有抗渗要求的混凝土，不宜小于设计混凝土强度等级值的 50%。

(5) 对有抗冻耐久性要求的混凝土，不宜小于设计混凝土强度等级值的 70%。

(6) 当采用暖棚法施工的混凝土中掺入早强剂时，可按综合蓄热法受冻临界强度取值。

(7) 当施工需要提高混凝土强度等级时，应按提高后的强度等级确定受冻临界强度。

2．混凝土的配制

混凝土的配制宜选用硅酸盐水泥或普通硅酸盐水泥，当采用蒸汽养护时，宜选用矿渣硅酸盐水泥。混凝土最小水泥用量不宜低于 280 kg/m³，水胶比不应大于 0.55。强度等级不大于 C15 的混凝土，其水胶比和水泥用量可不受以上限制。

拌制混凝土所用骨料应清洁，不得含有冰、雪、冻块及其他易冻裂物质。掺加含有钾、钠离子的防冻剂混凝土，不得采用活性骨料或在骨料中混有此类物质的材料。

冬期施工混凝土选用的外加剂应符合现行国家标准《混凝土外加剂应用技术规范》GB50119 的相关规定。非加热养护法混凝土的施工，所选用的外加剂应含有引气组分或掺入引气剂，含气量宜控制在 3.0%～5.0%。

钢筋混凝土掺用氯盐类防冻剂时，氯盐掺量不得大于水泥质量的 1.0%。掺用氯盐的混凝土应振捣密实，且不宜采用蒸汽养护。

在下列情况下，不得在钢筋混凝土结构中掺入氯盐。

(1) 排出大量蒸汽的车间、浴池、游泳馆、洗衣房和经常处于相对湿度大于 80%的房间以及有顶盖的钢筋混凝土蓄水池等在高湿度空气环境中使用的结构。

(2) 处于水位升降部位的结构。

(3) 露天结构或经常受雨、水淋的结构。

(4) 有镀锌钢材或铝铁相接触部位的结构，有外露钢筋、预埋件而无防护措施的结构。

(5) 与含有酸、碱或硫酸等侵蚀介质相接触的结构。

(6) 使用过程中经常处于环境温度为 60℃以上的结构。

(7) 使用冷拉钢筋或冷拔低碳钢丝的结构。

(8) 薄壁结构，中级和重级工作制吊车梁、屋架、落锤或锻锤基础结构。

(9) 电解车间和直接靠近直流电源、高压电源(发电站、变电所)的结构。

(10) 预应力混凝土结构。

3．混凝土原材料的加热

为保证混凝土在受冻前达到受冻临界强度，要求混凝土在正温下浇筑、正温下养护，因此需要对混凝土的拌制材料进行加热处理。

混凝土原材料加热宜采用加热水的方法，当加热水仍不能满足要求时，可对骨料进行加热。水、骨料加热的最高温度应符合表 10-5 的规定。

表 10-5 拌合水及骨料加热最高温度

水泥强度等级	拌合水/℃	骨料/℃
小于 42.5	80	60
42.5、42.5R 及以上	60	40

当水和骨料的温度仍不能满足热工计算要求时，可提高水温到 100℃，但水泥不得与80℃以上的水直接接触。

水加热宜采用蒸汽加热、电加热、汽水热交换罐或其他加热方法。水箱或水池容积及水温应能满足连续施工的要求。

砂加热应在开盘前进行，加热应均匀。当采用保温加热料斗时，宜配备两个交替加热使用，每个料斗容积可根据机械可装高度和侧壁厚度等要求进行设计，每一个斗的容量不宜小于 3.5 m³。预拌混凝土用砂，应提前备足料，运至有加热设施的保温封闭储料棚(室)或仓内备用。

水泥不得直接加热，袋装水泥使用前宜运入暖棚内存放。

4．混凝土的搅拌

混凝土拌合物的温度应经过热工计算确定。

混凝土搅拌的最短时间应符合表 10-6 的规定。

表 10-6　混凝土搅拌的最短时间

混凝土坍落度/mm	搅拌机容积/L	混凝土搅拌的最短时间/s
≤80	>250	90
	250～500	135
	>500	180
>80	>250	90
	250～500	90
	>500	135

注：采用自落式搅拌机时，应比上表搅拌时间延长 30～60 s；采比预拌混凝土时，应比常温下预拌混凝土运输单搅拌时间延长 15～30 s。

5．混凝土的运输

混凝土在运输、浇筑过程中应采取保温措施，可在容器表面覆盖保温材料，保证混凝土入模温度不低于 5℃。当不符合要求时，应采取措施进行调整。

混凝土运输与输送机具应进行保温或具有加热装置。泵送混凝土在浇筑前应对泵管进行保温，并应采用与施工混凝土同配比砂浆进行预热。

6．混凝土的浇筑

混凝土浇筑前，应清除模板和钢筋上的冰雪和污垢。

冬期不得在强冻胀性地基土上浇筑混凝土。在弱冻胀性地基土上浇筑混凝土时，基土不得受冻；在非冻胀性地基土上浇筑混凝土时，混凝土受冻临界强度应符合要求。

大体积混凝土分层浇筑时，已浇筑层的混凝土在未被上一层混凝土覆盖前，温度不应低于 2℃。采用加热法养护混凝土时，养护前的混凝土温度也不得低于 2℃。

对于型钢混凝土组合结构，浇筑混凝土前应对型钢进行预热，预热温度宜大于混凝土入模温度。

7．混凝土的养护

混凝土的养护方法主要有蓄热法、综合蓄热法、蒸汽养护法、电加热法、暖棚法、负温养护法等。

采用加热养护的整体结构，浇筑程序和施工缝位置的设置应采取能防止产生较大温度应力的措施。当加热温度超过 45℃时，应进行温度应力核算。

1) 蓄热法和综合蓄热法

当室外最低温度不低于－15℃时，地面以下的工程或表面系数不大于 5 m⁻¹ 的结构，宜采用蓄热法养护。对结构易受冻的部位，应加强保温措施。

当室外最低气温不低于 －15℃ 时，对于表面系数为 5～15 m⁻¹ 的结构，宜采用综合蓄热法养护，围护层散热系数宜控制在 50～200 kJ/(m³·h·K) 之间。

采用综合蓄热法施工的混凝土中应掺入早强剂或早强型复合外加剂，并应具有减水、引气作用。

混凝土浇筑后应采用塑料布等防水材料对裸露表面覆盖并保温，对边、棱角部位的保温层厚度应增大到面部位的 2～3 倍。模板外和混凝土表面覆盖的保温层，不应采用潮湿状态的材料，也不应将保温材料直接铺盖在潮湿的混凝土表面，新浇混凝土表面应铺一层塑料薄膜。

混凝土在养护期间应防风、防失水。

2) 蒸汽养护法

混凝土蒸汽养护法可采用棚罩法、蒸汽套法、热模法、内部通气法等方式进行。

棚罩法适用于预制梁、板、地下基础、沟道等；蒸汽套法适用于现浇梁、板、框架结构、墙、柱等；热模法适用于墙、柱及框架结构；内部通气法适用于预制梁、柱、桁架，现浇梁、柱、框架单梁。

蒸汽养护法应采用低压饱和蒸汽，当工地有高压蒸汽时，应通过减压阀或过水装置后方可使用。采用蒸汽养护的混凝土，可掺入早强剂或非引气型减水剂。

蒸汽养护的混凝土，采用普通硅酸盐水泥时最高养护温度不得超过 80℃，采用普通硅酸盐水泥时可提高到 85℃，但采用内部通气法时，最高加热温度不应超过 60℃。

蒸汽加热养护混凝土时，喷嘴与混凝土外露面的距离不得小于 300 mm。

对于整体浇筑的结构，采用蒸汽加热养护时，升温和降温速度不得超过表 10-7 的规定。

表 10-7　蒸汽加热养护混凝土升温和降温速度

结构表面系数/m⁻¹	升温速度/(℃/h)	降温速度/(℃/h)
≥6	15	10
<6	10	5

3) 电加热法

电加热法是利用电能进行加热养护的施工方法，主要包括电极加热法、电热毯法、工频涡流法、线圈感应加热法、电热红外线加热器辐射加热养护法等。

电极加热法是指用钢筋做电极，利用电流通过混凝土所产生的热量对混凝土进行养护；电热毯法是指混凝土浇筑后，在混凝土表面或模板外覆盖柔性电热毯，通电加热养护；工频涡流法是利用安装在钢模板外侧的钢管，内穿导线，通以交流电后产生涡流电，加热钢模板对混凝土进行加热养护；线圈感应加热法是指利用缠绕在构件钢模板外侧的绝缘导线线圈，通以交流电后在钢模板或混凝土内的钢筋中产生电磁感应发热，对混凝土进行加热养护。

采用电热红外线加热器对混凝土进行辐射加热养护时，宜用于薄壁钢筋混凝土结构和装配式钢筋混凝土结构接头处混凝土加热。

电加热养护混凝土的温度应符合表 10-8 的规定。

表 10-8 电加热养护混凝土的温度   ℃

水泥强度等级	结构表面系数/m⁻¹		
	< 10	10～15	>15
32.5	70	50	45
42.5	40	40	35

注：采用红外线辐射加热时，其辐射表面温度可采用 70℃～90℃。

电极加热法养护混凝土的适用范围宜符合表 10-9 的规定。

表 10-9 电极加热养护混凝土的适用范围

分类		常规电极规格	设置方法	适用范围
内部电极	棒形电极	$\phi 6～\phi 12$ 的钢筋短棒	混凝土浇筑后，将电极穿过模板或在混凝土表面插入混凝土体内	梁、柱、厚度大于 150 mm 的板、墙及设备基础
	弦形电极	$\phi 6～\phi 12$ 的钢筋，长为 2.0～2.5 m	在浇筑混凝土前将电极装入，与结构纵向平行。电极两端弯成直角，由模板孔引入	含筋较少的墙、柱、梁、大型柱基础以及厚度大于 200 mm 单侧配筋的板
表面电极	表面电极	$\phi 6$ 钢筋或厚度 1～2 mm、宽 30～60 mm 的扁钢	电极固定在模板内侧，或装载混凝土的外表面	条形基础、墙及保护层大于 50 mm 的大体积结构和地面等

(1) 混凝土采用电极加热养护。

电路接好应经检查合格后方可合闸送电。当结构工程量较大，需边浇筑边通电时，应将钢筋接地线。电加热现场应设安全围栏。

棒形和弦形电极应固定牢固，并不得与钢筋直接接触。电极与钢筋之间的距离应符合表 10-10 的规定。当因钢筋密度大而不能保证钢筋与电极之间的距离满足表 10-10 的规定时，应采用绝缘措施。

表 10-10 电极与钢筋之间的距离

工作电压/V	最小距离/mm
65.0	50～70
87.0	80～100
106.0	120～150

电极加热应采用交流电。电极的形式、尺寸、数量及配置应能保证混凝土各部位加热均匀，且应加热到设计的混凝土强度标准值的 50%。在电极附近的辐射半径方向每隔 10 mm 距离的温度差不得超过 1℃。

电极加热应在混凝土浇筑后立即送电，送电前混凝土表面应保温覆盖。混凝土在加热养护过程中，洒水应在断电后进行。

(2) 混凝土采用电热毯养护。

电热毯宜由四层玻璃纤维布中间夹以电阻丝制成，其几何尺寸应根据混凝土表面或模板外侧与龙骨组成的区隔大小确定。电热毯的电压宜为 60～80 V，功率宜为 75～100 W。

布置电热毯时，在模板周边的各区格应连续布毯，中间区格可间隔布毯，并应与对面模板错开。电热毯外侧应设置岩棉板等性质的耐热保温材料。

电热毯养护的通电持续时间应根据气温及养护温度确定，可采取分段、间断或连续通电养护工序。

(3) 混凝土采用工频涡流法养护。

工频涡流法养护的涡流管应采用钢管，其直径宜为 12.5 mm，壁厚宜为 3 mm。钢管内穿的铝芯绝缘导线，其截面宜为 25～35 mm²，技术参数宜符合表 10-11 的规定。

表 10-11　工频涡流管技术参数

项　目	取　值
饱和电压降值/(V/m)	1.05
饱和电流值/A	200
钢管极限功率/(W/m)	195
涡流管间距/mm	150～250

各种构件涡流模板的配制应通过热工计算确定，也可按下列规定配置：

柱：四面配置。

梁：当高宽比大于 2.5 时，侧模宜采用涡流模板，底模宜采用普通模板；当高宽比小于 2.5 时，侧模和底模皆采用涡流模板。

墙板：距墙板底部 600 mm 范围内，应在两侧对称拼装涡流板；600 mm 以上部位，应在两侧采用涡流和普通钢模交错拼装，并应使涡流模板对应面为普通模板。

梁、柱节点：可将涡流钢管插入节点内，钢管总长度应根据混凝土量按 6.0 kW/m³ 功率计算；节点外围应保温养护。

当采用工频涡流法养护时，各阶段送电功率应使预养与恒温阶段功率相同，升温阶段功率应大于预养阶段功率的 2.2 倍。预养、恒温阶段的变压器一次接线为 Y 形，升温阶段接线应为三角形。

(4) 混凝土采用线圈感应加热养护。

线圈感应加热法养护宜用于梁、柱结构，以及各种装配式钢筋混凝土结构的接头混凝土的加热养护，亦可用于型钢混凝土组合结构的钢体、密筋结构的钢筋和模板的预热，还可用于受冻混凝土结构构件的解冻。

变压器宜选择 50 kVA 或 100 kVA 低压加热变压器，电压宜在 36～110 V 间调整。当混凝土量较少时，也可采用交流电焊机。变压器的容量宜比计算结果增加 20%～30%。

感应线圈宜选用截面面积为 35 mm² 铝质或铜质电缆，加热主电缆的截面面积宜为 150 mm²。电流不宜超过 400 A。

当缠绕感应线圈时，宜靠近钢模板，构件两端线圈导线的间距应比中间加密一倍，加密范围宜由端部开始向内至一个线圈直径的长度为止。端头应密缠 5 圈。

最高电压值宜为 80 V，新电缆电压值可采用 100 V，但应确保接头绝缘。养护期间电流不得中断，并应防止混凝土受冻。

通电后应采用钳形电流表和万能表随时检查测定电流，并应根据具体情况随时调整参数。

4) 暖棚法

暖棚法是将混凝土构件或结构置于搭设的棚中，内部设置散热器、排管、电热器或火炉等加热棚内空气，使混凝土处于正温环境下养护的施工方法。

暖棚法施工适用于地下结构工程和混凝土构件比较集中的工程。

施工时，应设专人监测混凝土及暖棚内温度，暖棚内各测点温度不得低于 5℃。测温点应选择具有代表性的位置进行布置，在离地面 500 mm 高度处应设点，每昼夜测温不应少于 4 次。

养护期间应监测暖棚内的相对湿度，混凝土不得有失水现象，否则应及时采取增湿措施或在混凝土表面洒水养护。

暖棚的出入口应设专人管理，并应采取防止棚内温度下降或引起风口处混凝土受冻的措施。

在混凝土养护期间应将烟或燃烧气体排至棚外，并应采取防止中毒和防火的措施。

5) 负温养护法

负温养护法是指在混凝土中掺入防冻剂，使其在负温条件下能够不断硬化，在混凝土温度降到防冻剂规定温度前达到受冻临界强度的施工方法。

混凝土负温养护法适用于不易加热保温，且对强度增长要求不高的一般混凝土结构工程。

负温养护法施工的混凝土，应以 5 天内的预计日最低气温来选用防冻剂，起始养护温度不应低于 5℃。

混凝土浇筑后，裸露表面应采取保湿措施。同时，应根据需要采取必要的保温覆盖措施。

负温养护法施工应加强测温，在混凝土内部温度降至防冻剂规定温度之前，混凝土的抗压强度应达到受冻临界强度。

8. 硫铝酸盐水泥混凝土负温施工

硫铝酸盐水泥混凝土是采用快硬硫铝酸盐水泥掺入亚硝酸钠等外加剂配制的混凝土，可在不低于 −25℃ 环境下施工，适用于下列工程：工业与民用建筑工程的钢筋混凝土梁、柱、板、墙的现浇结构；多层装配式结构的接头以及小截面结构混凝土工程；抢修、抢建工程以及有硫酸盐腐蚀环境的混凝土工程。

对于使用条件经常处于温度高于 80℃ 的结构部位或有耐火要求的结构工程，不宜采用硫铝酸盐水泥混凝土施工。

硫铝酸盐水泥混凝土冬期施工可选用 $NaNO_2$ 防冻剂或 $NaNO_2$ 与 Li_2CO_3 复合防冻剂，其掺量可按表 10-12 选用。

表 10-12 硫铝酸盐水泥用量防冻剂掺量

环境最低温度/℃		$\geq$	−5～−15	−15～−25
单掺 $NaNO_2$/(%)		0.50～1.00	1.00～3.00	3.00～4.00
复掺 $NaNO_2$ 与 Li_2CO_3	$NaNO_2$	0.00～1.00	1.00～2.00	2.00～4.00
	Li_2CO_3	0.00～0.02	0.02～0.05	0.05～0.10

注：防冻剂掺量按水泥质量百分比计。

拼装接头或小截面构件、薄壁结构施工时，应适当提高拌合物温度，并应加强保温措施。

硫铝酸盐水泥可与硅酸盐类水泥混合使用,硅酸盐类水泥的掺用比例应小于 10%。

硫铝酸盐水泥混凝土可采用热水拌合,水温不宜超过 50℃,拌合物温度宜为 5℃~15℃,坍落度应比普通混凝土增加 10~20 mm。水泥不得直接加热或直接与 30℃ 以上热水接触。

硫铝酸盐水泥混凝土采用机械搅拌和运输车运输,卸料时应将搅拌筒及运输车内混凝土排空,并应根据混凝土凝结时间情况,及时清洗搅拌机和运输车。

混凝土应随拌随用,并应在拌制结束 30 min 内浇筑完毕,不得二次加水拌合使用。混凝土入模温度不得低于 2℃。

混凝土浇筑后,应立即在混凝土表面覆盖一层塑料薄膜防止失水,并应根据气温情况及时覆盖保温材料。

硫铝酸盐水泥混凝土养护不宜采用电热法或蒸汽法。当混凝土结构体积较小时,可采用暖棚法养护,但养护温度不宜高于 30℃;当混凝土体积较大时,可采用蓄热法养护。

9. 混凝土养护期间的温度测量

1) 时间与频次

采用蓄热法或综合蓄热法时,在达到受冻临界强度之前应每隔 4~6 小时测量一次;采用负温养护法时,在达到受冻临界强度之前每隔 2 小时测量一次;采用加热法时,升温和降温阶段应每隔 1 小时测量一次,恒温阶段每隔 2 小时测量一次;混凝土在达到受冻临界强度后,可停止测温。大体积混凝土养护期间的温度测量还应符合现行国家标准《大体积混凝土施工规范》GB50496 的相关规定。

2) 养护温度的测量方法

测温孔应编号,并应绘制测温孔布置图,现场应设置明显标识。

测温时,测温元件应采取措施与外界气温隔离,测温元件测量位置应处于结构表面下 20 mm 处,留置在测温孔内的时间不应少于 3 min。

采用非加热养护法时,测温孔应设置在易于散热的部位;采用加热法养护时,应分别设置在离热源不同的位置。

10. 混凝土质量控制及检查

混凝土冬期施工质量检查除应符合现行国家标准《混凝土结构工程施工质量验收规范》GB50204 以及国家现行有关标准规定外,还应符合下列规定:

(1) 应检查外加剂质量及掺量:外加剂进入施工现场后应进行抽样检验,合格后方准使用。

(2) 应根据施工方案确定的参数检查水、骨料、外加剂溶液和混凝土出机、浇筑、起始养护时的温度。

(3) 应检查混凝土从入模到拆除保温层或保温模板期间的温度。

(4) 采用检查预拌混凝土时,原材料、搅拌、运输过程中的温度检查及混凝土质量检查,应由预拌混凝土生产企业进行,并应将记录资料提供给施工单位。施工期间的测温项目与频次应符合表 10-13 的规定。

(5) 模板和保温层在混凝土达到要求强度并冷却到 5℃ 后方可拆除,拆模时混凝土表面与环境温度差大于 20℃ 时,混凝土表面应及时覆盖,缓慢冷却。

(6) 混凝土抗压强度试件的留置除应按现行国家标准《混凝土结构工程施工质量验收规范》GB50204 规定外，还应增设不少于两组同条件养护试件。

表 10-13　施工期间的测温项目与频次

测 温 项 目	频 次
室外气温	测量最高、最低温度
环境温度	每昼夜不少于 4 次
搅拌机棚温度	每一工作班不少于 4 次
水、水泥、矿物掺合料、砂、石及外加剂溶液温度	每一工作班不少于 4 次
混凝土出机、浇筑、入模温度	每一工作班不少于 4 次

10.4　保温及屋面防水工程的冬期施工

保温工程、屋面防水工程冬期施工应选择晴朗天气进行，不得在雨、雪天和五级风及其以上或基层潮湿、结冰、霜冻条件下进行。

保温及屋面工程应依据材料性能确定施工气温界限，最低施工环境气温宜符合表 10-14 的规定。

表 10-14　保温及屋面工程施工环境气温要求

防水与保温材料	施工环境气温
黏结保温板	有机胶黏剂不低于−10℃；无机胶黏剂不低于 5℃
现喷硬泡聚氨酯	15℃～30℃
高聚物改性沥青防水卷材	热熔法不低于−10℃
合成高分子防水卷材	冷粘法不低于 5℃；焊接法不低于−10℃
高聚物改性沥青防水涂料	溶剂型不低于 5℃，热熔法不低于−10℃
合成高分子防水涂料	溶剂型不低于−5℃
防水混凝土、防水砂浆	符合混凝土、砂浆相关规定
改性石油沥青密封材料	不低于 0℃
合成高分子密封材料	溶剂型不低于 0℃

保温与防水材料进场后，应存放于通风、干燥的暖棚内，并严禁接近火源和热源。棚内温度不宜低于 0℃。

屋面防水施工时，应先做好排水比较集中的部位，节点部位应加铺一层附加层。

施工时，应合理安排隔气层、保温层、找平层、防水层的各项工序，连续操作，已完成部位应及时覆盖，防止受潮或受冻。穿过屋面防水层的管道、设备或预埋件，应在防水施工前安排完毕并做好防水处理。

10.4.1　外墙外保温工程

外墙外保温体系作为节能建筑的重要体系之一，越来越多地应用到北方地区的建筑节能体系中。

外墙外保温工程冬期施工宜采用 EPS 板薄抹灰外墙外保温系统、EPS 板现浇混凝土外墙外保温或 EPS 钢丝网架板现浇混凝土外墙外保温系统。

外墙外保温工程冬期施工最低温度不应低于 −5℃，施工期间以及完工后 24 小时内，基层及环境空气温度不应低于 5℃。

进场的 EPS 板胶黏剂、聚合物抹面胶浆应存放于暖棚内。液态材料不得受冻，粉状材料不得受潮。

1. EPS 板薄抹灰外墙外保温系统

应采用低温型 EPS 板胶黏剂和低温型聚合物抹面胶浆，并应按产品说明书进行使用。低温型 EPS 板胶黏剂和低温型 EPS 板聚合物抹面胶浆的性能应符合表 10-15 和表 10-16 的规定。

表 10-15　低温型 EPS 板胶黏剂技术指标

实 验 项 目		性 能 指 标
拉伸粘结强度(MPa)(与水泥砂浆)	原强度	≥0.60
	耐水	≥0.40
拉伸粘结强度(MPa)(与 EPS 板)	原强度	≥0.10，破坏界面在 EPS 板上
	耐水	≥0.10，破坏界面在 EPS 板上

表 10-16　低温型 EPS 板聚合物抹面胶浆技术指标

实 验 项 目		性 能 指 标
拉伸粘结强度(MPa)(与 EPS 板)	原强度	≥0.10，破坏界面在 EPS 板上
	耐水	≥0.10，破坏界面在 EPS 板上
	耐冻性	≥0.10，破坏界面在 EPS 板上
柔韧性	抗压强度/抗折强度	≤3.00

注：低温型胶黏剂与聚合物抹面胶浆检验方法与常温一致，试件养护温度取施工环境温度。

胶黏剂和聚合物抹面拌合温度皆应高于 5℃，聚合物抹面胶浆拌合水温度不宜大于 80℃，且不宜低于 40℃。

拌合完毕的 EPS 板胶黏剂和聚合物抹面胶浆每隔 15 分钟搅拌一次，1 小时内使用完毕。

施工前应按常温规定检查基层施工质量，并确保干燥、无结冰、霜冻。

EPS 板粘贴应保证有效粘贴面积大于 50%，粘贴完毕后，应养护至规定强度后方可进行面层薄抹灰施工。

2. EPS 板及 EPS 钢丝网架板现浇混凝土外墙外保温系统

施工前应经过试验确定负温混凝土配合比，选择合适的混凝土防冻剂。

EPS 板内外表面应预先在暖棚内喷刷界面砂浆，外抹面层抹面抗裂砂浆中可掺入非氯盐类砂浆防冻剂。

抹面层厚度应均匀，钢丝网应完全包覆于抹面层中。分层抹灰时，底层灰不得受冻，抹灰砂浆在硬化初期应采取保温措施。

10.4.2 屋面保温工程

屋面保温材料应符合设计要求，为防止保温材料受潮、受冻，冬期施工前可采用将材料提前入场或组织库存、覆盖等保管措施，不允许保温材料含有冰雪、冻块和杂质。

干铺的保温层可在负温下施工；采用沥青胶结的保温层应在气温不低于 −10℃时施工；采用水泥、石灰或其他胶结料胶结的保温层应在气温不低于 5℃时施工。当气温低于上述要求时，应采取保温、防冻措施。

采用水泥砂浆粘贴板状保温材料以及处理板间缝隙时，可采用掺有防冻剂的保温砂浆。防冻剂进入现场后必须复试，其掺量应通过试验确定。

干铺的板状保温材料在负温施工时，板材应在基层表面铺平垫稳，分层铺设。板块上下层缝应相互错开，缝间隙应采用同类材料的碎屑填嵌密实。

倒置式屋面所选用材料应符合设计及相关规定，施工前应检查防水层平整度及有无结冰、霜冻或积水现象，满足要求后方可施工。

10.4.3 屋面防水工程

屋面防水工程一般安排在常温期间完成施工，为适应我国寒冷地区屋面防水工程建设的特殊需要，使新建、改建的屋面防水工程尽快正常使用，必要时可以进行冬期施工，但需要具备以下条件：建筑屋面防水施工时的环境温度(即施工气温)至少能保证材料的可操作性；在屋面上施工，应具备操作人员能适应的环境温度。

冬期施工卷材防水屋面时，可采用热熔法和冷粘法施工。

1. 屋面找平层施工

屋面找平层应牢固坚实，表面无凹凸、起鼓现象。如有积雪、残留冰霜、杂物等应清扫干净，并应保持干燥。

找平层与女儿墙、立墙、天窗壁、变形缝、烟囱等突出屋面结构的连接处，以及找平层的转角处、水落口、檐口、天沟、檐沟、屋脊等均应做成圆弧。采用沥青防水卷材的圆弧，半径宜为 100～150 mm；采用高聚物改性沥青防水卷材，圆弧半径宜为 50 mm；采用合成高分子防水卷材，圆弧半径宜为 20 mm。

采用水泥砂浆或细石混凝土找平层时，应符合下列规定：

① 应依据气温和养护温度要求掺入防冻剂，且掺量应通过试验确定。

② 采用氯化钠作为防冻剂时，宜选用普通硅酸盐水泥或矿渣硅酸盐水泥，不得使用高铝水泥，施工温度不应低于 −7℃。氯化钠掺量可按表 10-17 采用。

表 10-17 氯 化 钠 掺 量

施工时室外气温/℃		0～−2	−3～−5	−6～−7
氯化钠掺量(占水泥质量百分比)	用于平面部位	2	4	6
	用于檐口、天沟等部位	3	5	7

③ 找平层宜留设分格缝，缝宽宜为 20 mm，并应填充密封材料。当分格缝兼做排汽屋面的排汽道时，可适当加宽，并应与保温层连通。找平层表面宜平整，平整度不应超过 5 mm，

且不得有酥松、起皮现象。

2．卷材防水屋面热熔法施工

热熔法施工宜使用高聚物改性沥青防水卷材，基层处理剂宜使用挥发快的溶剂，涂刷后应干燥 10 小时以上，并应及时铺贴。

水落管、管根、烟囱等容易发生渗漏部位的周围 200 mm 范围内，应涂刷一遍聚氨酯等溶剂型涂料。

热熔铺贴防水层应采用满粘法。当坡度小于 3% 时，卷材与屋脊应平行铺贴；坡度大于 15% 时，卷材与屋脊应垂直铺贴；坡度为 3%～5% 时，可平行或垂直屋脊铺贴。铺贴时应采用喷灯或热喷枪均匀加热基层或烧穿，应待卷材表面溶化后，缓缓地滚铺铺贴。

卷材搭接应符合设计规定。当设计无规定时，横向搭接宽度宜为 120 mm，纵向搭接宽度宜为 100 mm。搭接时应采用喷灯或热喷枪加热搭接部位，趁卷材熔化尚未冷却时，用铁抹子把接缝边抹好，再用喷灯或热喷枪均匀细致地密封平面与立面相连接的卷材，应由上向下压缝铺贴，并应使卷材紧贴阴角，不得有空鼓现象。

卷材搭接缝的边缘以及末端收头部位应以密封材料嵌缝处理，必要时也可在经过密封处理的末端接头处再用掺防冻剂的水泥砂浆压缝处理。

易燃性材料及辅助材料库和现场严禁烟火，并应配备适当的灭火器材。

溶剂型基层处理剂未充分发挥前不得使用喷灯或热喷枪操作，操作时应保持火焰与卷材的喷距，严防火灾发生。

在大坡度曲面或挑檐等危险部位施工时，施工人员应系好安全带，四周应设防护措施。

3．卷材防水屋面冷粘法施工

冷粘法施工宜采用合成高分子防水卷材。胶贴剂应采用密封桶包装，储存在通风良好的室内，不得接近火源和热源。

基层处理可采用稀释聚氨酯涂料进行涂刷，施工时，应将聚氨酯涂膜防水材料的甲料、乙料、二甲苯按 1∶1.5∶3 的比例配合，搅拌均匀，然后均匀涂布在基层表面上，干燥时间不应少于 10 小时。

复杂部位做防水增强处理，处理方法有两种：一种是采用合成高分子涂料(聚氨酯涂料)均布涂刷；另一种是采用自流化丁基橡胶胶黏带在复杂部位粘贴。

当采用聚氨酯涂料做附加层处理时，应将聚氨酯甲料和乙料按 1∶1.5 的比例配合搅拌均匀，再均匀涂刷在阴角、水落口和通气口根部的周围，涂刷边缘与中心的距离不应小于 200 mm，厚度不应小于 1.5 mm，并应在固化 36 小时以后方能进行下一工序施工。

涂刷胶黏剂时，需要在基层上和卷材底面同时涂刷胶黏剂，并且晾干 20 min 以上才能铺贴卷材。铺贴立面或大坡面合成高分子防水卷材宜用满粘法，胶黏剂应均匀涂刷，并应根据其性能，控制涂刷与卷材铺贴的间隔时间。

卷材铺好压粘后，应及时处理搭接部位，并应采用与卷材配套的接缝专用胶黏剂，在搭接缝合面上涂刷均匀，根据专用胶黏剂的性能，应控制涂刷与粘合间隔时间，排出空气、辊压粘接牢固。

高分子防水卷材铺贴后，接缝口和卷材末端应采用密封材料封严，其宽度不应小于 10 mm。

4. 涂膜防水屋面施工

涂膜屋面防水冬期施工应选用质量较好且稳定的合成高分子防水涂料，如溶剂型聚氨酯防水涂料。涂料进场后，应储存于干燥、通风的室内，环境温度不宜低于 0℃，并应远离火源。

基层处理剂可选用有机溶剂稀释而成，使用时应充分搅拌，涂刷均匀，覆盖完全，干燥后方可进行涂膜施工。

涂膜防水应由两层以上涂层组成，总厚度应达到设计要求，其成膜厚度不应小于 2 mm。

可采用涂刮或喷涂施工。当采用涂刮施工时，每遍涂刮的推进方向宜与前一遍互相垂直，并应在前一遍涂料干燥后方可进行后一遍涂料的施工。

使用双组份涂料时应按配合比正确计量，搅拌均匀，已配成的涂料应及时使用。配料时可加入适量的稀释剂，但不得混入固化涂料。

在涂层中夹铺胎体增强材料时，位于胎体下面的涂层厚度不应小于 1 mm，最上层的涂料层不应少于两遍。胎体长边搭接宽度不得小于 50 mm，短边搭接宽度不应小于 70 mm。采用双层胎体增强材料时，上下层不得互相垂直铺设，搭接缝应错开，间距不应小于一个幅面宽度的 1/3。

天沟、檐沟、檐口、泛水等部位，均应铺设有胎体增强材料的附加层。水落口周围与屋面交接处，应做密封处理，并应加铺两层有胎体增强材料的附加层，涂膜深入水落口的深度不得小于 50 mm，涂膜防水层的收头应用密封材料封严。

涂膜屋面防水工程在涂膜层固化后应做保护层，保护层可采用分格水泥砂浆或细石混凝土或块材等。

隔气层可采用气密性好的单层卷材或防水材料。冬期施工采用卷材时，可采用花浦法施工，卷材搭接宽度不应小于 80 mm；采用防水涂料时，宜选用溶剂型涂料。隔气层施工的温度不应低于 −5℃。

10.5 建筑装饰装修工程的冬期施工

在我国北方地区，常有冬期室外粘贴面砖、石材等，转常温后因粘结性能不良而造成伤人事故发生，因此，目前国内外墙饰面板、饰面砖以及马赛克等饰面工程采用湿贴法作业时，不宜进行冬期施工。

10.5.1 一般规定

室外建筑装饰装修工程施工不得在五级及以上大风或雨、雪天气下进行。施工前，应采取挡风措施，并将墙体基层表面的冰、雪、霜等清理干净。

外墙抹灰后需进行涂料施工时，抹灰砂浆内所掺的防冻剂品种应与所选用的涂料材质相匹配，并应具有良好的相溶性，防冻剂掺量和使用效果应通过试验确定。

冬期抹灰及粘贴面砖所用砂浆应采取保温、防冻措施。室外用砂浆内可掺入防冻剂，其掺量应根据施工及养护期间环境温度经试验确定。

室内装饰施工可采用建筑物正式热源、临时性管道或火炉、电气取暖。若采用火炉取暖时，应采取预防煤气中毒的措施。

10.5.2 抹灰工程

室内抹灰前，应提前做好屋面防水层、保温层及室内封闭保温层。

室内抹灰的环境温度不应低于 5℃，抹灰前，应将门口和窗口、外墙脚手眼或孔洞等封堵好，施工洞口、运料口及楼梯间等处应封闭保温。

砂浆应在搅拌棚内集中搅拌，并应随用随拌，运输过程中应进行保温。

室内抹灰工程结束后，在 7 天以内应保持室内温度不低于 5℃。当采用热空气加温时，应注意通风，排除湿气；当抹灰砂浆中掺入防冻剂时，温度可相应降低。

室外抹灰采用冷作法施工时，可使用掺防冻剂水泥砂浆或水泥混合砂浆。

含氯盐的防冻剂不宜用于有高压电源部位和有油漆墙面的水泥砂浆基层内。

砂浆防冻剂的掺量应按使用说明与产品说明书的规定经试验确定。当采用氯化钠作为砂浆防冻剂时，其掺量可按表 10-18 选用。当采用亚硝酸钠作为砂浆防冻剂时，其掺量可按表 10-19 选用。

表 10-18 砂浆内氯化钠掺量

室外温度/℃		0～-5	-5～-10
氯化钠掺量 (占拌合水质量百分比%)	挑檐、阳台、雨罩、墙面等抹水泥砂浆	5	4～8
	墙面为水刷石、干粘石水泥砂浆	5	5～10

表 10-19 砂浆内亚硝酸钠掺量

室外温度/℃	0～3	-4～-9	-10～-15	-16～-20
亚硝酸钠掺量(占水泥质量百分比)	1	3	5	8

当抹灰基层表面有冰、霜、雪时，可采用与抹灰砂浆同浓度的防冻剂溶液冲刷，并应清除表面的尘土。

当施工要求分层抹灰时，底层灰不得受冻。抹灰砂浆在硬化初期应采取防止受冻的保温措施。

10.6 混凝土构件安装工程的冬期施工

10.6.1 构件的堆放

构件在运输及堆放前，应将车辆、构件、垫木及堆放场地的积雪、结冰清除干净，场地应平整、坚实。

混凝土构件在冻胀性土壤的自然地面上或冻结前回填土地面上堆放时，应符合下列规定：

(1) 每个构件在满足刚度、承载力条件下，应尽量减少支撑点数量。

(2) 对于大型板、槽板及空心板等板类构件，两端的支点应选用长度大于板宽的垫木。

(3) 构件堆放时，如支点为两个及以上时，应采取可靠措施防止土壤的冻胀和融化下沉。

(4) 构件用垫木垫起时，地面与构件之间的间隙应大于 150 mm。

在回填冻土并经一般压实的场地上堆放构件时，当构件重叠堆放时间长，应根据构件质量尽量减少重叠层数，底层构件支垫与地面接触面积应适当加大。在冻土融化之前，应采取防止因冻土融化下沉造成构件变形和破坏的措施。

10.6.2 构件的吊装

吊车行走的场地应平整，并应采取防滑措施。起吊的支撑点地基应坚实。

地锚应具有稳定性，回填冻土的质量应符合设计要求。活动地锚应设防滑措施。

构件在正式起吊前，应先松动、后起吊。凡使用滑行法起吊的构件，应采取控制定向滑行、防止偏离滑行方向的措施。

多层框架结构的吊装，接头混凝土强度未达到设计要求前，应采取加设揽风绳等防止整体倾斜的措施。

10.6.3 构件的连接与校正

装配整浇式构件接头的冬期施工应根据混凝土体积小、表面系数大、配筋密等特点，采取相应的保证质量措施。

构件接头采用现浇混凝土连接时，接头部位的积雪、冰霜等应清除干净，承受内力接头的混凝土，当设计无要求时，其受冻临界强度不应低于设计强度等级值的 70%。

混凝土构件预埋件连接板的焊接应分段连接，并应防止累计变形过大影响安装质量。

混凝土柱、屋架及框架冬期施工，在阳光照射下校正时，应计入温差的影响。各固定支撑校正后，应立即固定。

10.7 越冬工程维护

在北方地区工程建设中，经常遇到跨年施工的在建工程，以及停、缓建工程存在越冬情况。对越冬工程若不进行有效维护，经常会出现由于"温差"作用，以及地基土的"冻胀与融沉"而使建筑物在越冬期间遭到破坏，在次年复工后不得不进行加固或返工重建，不仅造成巨大的经济损失，而且也影响建筑物的使用功能和寿命。

10.7.1 一般规定

对于有采暖要求，但却不能保证正常采暖的新建工程、跨年施工的在建工程以及停建、缓建工程等，在入冬前均应编制越冬维护方案。

越冬工程保温维护，应就地取材，如炉渣、稻草、锯末屑、草袋、膨胀珍珠岩等。保温层的厚度应由热工计算确定。

在制定越冬维护措施前，应认真检查核对有关工程地质、水文、当地气温以及地基土的冻胀特征和最大冻结深度等资料。

施工现场和建筑物周围应做好排水,地基和基础不得被水浸泡。

在山区坡地建造的工程,入冬前应根据地表流动的方向设置截水沟、泄水沟,但不得在建筑物底部设暗沟和盲沟疏水。

凡按采暖要求设计的房屋竣工后,应及时采暖,室内温度不得低于 5℃。当不能满足上述要求时,应采取越冬防护措施。

10.7.2 在建工程

基础工程越冬的防冻害十分重要,在冻胀土地区建造房屋基础时,应按设计要求做防冻害处理。当设计无要求时,应按下列规定进行:

(1) 当采用独立式基础或桩基时,基础梁下不应进行掏空处理。强冻胀性土可预留 200 mm、弱冻胀性土可预留 100~150 mm,空隙两侧应用立砖挡土回填。

(2) 当采用条形基础时,可在基础侧壁回填厚度为 150~200 mm 的混砂、炉渣或贴一层油纸,其深度宜为 800~1200 mm。

设备基础、构架基础、支撑、地下沟道以及地墙等越冬工程,均不得在已冻结的土层上施工,且应进行维护。

支撑在基土上的雨蓬、阳台等悬臂构件的临时支柱,入冬后不能拆除时,其支点应采取保温防冻胀措施。

水塔、烟囱、烟道等构筑物基础在入冬前应回填至设计标高。

室外地沟、阀门井、检查井等除应回填至设计标高外,还应覆盖盖板进行越冬维护。

地下室、地下水池在入冬前应按设计要求进行越冬维护。当设计无要求时,应采取下列措施:

(1) 基础及外壁侧面回填土应填至设计标高,当不具备回填条件时,应填充松土或炉渣进行保温。

(2) 内部的存积水应排净,底板应采用保温材料覆盖,覆盖厚度应由热工计算确定。

10.7.3 停、缓建工程

为了减少停、缓建可能给工程造成的危害,消除隐患,增强建筑物的整体性,并给后续施工创造条件,应规定越冬停工时的位置。

冬期停、缓建工程越冬停工时的停留位置应留在施工处理方便、受剪力相对较小的部位,并符合下列规定:

(1) 混合结构可停留在基础上部地梁位置,楼层间的圈梁或楼板上皮标高位置。

(2) 现浇混凝土框架应停留在施工缝位置。

(3) 烟囱、冷却塔或筒仓宜停留在基础上皮标高或筒身任何水平位置。

(4) 混凝土水池底部应按施工缝要求确定,并应设有止水设施。

基础基槽开挖后,如果当年不能连续施工,为防止基底持力层受冻而破坏原状土,已开挖的基坑或基槽不宜挖至设计标高,应预留 200~300 mm 土层,越冬时,应对基坑或基槽保温维护。

混凝土结构工程停、缓建时，入冬前混凝土的强度应符合下列规定：

(1) 装配式结构构件的整浇接头，不得低于设计强度等级值的 70%。

(2) 预应力混凝土结构不应低于混凝土设计强度等级值的 75%。

(3) 升板结构应将柱帽浇筑完毕，混凝土应达到设计要求的强度等级。

对于各类停、缓建的基础工程，顶面均应弹出轴线，标注标高后，用炉渣或松土回填保护。

装配式厂房柱子吊装就位后，应按设计要求嵌固好；已安装就位的屋架或屋面梁，应安装上支撑系统，并应按设计要求固定。

不能起吊的预制构件，应弹上轴线，做好记录。外露铁件应涂刷防锈油漆，螺栓应涂刷防腐油进行保护。

对于有沉降观测要求的建(构)筑物，应会同有关部门作沉降观测记录。

现浇混凝土框架越冬，当裸露时间较长时，除应按设计要求留设伸缩缝外，还应根据建筑物长度和温差留设后浇缝。后浇缝的位置应与设计单位研究确定。后浇缝深处的钢筋应进行保护，待复工后应经检查合格后方可浇筑混凝土。

屋面工程越冬可采取下列建议维护措施：

(1) 在已完成的基层上，做一层卷材防水，待气温转暖复工时，经检查认定该层卷材没有起泡、破裂、皱折等质量缺陷时，方可在其上继续铺贴上层卷材。

(2) 在已完成的基层上，当基层为水泥砂浆无法作卷材防水时，可在其上刷一层冷底子油，涂一层热沥青玛碲脂做临时防水，但雪后应及时清除积雪。当气温转暖后，经检查确定该层玛碲脂没有起层、空鼓、龟裂等质量缺陷时，可在其上涂刷热沥青玛碲脂铺贴卷材防水层。

【复习思考题】

一、填空题

1. 钢筋混凝土冬季施工时，采取蓄热法养护其适用范围是_____。

2. 当预计连续_____内的平均气温低于_____时，砌体施工即为冬季施工。

3. 当室外气温连续_____天稳定低于_____时的混凝土施工为混凝土的冬季施工。

4. 砖砌体冬季施工的方法有_____和_____。

5. 混凝土冬季施工时水加热温度不得高于_____，水泥标号不得低于_____。

二、判断题

1. 冬季施工用热水拌制水泥砂浆时，水的温度不得超过 60℃，砂的温度不得超过 30℃。

2. 为确保钢筋混凝土结构中的钢筋不会产生由氯盐引起的锈蚀，在钢筋混凝土中氯盐掺量不超过 1%，为防止钢筋锈蚀可加入水泥重量 2% 的亚硝酸钠阻锈剂。

3. 冬季砌墙突出的一个问题是砌体受冻。

4. 混凝土冬季施工水灰比应控制在 0.65 以下。

5. 当室外温度连续 10 天稳定在 5℃ 以下时为混凝土的冬季施工。

6. 当室外平均温度连续在 10 天稳定在 5℃以下的砖石砌体施工称为砖石工程的冬季施工。

三、名词解释

1. 掺盐砂浆法
2. 混凝土受冻临界强度
3. 蓄热法

四、简答题

1. 砌体的冬季施工对材料有哪些要求？
2. 简述混凝土早期受冻、强度损失的原因。
3. 《混凝土外加剂应用技术规范》对混凝土受冻临界强度是如何规定的？
4. 混凝土冬季施工有哪些方法？并说明各种方法的适用范围。

参 考 文 献

[1] 危道军. 建筑施工技术. 北京: 科学出版社, 2011.

[2] 陈守兰. 建筑施工技术. 北京: 科学出版社, 2010.

[3] 侯洪涛. 建筑施工技术. 北京: 机械工业出版社, 2009.

[4] 姚谨英. 建筑施工技术. 北京: 中国建筑工业出版社, 2007.

[5] 混凝土泵送施工技术规程(JGJ/T10—2011). 北京: 中国建筑工业出版社, 2011.

[6] 混凝土小型空心砌块建筑技术规程(JGJ/T14—2004). 北京: 中国建筑工业出版社, 2004.

[7] 建筑工程冬期施工规程(JGJ/T104—2011). 北京: 中国建筑工业出版社, 2011.

[8] 补偿收缩混凝土应用技术规程(JGJ/T178—2009). 北京: 中国建筑工业出版社, 2009.

[9] 装配箱混凝土空心楼盖钢结构技术规程(JGJ/T207—2010). 北京: 中国建筑工业出版社, 2010.

[10] 混凝土结构用钢筋间隔件应用技术规程(JGJ/T219—2010). 北京: 中国建筑工业出版社, 2010.

[11] 抹灰砂浆技术规程(JGJ/T220—2010). 北京: 中国建筑工业出版社, 2010.

[12] 预拌砂浆应用技术规程(JGJ/T223—2010). 北京: 中国建筑工业出版社, 2010.

[13] 大直径扩底灌注桩技术规程(JGJ/T225—2010). 北京: 中国建筑工业出版社, 2010.

[14] 人工砂混凝土应用技术规程(JGJ/T241—2011). 北京: 中国建筑工业出版社, 2011.

[15] 钢筋焊接及验收规程(JGJ18—2012). 北京: 中国建筑工业出版社, 2012.

[16] 普通混凝土用砂、石质量及检验方法标准(JGJ52—2006). 北京: 中国建筑工业出版社, 2006.

[17] 建筑工程大模板技术规程(JGJ74—2003). 北京: 中国建筑工业出版社, 2003.

[18] 预应力筋用锚具、夹具和连接器应用技术规程(JGJ85—2010). 北京: 中国建筑工业出版社, 2010.

[19] 龙门架及井架物料提升机安全技术规范(JGJ88—2010). 北京: 中国建筑工业出版社, 2010.

[20] 无粘结预应力混凝土结构技术规程(JGJ92—2004). 北京: 中国建筑工业出版社, 2004.

[21] 建筑桩基技术规程(JGJ94—2008). 北京: 中国建筑工业出版社, 2008.

[22] 钢筋连接技术工程(JGJ107—2010). 北京: 中国建筑工业出版社, 2010.

[23] 建筑施工门式钢管脚手架安全技术规范(JGJ128—2010). 北京: 中国建筑工业出版社, 2010.

[24] 建筑施工扣件式钢管脚手架安全技术规范(JGJ130—2011). 北京: 中国建筑工业出版社, 2011.

[25] 多孔砖砌体结构技术规程(JGJ137—2001). 北京: 中国建筑工业出版社, 2001.

[26] 外墙外保温工程技术工程(JGJ144—2008). 北京: 中国建筑工业出版社, 2008.

[27] 建筑施工模板安全技术规范(JGJ162—2008). 北京: 中国建筑工业出版社, 2008.

[28] 建筑施工碗扣式钢管脚手架安全技术规范(JGJ166—2008). 北京: 中国建筑工业出版社, 2008.

[29] 建筑施工土石方工程安全技术规范(JGJ180—2009). 北京: 中国建筑工业出版社, 2009.

[30] 液压爬升模板工程技术规程(JGJ195—2010). 北京: 中国建筑工业出版社, 2010.

[31] 建筑施工工具式脚手架安全技术规范(JGJ202—2010). 北京: 中国建筑工业出版社, 2010.

[32] 铝合金门窗工程技术规范(JGJ/214—2010). 北京: 中国建筑工业出版社, 2010.

[33] 倒置式屋面工程技术规程(JGJ230—2010). 北京: 中国建筑工业出版社, 2010.

[34]　建筑施工承插型盘扣式管支架安全技术规程(JGJ231—2010). 北京: 中国建筑工业出版社, 2010.

[35]　地下工程防水技术规范(GB50108—2008). 北京: 中国建筑工业出版社, 2008.

[36]　砌体结构工程施工质量验收规范(GB50203—2011). 北京: 中国建筑工业出版社, 2011.

[37]　屋面工程技术规范(GB50345—2004). 北京: 中国建筑工业出版社, 2004.

[38]　坡屋面工程技术规范(GB50693—2011). 北京: 中国建筑工业出版社, 2011.